大数据技术与应用专业规划教材

大数据云服务技术架构与实践

◎ 李天目 韩进 编著

清华大学出版社

北京

内 容 简 介

本书是从大数据和云计算相结合的视角,系统地介绍大数据云架构技术与实践的专业图书,全书分为五篇19章,分别介绍大数据云计算的概论、关键技术、体系架构、云架构实践与编程和安全。本书层次清晰,结构合理,主要内容包括大数据云计算关系、大数据应用价值、分布式计算、NoSQL 数据库、机器学习、虚拟化、Docker 容器、Web 2.0、绿色数据中心、基础设计即服务(IaaS)、平台即服务(PaaS)、软件即服务(SaaS)、容器即服务(CaaS)、大数据云架构搭建、Spark 大数据编程、大数据和云计算面临的安全威胁、保障大数据安全、应用大数据保障安全等。

本书可作为高年级本科生和研究生教材,也可作为广大科学技术人员和计算机爱好者的参考书。

图书在版编目(CIP)数据

大数据云服务技术架构与实践/李天目编著.—北京:清华大学出版社,2016(2023.9重印)
(大数据技术与应用专业规划教材)
ISBN 978-7-302-45460-1

Ⅰ.①大… Ⅱ.①李… Ⅲ.①数据处理 Ⅳ.①TP274

中国版本图书馆 CIP 数据核字(2016)第 274722 号

责任编辑:魏江江 赵晓宁
封面设计:刘 键
责任校对:焦丽丽
责任印制:宋 林

出版发行:清华大学出版社
  网 址:http://www.tup.com.cn,http://www.wqbook.com
  地 址:北京清华大学学研大厦 A 座 邮 编:100084
  社 总 机:010-83470000 邮 购:010-62786544
  投稿与读者服务:010-62776969,c-service@tup.tsinghua.edu.cn
  质量反馈:010-62772015,zhiliang@tup.tsinghua.edu.cn
  课件下载:http://www.tup.com.cn,010-83470236
印 装 者:三河市君旺印务有限公司
经 销:全国新华书店
开 本:185mm×260mm 印 张:21.75 字 数:516 千字
版 次:2016 年 11 月第 1 版 印 次:2023 年 9 月第9次印刷
印 数:3701~4000
定 价:49.50 元

产品编号:070548-01

移动互联网、电子商务及社交媒体的快速发展使得人类需要面临的数据量呈指数增长。根据 IDC《数字宇宙》(*Digital Universe*)研究报告显示,2020 年全球新建和复制的信息量将超过 40ZB,是当前的 10 倍;而中国的数据量则会在 2020 年超过 8ZB,比当前增长 20 倍。数据量的飞速增长带来了大数据技术的发展和服务市场的繁荣,同时在学术界,关于大数据的科研工作如火如荼,越来越多的学者投入到大数据云计算研究之中,相关文献呈指数增长。

不断积累的大数据包含着很多在小数据量时不具备的深度知识和价值,带来巨大的技术创新与商业机遇。大数据分析挖掘将为行业/企业带来巨大的商业价值,实现各种高附加值的增值服务,进一步提升行业/企业的经济效益和社会效益。谈到大数据,不可避免地要提及云计算,云计算结合大数据,这是时代发展的必然趋势。有人把云计算和大数据比作是一个硬币的两面。云计算是大数据的 IT 基础和平台,而大数据是云计算范畴内最重要、最关键的应用。大数据必然架构在云上才能高效运作并对外服务,两者之间缺一不可,相辅相成,相互促进。

大数据云计算正在快速发展,相关技术热点也呈现百花齐放的局面,业界各大厂商纷纷制定相应的战略,新的概念、观点和产品不断涌现。大数据和云计算作为新一代 IT 技术变革的核心,必将成为广大学生、科技工作者构建自身 IT 核心竞争能力的战略机遇。因而作为高层次 IT 人才,学习大数据和云计算知识,掌握相关技术迫在眉睫。然而,大数据和云计算密切相关,当前国内外相关的资料还相当少,缺乏比较系统完整的论述。目前在我国急需要一本教材能够全面而又系统地讲解大数据和云计算,普及大数据和云计算知识,推广云计算中大数据的应用,解决大数据架构的实际问题,进而培养高层次大数据人才。

在这样的背景下,作者着眼于大数据和云计算有机结合的视角,从理论探索和应用实践两个方面来撰写本书,适合对大数据和云计算具有初步认识并希望对大数据云架构进行深入、全面了解,并进行实践的计算机信息相关专业高年级本科生使用,同时本书也将成为广大专业工程技术人员不可缺少的参考资料。本书分为 5 篇 19 章,第 1～第 3 章为大数据云计算概论篇,第 4～第 10 章为大数据云计算关键技术篇,第 11～第 14 章为云计算架构篇,第 15 和第 16 章为大数据云架构实践与编程篇,第 17～第 19 章为大数据安全篇。

各章内容如下:

第 1 章大数据概述,介绍大数据产生背景,大数据发展历程,大数据概念和特点,大数据应用场景,大数据研究展望等内容。

第 2 章大数据和云计算,介绍大数据和云计算的关系,云计算的概念,云计算的由来,云计算类型,云计算的商业模式。

第 3 章大数据应用价值,介绍大数据的应用价值,数据的生成、分析、存储、分享、检索、消费都在大数据的生态系统中进行,应用大数据技术,让数据参与决策,发掘找到大数据真正有效的价值,进而改变人们的未来,革新生活模式,产生社会变革。

第 4 章分布式计算框架,介绍构成大数据云计算的主要关键技术——分布式计算技术,以及 Hadoop、Spark、Flink 等分布式大数据计算框架。

第 5 章 NoSQL 数据库,介绍 NoSQL(NoSQL = Not Only SQL),这是一项全新的数据库技术,然后引出分布式数据库的重要理论 CAP,最后介绍 HBase。

第 6 章机器学习,介绍机器学习的概念、分类和发展历程,简要介绍多种机器学习算法。

第 7 章虚拟化,介绍构成云计算的主要关键技术——虚拟技术,它整合多种计算资源,实现架构动态化,并达到集中管理和动态使用物理资源及虚拟资源,以提高系统结构的弹性和灵活性,降低成本、改进服务、减少管理风险等目标。

第 8 章 Docker 容器,介绍 Docker 容器相关的概念、优势、由来和实现原理。

第 9 章 Web 2.0,介绍构成云计算主要的关键技术 Web 2.0,是因特网的一次理念和思想体系的升级换代,由原来自上而下的由少数资源控制者集中控制主导的因特网体系转变为自下而上的由广大用户集体智慧和力量主导的因特网体系。

第 10 章绿色数据中心,介绍构成云计算的主要关键技术——绿色数据中心,是指数据机房中的 IT 系统、机械、照明和电气等能取得最大化的能源效率和最小化的环境影响。

第 11 章基础设施即服务,介绍云计算环境中的 IaaS(Infrastructure as a Service),分析 Amazon 公司的 IaaS 案例。

第 12 章平台即服务,介绍云计算环境中的 PaaS(Platform as a Service),分析 Google App Engine 和 Windows Azure Platform 的 PaaS 案例。

第 13 章软件即服务,介绍云计算环境中的 SaaS(Software as a Service),分析 Salesforce 的 SaaS 案例。

第 14 章容器即服务,介绍云计算环境中的 CaaS(Container as a Service),阐述 Kubernetes 和 Mesos 容器调度框架,分析互联网公司 SAE 容器云和互联网公司"去哪网"容器云。

第 15 章大数据云架构搭建,介绍分布式的 Hadoop 与 Spark 集群搭建和基于 Docker 容器的 Spark 大数据云架构。

第 16 章 Spark 大数据编程,介绍使用 Intellij IDEA 构建 Spark 开发环境,并列举应用 Spark 计算框架的 WordCount 和基于 Spark Streaming 股票趋势预测案例。

第 17 章大数据云计算面临的安全威胁,介绍大数据云计算面临的各种安全威胁,阐述不同行业大数据安全的需求,指出大数据安全应该包括保障大数据安全和大数据用于安全两个层面的含义。

第 18 章保障大数据安全,介绍保障大数据安全的相关技术和相关实践。

第 19 章应用大数据保障安全,介绍应用大数据保障安全,包括大数据安全检测及应用,安全大数据,基于大数据的网络态势感知和视频监控数据的安全应用等方面内容。

在本书最后给出了相关的参考文献,有兴趣的读者可以进一步阅读。此外,关于虚拟化技术,作者认为普通虚拟化和容器虚拟化是完全不同的两种技术,大数据云平台多采用容器架构,所以 Docker 容器技术作为本书独立一章,并且在第 4 篇详细介绍基于 Docker 容器的大数据云架构实践。在方兴未艾的大数据云计算时代,统一的标准和解决方案还未成形,不同人在不同背景下的需求和观点是不一样的,我们花费一年多的时间努力编著本书,希望能提供比较深入的见解,每一个对大数据和云计算感兴趣的读者都能学有所得。

更进一步,大数据和云计算是新一代 IT 技术变革的核心,是中国建立自己 IT 体系的战略机遇,阅读本书,期待读者既能从宏观角度更全面地认识大数据云架构,同时也能从微观技术实践角度接触大数据和云计算,更深入地学习和掌握大数据和云计算知识。

本书适合于从头至尾阅读,也可以按照喜好和关注点挑选独立的章节阅读。希望本书的介绍能加深读者对云计算的理解。

由于编者水平有限,书中不妥之处在所难免,恳请读者批评指正。

编　者
2016 年 5 月

CONTENTS **目 录**

第1篇　大数据云计算概论

第1章　大数据概述 ……………………………………………………………………… 3

  1.1　大数据产生与发展 ………………………………………………………………… 3

    1.1.1　大数据产生背景 ……………………………………………………………… 3

    1.1.2　大数据发展历程 ……………………………………………………………… 3

    1.1.3　当前大数据 …………………………………………………………………… 5

  1.2　大数据概念与特征 ………………………………………………………………… 6

    1.2.1　大数据概念 …………………………………………………………………… 6

    1.2.2　大数据的特点 ………………………………………………………………… 7

  1.3　大数据应用 ………………………………………………………………………… 7

    1.3.1　企业内部大数据应用 ………………………………………………………… 8

    1.3.2　物联网大数据应用 …………………………………………………………… 8

    1.3.3　面向在线社交网络大数据的应用 …………………………………………… 9

    1.3.4　医疗健康大数据应用 ………………………………………………………… 9

    1.3.5　群智感知 ……………………………………………………………………… 10

    1.3.6　智能电网 ……………………………………………………………………… 10

  1.4　大数据的研究与展望 ……………………………………………………………… 11

  1.5　本章小结 …………………………………………………………………………… 12

第2章　大数据和云计算 ……………………………………………………………… 14

  2.1　大数据和云计算的关系 …………………………………………………………… 14

    2.1.1　大数据和云计算关系概述 …………………………………………………… 14

    2.1.2　云计算是大数据处理的基础 ………………………………………………… 15

    2.1.3　大数据是云计算的延伸 ……………………………………………………… 16

  2.2　云计算概念 ………………………………………………………………………… 16

    2.2.1　云的兴起 ……………………………………………………………………… 16

    2.2.2　云计算的定义及其特点 ……………………………………………………… 17

    2.2.3　云计算名称的来历 …………………………………………………………… 19

2.3 云计算类型 ··· 19
　　2.3.1 基础设施类 ··· 19
　　2.3.2 平台类 ··· 21
　　2.3.3 应用类 ··· 22
　　2.3.4 以所有权划分云计算系统类型 ····································· 23
2.4 云计算商业模式 ··· 24
　　2.4.1 商业模式是云计算的基石 ··· 24
　　2.4.2 云计算的市场规模 ··· 24
　　2.4.3 云计算商业模式分析 ··· 24
2.5 本章小结 ··· 25

第3章 大数据应用价值 ·· 26
3.1 大数据在电子商务中的应用 ·· 27
　　3.1.1 大数据是电子商务发展要素 ·· 27
　　3.1.2 电子商务大数据的实用措施 ·· 27
　　3.1.3 电子商务大数据的转型路径 ·· 28
3.2 大数据在金融的应用 ·· 29
　　3.2.1 大数据金融的提出 ··· 29
　　3.2.2 大数据金融的功能 ··· 34
　　3.2.3 大数据金融的挑战 ··· 35
　　3.2.4 大数据金融创新 ··· 37
3.3 大数据在媒体的应用 ·· 39
　　3.3.1 传统媒体的不足 ··· 40
　　3.3.2 大数据驱动传统媒体的升级 ·· 40
　　3.3.3 大数据引领新媒体发展 ··· 41
3.4 大数据在医疗上的应用 ·· 43
　　3.4.1 大数据改进临床决策支持系统 ····································· 44
　　3.4.2 大数据助推医疗产品研发 ··· 44
　　3.4.3 大数据催生新医疗服务模式 ·· 45
3.5 大数据在教育上的应用 ·· 47
　　3.5.1 大数据教育与传统教育的优势 ····································· 47
　　3.5.2 大数据教学模式的不断改善 ·· 47
　　3.5.3 教育大数据市场的广阔前景 ·· 48
　　3.5.4 大数据变革教育应用的实践措施 ·································· 49
3.6 本章小结 ··· 49

第2篇　大数据云计算关键技术

第4章 分布式计算框架 ·· 53
4.1 分布式计算基本概念 ·· 53

4.1.1 分布式计算与并行计算 ·········· 53

4.1.2 分布式计算和并行计算的比较 ·········· 54

4.2 Hadoop 系统介绍 ·········· 55

4.2.1 Hadoop 发展历程 ·········· 55

4.2.2 Hadoop 使用场景和特点 ·········· 56

4.2.3 Hadoop 项目组成 ·········· 57

4.3 分布式文件系统 ·········· 57

4.3.1 分布式文件系统概述 ·········· 57

4.3.2 HDFS 架构 ·········· 58

4.3.3 HDFS 设计特点 ·········· 59

4.4 MapReduce 计算模型 ·········· 60

4.4.1 MapReduce 概述 ·········· 60

4.4.2 MapReduce 应用实例 ·········· 61

4.4.3 MapReduce 实现和架构 ·········· 62

4.5 分布式协同控制 ·········· 63

4.5.1 常见分布式并发控制方法 ·········· 63

4.5.2 Google Chubby 并发锁 ·········· 64

4.6 Spark 计算框架 ·········· 66

4.6.1 Spark 简介 ·········· 66

4.6.2 Spark 生态系统 ·········· 67

4.7 Flink 计算框架 ·········· 72

4.7.1 Flink 简介 ·········· 72

4.7.2 Flink 中的调度简述 ·········· 73

4.7.3 Flink 的生态圈 ·········· 74

4.8 本章小结 ·········· 74

第 5 章 NoSQL 数据库 ·········· 76

5.1 NoSQL 数据库概述 ·········· 76

5.1.1 NoSQL 数据库的 4 大分类 ·········· 76

5.1.2 数据库系统 CAP 理论和 BASE 理论 ·········· 78

5.1.3 NoSQL 的共同特征 ·········· 79

5.2 Hbase 数据库 ·········· 80

5.2.1 HBase 简介 ·········· 80

5.2.2 HBase 访问接口 ·········· 80

5.2.3 HBase 数据模型 ·········· 81

5.2.4 MapReduce on HBase ·········· 82

5.2.5 HBase 系统架构 ·········· 83

5.3 本章小结 ·········· 87

第 6 章　机器学习 ··· 88

　6.1　机器学习概述 ·· 88
　　6.1.1　机器学习分类 ·· 88
　　6.1.2　机器学习发展历程 ·· 92
　6.2　机器学习常用的算法 ·· 93
　　6.2.1　回归算法 ·· 93
　　6.2.2　基于实例的算法 ·· 93
　　6.2.3　正则化方法 ·· 94
　　6.2.4　决策树算法 ·· 94
　　6.2.5　贝叶斯方法 ·· 94
　　6.2.6　基于核的算法 ·· 95
　　6.2.7　聚类算法 ·· 95
　　6.2.8　关联规则学习 ·· 96
　　6.2.9　遗传算法 ·· 96
　　6.2.10　人工神经网络 ··· 97
　　6.2.11　深度学习 ··· 97
　　6.2.12　降低维度算法 ··· 97
　　6.2.13　集成算法 ··· 98
　6.3　本章小结 ·· 98

第 7 章　虚拟化 ··· 99

　7.1　虚拟化概述 ·· 99
　　7.1.1　虚拟化发展历史 ·· 99
　　7.1.2　虚拟化技术的发展热点和趋势 ······························ 100
　　7.1.3　虚拟化技术的概念 ·· 101
　7.2　虚拟化的分类 ·· 102
　　7.2.1　从实现的层次划分 ·· 102
　　7.2.2　从应用的领域划分 ·· 105
　7.3　应用虚拟化 ·· 109
　　7.3.1　应用虚拟化的使用特点 ···································· 109
　　7.3.2　应用虚拟化的优势 ·· 110
　　7.3.3　应用虚拟化要考虑的问题 ·································· 111
　7.4　桌面虚拟化 ·· 111
　　7.4.1　桌面虚拟化优势 ·· 111
　　7.4.2　桌面虚拟化使用条件 ······································ 112
　7.5　服务器虚拟化 ·· 112
　　7.5.1　服务器虚拟化架构 ·· 112
　　7.5.2　CPU 虚拟化 ·· 113

　　　　7.5.3　内存虚拟化 ··· 115

　　　　7.5.4　I/O 虚拟化 ··· 117

　　7.6　网络虚拟化 ··· 118

　　　　7.6.1　传统网络虚拟化技术 ·· 118

　　　　7.6.2　主机网络虚拟化 ·· 119

　　　　7.6.3　网络设备虚拟化 ·· 121

　　7.7　存储虚拟化 ··· 125

　　　　7.7.1　存储虚拟化概述 ·· 125

　　　　7.7.2　按照不同层次划分存储虚拟化 ··· 126

　　　　7.7.3　按照实现方式不同划分存储虚拟化 ·· 128

　　7.8　本章小结 ·· 130

第 8 章　Docker 容器 ·· 131

　　8.1　Docker 容器概述 ··· 131

　　　　8.1.1　Docker 容器的由来 ·· 131

　　　　8.1.2　Docker 定义 ··· 133

　　　　8.1.3　Docker 的优势 ·· 134

　　8.2　Docker 的原理 ·· 134

　　　　8.2.1　Linux Namespace(ns) ·· 135

　　　　8.2.2　Control Groups(cgroups) ·· 136

　　　　8.2.3　Linux 容器(LXC) ·· 137

　　　　8.2.4　AUFS ·· 137

　　　　8.2.5　Grsec ·· 140

　　8.3　Docker 技术发展与应用 ·· 140

　　　　8.3.1　Docker 解决的问题 ·· 140

　　　　8.3.2　Docker 的未来发展 ·· 141

　　　　8.3.3　Docker 技术的局限 ·· 141

　　8.4　本章小结 ·· 141

第 9 章　Web 2.0 ··· 142

　　9.1　Web 2.0 产生背景和定义 ·· 142

　　　　9.1.1　Web 2.0 产生背景 ··· 142

　　　　9.1.2　Web 2.0 的概念 ·· 143

　　　　9.1.3　Web 2.0 和 Web 1.0 比较 ··· 143

　　　　9.1.4　Web 2.0 特征 ·· 145

　　9.2　Web 2.0 应用产品 ··· 145

　　　　9.2.1　Web 2.0 主要应用产品 ·· 146

　　　　9.2.2　主要产品的区别 ·· 147

　　9.3　Web 2.0 相关技术 ··· 148

9.3.1　Web 2.0 的设计模式 ·················· 148

9.3.2　Web 标准 ······························· 149

9.3.3　向 Web 标准过渡 ······················ 151

9.4　本章小结 ·································· 155

第 10 章　绿色数据中心 ·················· 156

10.1　绿色数据中心概述 ···················· 156

10.1.1　云数据中心发展阶段 ············ 156

10.1.2　绿色数据中心架构 ·············· 157

10.1.3　云数据中心需要整合的资源 ······ 158

10.2　数据中心管理和维护 ·················· 158

10.2.1　实现端到端、大容量、可视化的基础设施整合 ······ 159

10.2.2　实现虚拟化、自动化的管理 ······ 159

10.2.3　实现面向业务的应用管理和流量分析 ·········· 160

10.3　本章小结 ································· 161

第 3 篇　云计算架构

第 11 章　基础设施即服务 ·················· 165

11.1　IaaS 概述 ······························ 165

11.1.1　IaaS 的定义 ···················· 165

11.1.2　IaaS 提供服务的方法 ············ 166

11.1.3　IaaS 云的特征 ·················· 166

11.1.4　IaaS 和虚拟化的关系 ············ 167

11.2　IaaS 技术架构 ·························· 167

11.2.1　资源层 ························· 167

11.2.2　虚拟化层 ······················ 168

11.2.3　管理层 ························· 169

11.2.4　服务层 ························· 170

11.3　IaaS 云计算管理 ······················ 170

11.3.1　自动化部署 ···················· 170

11.3.2　弹性能力提供技术 ·············· 171

11.3.3　资源监控 ······················ 172

11.3.4　资源调度 ······················ 173

11.3.5　业务管理和计费度量 ············ 174

11.4　Amazon 云计算案例 ··················· 175

11.4.1　概述 ··························· 175

11.4.2　Amazon S3 ···················· 176

11.4.3　Amazon Simple DB ·············· 177

11.4.4 Amazon RDS ·· 178

11.4.5 Amazon SQS ·· 178

11.4.6 Amazon EC2 ·· 179

11.5 本章小结 ·· 180

第 12 章 平台即服务 ·· 182

12.1 PaaS 概述 ·· 182

12.1.1 PaaS 的由来 ·· 182

12.1.2 PaaS 的概念 ·· 183

12.1.3 PaaS 模式的开发 ·· 183

12.1.4 PaaS 推进 SaaS 时代 ·· 185

12.2 PaaS 架构 ·· 186

12.2.1 PaaS 的功能 ·· 187

12.2.2 多租户弹性是 PaaS 的核心特性 ································ 187

12.2.3 PaaS 架构的核心意义 ·· 188

12.2.4 PaaS 改变未来软件开发和维护模式 ···························· 190

12.3 Google 的云计算平台 ·· 191

12.3.1 设计理念 ·· 192

12.3.2 构成部分 ·· 192

12.3.3 App Engine 服务 ·· 193

12.4 Windows Azure 平台 ·· 194

12.4.1 Windows Azure 操作系统 ······································ 194

12.4.2 SQL Azure ·· 195

12.4.3 . NET 服务 ·· 196

12.4.4 Live 服务 ·· 196

12.4.5 Windows Azure Platform 的用途 ································ 197

12.5 本章小结 ·· 197

第 13 章 软件即服务 ·· 199

13.1 SaaS 概述 ·· 199

13.1.1 SaaS 的由来 ·· 199

13.1.2 SaaS 的概念 ·· 200

13.1.3 SaaS 与传统软件的区别 ·· 201

13.1.4 SaaS 模式应用于信息化优势 ···································· 202

13.1.5 SaaS 成熟度模型 ·· 203

13.2 模式及实现 ·· 204

13.2.1 SaaS 商务模式 ·· 204

13.2.2 SaaS 平台架构 ·· 206

13.2.3 SaaS 服务平台的主要功能 ······································ 207

13.2.4 SaaS 服务平台关键技术 ———————————— 210

13.3 Salesforce 云计算案例 ————————————————— 213

13.3.1 Salesforce 云计算产品组成 ———————————— 213

13.3.2 Salesforce 云计算特点 ———————————————— 214

13.4 本章小结 ——————————————————————————— 215

第 14 章 容器即服务 ————————————————————————— 216

14.1 容器云服务 ——————————————————————————— 216

14.1.1 云平台架构层次 ——————————————————————— 216

14.1.2 容器云 ————————————————————————————— 217

14.1.3 容器云的特点 ——————————————————————————— 217

14.2 Kubernetes 应用部署 ———————————————————————— 220

14.2.1 Kubernetes 架构 —————————————————————————— 220

14.2.2 Kubernetes 模型 —————————————————————————— 221

14.2.3 内部使用者的服务发现 ———————————————————— 222

14.2.4 外部访问 Service ———————————————————————— 224

14.3 Mesos 应用 ——————————————————————————————— 225

14.3.1 Mesos 体系结构和工作流 ————————————————— 225

14.3.2 Mesos 流程 ————————————————————————————— 226

14.3.3 Mesos 资源分配 ———————————————————————— 226

14.3.4 Mesos 优势 ————————————————————————————— 227

14.4 基于 Kubernetes 打造 SAE 容器云 ———————————————— 228

14.4.1 Kubernetes 的好处 ———————————————————————— 228

14.4.2 容器云网络 ————————————————————————————— 228

14.4.3 容器云存储 ————————————————————————————— 230

14.5 基于 Mesos 去哪儿网容器云 ————————————————————— 230

14.5.1 背景 —————————————————————————————————— 230

14.5.2 应用 Mesos 构建容器云 ————————————————————— 231

14.5.3 云环境构建 ————————————————————————————— 231

14.6 本章小结 ——————————————————————————————————— 234

第 4 篇 大数据云架构实践与编程

第 15 章 大数据云架构搭建 ——————————————————————— 237

15.1 分布式 Hadoop 与 Spark 集群搭建 ————————————————— 237

15.1.1 Hadoop 集群构建 ———————————————————————— 237

15.1.2 Spark 集群构建 ————————————————————————— 250

15.2 基于 Docker 大数据云架构 ——————————————————————— 256

15.2.1 简介 —————————————————————————————————— 256

15.2.2 Docker 和 Weave 搭建 ·············· 257

15.2.3 Hadoop 集群镜像搭建 ·············· 257

15.2.4 集群部署与启动 ·············· 261

15.2.5 基于 Ambari 管理平台的镜像搭建 ·············· 263

15.2.6 桌面系统 XFCE 搭建 ·············· 265

15.3 本章小结 ·············· 266

第 16 章　Spark 大数据编程 ·············· 267

16.1 Spark 应用开发环境配置 ·············· 267

16.1.1 使用 Intellij 开发 Spark 程序 ·············· 267

16.1.2 使用 Spark Shell 开发运行 Spark 程序 ·············· 272

16.2 Spark 大数据编程 ·············· 272

16.2.1 WordCount ·············· 272

16.2.2 股票趋势预测 ·············· 274

16.3 本章小结 ·············· 280

第 5 篇　大数据安全

第 17 章　大数据云计算面临的安全威胁 ·············· 283

17.1 大数据云计算的安全问题 ·············· 283

17.1.1 大数据基础设施安全威胁 ·············· 283

17.1.2 大数据存储安全威胁 ·············· 284

17.1.3 大数据云架构网络安全威胁 ·············· 286

17.1.4 大数据带来隐私问题 ·············· 286

17.1.5 针对大数据的高级持续性攻击 ·············· 287

17.1.6 其他安全威胁 ·············· 288

17.2 不同领域大数据的安全需求 ·············· 288

17.2.1 因特网行业 ·············· 289

17.2.2 电信行业 ·············· 289

17.2.3 金融行业 ·············· 290

17.2.4 医疗行业 ·············· 290

17.2.5 政府组织 ·············· 291

17.3 大数据安全内涵 ·············· 291

17.3.1 保障大数据安全 ·············· 292

17.3.2 大数据用于安全领域 ·············· 293

17.4 大数据安全研究方向 ·············· 294

17.4.1 大数据安全保障技术 ·············· 294

17.4.2 大数据安全应用技术 ·············· 295

17.5 本章小结 ·············· 296

第 18 章　保障大数据安全 ·· 297

18.1　大数据安全的关键技术 ·· 297

18.1.1　非关系数据库安全策略 ······································ 297

18.1.2　防范 APT 攻击 ··· 299

18.2　大数据安全保障实践 ·· 304

18.2.1　大数据采集与存储的安全防护 ···························· 305

18.2.2　大数据挖掘与应用的安全防护 ···························· 306

18.2.3　大数据安全审计 ·· 307

18.2.4　大数据安全评估与安全管理 ······························ 308

18.2.5　数据中心的安全保障 ··· 308

18.3　本章小结 ·· 310

第 19 章　应用大数据保障安全 ·· 311

19.1　大数据安全检测及应用 ·· 311

19.1.1　安全检测与大数据的融合 ··································· 311

19.1.2　用户上网流量数据的挖掘与分析 ························· 312

19.2　安全大数据 ··· 313

19.2.1　数据挖掘方法 ·· 314

19.2.2　挖掘目标及评估 ··· 315

19.3　基于大数据的网络态势感知 ·· 315

19.3.1　态势感知定义 ·· 315

19.3.2　网络态势感知 ·· 316

19.3.3　基于流量数据的网络安全感知 ···························· 316

19.3.4　基于大数据分析的网络优化 ······························· 318

19.3.5　网络安全感知应用实践 ······································ 319

19.4　视频监控数据的安全应用 ··· 320

19.4.1　视频监控数据的处理需求 ··································· 320

19.4.2　视频监控数据挖掘技术 ······································ 320

19.4.3　海量视频监控数据的分析与处理 ························· 322

19.5　本章小结 ·· 322

参考文献 ··· 324

第1篇　大数据云计算概论

第 *1* 章

大数据概述

本章从大数据产生与发展、大数据的概念与特征、大数据应用和大数据研究与展望 4 个方面对大数据相关知识进行介绍。

1.1 大数据产生与发展

1.1.1 大数据产生背景

随着因特网技术的不断发展,我们的生活越来越多地受到渗透和影响,加之云计算、移动网络、物联网技术和其他网络终端设备的出现与普及,这也使得工作、学习及生活当中无处不在的数据正以指数级速度迅速膨胀。毫不夸张地讲,我们所生活的世界正在被数据所淹没,而这些数据经过精心的系统整合所形成的大数据开始展现出其从量变到质变的时代价值,并且以显性或者隐性的方式存在于世界的各个角落,通过蝴蝶效应对全社会的各个领域变革产生深远的影响。因特网迎来了大数据时代,就像一位学者指出的"数据是信息化时代的'石油',大数据产业将成为未来新的经济增长点",如图 1-1 所示。

1.1.2 大数据发展历程

有史以来,处理各种不断增长的数据都是人类社会的难题。大数据的现代发展历史最早可追溯到美国统计学家赫尔曼·霍尔瑞斯,他为了统计 1890 年的人口普查数据,发明了一台电动机器来对卡片进行识别,该机器用一年的时间就完成了预计 8 年的工作,成为全球进行数据处理的新起点。1943 年,"二战"期间英国为了快速解开纳粹设置的密码,组织工程师发明机器进行大规模数据处理,并采用了第一台可编程的电子计算机实施计算工作。1961 年,美国国家安全局(NSA)首先应用计算机收集信号自动处理情报,数字化处理模拟磁盘信息。1960年,英国计算机科学家蒂姆·伯纳斯·李设计超文本系统,命名为万维网,使用因特网在世界范围内实现信息共享。1965年,英特尔的创始人戈登·摩尔(Gordon Moore)通过研究计算机硬件得出摩尔定律,认为同等面积的芯片每过一到两年就可容纳两倍数量的晶体管,能够提高两倍微处理器的性能,或使之价格下降一半。近50年,信息产品功能日趋强大,各种设备体积变小,存储器成本已缩小了一亿多倍,能以很低的成本保存海量的数据。1988年,美国科学家马克·韦泽(Mark Weiser)指出各种各样微型计算设备能随时随地获取并处理数据,被称为普适计算。今天,智能手机、各种传感器、RFID(射频识别)标签、可穿戴设备等实现无处不在的数据自动采集,为大数据时代的到来提供了物理基础。美国研究员大卫·埃尔斯沃斯和迈克尔·考克斯在1997年使用"大数据"来描述超级计算机产生超出主存储器的海量信息,这些数据集甚至突破远程磁盘的承载能力。

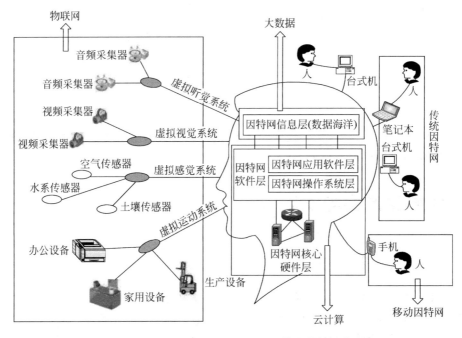

图 1-1 伴随移动因特网、物联网、云计算大数据时代来临

大数据时代的技术基础集中表现在数据挖掘,通过特定的算法对大量的数据进行自动分析,从而揭示数据当中隐藏的规律和趋势,即在大量的数据当中发现新知识,为决策者提供参考。现在的信息技术已经可以把一件产品的流向、每位消费者的情况都记录下来,再通过数据挖掘,为客户量身定制,把消费和服务推向一个高度个性化的时代。基于网络数据的挖掘,不需要制定问卷,也不需要逐一调查,成本低廉。更重要的是,这种分析是实时的,没有滞后性,数据挖掘将成为越来越重要的分析预测工具,抽样技术将下降为辅助工具。数据挖掘的优越性也集中反映了大数据"量大、多源、实时"三个特点。大数据的前沿和热点是机器学习,和数据挖掘相比,其算法并不是固定的,而是带有自调适参数的功能。也就是说,它能够随着计算、挖掘次数的增多,不断自动调整自己算法的参数,使挖掘和预测的结果更为准确,即通过给机器"喂取"大量的数据,让机器可以像人一样通过学习逐步自我改善、提高,这也是该技术被命名为"机器学习"的原因。除了数据挖掘和机器学习外,数据的分析、使用

技术已经非常成熟,并且形成了一个谱系,例如数据仓库、多维联机分析处理(OLAP)、数据可视化、内存分析(In-memory Analytics)都是其体系的重要组成部分。

从 2004 年起,以脸书网(Facebook)、推特(Twitter)为代表的社交媒体相继问世,因特网开始成为人们实时互动、交流协同的载体,全世界的网民都开始成为数据的生产者,引发了人类历史上迄今为止最庞大的数据爆炸。在社交媒体上产生的数据大多是非结构化数据,处理更加困难。乔治敦大学的教授李塔鲁(Kalev Leetaru)考察了推特上产生的数据量,他做出估算说,过去 50 年《纽约时报》总共产生了 30 亿个单词的信息量,现在仅仅一天推特上就产生了 80 亿个单词的信息量。也就是说,如今一天产生的数据总量相当于《纽约时报》100 多年产生的数据总量。

回顾半个多世纪人类信息社会的历史,正是因为 1966 年提出的摩尔定律,晶体管越做越小、成本越来越低,才形成了大数据现象的物理基础。1989 年兴起的数据挖掘技术是让大数据产生"大价值"的关键;2004 年出现的社交媒体则把全世界每个人都变成了潜在的数据生成器,这是"大容量"形成的主要原因。

2008 年年末,"计算社区联盟(Computing Community Consortium)"提出了独特的详细报告——《大数据计算:在商务、科学和社会领域创建革命性突破》,使人们不仅考虑机器的数据处理,而且在更广泛的领域发现大数据的社会意义,找到了更多的新用途和富有创见的新见解。社会领域的计算也被很多学者称为"社会计算(Social Computing)"。社会领域的计算、对类似知识和关系的捕捉,不仅能够有效推动社会治理,还能产生商业价值。总的来看,从根本上对处理大规模信息的现实需求推动了大数据相关技术的迅速发展,起初国家安全是大数据技术的主要推动力,伴随着超级计算机的发明,大数据的存储和处理技术,以及大数据分析算法的研发,最终导致大数据技术在教育、金融、医疗等许多方面开始发挥巨大的作用。

1.1.3 当前大数据

"大数据"一词真正成为热点是在 2011 年 5 月,EMC 在美国拉斯维加斯举办第 11 届 EMC World 大会,以云计算相遇大数据(Cloud Meet Gig Data)为主题着重展现当今两个最重要的技术趋势,大会上提出了"大数据"概念,从而引发了工业界对大数据的广泛关注。

全球知名的咨询公司麦肯锡研究院(GMI)则于 2011 年 6 月发布名为 Big Data The Next Front for Innovation,Competition,and Productivity 的研究报告,详细分析了大数据发展前景、关键技术和应用领域,并指出大数据将会是带动未来生产力发展和创新及消费需求的指向标。联合国一个名为 Global Pluse 的倡议项目发布了名为 Big data for development Challenges & opportunities 的报告,阐述大数据时代特别是发展中国家在面临大数据带来的机遇与挑战。

大数据的过度火热某种程度上意味着过度炒作,然而通过 Gartner 发布的技术成熟度曲线可以发现,大数据已由概念和前景分析落地生根——进入平稳的发展阶段。如图 1-2 所示,Gartner 在 2013 年预测大数据已进入膨胀期,将在未来 2～5 年进入发展高峰期。当前大数据的技术已不再处于膨胀期和高峰期,而是进入了平缓的发展阶段。成熟度曲线规律:"虽然大数据已离开高峰期,但大家对大数据的兴趣依然不减,尽管新的大数据处理技术方案的出现使得大数据热度在市场趋向稳定,大数据还有 5～10 年才会达到稳定期。"这表明大数据的基本概念、关键技术及对其利用已得到业界的广泛认可,对大数据进行处理分析,发现大数据中蕴含的巨大价值成为业界共识。

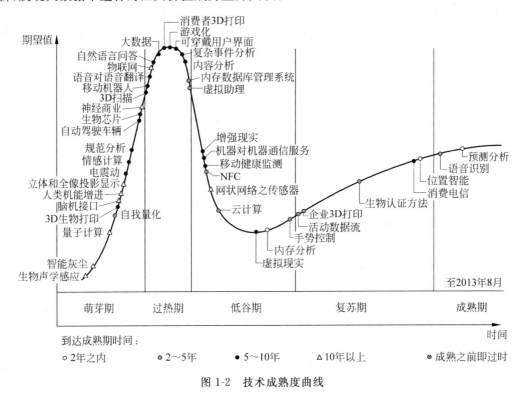

图 1-2　技术成熟度曲线

1.2　大数据概念与特征

1.2.1　大数据概念

"大数据"是指以多元形式存在,从多来源搜集的庞大数据组,往往具有实时性。在企业对企业销售的情况下,这些数据可能来自社交网络、电子商务网站、顾客来访记录,还有许多其他来源。这些数据并非公司顾客关系管理数据库的常态数据组。

不同的组织从不同的视角给大数据做出不同定义。百度百科认为大数据可以形象地概括为"由于体量的巨大和结构的复杂,无法在合理时间内将所涉及的资料量撷取、管理、处理并归纳成为帮助企业经营决策更积极目的的资讯";Apache Hadoop 组织认为大数据是一组规模庞大的数据集,其体量甚至大到传统的计算方法无法在可接受的时间范围内获取、储存、处理它们;全球最具权威的 IT 研究与顾问咨询公司高德纳(Gartner)认为大数据是一种体量巨大、结构多样并具有高增长率的信息资产,但它的价值只有通过新的技术与模式处理后方能彰显出来,形成更有力的决策依据、更精确的洞察能力;美国国家科学基金会(NSF)面对越来越复杂的数据管理难题和数据分析的挑战,期待依托新的商业大数据技术,利用计算方法来完成科学计算的研究,他们认为大数据来源于视音频软件、传感设备、符号数据、电子商务、因特网点击及各类终端,相比起单一渠道所产生的静态数据,该数据集更加大量、多变、高速、多元;国内学者李国杰、程学旗认为大数据是通过某种手段感知、获取、存储、挖掘和分享的数据集合,而以目前现有的数据处理技术、信息处理工具来获得上述数据集合的成本是相当昂贵的,这既指向资金成本,也指向时间成本。因此,大数据不仅仅指代其静态的数据,更指代其背后支持该数据集形成的所有技术。

利用新处理模式,大数据具有更强的决策力和洞察力,能够优化流程,实现高增长率,处理海量的多样化信息资产。归根结底,大数据技术可以快速处理不同种类的数据,从中获得有价值的信息,处理速度快,只有快速才能起到实际用途。随着网络、传感器和服务器等硬件设施全面发展,大数据技术促使众多企业融合自身需求,创造出难以想象的经济效益,实现巨大的社会价值,商业价值高,各行各业利用大数据产生极大增值和效益,表现出前所未有的社会能力,而绝不仅仅只是数据本身。所以,大数据可以定义为在合理时间内采集大规模资料、处理成为帮助使用者更有效决策的社会过程。

1.2.2 大数据的特点

业界通常用 4 个 V(Volume、Variety、Value、Velocity)来概括大数据的特征。

1. 数据体量巨大(Volume)

截至目前,人类生产的所有印刷材料的数据量是 200PB(1PB=210TB),而历史上全人类说过的所有话的数据量大约是 5EB(1EB=210PB)。当前,典型个人计算机硬盘的容量为 TB 量级,而一些大企业的数据量已经接近 EB 量级。

2. 数据类型繁多(Variety)

这种类型的多样性也让数据被分为结构化数据和非结构化数据。相对于以往便于存储的以文本为主的结构化数据,非结构化数据越来越多,包括网络日志、音频、视频、图片、地理位置信息等,这些多类型的数据对数据的处理能力提出了更高要求。

3. 价值密度低(Value)

价值密度的高低与数据总量的大小成反比。以视频为例,一部一小时的视频在连续不间断的监控中,有用数据可能仅有一两秒。如何通过强大的机器算法更迅速地完成数据的价值"提纯"成为目前大数据背景下亟待解决的难题。

4. 处理速度快(Velocity)

这是大数据区别于传统数据挖掘的最显著特征。根据 IDC 的"数字宇宙"的报告,预计到 2020 年全球数据使用量将达到 35.2ZB。在如此海量的数据面前,处理数据的效率就是企业的生命。

1.3 大数据应用

大数据应用是利用大数据分析的结果为用户提供辅助决策,发掘潜在价值的过程。从理论上来看,所有产业都会从大数据的发展中受益。

1.3.1　企业内部大数据应用

目前,大数据的主要来源和应用都是来自于企业内部,商业智能(Business Intelligence,BI)和OLAP可以说是大数据应用的前辈。企业内部大数据的应用可以在多个方面提升企业的生产效率和竞争力。具体而言,市场方面,利用大数据关联分析,更准确地了解消费者的使用行为,挖掘新的商业模式;销售规划方面,通过大量数据的比较,优化商品价格;运营方面,提高运营效率和运营满意度,优化劳动力投入,准确预测人员配置要求,避免产能过剩,降低人员成本;供应链方面,利用大数据进行库存优化、物流优化、供应商协同等工作,可以缓和供需之间的矛盾,控制预算开支,提升服务。

在金融领域,企业内部大数据的应用得到了快速发展。例如,招商银行通过数据分析识别出招行信用卡价值客户经常出现在星巴克、DQ、麦当劳等场所后,通过"多倍积分累计、积分店面兑换"等活动吸引优质客户;通过构建客户流失预警模型,对流失率等级前20%的客户发售高收益理财产品予以挽留,使得金卡和金葵花卡客户流失率分别降低了15%和7%;通过对客户交易记录进行分析,有效识别出潜在的小微企业客户,并利用远程银行和云转介平台实施交叉销售,取得了良好成效。

当然,最典型的应用还是在电子商务领域,每天有数以万计的交易在淘宝上进行,与此同时相应的交易时间、商品价格、购买数量会被记录。更重要的是,这些信息可以与买方和卖方的年龄、性别、地址、甚至兴趣爱好等个人特征信息相匹配。淘宝数据魔方是淘宝平台上的大数据应用方案,通过这一服务商家可以了解淘宝平台上的行业宏观情况、自己品牌的市场状况、消费者行为情况等,并可以据此进行生产、库存决策。与此同时,更多的消费者也能以更优惠的价格买到更心仪的宝贝。而阿里信用贷款则是阿里巴巴通过掌握的企业交易数据,借助大数据技术自动分析判定是否给予企业贷款,全程不会出现人工干预。据透露,截至目前阿里巴巴已经放贷300多亿元,坏账率约0.3%左右,大大低于商业银行。

1.3.2　物联网大数据应用

物联网不仅是大数据的重要来源,还是大数据应用的主要市场。在物联网中,现实世界中的每个物体都可以是数据的生产者和消费者,由于物体种类繁多,物联网的应用也层出不穷。

在物联网大数据的应用上,物流企业应该有深刻的体会。UPS快递为了使总部能在车辆出现晚点的时候跟踪到车辆的位置和预防引擎故障,它的货车上装有传感器、无线适配器和UPS。同时,这些设备也方便了公司监督管理员工并优化行车线路。UPS为货车定制的最佳行车路径是根据过去的行车经验总结而来的。2011年,UPS的驾驶员少跑了近4828万公里的路程。

图1-3　智慧城市大数据

智慧城市是一个基于物联网大数据应用的热点研究项目,图1-3所示为基于物联网大数据的智能城市规划。迈阿密戴德县就是一个智慧城市的样板。佛罗里达州迈阿密戴德县与IBM公司的智慧城市项目合作,将35种关键县政工作和迈阿密市紧密联系起来,帮助政府领导在治理水资源、减少交通拥堵和提升公共安全方面制定决策时获得更好的信息支撑。IBM 公司使用云计算环境中的深度分析向戴德县提供智能仪表盘应用,帮助县政府各个部门实现协作化和可视化管理。智慧城市应用为戴德县带来多方面的收益,如戴德县的公园管理部门今年因及时发现和修复跑冒滴漏的水管而节省了 100 万美元的水费。

1.3.3 面向在线社交网络大数据的应用

在线社交网络是一种在信息网络上由社会个体集合及个体之间的连接关系构成的社会性结构。在线社交网络大数据主要来自即时消息、在线社交、微博和共享空间 4 类应用。由于在线社交网络大数据代表了人的各类活动,因此对于此类数据的分析得到了更多关注。在线社交网络大数据分析是从网络结构、群体互动和信息传播三个维度,通过基于数学、信息学、社会学、管理学等多个学科的融合理论和方法,为理解人类社会中存在的各种关系提供的一种可计算的分析方法。目前,在线社交网络大数据的应用包括网络舆情分析、网络情报搜集与分析、社会化营销、政府决策支持、在线教育等。

圣克鲁斯警察局是美国警界最早应用大数据进行预测分析的试点,通过分析社交网络,可以发现犯罪趋势和犯罪模式,甚至可以对重点区域的犯罪概率进行预测。

2013 年 4 月,美国计算搜索引擎 Wolfram Alpha 通过对 Facebook 中 100 多万美国用户社交数据进行分析,试图研究用户的社会行为规律。根据分析发现,大部分 Facebook 用户在 20 岁出头开始恋爱,27 岁左右订婚,30 岁左右结婚,而 30~60 岁之间婚姻关系变化缓慢。这个研究结果与美国人口普查数据相比,几乎完全一致。

总的来说,在线社交网络大数据应用可以从以下三方面帮助我们了解人的行为,以及掌握社会和经济活动的变化规律。

(1)前期警告。通过检测用户使用电子设备及服务中出现的异常,在出现危机时可以更快速地应对。

(2)实时监控。通过对用户当前行为、情感和意愿等方面的监控,可以为政策和方案的制定提供准确的信息。

(3)实时反馈。在实时监控的基础上,可以针对某些社会活动获得群体的反馈信息。

1.3.4 医疗健康大数据应用

医疗健康数据是持续、高增长的复杂数据,蕴涵的信息价值也是丰富多样。对其进行有效的存储、处理、查询和分析,可以开发出其潜在价值。对于医疗大数据的应用,将会深远地影响人类的健康。例如,安泰保险为了帮助改善代谢综合征的预测,从千名患者中选择 102 个完成实验。通过患者的一系列代谢综合征的检测试验结果,在连续 3 年内扫描 600 000 个化验结果和 18 万索赔事件。将最后的结果组成一个高度个性化的治疗方案,以评估患者的危险因素和重点治疗方案。这样,医生可以通过食用他汀类药物及减重 5 磅等建议而减少未来 10 年内 50% 的发病率。或者通过患者目前体内高于 20% 的含糖量,而建议降低体内甘油三酯总量。

西奈山医疗中心(Mount Sinai Meddical Center)是美国最大、最古老的教学医院,也是重要的医学教育和生物医药研究中心。该医疗中心使用来自大数据创业公司 Ayasdi 的技术分析大肠杆菌的全部基因序列,包括超过 100 万个 DNA 变体来了解为什么菌株会对抗生素产生抗药性。Ayasdi 的技术使用了一种全新的数学研究方法——拓扑数据分析(Topological Data Analysis)来了解数据的特征。

微软公司的 HealthVault 是一个出色的医学大数据的应用,它于 2007 年发布,目标是希望管理个人及家庭医疗设备中的个人健康信息。现在已经可以通过移动智能设备录入上传健康信息,而且还可以第三方的机构导入个人病历记录。此外,通过提供 SDK 及开放的接口,支持与第三方应用的集成。

1.3.5　群智感知

随着技术的发展,智能手机和平板电脑等移动设备集成了越来越多的传感器,计算和感知能力也越发强大。在移动设备被广泛使用的背景下,群智感知开始成为移动计算领域的应用热点。大量用户使用移动智能设备作为基本节点,通过蓝牙、无线网络和移动因特网等方式进行协作,通过感知任务分发,收集、利用感知数据,最终完成大规模的、复杂的社会感知任务。群智感知对参与者的要求很低,用户并不需要相关的专业知识或技能,只需拥有一台移动智能设备。

众包(Crowdsourcing)是一种极具代表性的群智感知模式,是一种新型的解决问题的方式。众包以用户为基础,以自由参与的方式分发任务。目前众包已经被运用于人力密集的应用,如语言翻译、语音识别、图像地理信息标记、定位与导航、城市道路交通感知、市场预测、意见挖掘等。众包的核心思想是将任务分而治之,通过参与者的协作来完成个体不可能或者说根本想不到要完成的任务。无须部署感知模块和雇佣专业人员,众包就可以将感知范围扩展至城市规模甚至更大。

其实,众包的应用早于大数据的兴起,宝洁、宝马、奥迪等许多公司都曾借助众包提升自身的研发和设计能力。而在大数据时代,空间众包服务(Spatial Crowd Sourcing)成为大家关注的热点。空间众包服务的工作框架如下:服务请求方要求获取与特定地点相关的资源,而愿意接受任务请求的参与者将到达指定地点,利用移动设备获取相关数据(视频、音频或图片),最后将这些数据发送给服务请求方。随着移动设备使用的高速增长及移动设备提供的功能越来越复杂,可以预见空间众包将会变得比传统形式的众包服务更加流行。

1.3.6　智能电网

智能电网是指将现代信息技术融入传统能源网络构成新的电网,通过用户的用电习惯等信息,优化电能的生产、供给和消耗,是大数据在电力系统上的应用。智能电网可以解决以下几个方面的问题。

1. 电网规划

通过对智能电网中的数据进行分析,可以知道哪些地区的用电负荷和停电频率过高,甚至可以预测哪些线路可能出现故障。这些分析结果有助于电网的升级、改造、维护等工作。例如,美国加州大学洛杉矶分校的研究者就根据大数据理论设计了一款"电力地图",将人口调查信息、电力企业提供的用户实时用电信息和地理、气象等信息全部集合在一起,制作了一款加州地图。该图以街区为单位,展示每个街区在当下时刻的用电量,甚至还可以将这个街区的用电量与该街区人的平均收入和建筑物类型等相比照,从而得出更为准确的社会各群体的用电习惯信息。这个地图为城市和电网规划提供了直观有效的负荷数预测依据,也可以按照图中显示的停电频率较高、过载较为严重的街区进行电网设施的优先改造。

2. 发电与用电的互动

理想的电网应该是发电与用电的平衡。但是,传统电网的建设是基于发-输-变-配-用的单向思维,无法根据用电量的需求调整发电量,造成电能的冗余浪费。为了实现用电与发电的互动,提高供电效率,研究者开发出了智能的用电设备——智能电表。得克萨斯电力公司(TXU Energy)已经广泛使用智能电表,并取得了巨大的成效。供电公司能每隔 15min 就读一次用电数据,而不是过去的一月一次。这不仅节省了抄表的人工费用,而且由于能高频率快速采集分析用电数据,供电公司能根据用电高峰和低谷时段制定不同的电价,利用这种价格杠杆来平抑用电高峰和低谷的波动幅度。智能电表和大数据应用让分时动态定价成为可能,而且这对于 TXU Energy 和用户来说是一个双赢变化。

3. 间歇式可再生能源的接入

目前许多新能源也被接入电网,但是风能和太阳能等新能源的发电能力与气候条件密切相关,具有随机性和间歇性的特点,因此难以直接并入电网。如果通过对电网大数据的分析,则可对这些间歇式新能源进行有效调节,在其产生电能时,根据电网中的数据将其调配给电力紧缺地区,与传统的水火电能有效地互补。

1.4 大数据的研究与展望

大数据的出现开启了一次重大的时代转型。在 IT 时代,技术(Technology,T)才是大家关注的重点,是技术推动了数据的发展。如今数据的价值凸显,信息(Information,I)的重要性日益提高,今后将是数据推动技术的进步。大数据不仅改变了社会经济生活,也在影响着每个人的生活和思维方式,而这样的改变才刚刚开始。

1. 规模更大、种类更多、结构更复杂的数据

虽然目前以 Hadoop 为代表的技术取得了巨大的成功,但是随着大数据迅猛的发展速度,这些技术肯定也会落伍被淘汰。就如同 Hadoop,它的理论基础早在 2006 年就已诞生。为了能更好地应对未来规模更大、种类更多、结构更复杂的数据,很多研究者已经开始关注此问题,其中最为著名的当属谷歌的全球级分布式数据库 Spanner,以及可容错可扩展的分布式关系型数据库。未来,大数据的存储技术将建立在分布式数据库的基础上,支持类似于关系型数据库的事务机制,可以通过类 SQL 语法高效地操作数据。

2. 数据的资源化

既然大数据中蕴藏着巨大的价值,那么掌握大数据就掌握了资源。从大数据的价值链分析,其价值来自数据本身、技术和思维,而核心就是数据资源,离开了数据技术和思维是无法创造价值的。不同数据集的重组和整合可以创造出更多的价值。今后,掌控大数据资源的企业将数据使用权进行出租和转让就可以获得巨大的利益。

3. 大数据促进科技的交叉融合

大数据不仅促进了云计算、物联网、计算中心、移动网络等技术的充分融合,还催生了许多学科的交叉融合。大数据的发展,既需要立足于信息科学,探索大数据的获取、存储、处理、挖掘和信息安全等创新技术与方法,也需要从管理的角度探讨大数据给现代企业生产管理和商务运营决策等方面带来的变革与冲击。而在特定领域的大数据应用更需要跨学科人才的参与。

4. 面向数据

程序是数据结构和算法,而数据结构就是存储数据的。在程序设计的发展历程中也可以看出数据的地位越来越重要。在逻辑比数据复杂的小规模数据时代,程序设计以面向过程为主。随着业务数据的复杂化,催生了面向对象的设计方法。如今,业务数据的复杂度面向数据的设计必然是未来趋势。

5. 大数据可视化

在许多人机交互场景中都遵循所见即所得的原则,例如文本和图像编辑器等。在大数据应用中,混杂的数据本身是难以辅助决策的,只有将分析后的结果以友好的形式展现,才会被用户接受并加以利用。报表、直方图、饼状图、回归曲线等经常被用于表现数据分析的结果,以后肯定会出现更多的新颖的表现形式,例如微软公司的"人立方"社交搜索引擎使用关系图来表现人际关系。

6. 大数据引发思维变革

在大数据时代,数据的收集、获取和分析都更加快捷,这些海量的数据将对我们的思考方式产生深远的影响。在文献中,对大数据引发的思维变革进行了总结:

(1) 分析数据时,要尽可能地利用所有数据,而不只是分析少量的样本数据。

(2) 相比于精确的数据,我们更乐于接受纷繁复杂的数据。

(3) 应该更为关注事物之间的相关关系,而不是探索因果关系。

(4) 大数据的简单算法比小数据的复杂算法更为有效。

(5) 大数据的分析结果将减少决策中的草率和主观因素,数据科学家将取代"专家"。

7. 以人为本的大数据

纵观人类社会的发展史,人的需求及意愿始终是推动科技进步的动力。在大数据时代,通过挖掘和分析处理,大数据可以为人的决策提供参考,但是并不能取代人的思考。正是人的思维才促进了大数据的应用,而大数据更像是人的大脑功能的延伸和扩展,而不是大脑的替代品。随着物联网的兴起,移动感知技术的发展,数据采集技术的进步,人不仅是大数据的使用者和消费者,还是生产者和参与者。基于大数据的社会关系感知、众包、社交网络大数据分析等与人的活动密切相关的应用,在未来会受到越来越多的关注,也必将引起社会活动的巨大变革。

1.5 本章小结

本章介绍了大数据产生背景,大数据发展历程,大数据概念和特点,大数据应用场景,大数据研究展望等内容。

"大数据"一词真正成为热点是在 2011 年 5 月,EMC 在美国拉斯维加斯举办第 11 届

EMC World 大会,以云计算相遇大数据(Cloud Meet Gig Data)为主题着重展现当今两个最重要的技术趋势。

"大数据"是指以多元形式存在,从多来源搜集的庞大数据组,往往具有实时性。大数据具有数据体量巨大、数据类型繁多、价值密度低、处理速度快等重要特征,在企业内部、物联网、社交媒体、医疗健康、群感知、智能电网等方面有广泛应用,研究前景广阔。

第 2 章

大数据和云计算

2.1 大数据和云计算的关系

现在,当大数据越来越受到重视和追捧时,人们自然会想到这几年风起云涌的"云计算"。云计算的"云"也包括"巨大"的意思,那么大数据和云计算是一回事吗? 它们究竟是什么关系?

2.1.1 大数据和云计算关系概述

数据已经成为从工业经济向知识经济转变的重要特征,是当今时代最关键的生产要素和产品形态。在大规模生产、分享、应用数据的时代,从社交网络、微博、即时通信工具上可以随时随地发送消息、分享照片、传送视频,每一刻都产生多种格式的数据,每个人都成为数据的创造者和使用者。

自计算机发明以来,直到大数据时代之前,人们面对的数据大多数是有结构的,这类数据逻辑性强,存在较强的因果联系。典型的例子是运营商客户关系系统中记录着用户的号码、开户时间、开户地点、套餐类型等信息。而现在,人们所面对的大多数数据都是非结构化的,这类数据具有随时、海量、弹性、不可控制的特点。典型的例子如某一时刻的交通堵塞、天气状态、一个社会事件产生的因特网数据(微博、图片、文章、音乐、视频)等。据 IDC 等国外咨询公司预测,非结构化数据所占比例超过 80%,而这一比例还在逐渐加大。

目前,主要由非结构化数据组成的大数据颠覆了传统的 IT 世界,挑战着企业的存储架构、数据中心的基础设施,影响着数据挖掘、商业智能、云计算等各个应用环节。业界普遍共识,大数据将是继云计算、物联网之后信息技术领域的又一热点。大数据是信息技术未来发展的战略走向,将催生下一代价值数万亿美元的软件企业,以大数据为代表的数据密集型科学将成为新一次技术变革的基石。

　　谈到大数据,不可避免地提及云计算技术,云计算结合大数据,这是时代发展的必然趋势。有人把云计算和大数据比作是一个硬币的两面。云计算是大数据的 IT 基础和平台,而大数据是云计算范畴内最重要、最关键的应用。大数据体现的是结果,云计算体现的是过程。由于云计算的存在,使大数据的价值得以挖掘体现。云计算是大数据成长的驱动力。而另一方面,由于大数据的巨大价值越来越被社会各业所发现并重视,大数据的地位日益重要。在某种意义上看,大数据的地位已超越云计算。但是客观地评价,大数据和云计算两者之间是相辅相成、缺一不可的。也就是说,它们是同等重要的。就如一个硬币的两面,互为依存,相互促进,图 2-1 展示了大数据和云计算关系。

图 2-1　大数据和云计算关系

　　当然,需要特别强调的是,实现这些目标是有前提的,这就是需要在云计算的背景下实现大数据的重要功能。如果没有云计算的话,大数据就类似在作坊里造航母,是没有任何意义的。

　　综上所述,云计算技术可以实现 IT 资源的自动化管理和配置,降低 IT 管理的复杂性,提高资源利用效率;大数据技术主要解决大规模的数据承载、计算等问题。云计算代表着一种数据存储、计算能力,大数据代表着一种数据知识挑战,计算需要数据来体现其效率,数据需要计算来体现价值。云计算与大数据的关系包括两个层面:

　　(1)云计算的资源共享、高可扩展性、服务特性可以用来搭建大数据平台,进行数据管理和运营;云计算架构及服务模式为大数据提供基础的信息存储、分享解决方案,是大数据挖掘及知识生产的基础。

　　(2)大数据技术对存储、分析、安全的需求,促进了云计算架构、云存储、云安全技术快速发展和演进,推动了云服务与云应用的落地。

2.1.2　云计算是大数据处理的基础

　　云计算是大数据处理的基础,现有大数据平台广泛地使用云计算架构及云计算服务。如使用 Hadoop 存储和处理 PB 级别的半结构化、非结构化的大数据;使用 MapReduce 将大数据问题分解成多个子问题,然后将子问题分配到成百上千个处理节点之上,最后再将结果汇集到一个小数据集当中,从而更容易分析得到最后的结果。

　　此外,对于短期大数据处理项目,如果数据处理需要大量的计算资源和存储资源,云平台是唯一可行选择。在项目启动期间可以迅速获得云中的存储空间和处理能力,而在项目结束之后可以迅速释放这些资源和能力。

随着云计算技术的不断成熟,云服务性价比、可扩展性、灵活性和可管理性不断提升,越来越多的应用和数据将迁移至云中,云计算和大数据将会更紧密地结合。

2.1.3　大数据是云计算的延伸

大数据技术涵盖了从数据的海量存储、处理到应用多方面的技术,如海量布式文件系统、行计算框架、NoSQL 数据库、实时流数据处理、智能分析技术等。由此可见,大数据技术与云计算的发展密切相关,大数据技术可以看作是云计算技术的延伸。

以因特网公司为例,大数据技术可以为因特网公司带来更多的机会,目前已经搭建云计算平台,存储海量网络运营数据、用户语音数据、用户上网数据。因特网企业可以使用大数据技术进一步对云平台中的数据进行应用、挖掘,运营商的数据应用可以涵盖多个方面,包括企业管理分析,如战略分析、竞争分析;运营分析,如用户分析、业务分析、流量经营分析;营销分析,如精准营销、个性化推荐等。

云计算技术的发展落后于产业界的期望,因为安全、可靠问题还不能打消用户的疑虑,那么大数据技术的需求可能会加速云计算的发展,引发云架构的演进,在大数据发展的初期,大数据可能成为云平台上的重要应用。

2.2　云计算概念

2.2.1　云的兴起

2006 年 8 月 9 日,"云计算(Cloud Computing)"这个名词由 Google 首席执行官埃里克·施密特(Eric Schmidt)在搜索引擎大会(SES San Jose 2006)上第一次提出。云计算的构想一经提出,立刻在全球信息产业界与研究领域引起了广泛关注。

在产业界方面,全球各大 IT 巨头围绕云计算展开了激烈角逐,纷纷投入巨资,快速地推出一系列令人炫目的重大项目与计划,诸如:

(1) Google 公司在云计算方面推出了 MapReduce(新型的分布式计算模型)、GFS(Google File System,一种分布式文件系统)及 BigTable(一种结构化数据的分布存储系统)。

(2) 从 2007 年开始,微软公司在美国、爱尔兰、冰岛等地投资数十亿美元建设其用于"云计算"的"服务器农场",每个"农场"占地都超过 7 个足球场,集成数十万台计算机服务器田。

(3) IBM 公司推出蓝云计算平台为企业客户搭建分布式、可通过因特网访问的云计算体系,它包括一系列的自动化、自我管理和自我修复的虚拟化云计算软件,使来自全球的应用可以访问分布式的大型服务器池,使得数据中心在类似于因特网的环境下运行计算。

(4) 亚马逊公司推出自己的亚马逊网络服务(Amazon Web Services,AWS),提供的云计算服务功能主要包括弹性计算云(EC2),简单存储服务(S3),简单数据库服务(Simple DB),简单队列服务(SQS)等。

(5) 其他如雅虎、Sun 和思科等公司,围绕"云计算"也都有重大举措。

在研究领域方面,从 IEEE 收录的论文数据库中使用关键字 clouding computing 按年度进行检索,从 2006 年到 2011 年,收录的云计算相关论文的数量分别为 248、277、504、1212、2607、3822。可见,从 2008 年度开始,越来越多的计算机科研人员投入到云计算研究之中。

在信息产业规划方面,全球各国政府也不遗余力,纷纷推出一系列云计算相关的计划,诸如:

(1) 2011 年 2 月美国政府发布的《联邦云计算战略》,规定在所有联邦政府信息化项目中云计算优先。

(2) 欧盟制定了"第 7 框架计划(FP7)",推动云计算产业发展。

(3) 英国已开始实施政府云(G-cloud)计划,所有的公共部门都可以根据自己的需求通过 G-cloud 平台来挑选和组合所需服务。

(4) 2009 年日本总务省"霞关云计算"计划,计划在 2015 年前建立一个大规模的云计算基础设施,实现电子政务集中到一个统一的云计算基础设施之上,以提高运营效率、降低成本。

在中国国内,"云计算"的研究与应用基本与国外同步。2010 年 6 月,胡锦涛总书记在两院院士大会上就指出,"互联网、云计算、物联网、知识服务、智能服务的快速发展为个性化制造和服务创新提供了有力工具和环境",将云计算应用提上了创新生产方式的高度。

同年 10 月,国家发展和改革委员会、工业和信息化部联合发布《关于做好云计算服务创新发展试点示范工作的通知》,确定在北京、上海、深圳、杭州、无锡 5 个城市先行开展云计算服务创新发展试点示范工作。

2.2.2　云计算的定义及其特点

如此热门的云计算,它究竟是什么呢? 它是一种开创性的新计算机技术? 还是一种新的信息化应用模式? 这个问题可以通过云计算的概念分析来予以回答,下面是云计算的一些主流定义(云计算的定义很多,这里只列出具有代表性的定义):

- IBM:云计算是一种计算模式,在这种模式中,应用、数据和 IT 资源以服务的方式通过网络提供给用户使用。云计算也是一种基础架构管理的方法论,大量的计算资源组成 IT 资源池,用于动态创建高度虚拟化的资源提供给用户使用。

- 加州大学伯克利分校的云计算白皮书:云计算包含 Internet 上的应用服务及在数据中心提供这些服务的软硬件设施,因特网上的应用服务一直被称为软件即服务(Software as a Service,SaaS),而数据中心的软硬件设施就是云(Cloud)。

- Markus Klems:云计算是一个囊括了开发、负载均衡、商业模式及架构的流行词,是软件业的未来模式(Software10.0)。或者简单地讲,云计算就是以 Internet 为中心的软件。

虽然这些定义各不相同,但总体上可以看出云计算的特点主要体现在三个方面:

(1) 应用层面:云计算是一种新的计算模式,它将现有的计算资源集中组成资源池。值得注意的是,计算资源的概念不是指传统意义上的网络、计算机这样的硬件设施,而是通过虚拟化技术,基于不同软硬件资源实现的虚拟化的计算资源池,这使得用户可以通过网络来访问各种形式的计算资源。

（2）服务层面：云计算通过网络提供各类计算资源，网络使得用户可以跨越地理空间的限制，随时随地通过云计算资源中心来获得各类资源。

（3）技术层面：云计算是一种新的软硬件基础架构，与传统分散的计算机基础设施建设规划相比，云计算强调的是计算资源中心化，通过大规模的云计算中心，整合海量的数据处理与存储能力，通过网络向用户提供服务。

由云计算的特点可以看出，云计算给未来信息化社会建设描绘一幅壮丽的前景蓝图：

通过云计算，普通的用户，如企业公司、政府等社会组织机构不需要部署自己的机房、各种服务器，聘请专业的维护人员，维护自己的 IT 设施运行等，只需要向云计算服务商购买云计算资源中心提供的相应服务即可。云计算可以提供的资源包括虚拟机、虚拟网络、虚拟数据库，以及部署在这些服务器上的应用软件等。用户不再担心自己应如何部署与管理与 IT 应用相关的各种问题，如 7×24 小时的无故障、系统备份、安全隐患排除等，这些问题都交给更专业的云计算服务商。

通过云计算，云计算服务商可以实现集中统一掌控大量的计算资源，向用户提供弹性化的计算资源服务。通过虚拟化技术实现的虚拟化计算资源池，可以根据用户的需求实现弹性化的扩展，同时计算资源越来越集中，会产生规模化的效应，也意味着在维护管理方面效率会增加。这两方面结合，将使得云计算服务商在计算资源及其管理维护方面投入的资金利用率得到显著的提升，从而提高云计算服务商的生产率。

通过下面的案例可以进一步说明云计算对未来社会生产率的促进作用。

2008 年 3 月 19 日上午 10 点，美国国家档案馆公开了希拉里·克林顿在 1993—2001 年作为第一夫人期间的白宫日程档案。由于这些档案是新闻记者团体和独立调查机构依据"信息自由法案"向国会多次请愿才得以公开的，因此具有极高的社会关注度与新闻时效性。但是，这些档案是不可检索的低质量 PDF 文件，若想将其转换为可以检索并便于浏览的文件格式，需要进行再处理。

华盛顿邮报希望将这些档案在第一时间上传到因特网，以便公众查询。但是据估算，仅每一页的操作，以报社现有的计算能力就需要 30 分钟。因此，华盛顿邮报将这个档案的转换工程交给 Amazon EC2(Elastic Compute Cloud)。Amazon EC2 同时使用 200 个虚拟服务器实例，每个服务器的单页平均处理时间都缩短为一分钟，并在 9 小时内将所有的档案转换完毕，以最快的速度将这些第一手资料呈现给读者。

这个案例中，Amazon 公司通过其 EC2 平台将计算资源打包提供给客户，使报社在 9 小时内就得到了 1407 小时的虚拟服务器机时，在第一时间内完成了档案的转换，而华盛顿邮报仅需要向 Amazon 公司支持 144.62 美元的费用。

这个案例清楚地表述了云计算服务商通过规模化效应，提供高弹性的资源服务能力，资源的利用率较之传统系统大幅提升，因此用户可以充分享受"云"的低成本优势，经常只要花费几百美元、几天时间就能完成以前需要数万美元、数月时间才能完成的任务。如此，会进一步推动云计算应用的发展，从而形成提高 IT 生产率，乃至整体社会生产率的正反馈。

综上所述，通过云计算的定义、特点可知，云计算作为一种新的计算模式，通过虚拟化技术实现大规模的虚拟化资源池，通过网络传递各类虚拟化计算资源提供服务，用户则通过网络跨越地理空间的限制，随时获取各类计算资源。云计算实现了计算资源的实现形态、计算服务的应用模式的根本性变革，因此可以说，云计算的到来意味着信息产业面临着一次新的革命。

由此,云计算的重要意义可见一斑,因而各国政府、IT产业界及领域研究才会如前文所述,对云计算予以高度重视,不惜投入大量的资源,以期能在云计算带来的产业浪潮之中占有一席之地。

2.2.3 云计算名称的来历

了解云计算的概念与内涵之后,还剩下最后一个问题,就是为什么要起“云”这个名字,这个问题目前主要有两个解释:

一个是因为云是无数微小的水滴凝聚而成,所以以“云”为名,象征云计算模式下,各类软硬件计算资源像微小的水滴一样通过虚拟化技术聚集成宏大的计算资源中心。

另一个解释相对简单,来源于因特网的部署方案图,如图2-2所示。类似的因特网系统部署方案图中,一般使用云图标来代表目标系统接入到目标系统外部因特网,实现跨地域的数据交互。虽然外部因特网包含大量的复杂技术与基础设备,但都与目标系统无关,因此部署方案图中使用云图标来进行抽象,只强调使用外部因特网的数据交互服务,而无须关心外网的结构与设施。如前文所述,云计算通过网络传递各种计算资源,用户只需通过网络来获取与使用即可,无须关心云计算中心的设施与底层虚拟化技术,所以因特网系统部署方案图中的云图标正好契合了云计算的核心特点,故而使用“云”来对这种新计算模式命名。

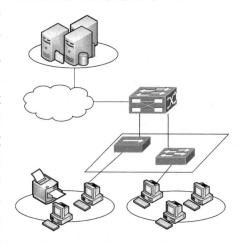

图2-2 常见的因特网系统部署图

相较上述两种解释,结合本书阐述的云计算发展渊源来看,本书作者认为后一种解释更为贴切一些。

2.3 云计算类型

从上述云计算的概念介绍可知,云计算模式涵盖的范围非常广,从底层的软硬件资源聚集管理,到虚拟化计算池乃至通过网络提供各类计算的服务。因此,具体的云计算系统具有多种形态,提供不同的计算资源服务。

针对云计算系统可以提供何种类型的计算资源服务,以服务类型为划分标准,可以将云计算划分为基础设施类、平台类、应用类三类不同的云计算系统;以所有权划分,可以分为公共云、私有云、混合云三类。

2.3.1 基础设施类

该类云计算系统通过网络向企业或个人提供各类虚拟化的计算资源,包括虚拟计算机、存储、虚拟网络与网络设备,以及其他应用虚拟化技术所提供的相关功能。

这里提及的虚拟化技术是指通过对真实的计算元件进行抽象与模拟,虚拟出多个各类型的计算资源。虚拟化技术可以在一台服务器中虚拟出多个虚拟计算资源,也可以使用多台服务器虚拟出一个大型的虚拟设备。例如,一台计算机中可以虚拟出多个虚拟机,分别安装不同的操作系统,实现一台服务器当多台服务器使用;也可以将多个存储设备虚拟成一台大的存储服务器。在基础设施类的云计算系统中,用户可以远程操纵所有虚拟的计算资源,几乎接近于操作真实的计算机硬件服务。

在基础设施类的云计算系统中,最为典型的基础设施类云计算系统当属亚马逊虚拟私有云(Amazon Virtual Private Cloud,VPC)服务。亚马逊是全球最大的在线图书零售商,在发展主营业务即在线图书零售的过程中,亚马逊为支撑业务的发展,在全美部署 IT 基础设施,其中包括存储服务器、带宽、CPU 资源。

为了充分支持业务的发展,IT 基础设施需要有一定的富裕。2002 年,亚马逊意识到闲置资源的浪费,开始把这部分富裕的存储服务器、带宽、CPU 资源租给第三方用户。亚马逊将该云服务命名为亚马逊网络服务(Amazon Web Services,AWS)。2006 年年初,亚马逊成立了网络服务部门,专为各类企业提供云计算基础架构网络服务平台,用户(包括软件开发者与企业)可以通过亚马逊网络服务获得存储、带宽、CPU 资源,同时还能获得其他 IT 服务,如亚马逊私有云(VPC)等。

2010 年,AWS 为亚马逊带来了 5 亿美元的营收,占亚马逊 342 亿美元营收总额的约 1.5%,同时云计算还是亚马逊增长最迅速的业务。2011 年,亚马逊预计将使资本支出翻番,至 8.51 亿美元,并将为零售业务建设更多的数据中心和数据仓库,同时为其云服务做更好的准备。2011 年第一季度营收 98.57 亿美元,同比增长 38.2%,但营业利润下降了 18.2%,云计算服务方面的投资增加是影响其利润率的一个重要因素。预计 AWS 在 2011 年的营收最多将为 9 亿美元,而运营性利润率将达到 23%,将远高于亚马逊核心业务的 5%。

AWS 目前主要由 4 块核心服务组成:简单存储服务(Simple Storage Services,S3)、弹性云计算(Elastic Compute Cloud,EC2)、简单排列服务(Simple Queuing Services),以及尚处于测试阶段的 Simple DB。AWS 提供的服务非常简单易用,主要应用可以概括为提供虚拟机、在线存储和数据库、类似大型机时代的远程计算处理及一些辅助工具,其在国外市场环境比较成熟。

其中,Amazon EC2 系统使用 Xen 虚拟化技术,利用 Amazon 掌握的服务器虚拟出运算能力不同的三个等级虚拟服务器。然后面向用户出租虚拟服务器,用户租用这些虚拟服务器之后,可以通过网络控制虚拟服务器,在虚拟服务器中装载系统镜像文件,配置虚拟服务器中的应用软件与程序。亚马逊为用户提供了非常简便的使用方式:基于 Web 页面,登录即可使用;按使用量及时间付费。在这种模式下,用户可以用非常低廉的价格获得计算及存储资源,并且可以方便地扩充或缩减相关资源,有效地应对诸如流量突然暴涨之类的问题。通过网络,用户可以像控制自己本地机器一样使用 Amazon 提供的虚拟服务器,只需要按使用时间来付出租费用即可。图 2-3 展示了 Amazon EC2 的 Web 控制界面。

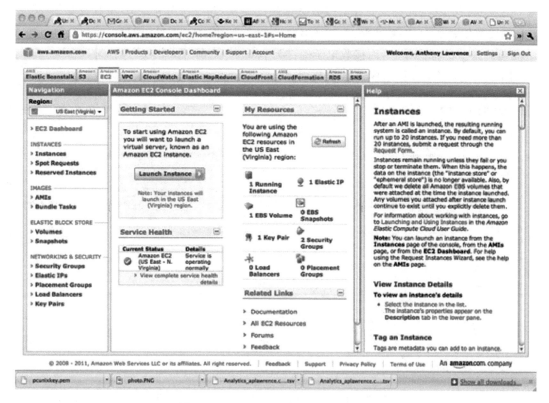

图 2-3　Amazon EC2 的 Web 控制界面

2.3.2　平台类

平台类的云计算系统是向用户提供包含应用及服务开发、运行、升级、维护,或者存储数据等服务的云计算系统。或者简言之,平台类的云计算系统核心是提供中间件服务的云计算系统,用户使用该云计算类型可以调用中间件提供的各类服务,实现自己应用的开发、配置、运行。至于应用所需的中间件软件、虚拟化服务器与网络资源、应用的负载平衡等维护方面由平台类云计算系统提供服务予以解决。

该类型云计算系统的典型系统则是 Google App Engine(GAE)。Google App Engine是 Google 公司于 2008 年推出的,面向用户提供 Web 应用开发、运行支持等各类服务。GAE 支持 Python、Java 及其他多种 Web 应用开发语言,同时也支持 Django、Cherry、Pylons 等 Web 应用框架。开发商可以使用 Google 提供的基础设施构建 Web 应用,开发完毕后再部署到 Google 的基础设施之上,交由 GAE 托管,运行在 Google 数据中心的多个服务器之中。由 GAE 负责应用的集群部署、监控及失效恢复,并根据应用的访问量和数据存储需求的变化而自动扩展。

Google App Engine 开始推出时是免费服务,2012 年 9 月初,Google 宣布作为云计算服务核心内容的 GAE 将结束预览期,正式对外收费服务。其收费标准主要依据开发者的使用时间和带宽流量而定。如用户每日 App Engine 的 CPU 时间不超过 6.5 小时,发送和接收的数据不超过 1GB,则可继续免费使用该服务。如超出上述标准,超出部分的费用按每 CPU 小时 0.10 美元计算。每日接收数据超过 1GB，超出部分每 1GB 将收费 0.10 美元；每日发送数据超过 1GB，超出部分每 1GB 将收费 0.12 美元。此外，用户存储数据每月将按 0.15 美元/GB 的标准收费，而接收电子邮件为 0.0001 美元/封。

图 2-4 展示了 GAE 的 Web 控制界面。

图 2-4　Google App Engine 的 Web 控制界面

2.3.3　应用类

该类云系统是各用户直接提供其所需的软件服务。同样，这些服务是通过 Web 应用方式提供的，用户可以通过浏览器使用网络来远程登录到这些软件服务的界面，使用服务提供的各类软件功能。虽然用户使用软件的方式与现在的 B/S(Browser/Server，浏览器/服务器)系统类似，但是它们本质上不同，应用类型的云计算系统向用户收费是租赁式的，用户根据使用的资源、时间等标准付费，云计算系统的产权归云服务商，而 B/S 系统一般是向用户整体打包出售给用户，产权归用户。

该类型云计算系统的典型提供者是 Salesforce 公司，它是创建于 1999 年 3 月的一家客户关系管理(CRM)软件服务提供商，其品牌标志格外引人注目，用一个红色的圆圈和一条斜杠表明其"反软件"的态度，提倡"软件即服务"的概念。

Salesforce 的运营模式可以简单地概括为"用网络服务实现 ERP 软件的功能，用户只需要付少许的软件月租费，以节约大笔购买开支"。用户购买了 Salesforce 的使用权，就可获得 Salesforce 公司为用户提供的一个 appexchange 目录，其中储存了上百个预先建立的、预先集成的应用程序，从经费管理到采购招聘一应俱全，用户可以根据自己的需要将这些程序定制安装到自己的 salesforce 账户，或者根据需要对这些应用程序进行修改以适应本公司的特定要求，用户只需要付少许的软件月租费即可。

图 2-5　Salesforce 的反软件标志

图 2-5 和图 2-6 分别为 Salesforce 的反软件标志及用于产品交易会话记录分析的界面。

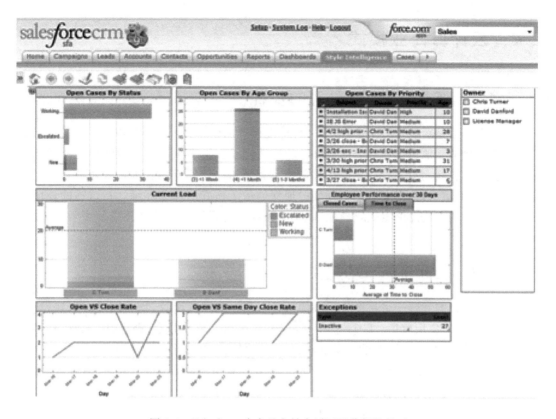

图 2-6 Salesforce 中产品交易会话记录分析的界面

2.3.4 以所有权划分云计算系统类型

除了上述依据云计算系统提供的服务类型划分标准之外,还可以将云计算系统的所有者与其服务用户作为划分依据,可以将云计算系统划分为公共云、私有云、混合云三类。其中:

- 公共云(Public Clouds):由服务供应商创造各类计算资源,诸如应用和存储,社会公众以免费或按量付费的方式通过网络来获取这些资源,公共云运营与维护完全由云提供商负责。

- 私有云(Private Clouds):某公司与社会组织单独构建的云计算系统,该组织拥有云计算系统的基础设施,并可以控制在此基础设施上部署应用程序的方式。私有云可部署在组织的防火墙内,也可以交由云提供商进行构建与托管。

- 混合云(Hybrid Cloud):由于信息安全方面的考虑,某些组织机构的信息无法放置在公共云上,但又希望能使用公共云提供的计算资源,则可使用混合云模式。可以让应用程序运行在公共云上,而最关键的数据和敏感数据的应用程序运行在私有云上。如此,可以借助公共云的高可扩展性与私有云的较高安全性,可以根据应用需求的不同和出自节约成本的考虑,在私有云和公共云之间灵活选择。

2.4 云计算商业模式

2.4.1 商业模式是云计算的基石

云计算不但是新技术的结合,更是一种商业模式的创新。云计算是以应用来拉动,通过应用带动后台的基地建设和整个社会服务的产业建设。由于中国经济持续稳定的增长,中国的整体环境持续看好,IT产业在中国的发展保持着一个稳定增长的良好态势,满足了社会、经济发展的需求,为中国信息化程度的加深创造了良好的外部环境。在这样的环境下,云计算在中国的高速发展也就顺理成章,而海量数据的爆炸式增长趋势更是为云计算的发展推波助澜。

2.4.2 云计算的市场规模

云计算引发的大转变必将产生巨大的市场机遇。我国云计算、物联网进入快速发展阶段,将产生巨大的应用市场。2011年年底,国家发展和改革委员会、财政部、工业和信息化部三部委遴选了12个云计算重点项目,以高达15亿的专项基金予以支持。

根据赛迪2012年最新的预测,在未来几年云计算应用将以政府、电信、教育、医疗、金融、石油石化和电力等行业为重点,在中国市场逐步被越来越多的企业和机构采用,市场规模也将从2010年的167.31亿元增长到2013年的1174.12亿元,年均复合增长率达91.5%。

同时,数量巨大的网络用户,尤其是中小型企业用户为"云计算"在国内的发展提供了很好的用户基础,云计算将大幅度提升国内数量广泛的中小型企业的电子化水平,最终提升企业的竞争力。

2.4.3 云计算商业模式分析

1. 云计算产业链

云计算时代的出现使得专门的云计算服务运营商负责提供数据机房,软、硬件设备,系统安装部署、维护等服务,成为系统资源服务商;并将服务、资源通过虚拟化管理技术提供给SaaS/PaaS等应用开发商,提高数据资源利用率;为最终用户提供更加便利的信息服务。

因此,在云计算时代,信息产业将出现整合。人们的日常生活中将离不开"云",云服务运营商将宽带、存储、计算能力作为像人们生活中的"水、电"一样提供给最终用户。云计算产业链也将由软、硬件制造商—云计算运营商—应用开发商—最终用户组成。

2. 商业模式分析

在云计算时代,中国科技企业必须要开放心态,积极拥抱"云计算",并审核自身在云计算产业链中的定位,通过对自身优势的不断挖掘,在云计算时代找到自己的位置。目前参与"云计算"的企业大多面向的客户是技术开发者和大学、研究所及技术领先的大型科技企业,这些都还属于研究、试用阶段。同时,各个云计算平台和企业私有云之间并没有形成统一的接口和数据管理协议,基本上都属于小型的分散"云",没有形成规模。中小企业应用云计算技术还存在技术风险。

云计算的商业模式在不断地发展和演化中,但万变不离其宗的是,一定要捆绑一种符合自身情况的盈利模式。至于盈利模式是资源租赁、服务租赁、平台租赁,还是资源管理、广告运营等都不重要,因为伴随着新技术的发展,将产生新的细分市场,将带来巨大变革。但在这个过程中,关键是参与投入"云计算"的企业要盈利,如果不能盈利,任何新技术都不能得到持续发展和普及。

3. 企业"云"中变身

借助云计算的强势,企业也开始思考战略"变身"。以往传统云计算提供商仅仅停留在卖产品的层次上,对于用户的反应则是不闻不问。这种"一锤子"买卖无疑将会被淘汰。没有改变就没有发展,从卖产品到卖服务的战略转型是结合行业趋势做出的选择。

由硬件设备制造商向信息技术服务商转型,从云计算开始,这是未来企业一个大的战略方向。在这条路上,企业在产业链里面需要一个非常清晰的定位。随着"云模式"的逐渐成形,从企业角度来说,在成本上有很大节约,更重要的是灵活性增强,使得企业不需要养一支很大的 IT 支持团队。这就是"云模式"所能够带来的最根本优势,而且这中间有很大的灵活性,就像打开电灯的时候不会关心电是哪个发电厂发过来的,未来整个 IT"云模式"将能达到无所不在的状态。

2.5 本章小结

本章介绍了大数据和云计算的关系、云计算的概念、云计算的由来、云计算类型、云计算的商业模式。

云计算结合大数据,这是时代发展的必然趋势。云计算是大数据处理的基础,大数据是云计算的延伸。

2006 年 8 月 9 日,"云计算"这个名词由 Google 首席执行官埃里克·施密特在搜索引擎大会上第一次提出。

云计算作为一种新的计算模式,通过虚拟化技术实现大规模的虚拟化资源池,通过网络传递各类虚拟化计算资源提供服务,用户则通过网络跨越地理空间的限制,随时获取各类计算资源。

第 **3** 章

大数据应用价值

大数据正在催生以数据资产为核心的多种商业模式,产生巨大的应用价值。数据的生成、分析、存储、分享、检索、消费构成了大数据的生态系统,每一个环节产生了不同的需求,新的需求又驱动技术创新和方法创新,通过大数据技术融合社会应用,让数据参与决策,发掘找到大数据真正有效的价值,进而改变人们未来,革新生活模式,产生社会变化,引发积极影响。近年,伴随着物联网膨胀,移动因特网流行,社交媒体发达,交互式媒体快速发展,大数据展现其独有的时代特性,广泛应用在客户群体细分、数据搜索、虚拟现实、个性推荐、客户关系管理等方面,展现出巨大的延伸价值,越来越成为时代焦点,引起人们关注,如图 3-1 所示。

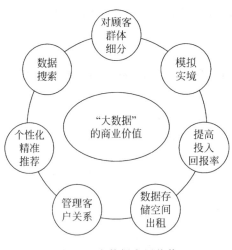

图 3-1 大数据应用价值

3.1 大数据在电子商务中的应用

电子商务发展最关键的是信息流、物流及资金流,由此,电子商务的发展也带动了许多行业的发展,以及新兴业态的兴起,例如支付宝、微信钱包、快钱等第三方支付及快递行业。

3.1.1 大数据是电子商务发展要素

随着企业处理的数据量迅速变大,处理速度飞快提升,数据处理工具的智能化程度提高,价格日益实惠,许多大型电子商务公司已经把大数据分析看成一项必不可少的工作内容,灵活运用各项数据分析手段,提炼商业智能已经成为电子商务企业在大数据时代背景下的一项必修课。

电子商务企业需要分析其核心业务数据及其不断增大的规模,不能凭直觉制定关键决策,最好分析所有与客户相关的业务数据以留住现有客户,吸引他们,同时赢得更多新客户购买更多的商品。企业应对基础设施和软件进行投资,运用相应算法处理大数据,了解消费者情绪,优化供应链,去除虚假数据。为此,聘请数据科学家完成相应工作,只有对数据进行压缩处理并智能地展现与特定内容相关的数据,大数据才能更好地利用。

非常庞大的数据集往往很难用传统的数据库管理工具进行处理,这些数据包括访问网页、登录、在线交易等,企业应使用相应工具对数据进行压缩和筛选,实施大数据策略,仅展现与特定内容相关的数据。大数据通过捕捉、存储和分析用户在社交媒体上发表的售后体验,改变业务模式,可以提高质量,改进服务。企业不仅应捕捉、存储大数据,还应开发、利用大数据,因为只有开发、利用大数据,才能挖掘出大数据蕴藏的巨大价值,特别是应使用专门工具分析和开发杂乱的非结构化的数据。根据个人或消费群体的喜好或者消费行为分析和细分市场,提供富有个性化的产品,营销部门收集一些有价值的信息来找出购物者的兴趣所在,然后组织一些有针对性的营销活动,从而在竞争中增加企业优势。

电商公司除了要关注大数据工具的运用之外,真正应该注意的是情报数据,从日常的工作来看,情报数据处理人员出去收集情报的工作占了多数时间。他们会跟上下游供应链进行跨部门沟通。虽然这些情报数据性不强,但价值十分高。电子商务企业在有海量数据积累的基础上,还要有一套按照公司需求定制的优秀系统才可能实现大数据,在销售记录屡创新高的同时,电子商务的利润率得到增长,实现销量与利润率双增长。

3.1.2 电子商务大数据的实用措施

经过处理的大数据分析能给企业带来效益,提供增量价值,大数据只有带来实实在在的效益才会被商家接受,效益是大数据的根本要素,商家承诺产品与服务,消费者获得好的体验和价值,商家才能最终获得可观的销量和实在的利益。数据可靠性是分析大数据的前提,大数据的价值潜力来自于机器学习,大数据在经济上的应用依赖规模效应,商家需要具有大数据理念,主动开发大数据的价值,大数据就成为竞争的主要工具,利用大数据可以提高品牌忠诚度。

商家可以利用已有品牌建立互动的网络社交平台,成立网络社区,改善商业网站,在商家的社区网站中消费者与企业员工及其他消费者互动,如果得到反馈,这种网络之间的人际沟通会带来对品牌的好感,这种行为促使消费者增进对品牌的归属感,产生信赖的感觉,社交平台促使商家赢得市场,刺激消费者增进支出,效果超过传统模式,有利于商家进行宣传活动。

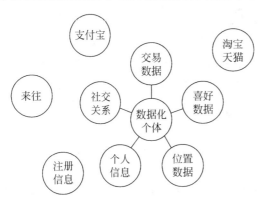

图 3-2　消费者行为数据

大数据实现市场的规模效应,反映社会性活动,消费者被网络社区聚集成一个拥有共性的消费群体,网络社交行为进一步提高,网络互动变成惯性,网络社交接近现实社会行为,如图 3-2 所示。商家通过品牌网站举行活动模拟生活或是直接将线上活动与现实中的商品关联起来,网上的潜在消费者会产生强烈的购买欲,这种感觉直接导致购买行为的发生。

大数据不是将商品打扮成大众形象,而是采集数据促使商家开发创新,找到适合的商品营销方式。帮助商家个性化生产商品,精确区分消费者群体。大数据反映消费者的需求,深入挖掘就可以更好地预测销售结果,采取有效地商业行为。

3.1.3　电子商务大数据的转型路径

1. 电子商务大数据的发展趋势

无论是传统的 IT 企业还是典型的因特网企业都在调整自己的战略,把业务延伸到大数据领域,大数据更是电子商务企业的生命线。大数据对电子商务发展的影响有如下方面:

(1) 数据将成为企业的核心竞争力和核心资产。拥有庞大的数据或者拥有分析、挖掘数据、传输数据的能力都是企业竞争力的主要来源。

(2) 跨界融合将成为普遍趋势。跨界融合既包括跨媒体、跨行业、跨地域、跨国界经营的横向跨界,也包括平台衍生内容服务的全产业链要素的纵向跨界。通信、内容、消费者、计算机具有融合趋势,IT 产业由"内容驱动硬件增长"的模式向"内容-软件-硬件"的一体化发展。苹果公司从创意设计到平台、内容、终端都是一体化运营,行业的边界日益模糊,融合成为基本趋势。

(3) 无边界娱乐成为基本生活样态。大数据大大地改变了人们的生活方式,扩展了娱乐的范围,造就了互动性强的无边界娱乐。无边界娱乐使人们不受时间和空间的限制娱乐,移动因特网时代时间和空间完全被打破,交互性超强,更满足了娱乐无边界的需求。在娱乐无边界的时代,无论是网络创作、传播、消费、阅读,还是网络购物、时尚电子产品,青少年是主流消费者。

2. 电子商务转型升级的基本方向

电子商务需要在这个大趋势之下转型升级,大数据、社交媒体、云计算、文化产业的相互联动能够促进电子商务的转型升级,将会给电子商务带来新的机遇。电子商务转型升级的基本方向具体有如下几个方面:

(1) 由销量制胜到数据制胜。在发展的初级阶段电子商务强调销量、人气,到了高级阶段聚集庞大的数据成为主要方面,销量制胜转变为数据制胜。亚马逊公司市值能达到1500 亿,一直在行业里面遥遥领先是与庞大的数据积累有密切关联的。电子商务公司可以将数据实现规模化,更大程度地增加用户黏度。

(2)由规模化制造走向规模化定制。制造和定制是截然相反的,定制与制造反向,是按顾客需要销售的。大数据时代通过机器学习,这些因特网企业主要研究人类生活方式的变化,包括购买习惯和购买偏好,并满足这些个性化需求。制造类企业或服务类企业解决了原来个性化需求和大规模制造之间的矛盾,提供更有效的解决方案。在大规模定制的情况下,下一步电子商务平台可能会成为所有制造类和服务类企业的整合者,也就成为标准的制定者。三流的企业做产品,二流的企业做品牌,一流的企业做标准,通过大数据电子商务平台进行分析能够预测产业的趋势和潮流,然后通过标准和设计研发及订单的方式定制产品,占据价值链高端。

(3)由平台为主到综合内容与平台。现在人们的生活方式变为娱乐、休闲、购物一体化,电子商务企业业务发展就要考虑变化,还要提供休闲娱乐、视频、音乐、购物、金融服务等综合业务,提升方向就是形成综合体验价值。

(4)由资产并购到数据整合。现在围绕大数据的整合并购加速,阿里入股新浪微博,百度收购 PPS,都是平台企业收购内容企业,以实现内容和平台的综合化,并购的外在形式是资产、股权的重组,实际数据资源的共享、数据规模的扩展是其内在的本质。

(5)电子商务由 PC 端逐步转变到手机端。从中国互联网络信息中心的研究可以看到,手机网民的规模持续上升,2013 年 6 月底达到 78.5%,比 PC 要高接近 10 个百分点,手机下一步可能成为信息中心,特别是手机在 4G/5G 推动之下会有更多的创新。从总体趋势来说,手机将成为最大的媒体终端、娱乐消费终端、购物终端。

(6)商业模式由复制到扩展。判断数据价值,实现同一组数据无限再利用是一个主要的方式,复制是手段,扩展才是目的,而扩展包含着实现企业线上、线下整合,物理平台和虚拟平台的联动,最后实现企业整体价值最大化,复制业务模式实现企业的扩展。网上银行趋势是不可逆转的,对传统银行会造成巨大的冲击,大数据分析能力、信用体系、透明度、低成本都显示了超强的竞争力。货币的生命力不在于它是否虚拟,关键在于背后有没有强有力的信用体系的支撑,电子商务平台也有可能发行虚拟货币。

3.2 大数据在金融的应用

大数据金融是指依托于海量、非机构化的数据,通过因特网、云计算等信息化方式,对数据进行专业化的挖掘和分析,并与传统金融服务相结合,开展相关资金融通工作。可划分为平台模式和供应链金融模式。大数据金融模式需要两项能力,一是大数据分析的能力;二是数据来源的合法性、持续性能力。

3.2.1 大数据金融的提出

1. 大数据金融的兴起

社交网络推动移动支付,大数据伴随云计算,因特网信息带来大数据技术的发展,第三方支付提高信誉,B2B 和网络贷款日益增加,金融机构建立线上平台模式,传统金融吸收因特网技术,电子商务融合社交网络,发展亮点不一而足,纷繁的大数据金融借助移动因特网,共同创造出新的价值,比传统金融业更加透明,具有更强的参与度,更高的协调性,更低的中间成本,更方便的操作性,成为更便捷的新兴金融模式。

大数据金融具有革命性,今后发展速度必然具有加速趋势,网络先天具有开放性,导致多边性,进而提升生产力,有效影响人类生活,影响其他产业,力量强大,信息技术不断革新,渗透人类其他领域的各种活动,不仅仅是社会的物质基础,更从根本上改变了人们对时间和空间的看法。

大数据金融离不开电子商务的发展。近年来,中国电子商务飞速发展,势头十分迅猛。据统计,2012年我国全部电子交易高达8.1万亿,增长速度达到30%。网络零售发展更快,2012年共有1.3万亿,同比提高67%。金融依赖商务需求,商业就要交易,交易通过支付,支付越来越靠大数据支撑,融资需求实现闭环发展。电子商务的高速发展促进生态链不断整合完善。电子商务生态链的发展建设日益规范,融合平台、虚拟服务、专业营销、精准支付、网络金融、服务供应链化、物流智慧化、终端移动化,最终形成大数据金融。

电子商务获得大众关注的阿里巴巴大力推进因特网金融,其他因特网企业随之跟进。2013年6月13日,阿里巴巴推出"余额宝",不到两个月达到250亿元。2013年7月,新浪建立"微银行";8月腾讯实现微信5.0版与"财付通"的结合。其他大大小小、形形色色的企业都在拥抱大数据金融。

因特网企业逐渐进入金融领域,不是仅仅依靠技术,而是利用和依赖数据。网络服务商整合已经拥有的大数据,通过必要的信息技术,准确进行预测,提前掌握消费者,把握其习惯行为,推断未来发展趋势。大数据先天具有共通金融的本质属性,设计金融产品,通过采集各种数据,计算各种组合,实现数量匹配,得出风险定价,经过网上支付,建设大数据金融的基础与核心过程。

银行应用大数据分析直接监控企业运营,掌握企业经营状况,评估企业经营风险,解决具体贷款难题,实现全程跟踪服务,最大限度降低资金风险,缓解企业面临的困难,为企业迅速实现商业价值,增进服务用户价值。余额宝的发明是一个创新,极大地促进了大数据金融飞速发展,依靠因特网,采取优势方法采集大量全面的数据,利用新的大数据的思维,进一步促使传统金融业不断革新。因特网公司采取创新方式,通过免费手段吸引关注,迅速聚集了一大批具有高度品牌黏性的新用户,一旦客户习惯获得免费服务,因特网公司就会获得收益,可以采集相关数据,不断快速储存,加强交互联系,形成一个源源不断持续可靠的大数据来源,产生新的商业模式,满足客户需求,大数据金融进行实时分析,马上获得结果,立刻设计出相应产品,对客户进行精准营销。传统金融几乎难以想象,不可能做到。大数据金融完全可以实现给客户提供完全个性化的服务,推行适合的量身订做的各类产品,让客户享受产品价值,有大幅的直接提升,从而实现利润和因特网公司的持续盈利。因特网公司不仅仅早期为企业提前提供增值服务,现在还可以从网络支付到下一步的社会融资,大胆开辟新型的大数据金融发展道路。这其中不间断的每一次进步都依靠大数据的全面应用和大量支持。图3-3展示了以客户为中心的大数据金融,图3-4所示为大数据金融用户分析。

2. 大数据金融的发展

目前来看,大数据金融的服务主要应用在广大电子商务领域,大多数应用项目的业务经验是依靠分析已有的结构化数据。但是以后金融业的前景更多面对非结构化数据,将需要处理难以想象的海量数据。信息量膨胀,信息大爆炸越来越突出,银行决策系统必须改进,

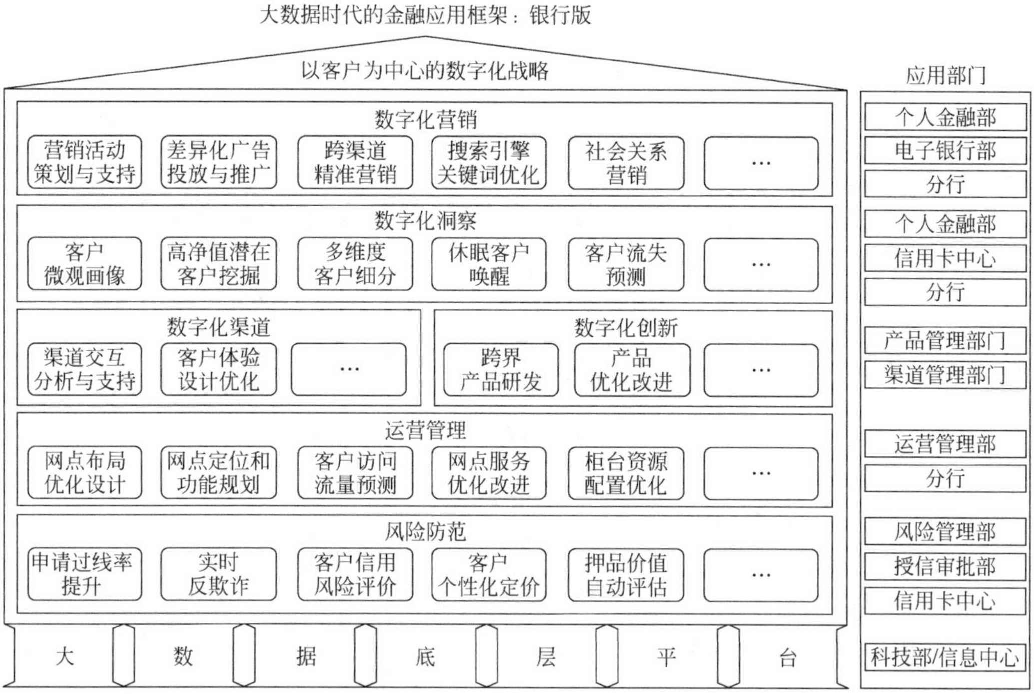

图 3-3 以客户为中心的大数据金融

才能整合处理多样化业务。银行业建设大数据平台要易用，提供系统方案，结合原系统，满足可拓展性，需要全面集成已有沉淀数据，延伸多种功能，有效解决问题，完善原有数据仓库。建立银行大数据中心平台，不仅解决数据集成，还能系统集成大数据，提供企业业务方案，实现高性能，解决高速度，实现大数据分析平台，建立智能决策体系，实时整合所有功能，组织所有系统。

金融行业不断发展，用户量持续扩大，银行业务多元，数据规模增长，为了实现数据监控，需要跨系统数据传输，跨行业整合数据，并进行快速分析，得出有效方案。银行业必须保证大数据的真实性，才能进一步应用数据挖掘功能，进行高级分析，提供决策支持体系，实时快速处理银行各种各样的静态及动态数据，通过可视化工具为企业展示，进行评估，提供决策帮助，预测未来前景。这是大数据金融的力量源泉。电子商务、电信、金融三大领域是目前应用大数据比较快的，不断优化增长，处理交易行为，时时监测用户心理，及时证券营销。电子商务拥有成功经验，银行大数据项目可以借鉴学习。而今，阿里网络金融再度启动创新模式，应用大数据技术，改变金融业传统理念。如阿里提出，针对买家发行虚拟信用卡，基于海量用户交易记录，建立有效信用机制，用于网上购物与支付，已经超过 8000 万用户，带来巨大市场利润，潜力非常雄厚。行业不同，需求有差异，关键在于构建大数据平台，实时适应行业应用。目前，金融信息化迫在眉睫，关键在于快速处理海量数据的技术性能，建设系统，注重用户体验，重视业务系统，抓好业务办理，实时传递各种数据，提高社会效率。目前急需解决金融行业的数据隔膜，信息分散就会导致计算资源浪费，利用率极低。快速扩展大数据业务，需要马上实现平台交付，需要实现客户数据集成平台，应用决策分析系统，处理分析图像及视频等非结构性数据，必将成为大数据应用的前进方向。

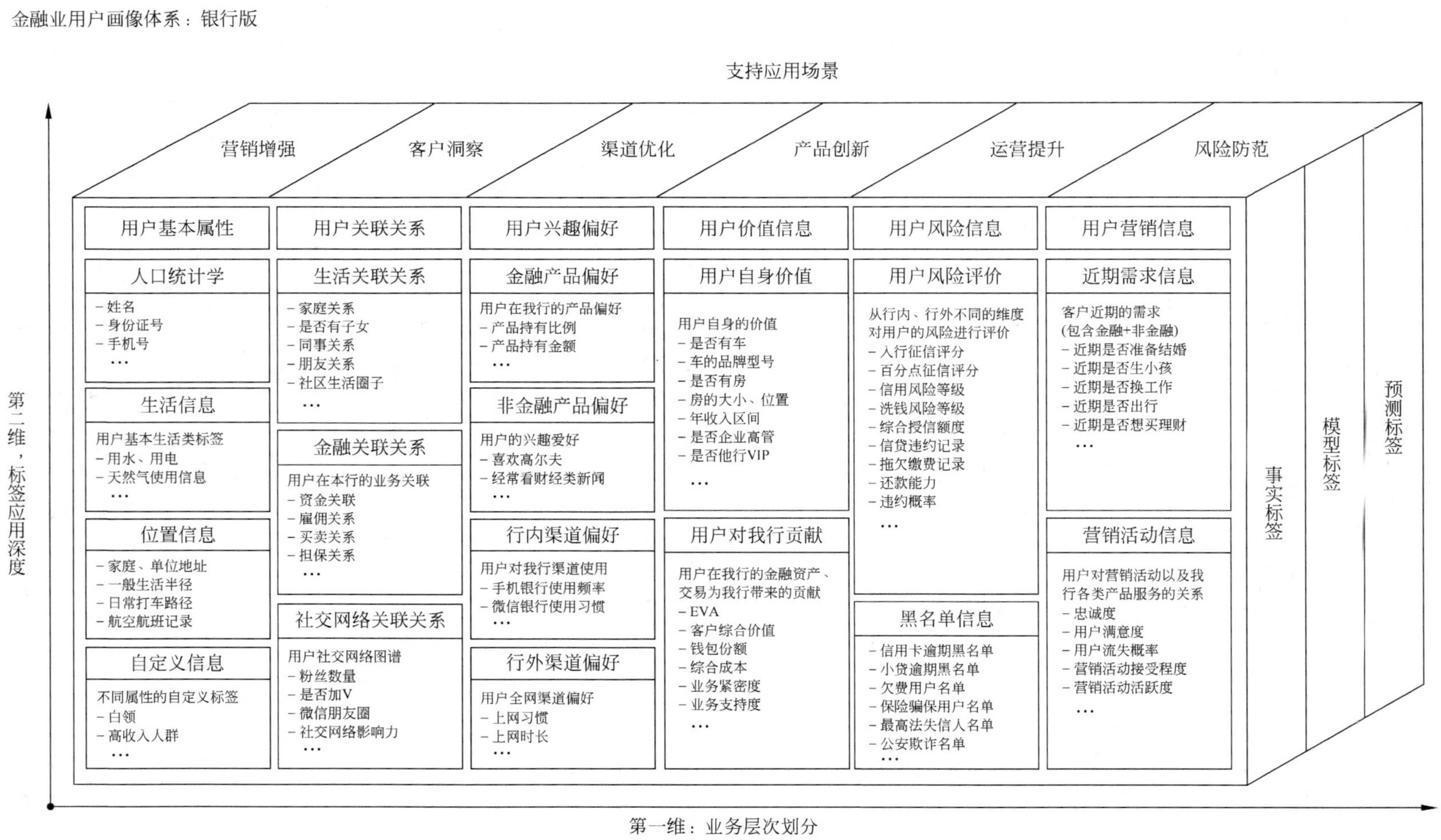

图 3-4　**大数据金融用户分析**

3．大数据金融的应用

面对海量数据做出分析是大数据平台的目标，金融行业需要大数据，核心价值在于共享，数据可视化的发展应用扩展了传统商业的视野，应用图形分析增加直观性，更加方便地发现数据特征，进而帮助其他数据分析人员抓住时机，及时操作。

过去银行里的客户经理是被动的，盲目等待客户上门，其模式难以为继。现在银行业大不一样，开始主动发掘用户的不同偏好，有针对性地积极提供各种营销服务，例如中信银行主动采用最新的 Green plum 系统，实现实时营销，已经降低数千万成本。大数据拥有巨大商业价值，体现在如下方面：一是快速定位，找到高价值客户群体，挖掘高潜力客户集群，实现对金融产品的准确营销；二是利用新型的高性能挖掘技术，进行反欺诈商业分析，避免企业各种运营风险。银行业历史产生的数据巨大，采集、存储、管理数据需要分析，应用大数据工具可以解决金融行业用户的特有需要，控制种种风险。

实现大数据应用，关键在于实时获取各种非结构化数据流，持续采集大数据，并汇总集中到数据中心，使用有效技术技能和相关数学工具来分析思考大数据，实现实时利用共享，支持业务决策。大数据平台一般采用分布式处理，以便快速定位。结合相应数据知识，推动行业开发应用是驱动大数据发展的最大力量。

大数据迫使银行和电信业提升现有业务能力，实现应用目标，还需要利用新的技术，规划需求，接受数据体系，并开发相应的战略处理海量的流数据，捕捉服务信息流数据，进行实时分析，提高服务质量。除了技术创新外，善于利用行业经验是金融 IT 企业解决问题的关键。各行各业同步发展共享数据，健全完善国家法律法规，构建合理的商业模式都同样重要，会产生无比巨大的社会价值。中国银监会设立金融消费者保护局，有力地保障大数据金融的发展。在国外，消费者金融（Consumer Financial）可以帮助客户，提供丰富便利的大数据应用服务，如对客户交易日志实施实时检测，进行债权现状分析，据此实现客户分类，提供系统评分，预测客户未来行为，实现个性精准营销，避免出现坏账。而金融管理部门及时把握交易状态，提供有效监督，做出预测分析。

4．大数据金融的理念

大数据的核心精神是公开、透明，因特网金融将彻底改变传统金融业，从封闭僵化走向合作开放。因特网支付行业已经出现支付宝等各种不同的公司，各方选择不一样的服务对象，提供形形色色的不同服务模式。大数据金融对行业进行高度细分，提供差异服务，从业者需要设法突出特色，提升自身效率，大力改善服务质量，才能占领大量市场。

传统金融业系统封闭，思维僵化，只能服务少数客户。目前中国金融体系机构单一，过于庞大，无法及时满足百姓需求。大数据金融通过采集数据实时分析，有效降低金融服务成本，创造了金融服务的新模式。

现在银行业面临发展困境，大企业风险较小，但机制呆板；小企业利率较高，但风险太大。大数据金融充分掌握信息，公开透明及时披露，挖掘数据评估风险，合理定价约束双方，解决信贷难题。P2P 网贷的欣欣向荣很好地体现了大数据金融的发展前景。大数据金融潜力巨大，前景广阔，政府应该全力支持大数据金融的发展，大力培育良好的社会环境，创造有力的因特网金融生态环境；规划发展环节，呵护因特网金融集聚期，扶持一批因特网小额信贷公司、在线保险公司、发展因特网担保公司和第三方支付机构，支持电子保单、因特网

P2P、因特网征信等。与此同时,也要做好风险控制与安全管理,打击因特网金融欺诈,防范因特网金融犯罪,推动大数据金融发展,搞好金融建设,打造一个经济发展的新亮点和增长点。

大数据金融繁荣需要各方面努力,第一要充分重视、密切关注移动互联高速发展的明显趋势;第二是加大强化大数据的社会价值与社会应用;第三务必要加大建设力度,整合因特网产业链平台,因为任何产业升级必然沿着全球产业链延伸。利用全球化、信息化推动信息产业升级,因特网的突出作用只会越来越明显,越来越重要。沿着产业链进行产业升级关键离不开大数据金融,所以发展产业链必将引起大数据金融的日益繁荣。大数据金融时代的产业链整合是高度细分、去中心化的,所有参与者都是主体,都能够找到自己的位置,从而可以实现更好的发展,更好的服务产业。

3.2.2 大数据金融的功能

与传统金融不同,大数据金融不仅可以带来金融服务,还直接促进产品创新,以及实现用户体验的舒适变化,不断创造新的经营管理模式和业务处理方法,明显改善金融服务提供商的组织结构,根据用户特征预测数据需求与管理模式,增加产品创新力来源,提高信用,影响风险特征等,显著丰富了金融体系的多样性,增进了金融监管和宏观调控等方面的复杂性,也提出了新的课题。

1. 重组实体经济

金融机构中,无论哪个部门都在持续不断采集、积累大量数据,如抵押贷款部门采集海量的贷款客户的数据,储存并实施处理能充分描述其特征;从全球看,债券、外汇、货币和股票及衍生品交易部门能收集各种各样影响资产价格不断变化的海量信息,并试图建立可以使用的前瞻性模型;银行零售部门实时收集和分析客户行为信息;客户交易、研发、市场开发或服务运营等各个部门也隐藏了无数数据可以挖掘出巨大价值。但是由于缺乏跨部门跨行业的沟通战略,各部门已有的大数据分析技术不足,难以深刻了解不同地区金融市场之间的复杂关系,妨碍了信息的流通和及时利用。

为了打破这样的壁垒,一些企业正主动出击,试图直接推动整合跨职能部门的数据,甚至寻求办法获得外部供应商及其客户的外部信息。例如,美国纽约市新成立的 Movenbank 移动银行通过与已有的传统商业银行谈判,合作推行移动银行新业务,帮助其解决内部机构割裂问题。英国 ERN 公司提出有计划去利用用户的交易历史和消费习惯,然后参照交易位置和时间数据,向各大银行和各种商家提供相关数据服务和交易咨询。

2. 实现信息对称

大数据有助于提升金融市场的透明度。金融客户的信用状况将实现实时动态变化,随着其资产情况、经营方式和各类交易状况的变迁而变化,传统商业银行直接大量投入人力、物力和财力,建立特有的信息平台,进行收集、储存、分析和决策,以解决长期存在的信息不对称问题。近年来,大数据金融可以通过平台直接采集、整合金融交易双方的所有信息,形成了新的来源办法及金融信息的新型模式,金融客户的交易价格信息更为精细,社会经济状况等方面的数据更加透明,更为准确地形成利率,实现市场化。

新型的大数据金融企业不仅仅是平台,更可能是在价值链中间成为中介角色。例如,在经营全球产品运输方面的发展过程中,一家运输公司不仅仅收集海量信息,还可以专门销售这些信息产品。同时进行第三方支付的企业也发现了形形色色的海量支付信息蕴含的巨大商业价值。随着价格信息不断在网上大量扩散至线下,各类基金销售企业正在自动编辑网络上数百万种不同商品信息的比价服务,这对消费者提供了信息区,为社会创造了巨大价值。

新兴市场欠缺比较成熟的各类征信机构,因此有些公司采用申请者代发的社交网络信息,加以分析后得出信用评分。例如,德国研发 Kreditech 贷款评分公司,美国设立 Movenbank 移动银行,中国香港成立 Lenddo 网络贷款公司及 Trust Cloud、Connect. Me、Briiefly、Reputate 等新型中介机构,试图设计大数据金融的信用平台,打造能反映 LinkedIn、Facebook 或其他社交网络的开放平台,整合用户活动记录,通过算法自行开发软件,分析客户的好友信用状况,建立标准化格式,归纳与收集各种信用资料,成为客户信用评分的重要依据,实时将社交网络产生的种种资料直接转化成个人的因特网信用。Movenbank 直接对客户采用风险评估,其核心参考不仅仅是个人传统信息汇总,也逐渐纳入 e-Bay 等电子平台的各种交易评价,包括整个网络汇款产生的记录等综合因素,还会全面计算 Facebook 的好友人数或 LinkedIn 的人脉对象,以及 Klout 影响力分数等网络社交参与情况。

3. 衍生更好产品

大数据金融通过物联网,借助云计算,依靠社交网络等新的数字平台产生了无数新用户和海量数据,虽然直接记录了所有用户群体的社会情绪,但大数据库不能自动运行,无法自己计算总结整个群体的行为模式和活动规律。计算机科学家需要社会科学家加强互相协作,和统计学家找到新途径,使大数据研究结合小数据策略。利用大数据,金融企业可以直接分析客户行为模式,比如不同事件关联性分析,如同对照实验,即处于不同工程条件下,观察机构投资者、测试普通消费者对金融产品的不同反应,识别客户的行为关系,提高资金转化率,改善企业服务水平,实现大数据金融的良性发展和精准营销。例如,前沿的零售企业观察客户的店内行为及活动情况,监控其与商品的整个互动,结合所有交易记录分析,开展各种实验,可以指导商品的种类选择、摆放次序、售价调整。再如,通过精细化数据分析,Progressive 保险公司不断考察客户风险及其财富变化,计算家庭资产数据,并不断采集背景资料,向客户精准服务,提供专业建议和量身定制的独特保单。未来,保险公司还将根据个人位置状况和汽车信息对不同的车险产品采取不同定价,向客户提供交通信息和天气突发状况、事故高发区和限速等实时更新的信息,互动开发,有利于安全驾驶。

3.2.3 大数据金融的挑战

1. 安全隐患

随着个人位置、行动空间、购买趋向、性格偏好、身体健康和公司财务情况的海量数据产生并被收集,再伴随金融交易风格、持有资产习惯及信用状况分布被以更微小、更精细的方式采集、储存和分析,机构投资者获得更低的金融价格,金融消费者获得更符合需要的服务,市场配置从而提高,金融资源越来越丰富。但与此同时,金融市场依赖的信息基础设施更加庞大,变得越来越复杂,整个社会管理更加一体化,更加开放外向,对隐私和数据安全更加敏感,保护知识产权更加困难。针对个人隐私,大数据时代容易产生隐私的问题,以往的常规身份确认远远不够,风险范畴不断增加。最近科学家对欧洲 150 万用户的手机进行分析,数据显示仅需要 4 项基本因素就已经可以对其中高达 95% 的个人身份进行确认。还有,基于大数据的分析可知,人们在城市中选择的路径难以置信的存在唯一性。

2. 市场情绪

大数据金融可以通过采集、分析充斥于社交媒体上的各类内容做出市场情绪分析。如今 Twitter 日发消息已经超过 5 亿条,Facebook 日益火爆,日均用户已经超过 10 亿。英国布里斯托尔大学的一个科研团队深入研究了从 2009 年 7 月到 2012 年 1 月期间由约千万英国人产生的 4.84 亿条 Twitter 信息,得出结论为公众的情绪直接源于相关财政紧缩产生的社会压力。惠普实验室的科学家伯纳多·休伯曼进行社交计算研究,在《网页法则》里分析人们目前发布在虚拟空间的微博与现实世界有关系,将其命名为"注意力经济学"。通过分析,他发现电影的票房收入能够准确预测,与人们发布在社交网站的微博相关。

大数据研究与应用密切相关,金融投资者开始投入研究,试图将其结合起来。最近两年,对冲基金开始研究,从 Facebook、Twitter、聊天室和博客等社交媒体中发现提取市场情绪信息,开发设计交易算法。一旦发现有意外信息公布,无论恐怖袭击事件还是自然灾害等,便立即抛出,获得收益。2008 年,在美国加州圣莫尼卡与理查德·彼得森筹集了 100 万美元,建立了名为 Market Psy Capital 的对冲基金,通过考察博客、聊天室,追逐网站和微博,以发现确定市场对不同企业引发的情绪,再据此确定基金的交易策略。到 2010 年,该基金回报率最高达 40%。巴黎掌握行为金融学的三位交易员运营 IIBremans,针对法国 CAC40 指数做判断,提供情绪分析;小型对冲基金 DCM 资本位于伦敦,从 Twitter 和 Facebook 等社交媒体采取手段收集信息,通过软件分析人们对某个金融工具的情绪,进行评价打分,并向客户发布预测提供零售,辅助专业投资者,做出重大的投资决定。

3. 决策误差

大数据是人类的发展成果与设计的产物,大数据的工具(如 Hadoop 软件)还在成长,并不能立刻使人们摆脱限制思考的曲解,打破隔阂和成见,数据之间彼此的相关性也不直接等同于因果关系,大数据还存在其他技术问题,比如存在选择性覆盖问题等。

例如,社交媒体虽然是大数据分析的基础平台和重要信息源,但其中大多都是年轻人,城市人占比偏高,还存在大量不活跃的空账号或死账号。比如波士顿运用 Street Bump 程序对城市路面进行统计,其坑洼情况数据来自驾驶员的智能手机,可能少收集计算年老居民和贫困市民较多的那些区域。"谷歌流感预测"曾经过高估计了 2012 年的全球流感发病率。这说明大数据有缺陷,政府决策片面依赖大数据可能带来不实,可能造成负面影响,还可能进一步加剧社会已有的不公。

2010 年,美国股票市场从恐惧情绪趋于慢慢复苏,但 Market Psy Capital 基金未能及时判断明确,其分析模型仍建立在恐惧基础之上,没有及时调整,对趋势变化考虑不充分,结果当年该基金亏损 8%。美国印第安纳大学的约翰·博伦指出,即使整体数据的准确度高达 80% 也不能轻信,仅仅 20% 的差错率就足以造成破产。只有用社交媒体衡量整体的公共情绪才有意义。

3.2.4 大数据金融创新

1. 高频交易

高频交易(High-Frequency Trading)也叫算法交易(Algorithmic Trading),指交易者为取得高额利润,充分利用硬件设备,依赖交易程序的优势,十分快速地收集、分析、下达和输送大量交易指令,在很短的时间节点内不断买入卖出,通常不直接持有大批未对冲的头寸过夜。根据来自许多方面统计数字的综合判断,2009年至今,美国无论是期货市场还是证券市场,或是外汇市场,高频交易所占份额持续扩大,已达40%~80%。随着运用这类操作策略的高频交易越来越密集,其负面效应开始进一步凸显,且实际利润不断大幅下降。据芝加哥 Rosenblatt 证券咨询公司的资料表明,2012年采取高频交易的公司的总利润下滑,比2009年下降了约74%。

如今高频交易开始改变操作方式,采取"战略顺序交易(Strategic Sequential Trading)",即根据金融大数据的分析结果,以明确识别出具体的特定市场参与者,追逐其留下的金融足迹。例如,假使一只共同基金习惯在收盘前一分钟的第一秒才突然执行大额订单,那么能够识别并判断这一模式的算法就会有空间操作,将通过预判该基金在不同交易时段的大致动向,进行相应交易。那么该基金继续执行交易时将更可能付出更高的价格,从而使得使用该算法的交易商最终获得较大利润。

2. 信贷评估

大数据金融可以加强管理力度,提高风险的可审查性与可预测性,支持实施精细化管理。金融机构非常希望能够了解中小微企业用户,通过收集其大量日常交易行为的数据,可以发现其业务范围、信用水平和经营状况,判断其用户定位、资金需求及行业发展趋势,从根本上解决小微企业不透明的财务制度造成的战略不清晰,难以改善真实的经营状况的难题。

阿里小贷首次实现了全程线上借贷模式,首创了从风险审核到放贷的整个流程,将贷前、贷中与贷后结合,三个环节联动,形成有效联结,使得贷款不难,改变传统金融渠道的不足,主动为弱势群体服务,批量发放小额贷款,特点是"金额小、期限短、随借随还"。

(1)根据阿里巴巴 B2B、天猫、淘宝、支付宝等一系列电子商务平台,收集大量客户积累的原始信用数据,充分利用在线视频,全方位多角度定性调查相关客户的资信,再考虑交易平台上产生的大量客户信息(客户评价度、口碑评价、货运数据等),并量化处理后两类信息,同时引入税务、海关、电力等外部产生的数据进行再次匹配,建立有效的数据库模型。

(2)实施交叉检验身份技术,再通过第三方验证进一步确认客户信息,确保真实性。借助电子商务网络平台,统计客户的各类行为,映射为数据,建立企业和个人的信用评价体系。应用沙盘推演技术,评级地区客户,进行分层管理,研发新技术。设置评分卡体系,规定微贷通用规则,推动决策引擎,实现风险定量化分析等技术。

(3)建立网络人际爬虫系统,实现风险监管开发,跨越地理距离的限制,捕捉人际关系信息,并通过设立规则整合相关事项,实现关联性分析,得到风险评估结论,综合风险评估结论与贷前评级系统,进行双向交叉共同验证,构成双保险控制风险。依靠因特网监控技术,阿里小贷可以明确贷款的流向。如果将贷款用于扩大经营,阿里小贷将帮助评估其广告投放的方式、店铺装修的风格及销售措施。

3. 监管方式

大数据的使用不仅仅改变金融市场,随之而来需要改变传统监管市场的方式,以最大限度确保市场参与者规范地采集大数据,安全地存储大数据,客观地分析大数据。例如,2010 年 5 月发生的"闪电暴跌(Flash Crash)"令道琼斯工业平均指数(Dow Jones Industrial Average)大幅下跌,事后美国监管部门考察,认为是高频交易的恶果,造成了快速集中抛售,引发更多不负责的抛售。2013 年 4 月 23 日突发的"无厘头暴跌(Hash Crash)"的缘由更令人愕然,居然是美联社的 Twitter 账号出错,误发出巴拉克·奥巴马(Barack Obama)突然遭遇恐怖袭击的虚假消息。可见,大数据金融风险加大,一个数据出错就可能直接导致"无厘头暴跌"。

但是,监管机构片面限制大数据技术,或是对其使用范围进行直接限制和干预,其潜在风险反而是更加巨大的。恰恰相反,应鼓励产业界积极应对更复杂的技术,乃至继续实施更大数据的应用。

纽约大学理工学院(NYU-Poly)召开大数据金融会议,美国商品期货交易委员会(CFTC)的代表斯科特·奥马利亚(Scott O'Malia)表示,CFTC 曾考虑如何实现有效监管,主张让监管机构主动出击,对金融交易商的算法进行科学认证。在实践中,利用算法采取的鲁莽行为带来更大的破坏,甚至超过传统的操纵市场行为。劳伦斯伯克利国家实验室名声在外,拥有强大的超级计算能力和独特的雄厚分析技术,能够做到针对威胁稳定交易的行为采取实时监控。传统的停市机制只能在市场暴跌后采取措施,停止全部交易,而大数据实时监控能够精细调控,将单个不规范的参与者清除,从而继续向诚信的其他参与者敞开市场。

4. 信用文化

大数据带来思维方式的变革,从而会导致传统金融业发生思维变革,首先会扭转传统金融信贷业的物质抵押文化,直接推动信用成为价值,信用借贷成为可能,走向主流。尤其传统的中国金融行业盛行抵押文化,在贷款的行为过程中片面依赖抵押物品,往往导致急需借贷的中小企业反而得不到相应的贷款服务,这种粗暴的抵押文化对金融业发展不利,让贷款提供方难以提高服务,在考量借贷时思维简单。贷款方仅仅片面的把抵押物的价值作为考量,以此确保价值的利润空间。长期而言,抵押文化对金融健康发展具有负面的影响。要想真正发展金融,就要提高信用贷款,建立有效的信用机制。真正的保值增值不是抵押物,而是人们的长期信用。

大数据金融首先表现为思维的变革。信用是抽象的,但大数据可以建立信用体系,让个人的信用或者群体的信用变得具体。这将是金融业的根本性改变,并将持续产生巨大的深远影响。个人的信用评估不是静态的,而是取决于很多的变量,是一个动态的、连续的行为特征的长期体现——资产、消费、收入、习惯、个性、社交网络等都是有效的变量,会对个体的信用产生积极的影响。个体信用通过具体的各种行为综合决定,通过大数据的整合,可以很好地采集大量的个体或者群体的信用行为,进行储存、整理、分析,只要把海量数据糅合在一起就会显示客观规律,使得人的信用不再模糊,变得鲜明、生动、立体化,从而很好地把握个体或群体信用。IT 技术的改善和发展、因特网的建立和延伸、大数据的产生和应用,让市场走向全球化,摆脱了传统地域的限制,使得市场更加集中,从而使得企业规模更大,成长速度更快。而大数据技术的不断突破也催生明显的马太效应——强者越加强大,如果局限于局域优势,就无法形成海量的用户资源和数据资产的良好管理,那么就会削弱我们的核心竞争力。

大数据是促进金融事业高发展和广开放的关键,首先要实现数据整合,保证全时在线。现在很多公共系统都是相互孤立的,即使银行的很多领域也不例外,比如对私业务与对公业务,还有银行卡业务等处于互不交流的状态,难以形成整体综合的联动效应。不仅仅是金融数据决定信用,其他相关领域的很多数据也会产生巨大的影响,这就要求数据具有更高的开放性。因特网不仅仅有开放性,还具有天生的透明性,并且这些数据还可以共享因特网,进行互联互通,推动大数据广泛应用。传统的金融业借助大数据必然会发生根本的变化。大数据必须采集、储存足够的海量数据,这是进行一切应用实现预测的最大前提。预测需要收集足够全面及非常杂多的海量信息,这是预测得以成功的最大关键。几十年来计算机和因特网的出现,IT技术的飞速发展使得大量事物数据化,并在加速量化,直至一切皆可"量化"。

大数据金融天生具有快速发展的技术优势。因特网结合云计算可以在广泛的范围内采集信息,储存信用,完成评估,分析个人行为,整合群体信息,并将这些纷繁杂多的海量信息实时提供给高效的大数据作业系统,进行加工处理,获得价值。从这个分析来看,P2P对大数据金融的信用评估更有独特优势。由于P2P的独特市场特点,导致它可以充分覆盖更多的用户群,同时因为充分利用了自我组织人人互通的特点,可以让用户源源不断的产生数据,从而迅速实现海量数据的自我膨胀和产生及循环扩张。使得数据取之不尽,用之不竭,创新成为现实。虽然大数据引发的这场巨大变革还仅仅处于早期阶段,但大数据金融的影响已然历历在目:金融服务将持续转型,从"关注整体"的粗放式管理进一步向"关注个体"的精细化管理转型;由片面简单的抵押文化向全面长远的信用文化转变;将会建立更完善的信用体制和更全面的风险管理体制;从"以利润为中心"的自我发展向"以客户为中心"的共赢发展转型。我们还可以充满信心的预见,大数据金融能够真正引发社会产生实质的改变,并且一定是由具备大数据思维的公司所推动的。只有立足精准服务,面向海量用户,占有数据资产,具备战略眼光,符合大数据的未来趋势,才能拥有长期的核心竞争力。

3.3 大数据在媒体的应用

大数据时代,信息传播方式的改变带来了突发事件话语体系的变迁。首先,突发事件议程设置主体身份话语权的变迁导致了民间舆论崛起而主流权威消解,意见领袖作用日益显著;其次,以微博为代表的社会化媒体成为突发事件的主要话语表达载体,微博成为突发事件的舆论中心,随时掀起舆论风暴;最后,突发事件话语体系一改往日的可控局面,调控难度空前巨大。而导致上述改变发生的诸多原因中信息通信技术的发展应名列首位,大数据时代通信设备的普及和巨大的信息产能使得突发事件信息得以迅速、广泛传播,进而生成舆论。在明确大数据时代突发事件话语体系的发展趋势与其中的原因后,如何应对就成为重点,可以分别从应对思维、信息管理机制的构建、具体策略实施三个方面进行仔细的考量。首先,大数据时代的突发事件应对思维应当符合大数据规模化、高相关性等特点,并且要充分适应社会化媒体对信息开放的要求。其次,大数据时代突发事件的舆论应对离不开运用信息技术对突发事件信息和数据的管理和分析。因此,以突发事件的发生时序为基准可划分为舆情预警、信息控制及事后评估三个步骤,对突发事件事前、事中、事后每一个阶段进行突发事件信息管理并建立舆论应对的相应制度,例如信息监测体系、信息公开制度、新闻发言人制度及事后评估制度等。最后,与信息管理机制建设相配合的是具体舆论引导策略,应当从充分利用社会化媒体和加强主流媒体话语能力两个方面入手,双管齐下实现网络平台和传统媒体中突发事件的舆论引导。

3.3.1　传统媒体的不足

大数据浪潮对媒体影响巨大,价值非常可观,大数据对传统媒体冲击很大,大多数传统媒体通常分为强内容模式、强渠道模式、强服务模式,如图 3-5 所示。传统媒体如果不转型,不具备在大数据条件颠覆创新的能力,原因如下:首先本质上传统媒体业掌握的数据资源非常有限。麦肯锡全球研究所指出,行业不同,产生的大数据内容就不相同,银行、证券、通信等服务行业拥有海量数据,公共事业单位和政府组织采集储存了大量数字化数据,规模庞大。大多数传统媒体机构拥有的数据资源有限,很难与各种社交网站相提并论。其次是传统媒体业尚不具备大数据分析能力,大数据难以靠传统工具解决,大量各种各样的数据应用传统的方法无法快速解决。而传统媒体只能产生有限的数据,难以处理与适应庞大内容的数字化,在开展新媒体业务时不够专业,需重新转化编码。再从硬件和人才来看,大数据的存储处理所需要的 IT 架构,可视化所要求的基础设施和专业人员,大多数传统媒体机构也不具备。

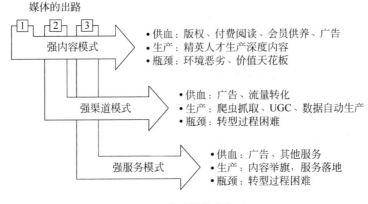

图 3-5　传统媒体的模式

3.3.2　大数据驱动传统媒体的升级

大数据浪潮之下,媒体机构应当一方面承认差距,不盲目追逐概念;另一方面避免盲目,实事求是地思考。缺少数据资源,产业不能发展;缺少数据思维,企业就要落后。数据是非常重要的生产生活资料,面对未来的发展,人人需要大数据理念,学习大数据思维,具备大数据意识,充分体会大数据价值。传统媒体机构应当更加开放,更加务实,学习大数据,掌握大数据。从大数据内容、服务、渠道等方面进行拓展(如图 3-6 所示),可分为以下 5 个方向:

1. 积累数据资产

媒体数据资产的核心是原创内容数字化和历史数据,对报业而言是全文数据库,对电视而言是图片数据库等,建设媒体资产管理系统,扩充外部数据,通过合作,交换数据,购买因特网平台用户提供的各种内容,完善数据资产,组织数据存储,实现查询调用,提供版权管理,方便转化利用,打好应用基础。

2. 掌握数据能力

购买基础设施,技术外包合作,具备数据处理能力,掌握大数据应用能力;引进人才,培养骨干,引进数据科学家,实现商业智能,具备统计学知识,精通自然语言处理,设计新型产品,分析企业运营。

3. 用数据支持经营

传统媒体可以培养大数据意识,应用数据进行经营,增强决策的科学性,完善传统用户数据库,采集客户端网站收集的各种用户信息,精准分析,理解客户日益多元的需求,改进设计,制定符合大数据时代的营销策略,提升广告产生的效果。

4. 用数据辅助报道

通过挖掘,展示数据的背景,找到关联,建立模式,根据数据新闻学,运用可视化手段与观众互动,报道即时发生的新闻,提供新闻链接,有助于公众理解新闻,思考新闻对人们生活的影响。媒体需要学会借助搜索引擎,学习社交网站,互相合作,把握社会。

5. 真正拓展大数据业务

推出新闻产品具有社交属性,投身真正大数据的海洋,提供免费的个性化应用,采集用户行为,了解阅读内容,抓取用户数据,进而判断用户在社交网络上的个性化内容,分析客户兴趣,实现归类发送。

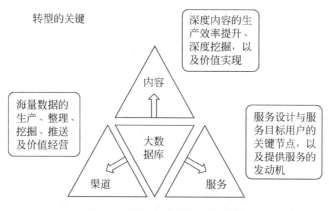

图 3-6 媒体大数据转型的关键

3.3.3 大数据引领新媒体发展

大数据结合新媒体,新的特征不仅仅是海量,而是增值并且全息可见,只有实现增值的数据才有更大的应用,只有实现全息可见数据才能被更广的传播。大数据时代呼唤大数据的融合,实现大数据的可流转才能真正发挥数据拥有的价值。大数据时代最核心的要求是数据开放,实现资源共享。如果在企业之间和社会各个方面不能做到数据的自由流动,那社会将变成一个个信息孤岛,大数据将无法发挥作用,不能得到价值最大化,所以只有实现数据的交叉复用,达到全社会之间的自由流转,未来的商业才有可能实现繁荣。

消费者存在着信息视域过窄的问题,信息量在不断增加,但是消费者个体很难分析筛选大数据,处理信息和过滤信息的能力有待进一步提高,同时消费者出现长尾化的发展趋势。新媒体时代数据形式产生了巨大的变异,结构化数据变成半结构化甚至非结构化的数据,比如音频、视频之类。社交网络用户制造的信息也从单渠道变成多渠道。因特网和移动因特网结合,催生着跨网数据的发展。用户越来越希望利用碎片化时间,通过移动因特网获得有价值的信息,客户体验迅速下降,用户甄别信息能力与日俱减,用户兴趣数据与日俱增,所以个性化大数据是一个发展方向。

很多企业建立了日益庞大的数据平台,推动数据有效流转,在数据提供方与需求方之间自由流动。科研机构需要大量的原始数据,希望能够用来进一步做深度研究,个人用户和个人终极应用开发者也需要用户。

大数据和新媒体面临很多挑战,构建有效的消费者信息库,可以有助于企业精准出击,实现多维数据处理和实时计算,快速找到不同用户的兴趣,还有广告的信息化关注怎样能够更有效、更精准地找到目标客户群。新媒体时代大数据环境下,能够非常精准预测,掌握每一个广告的投入,分析用户行为,预测广告效果,促进客户购买。

大数据时代传统媒体面临转型的难题,如何发展不仅仅是技术问题,更是战略问题,将会深刻的影响未来的媒体形态,改变现有的媒体格局。

1. 数据资源助推媒体转型

近年来,大数据时代伴随着信息爆炸式增长而来,爆发式增长的数据量带来了数据储存方式的革命,信息存储成本只是 10 年前的 1%,在 2000 年全球只有 1/4 的数据是以数字化的方式储存的,而到了 2007 年,只有 7% 的数据储存在报纸、书籍与图片等传统媒介上,其余数据全部是数字数据。新媒体的价值就体现在数据分析上,进入数字时代和智能时代,信息能够挖掘出规律,数据就是知识的基础,通过大数据分析工具帮助正确决策的数据就是最重要的资源。

大数据时代的信息不仅仅是新闻之类,而是各种各样丰富多彩的数据。媒体出现新的信息生产方式,应用新的传播方式,成为多元化媒介,不仅仅是生产数据,更要分析数据,解读信息,传播舆论,职能多元,为受众提供分众化服务,注重用户体验,实现媒体发展的大数据之路。

2. 量身打造体现发展新思路

目前门户网站互相模仿,网络媒体同质竞争,媒体和门户网站应该避免恶性竞争,利用大数据,建立关系链,为用户考虑,细分筛选,精准推荐,内容整合,通过数据分析,针对受众感受,满足不同主体的个性化要求,实现专业化发展,提供新闻资讯,重视客户体验,成为社交媒体。

大数据提供了新媒体发展的理论背景与实践手段,有助于媒体掌握大量数据源,帮助门户网站实现转型,提供了良好契机,制定了发展战略。

3. 挑战机遇赢得大数据时代的主动权

大数据时代,传统媒体需要转型,结合技术发展与客户需要找到适合自身特色的发展道路,应该思考传播规律,了解自身实际,把握受众需求,赢得机遇,接受挑战。

大数据新媒体的战略决策能力很重要,需要应对快速增长的数据,需要投入带宽,加大存储设备等基础设施方面的投入,考验媒体决策者的胆魄和智慧,转型就会赢得主动权,不然就必然被淘汰。转型就要全面变革当前的报道形式,方方面面改造现有的运行体系。只有具备数据加工能力才能应对大数据时代,大数据新媒体需要拥有专门的数据分析方法,建立全新的使用体系,招聘新型的高端专业人才,建立专门的数据管理部门和分析专家,在大数据时代的转型道路上媒体要把握方向,将既有的投资、数据和价值观整合到新的业务中去,在更高层次上得以发展,积极谋略全局,着眼长远,赢得大数据时代的主动权。新媒体的迅猛发展产生了海量数据,这些数据使我们能够更好地洞察社会各方面的细微变化。深入挖掘新媒体大数据蕴含的价值,将有力助推中国经济转型。

3.4 大数据在医疗上的应用

由于云计算产生的各种商业模式诸如商务云、物流云、医疗云等的出现,商业利益进一步推动云计算不断向前发展。2011 年,麦肯锡开始应用大数据解决问题,商业互动中激增的数据量和多种多样的数据种类推动大数据存储技术和分析技术的进步,现在的大数据分析技术比 20 年前能处理更大更多的实时数据,产生更大的商业价值。图 3-7 展示了大数据应用于医疗的驱动。

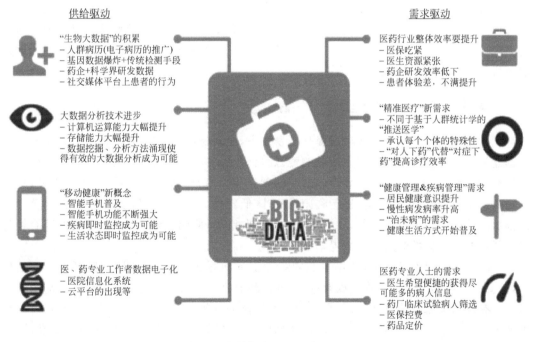

图 3-7 大数据应用于医疗的驱动

实施大数据分析项目,数据企业不仅需要掌握应用何种技术,而且应该了解使用的时机和地点。医疗行业伴随因特网公司较早前就开始利用大数据并发扬大数据分析的优势,海量数据和非结构化数据的挑战带来医疗机构对于医疗信息化的需求,并迫使其投入大量资金进行大数据分析。麦肯锡研究之后指出医疗行业对大数据应用的需求不亚于银行、电信与保险等行业,大数据分析可以帮助美国的医疗服务业排除体制障碍并创造巨额附加价值,提高医疗效率和医疗效果。

3.4.1　大数据改进临床决策支持系统

针对特定病人的最佳治疗途径可以通过全面分析病人特征数据和疗效数据进行多种干预措施的有效性比较来找到。医生确定临床上最有效和最具有成本效益的治疗方法就是通过大数据技术将医疗仪器精准分析病人体征产生的数据与疗效数据进行分析,减少过度治疗或治疗不足,因为过度治疗与治疗不足都会给病人带来不利影响。临床决策支持系统可以有效提高医疗质量与工作效率,有助于医生更好的提出方案,防止药物不良反应,医疗服务提供方可以通过部署这些系统降低医疗索赔数和事故率。

大数据分析技术主要体现在对于非结构化数据进行快速分析,加强分析技术可以提高临床决策支持系统的智能水平,挖掘医疗文献数据建立医疗专家数据库,或者使用图像分析和识别技术识别医疗影像数据,都可以帮助医生在诊疗中提高效率与质量。此外,临床决策支持系统还可以完成助理医生与护理人员在医疗流程中的大部分工作,提高医生治疗效率,避免陷入耗时过长的简单咨询工作中。

采集医疗过程中的工作数据,可以提高医疗服务的透明度与质量,进而推动医疗机构实现绩效的提升。信息透明增进医疗操作的流程优化,对整个绩效数据集实行数据分析有助于做出可视化的流程图,分析临床变异的数据,判断医疗废物的来源,提供服务质量的数据都可以实现绩效的不断提高,帮助医疗服务机构提高服务水准,带来竞争力。精简业务流程可以降低成本,找到效率更高的员工,提升护理质量,最终实现病人的更好体验,从而给医疗服务机构增加业绩,并且增长潜力。

3.4.2　大数据助推医疗产品研发

利用大数据医疗产品公司可以提高研发效率,在新药物的研发阶段,医药公司可以通过数据建模,分析投入产出比,确定最佳的资源组合,采集药物临床试验的所有数据集,建立相关模型,预测产品的安全性、有效性和潜在的副作用,评价整体的试验结果,建立模型,预测药物临床结果,选择最优药物,进行临床试验,降低研发成本。除了研发成本外,医药公司可以推出治疗成功率更高的药物,并将药物更快推向市场,使用预测模型可以帮助医药企业将研发新药推向市场的时间比原来提早 3～5 年。

提高临床试验设计水平,使用更好的统计工具和算法,有助于加快临床试验。评估患者,挖掘病人数据可以加快临床试验进程,找出最合适的临床试验患者,临床试验基地就能指出更有效的临床试验设计建议,在试验患者群体的规模和特征两者之间找到平衡可能是更理想的。确定药品更多的适应征和发现副作用需要分析临床试验数据和病人记录,分析病人临床试验数据,进行药物定位,检测药物不良反应,保证上市药品的安全。

发展个性化治疗需要通过对例如基因组数据之类的大型数据集进行分析是另一种在研发领域有前途的大数据创新,在药物研发和用药过程中应该考虑个人的遗传变异因素,例如通过考察遗传变异、对特殊药物的反应和对特定疾病易感性的关系等。

3.4.3　大数据催生新医疗服务模式

大数据分析可以给医疗服务行业带来新的商业模式。分析患者的临床记录,处理其医疗保险数据集,将改善医疗支付方的决策能力,医疗服务提供方同样受益于医疗数据的分析处理。医药企业通过医疗数据不仅可以提高药品的疗效,而且有利于药品的销售。医疗保险数据集的整合处理有助于加快医学的发展和医疗保健行业的市场扩张。非营利性组织运营的网站网络平台是潜在的大数据启动的商业模型,大量有价值的数据已经在这些平台产生,这些网上互动信息平台就是最好的医疗数据来源。

大数据的使用可以有效地改善公众健康,通过整合全国各地的电子病历数据库,公共卫生部门可以实现全面的疫情监测,快速进行响应,控制传染病,这将减少医疗索赔支出,降低传染病感染率。卫生部门检测新传染病的速度大大提高,疫情快速得到有效控制,降低感染传染病的风险。及时提供准确的公众健康咨询,建立公众健康风险意识,可以帮助人们创造更好的生活。

由于医疗行业在服务亿万民众时必须面对海量的医疗健康数据处理需求,具有关系民生大计的特殊地位,因此成为国内率先启动大数据应用的先锋行业之一。大数据的应用首当其冲的就是智慧医疗,在医疗数字化的过程中,病历、影像、远程医疗等都会产生大量的数据,医院成了大数据产生的重要来源,把医疗大数据转换为经济价值的关键是能够提取出与诊疗有关的数据。作为实现智慧医疗的重要手段,数据分析将帮助解决医疗服务质量欠佳、医疗资源分布不合理和医疗体系效率较低这三大问题。

根据“十三五”规划中有关医疗卫生行业信息化建设规划,我国将重点建设国家级、省级和地市级三级卫生信息平台,建设电子档案和电子病历两个基础数据库,过去由于缺少统一的电子病历系统(EMR)标准,中国的电子病历系统发展比较缓慢,医院之间不能实现病患信息共享,医疗服务水平也因此受到影响。为改善这一现状,国家会逐渐加大对电子病历的投入,各级医院也将适应这一趋势,加大在数据中心、IT外包等领域的投入。随着医疗和健康数据的急剧扩容,大数据出现几何级的增长,未来信息化工作的重要方向就是充分利用包括影像数据、检验检查结果、病历数据、诊疗费用等在内的各种数据,搭建合理先进的数据平台,服务广大医务人员,帮助患者康复,协助科研人员,支持政府决策者。

伴随大数据广泛应用于生命科学研究过程,医疗行业面临巨大挑战,其数据规模、多样化程度和增长速度都是空前的。一个基因组序列文件大小约为750MB、一张普通CT图像含有大约150MB的数据、一个标准的病理图则接近5GB,这些数据量乘以人口数量和平均寿命,导致一个社区医院累积的数据量就可达数TB甚至数PB之多,而且其中还附含非结构化数据,如图像、视频等。图3-8展示了医疗大数据的数据组成,图3-9展示了医疗大数据的数据来源。

医疗行业的大数据集繁杂量大,信息价值也多样且丰富,对其进行有效的存储、处理、查询和分析就可对于各层次决策服务,小到某个临床医生做出更为科学准确的诊断和用药决策,或根据患者潜在需求帮助某个医院开发全新自动服务及个性化服务,大到相关研究机构突破医疗方法和药物革新,或支持地区甚至全国医疗行业主管部门优化服务配置与医疗资源。图3-10展示了医疗大数据平台。

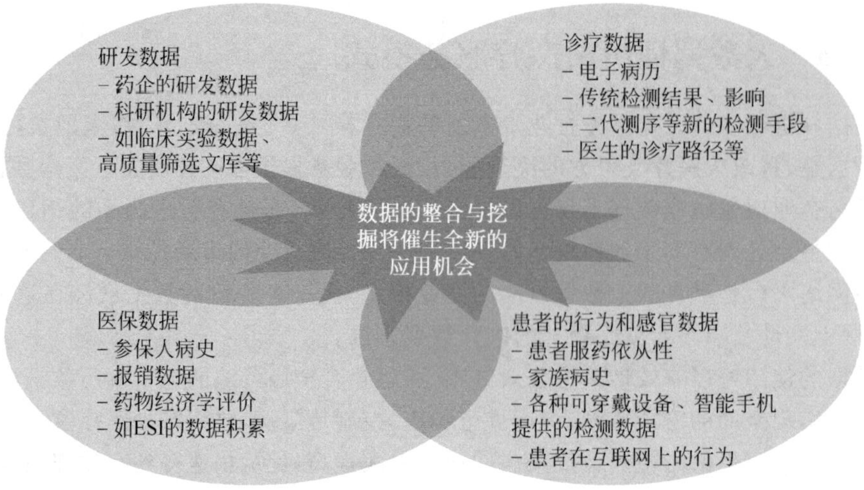

研发数据
　－药企的研发数据
　－科研机构的研发数据
　－如临床实验数据、
　高质量筛选文库等

诊疗数据
　－电子病历
　－传统检测结果、影响
　－二代测序等新的检测手段
　－医生的诊疗路径等

数据的整合与挖掘将催生全新的应用机会

医保数据
　－参保人病史
　－报销数据
　－药物经济学评价
　－如ESI的数据积累

患者的行为和感官数据
　－患者服药依从性
　－家族病史
　－各种可穿戴设备、智能手机
　提供的检测数据
　－患者在互联网上的行为

图 3-8　医疗大数据的数据组成

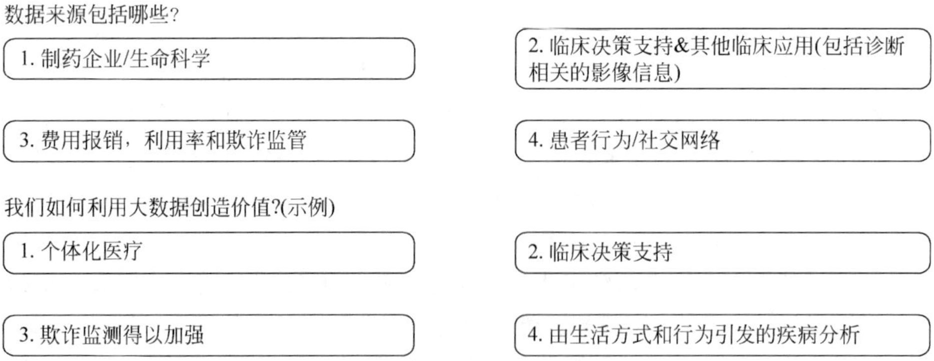

数据来源包括哪些?

1. 制药企业/生命科学	2. 临床决策支持&其他临床应用(包括诊断相关的影像信息)
3. 费用报销，利用率和欺诈监管	4. 患者行为/社交网络

我们如何利用大数据创造价值?(示例)

1. 个体化医疗	2. 临床决策支持
3. 欺诈监测得以加强	4. 由生活方式和行为引发的疾病分析

图 3-9　医疗大数据的数据来源

健康信息服务	基础医疗服务	个人健康管理	老龄社会
新兴的医疗服务应用	临床决策支持	个体化医疗	肿瘤基因组学

数据分析及视觉化处理	类SQL的检索	机器学习	医疗影像分析
数据处理/管理	医疗记录	基因数据	医疗影像

分布式平台	存储优化	安全和隐私	影像数据处理加速

图 3-10　医疗大数据平台

3.5 大数据在教育上的应用

3.5.1 大数据教育与传统教育的优势

在教育领域中,较之于传统数据,大数据有着自己独特的优势:

传统数据主要用于辅助教育政策的宏观决策,针对宏观整体的教育状况进行分析决策。而大数据的透析可以针对个别的、微观的受教育者在课堂的状况,及时调整教学行为,实现个性化教育。

从误差大小比较看,传统数据使用阶段性评估方法,在采样中容易出现系统误差,会造成评估分析的较大误差。而大数据的采样采用即采即用或现象记录的技术性方式,系统误差较小。

数据采集的来源不同、数据应用的方向不同,这是大数据与传统数据的最本质区别。传统数据通过考试或者量表调查对学生数据进行周期性、阶段性采集,依靠数据对学生的生理和心理健康、学习状态及对学校的满意度来进行评估。信息采集具有事后性、阶段性而非实时性,并且会对被采集者(学生)造成压迫性。与之相应的,大数据采集是过程性的,关注每一个学生在上课、作业、教学互动过程的每个微观表现,采集在学生不自知的情形下开展进行,不影响学生的正常学习和生活。这些数据的获取、整理、采编、统计、分析需要经过专门的程序和专业的人员高效率的完成。图3-11展示了教育大数据系统工作流程。

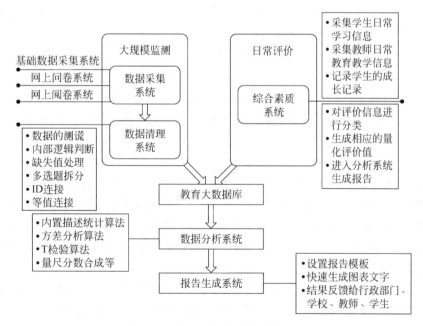

图 3-11　教育大数据系统工作流程

3.5.2 大数据教学模式的不断改善

随着因特网信息技术的高速发展,大数据成为众人瞩目的焦点,教育作为一个大数据应用的重要领域,必将发生革命性的变化。

在教育中,大数据的运用可以改善学生的学习成绩,为学生提供个性化服务。通过大数据分析可以发现常规研究中所忽视的重要信息,革新教师的教学模式、改变学生的学习效果、优化教育政策的制定方式方法。目前,网络在线教育和大规模开放式网络课程就是大数据在教育中的典型应用。

美国国家教育统计中心等政府机构已经开始从事这项工作,他们在各教育机构收集学生学习行为、考试成绩、职业规划等重要信息,并利用大数据方法进行分析。通过对大数据的运用,美国教育部创建了学习分析系统,建立数据挖掘、数据模化和典型案例的联合框架,并以此向教育实施者提供更多、更好、更精确的信息,从而帮助其回答学习者如何学习等不太好回答的现实问题。

美国联邦政府教育部为了顺应并推动这一趋势,一项大数据计划于 2012 年在公共教育中被实施,该计划斥资 2 亿美元,推动大数据在改善教育中的运用。2014 年 4 月 10 日,美国联邦教育部技术办公室发布了该计划的部分综述数据和案例,并宣布从财政预算中拿出2500 万美元用于教育数据挖掘和学习分析。

3.5.3　教育大数据市场的广阔前景

美国的一些企业已经成功地在教育中实现了大数据处理的商业化运作。如全球最大的IT 厂商 IBM 公司与亚拉巴马州的莫白儿县公共学区进行合作,通过对学生数据探测和行为干预,改善学生的学习成绩。在 IBM 公司的技术支持下,公司建立了跨校学习数据库,收集了 100 多万名学生的相关记录和 700 多万个课程记录的海量数据,软件分析结果不仅能够显示出学生的成绩、出勤、辍学率、入学率的趋势,还能够让用户探测性地预知导致学生辍学和学习成绩下滑的警告性信号;允许用户发现那些导致无谓消耗的特定课程,揭示何种资源和干预是最成功的;通过监控学生阅读电子材料情况、网络交流情况、电子版作业提交情况、在线测试情况,可以让老师及时诊断每个学生的问题所在,以备及时提出改进建议。

在未来教育中,高等教育的趋向将是个性化的学习。在高等教育个性化新时代中课程材料将适应性地满足每个学生的学习独特需求,电子教育、网络教育、主动教育是其显著特点。大数据分析可以应用于教育中的数据挖掘,目前教育机构已经积累了大量未结构化和结构化的数据,能使研究者有更多的新机会探究学生的学习环境。通过监测这些信息,形成教育大数据库,能够进一步总结教育规律,帮助教师理解学生、调整教育方案,掌握学生学习全过程,提供个性化的学习模式,提高学生的学习效果。

对于大数据的应用,在数据收集中需要解决以下几个关键问题。一是数据收集标准化。收集数据一开始就要标准化,使用直观的方法对输入数据分类,为数据分析做好基础。二是数据获得问题。解决好海量数据的获得不仅仅是技术问题,有时还会遇到法律问题和伦理道德问题。三是数据收集者数量和质量问题。既要满足收集速度和精度要求,又需要满足数据质量保证要求。总之,大数据的教育应用可以为学生提供一个量身定做的个性化学习环境,一个教育问题早期预警系统,一个灵活调整的可控教育系统;为教师了解学生学习途径和方法提供了崭新的、可视的、可量化的新手段。

3.5.4 大数据变革教育应用的实践措施

（1）对学生的发展进行多元评估。学生好成绩的取得有两种途径：一是依靠出色的逻辑思维能力取得，二是依靠记忆力取得。依靠记忆力可以取得好成绩，却无法培养学生的高级思维能力。依靠记忆力取得的好成绩可以掩盖学生在学习发展过程中的不足和风险。而大数据可以区分这两种差异，发现和区分这个差异有助于教育工作者及时对相应的学生提供针对性的帮助，发现成绩所反映不了的发展问题。

（2）对学生学习实现过程性评估。教育中的大数据可以监控学生学习流程，发现学生的学习常态，通过数据流的变动分析，教育工作者可以观察到课堂流程改进的效果，促进教学的改革和发展；通过学生学习行为记录分析，捕捉学生在教室中的微观行为，实现大数据和课堂进程的结合，了解学生知识掌握度和兴趣点，促进教学效果反思。

（3）对学生课外学习轨迹实现积累监测。学生家长使用手机可以及时获取学校通知公告，记录学生的家庭学习情况，通过区域性的数据统计，获取有研究意义、有价值的数据报告，掌握学生课外学习轨迹，加强学生学习氛围建设。

随着大数据时代的到来，社会科学领域随之受到冲击，从关注宏观整体走向关注微观个体，对于教育领域来说，大数据的应用让研究个体学习成为可能，让专门培养和针对性训练成为可能，从而比任何时候都更促进人类自身的发展和飞越。

3.6　本章小结

本章介绍了大数据的应用价值，数据的生成、分析、存储、分享、检索、消费构成了大数据的生态系统，通过大数据技术融合社会应用，让数据参与决策，发掘找到大数据真正有效的价值，进而改变人们未来，革新生活模式，产生社会变化，引发积极影响。

大数据必将在电子商务、金融、媒体、医疗、教育等行业得到广泛的应用，给人类社会带来深刻变革，产生巨大的价值。

第 2 篇　大数据云计算关键技术

第 *4* 章

分布式计算框架

大数据云计算是由分布式计算（Distributed Computing）、并行计算（Parallel Computing）发展而来的。大数据处理根据需求访问计算机和存储系统，计算可能在本地计算机或远程服务器中，也可能在大量的分布式计算机上运行，因而分布式计算和并行计算是实现云计算的技术支撑。

4.1　分布式计算基本概念

分布式计算和并行计算是相互关联的两个不同概念，成为实现云计算的关键技术。分布式计算和并行计算由来已久，但是面向云计算应用领域的相关技术有其自己的特点和实现原则。

4.1.1　分布式计算与并行计算

下面描述分布式计算与并行计算的概念，并对两者进行比较。

1. 分布式计算

传统上认为，分布式计算是一种把需要进行大量计算的数据分割成小块，由多台计算机分别计算，再上传运算结果，将结果合并起来得出最后结果的计算方式。也就是说，分布式计算一般是指通过网络将多个独立的计算节点（即物理服务器）连接起来共同完成一个计算任务的计算模式。通常来说，这些节点都是物理独立的，它们可能彼此距离很近，处于同一个物理 IDC 内部；或相距很远，分布在 Internet 上。现在对分布式计算有了更广义的定义：即使是在同一台服务器上运行的不同进程，只要通过消息传递机制而非共享全局数据的形式来协调，并用于共同完成某个特定任务的计算，也被认为是分布式计算。但在本书中，如未特别指明，分布式计算指的是多个物理节点传统分布式计算。

2. 并行计算

并行计算一般是指许多指令得以同时进行的计算模式,其实就是指同时使用多种计算资源解决计算问题的过程。并行计算可以划分成时间并行和空间并行。时间并行即流水线技术,指在程序执行时多条指令重叠进行操作的一种准并行处理实现技术。空间并行使用多个处理器执行并发计算,当前研究的主要是空间的并行问题。空间上的并行导致两类并行机的产生,分为单指令流多数据流(SIMD)和多指令流多数据流(MIMD)。单指令流多数据流是一种采用一个控制器来控制多个处理器,同时对一组数据(又称为"数据向量")中的每一个分别执行相同的操作,从而实现空间上的并行性的技术。多指令流多数据流是使用多个控制器来异步地控制多个处理器,从而实现空间上的并行性的技术。MIMD类的机器又可分为常见的 5 类:并行向量处理机(PVP)、对称多处理机(SMP)、大规模并行处理机(MPP)、工作站机群(COW)、分布式共享存储处理机(DSM)。

并行向量处理机最大的特点是系统中的 CPU 是专门定制的向量处理器(VP)。系统还提供共享存储器及与 VP 相连的高速交叉开关。

对称多处理机是一种多处理机硬件架构,有两个或更多的相同的处理机(处理器)共享同一主存,由一个操作系统控制。使用对称多处理的计算机系统被称为"对称多处理机"或"对称多处理机系统"。在对称多处理机系统上,任何处理器可以运行任何任务,不管任务的数据在内存的什么地方,只要一个任务没有同时运行在多个处理器上面。有了操作系统的支持,对称多处理机系统就能够轻易地让任务在不同的处理器之间移动,以此来有效的均衡负载。

大规模并行处理机是由多个微处理器、局部存储器及网络接口电路构成的节点组成的并行计算体系,节点间以定制的高速网络互联。大规模并行处理机是一种异步的多指令流多数据流,因为它的程序有多个进程,它们分布在各个微处理器上,每个进程有自己独立的地址空间,进程之间以消息传递进行相互通信。

工作站机群可以近似看成一个没有本地磁盘的工作站机群,网络接口是松耦合的,接到 I/O 总线上而不是像 MPP 那样直接接到处理器存储总线上。

分布式共享存储处理机也被视为一种分散的全域地址空间,属于计算机科学的一种机制,可以透过硬件或软件来工作。分散式共享内存主要使用在丛集计算机中,丛集计算机中的每一个网络节点(Node)都有非共享的内存空间与共享的内存空间。该共享内存的位置空间(Address Space)在所有节点是一致的。

现在,多核计算和对称多处理计算往往是综合使用的。例如,一台服务器上可以安装 2~4 个物理处理器芯片,每个物理处理器芯片上有 2~4 个核。对于对称多处理操作系统来说,每个 CPU 都是平等的,任何任务都可以从一个处理器迁移到另一个处理器,而与任务所处的内存位置无关。操作系统会确保处理器之间的负载均衡,因此称为"对称"多处理。对称多处理计算的瓶颈在于总线带宽。由于多个物理处理器共享总线,因此制约 CPU 的原因往往是总线冲突。所以,基于对称多处理架构的系统一般不会使用超过 32 个处理器芯片。

4.1.2　分布式计算和并行计算的比较

分布式计算和并行计算的共同点都是将大任务化为小任务。但是,分布式的任务互相之间有独立性,并行程序并行处理的任务包之间有很大的联系。

分布式计算中,上个任务的结果未返回或者是结果处理错误,对下一个任务的处理几乎没有什么影响。因此,分布式的实时性要求不高,而且允许存在计算错误(因为每个计算任务给好几个参与者计算,上传结果到服务器后要比较结果,然后对结果差异大的进行验证)。

并行计算的每一个任务块都是必要的,每个任务包都要处理,而且计算结果相互影响,就要求每个的计算结果要绝对正确,而且在时间上要尽量做到同步。并且分布式的很多任务块可以根本就不处理,有大量的无用数据块;而并行处理不同,它的任务包个数相对有限,在一个有限的时间应该是可能完成的。

并行计算和分布式计算在很多时候是同时存在的。例如,一个系统在整体上采用多个节点进行分布式计算,节点之间靠消息传递保持协同,而在每个节点内部又采用并行计算来提高性能,这种计算模式就可以称为分布式并行计算。一般来说,分布式计算有如下特征:

(1)由于网络可跨的范围非常广,因此如果设计得当,分布式计算的可扩展性将会非常好。

(2)分布式计算中的每个节点都有自己的处理器和主存,并且该处理器只能访问自己的主存。

(3)在分布式计算中,节点之间的通信以消息传递为主,数据传输较少,因此每个节点看不到全局,只知道自己那部分的输入和输出。

(4)分布式计算中节点的灵活性很大,即节点可随时加入或退出,节点的配置也不尽相同,但是拥有良好设计的分布式计算机制应保证整个系统可靠性不受单个节点的影响。

4.2 Hadoop 系统介绍

Hadoop 是由 Apache 基金会开发,设计用来在由通用计算设备组成的大型集群上执行分布式应用的基础框架。用户可以在不了解分布式底层细节的情况下开发分布式程序,充分利用集群的威力高速运算和存储。简单地说,Hadoop 是一个可以更容易开发和运行处理大规模数据的软件平台。

4.2.1 Hadoop 发展历程

Hadoop 由 Apache Software Foundation 公司于 2005 年秋天作为 Lucene 的子项目 Nutch 的一部分正式引入。它受到最先由 Google Lab 开发的 MapReduce 和 Google File System 的启发。2006 年 3 月,MapReduce 和 Nutch Distributed File System (NDFS)分别被纳入称为 Hadoop 的项目中。Nutch 中的 NDFS 和 MapReduce 实现的应用远不只是搜索领域,从 Nutch 转移出来成为一个独立的 Lucene 子项目,称为 Hadoop。大约在同一时间,Doug Cutting 加入雅虎公司,Yahoo 提供一个专门的团队和资源将 Hadoop 发展成一个可在网络上运行的系统。在 2008 年 2 月,雅虎宣布其搜索引擎产品部署在一个拥有一万个内核的 Hadoop 集群上。2008 年 1 月,Hadoop 已成为 Apache 顶级项目,证明它是成功的,是一个多样化、活跃的社区。通过这次机会,Hadoop 成功地被雅虎之外的很多公司应用,如 Last.fm、Facebook 和《纽约时报》。

2008 年 4 月,Hadoop 打破世界纪录,成为最快排序 1TB 数据的系统。Hadoop 运行在一个包括 910 节点的群集,在 209s 内排序了 1TB 的数据(还不到三分半钟),击败了前一年的 297s 冠军。同年 11 月,谷歌在报告中声称,它的 MapReduce 实现执行 1TB 数据的排序只用了 68s。2009 年 5 月,有报道宣称 Yahoo 的团队使用 Hadoop 对 1TB 的数据进行排序只花了 62s 的时间。构建因特网规模的搜索引擎需要大量的数据,因此需要大量的机器来进行处理。

Hadoop 大事记

2004 年,最初的版本(现在称为 HDFS 和 MapReduce)由 Doug Cutting 和 Mike Cafarella 开始实施。

2005 年 12 月,Nutch 移植到新的框架,Hadoop 在 20 个节点上稳定运行。

2006 年 1 月,Doug Cutting 加入雅虎。

2006 年 2 月,Apache Hadoop 项目正式启动以支持 MapReduce 和 HDFS 的独立发展。

2006 年 2 月,雅虎的网格计算团队采用 Hadoop。

2006 年 4 月,标准排序(每个节点 10GB)在 188 个节点上运行 47.9 个小时。

2006 年 5 月,雅虎建立了一个 300 个节点的 Hadoop 研究集群。

2006 年 5 月,标准排序在 500 个节点上运行 42 个小时(硬件配置比 4 月的更好)。

2006 年 11 月,研究集群增加到 600 个节点。

2006 年 12 月,标准排序在 20 个节点上运行 1.8 个小时,100 个节点 3.3 小时,500 个节点 5.2 小时,900 个节点 7.8 个小时。

2007 年 1 月,研究集群达到 900 个节点。

2007 年 4 月,研究集群达到两个 1000 个节点的集群。

2008 年 4 月,赢得世界最快 1TB 数据排序,在 900 个节点上用时 209s。

2008 年 10 月,研究集群每天装载 10TB 的数据。

2009 年 3 月,17 个集群总共 24 000 台机器。

2009 年 4 月,赢得每分钟排序,59s 内排序 500GB(在 1400 个节点上)和 173min 内排序 100TB 数据(在 3400 个节点上)。

4.2.2　Hadoop 使用场景和特点

Hadoop 最适合的就是海量数据处理分析。应用 Hadoop,海量数据被分割于多个节点,然后由每一个节点并行计算,将得出的结果归并到输出。同时第一阶段的输出又可以作为下一阶段计算的输入,因此可以想象到一个树状结构的分布式计算图在不同阶段都有不同产出,同时并行和串行结合的计算也可以很好地在分布式集群的资源下得以高效的处理。

下面列举 Hadoop 的一些主要的特点:

- 扩容能力(Scalable):能可靠地(Reliably)存储和处理千万亿字节(PB)数据。
- 成本低(Economical):可以通过普通机器组成的服务器群来分发及处理数据。这些服务器群总计可达数千个节点。
- 高效率(Efficient):通过分发数据,Hadoop 可以在数据所在的节点上并行地(Parallel)处理它们,这使得处理非常的快速。
- 可靠性(Reliable):Hadoop 能自动地维护数据的多份复制,并且在任务失败后能自动地重新部署(Redeploy)计算任务。

4.2.3　Hadoop 项目组成

今天，Hadoop 是一个分布式计算基础架构这把"大伞"下相关子项目的集合。这些项目属于 Apache 软件基金会（http://hadoop.apache.org），为开源软件项目社区提供支持。虽然 Hadoop 最出名的是 MapReduce 及其分布式文件系统（HDFS，从 NDFS 改名而来），但还有其他子项目提供配套服务，其他子项目提供补充性服务。这些子项目的简要描述如下，其技术栈如图 4-1 所示。

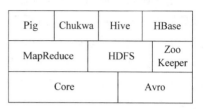

图 4-1　Hadoop 的子项目

- Core：一系列分布式文件系统和通用 I/O 的组件和接口（序列化、Java RPC 和持久化数据结构）。
- Avro：一种提供高效、跨语言 RPC 的数据序列系统，持久化数据存储（在本书写作期间，Avro 只是被当作一个新的子项目创建，而且尚未有其他 Hadoop 子项目在使用它）。
- MapReduce：分布式数据处理模式和执行环境，运行于大型商用机集群。
- HDFS：分布式文件系统，运行于大型商用机集群。
- Pig：一种数据流语言和运行环境，用以检索非常大的数据集。Pig 运行在 MapReduce 和 HDFS 的集群上。
- HBase：一个分布式的、列存储数据库。HBase 使用 HDFS 作为底层存储，同时支持 MapReduce 的批量式计算和点查询（随机读取）。
- ZooKeeper：一个分布式的、高可用性的协调服务。ZooKeeper 提供分布式锁之类的基本服务用于构建分布式应用。
- Hive：分布式数据仓库。Hive 管理 HDFS 中存储的数据，并提供基于 SQL 的查询语言（由运行时引擎翻译成 MapReduce 作业）用以查询数据。
- Chukwa：分布式数据收集和分析系统。Chukwa 运行 HDFS 中存储数据的收集器，它使用 MapReduce 来生成报告。

4.3　分布式文件系统

分布式文件系统（Distributed File System）是指文件系统管理的物理存储资源不一定直接连接在本地节点上，而是通过计算机网络与节点相连。分布式文件系统的设计基于客户端/服务器模式。一个典型的网络可能包括多个供多用户访问的服务器。另外，对等特性允许一些系统扮演客户端和服务器的双重角色。

4.3.1　分布式文件系统概述

文件系统是操作系统的一个重要组成部分，通过操作系统管理存储空间，向用户提供统一的、对象化的访问接口，屏蔽对物理设备的直接操作和资源管理。根据计算环境和所提供功能的不同,文件系统可划分为本地文件系统(Local File System)和分布式文件系统。本地文件系统是指文件系统管理的物理存储资源直接连接在本地节点上,处理器通过系统总线可以直接访问。分布式文件系统是指文件系统管理的物理存储资源不一定直接连接在本地节点上,而是通过计算机网络与节点相连。

由于因特网应用的不断发展,本地文件系统由于单个节点本身的局限性,已经很难满足海量数据存取的需要了,因而不得不借助分布式文件系统,把系统负载转移到多个节点上。传统的分布式文件系统(如 NFS)中,所有数据和元数据存放在一起,通过单一的存储服务器提供。这种模式一般称为带内模式(In-band Mode)。随着客户端数目的增加,服务器就成了整个系统的瓶颈。因为系统所有的数据传输和元数据处理都要通过服务器,不仅单个服务器的处理能力有限,存储能力受到磁盘容量的限制,吞吐能力也受到磁盘 I/O 和网络 I/O 的限制。在当今对数据存储量要求越来越大的因特网应用中,传统的分布式文件系统已经很难满足应用的需要。

如今,Google 作为云计算领域的带头大哥,开发了可扩展的分布式文件系统 GFS (Google File System),对于大型分布式海量数据进行管理的应用。2003 年,Google 发表论文公开了分布式文件系统 GFS 的设计思想,引起业界的高度重视,开发出多种类似文件系统,如 HDFS(Hadoop Distressed File System)。

4.3.2　HDFS 架构

Hadoop 项目中最底部、最基础的是 HDFS,适合运行在通用硬件(Commodity Hardware)上的分布式文件系统。它和现有的分布式文件系统有很多共同点。但同时,它和其他的分布式文件系统的区别也是很明显的。HDFS 是一个高度容错性的系统,适合部署在廉价的机器上。HDFS 能提供高吞吐量的数据访问,非常适合大规模数据集上的应用。HDFS 放宽了一部分 POSIX 约束来实现流式读取文件系统数据的目的。HDFS 在最开始是作为 Apache Nutch 搜索引擎项目的基础架构而开发的。

对外部客户端而言,HDFS 就像一个传统的分级文件系统,可以创建、删除、移动或重命名文件等。HDFS 采用 Master/Slave 架构,基于一组特定的节点构建,如图 4-2 所示。

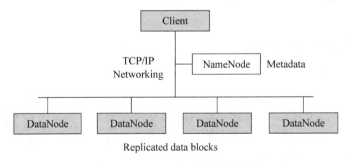

图 4-2　Hadoop 集群的简化视图

HDFS 集群由一个 NameNode 和一定数目的 DataNodes 组成。NameNode 是一个中心服务器,负责管理文件系统的名字空间(Namespace)及客户端对文件的访问。集群中的 DataNode 一般是一个节点一个,负责管理它所在节点上的存储。HDFS 暴露了文件系统的名字空间,用户能够以文件的形式在上面存储数据。从内部看,一个文件其实被分成一个或多个数据块,这些块存储在一组 DataNode 上。NameNode 执行文件系统的名字空间操作,比如打开、关闭、重命名文件或目录。它也负责确定数据块到具体 DataNode 节点的映射。DataNode 负责处理文件系统客户端的读写请求。在 NameNode 的统一调度下进行数据块的创建、删除和复制,如图 4-3 所示。

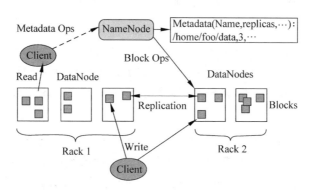

图 4-3　HDFS 结构示意图

存储在 HDFS 中的文件被分成块,然后将这些块复制到多个计算机中(DataNode)。这与传统的 RAID 架构大不相同。块的大小(通常为 64MB)和复制的块数量在创建文件时由客户端决定。NameNode 可以控制所有文件操作。HDFS 内部的所有通信都基于标准的 TCP/IP 协议。

4.3.3　HDFS 设计特点

下面说说 HDFS 的几个设计特点(对于框架设计值得借鉴)。

1. Block 的放置

默认不配置。一个 Block 会有三份备份,一份放在 NameNode 指定的 DataNode 上,另一份放在与指定 DataNode 非同一 Rack 上的 DataNode 上,最后一份放在与指定 DataNode 同一 Rack 上的 DataNode 上。备份无非就是为了数据安全,考虑同一 Rack 的失败情况及不同 Rack 之间数据拷贝性能问题就采用这种配置方式。

2. 心跳检测

心跳检测 DataNode 的健康状况,如果发现问题就采取数据备份的方式来保证数据的安全性。

3. 数据复制

场景为 DataNode 失败、需要平衡 DataNode 的存储利用率和需要平衡 DataNode 数据交互压力等情况。这里先说一下,使用 HDFS 的 balancer 命令,可以配置一个 Threshold 来平衡每一个 DataNode 磁盘利用率。例如设置了 Threshold 为 10%,那么执行 balancer 命令的时候,首先统计所有 DataNode 的磁盘利用率的均值,然后判断如果某一个 DataNode 的磁盘利用率超过这个均值 Threshold 以上,那么将会把这个 DataNode 的

Block 转移到磁盘利用率低的 DataNode 上,这对于新节点的加入来说十分有用。

4. 数据校验

采用 CRC32 作数据校验。在文件 Block 写入的时候除了写入数据外,还会写入校验信息,在读取的时候需要校验后再读入。

5. NameNode 是单点

如果失败的话,任务处理信息将会记录在本地文件系统和远端的文件系统中。

6. 数据管道性的写入

当客户端要写入文件到 DataNode 上,首先客户端读取一个 Block,然后写到第一个 DataNode 上,再由第一个 DataNode 传递到备份的 DataNode 上,一直到所有需要写入这个 Block 的 NataNode 都成功写入,客户端才会继续开始写下一个 Block。

7. 安全模式

安全模式主要是为了系统启动的时候检查各个 DataNode 上数据块的有效性,同时根据策略必要的复制或者删除部分数据块。在分布式文件系统启动的时候,开始时会有安全模式,当分布式文件系统处于安全模式的情况下,文件系统中的内容不允许修改也不允许删除,直到安全模式结束。运行期通过命令也可以进入安全模式。在实践过程中,系统启动的时候去修改和删除文件也会有安全模式不允许修改的出错提示,只需要等待一会儿即可。

4.4 MapReduce 计算模型

传统的分布式计算模型主要用于解决大规模的计算密集型任务,通过将数据推向分布式计算节点,并行地进行处理。每个计算节点会缓存数据,进而通过同步协议做及时的更新,以保证系统数据的一致性。云计算中各节点之间由网络相连,如果在处理海量数据时仍旧像在传统方式中计算节点之间传输数据,开销高昂,严重影响性能。为此,Google 公司基于 GFS 的分布式文件系统进行部署,将计算推向数据存储节点,尽量减少海量数据传输,最先提出 MapReduce 计算模型。

2004 年 Google 发表了论文,向全世界介绍了 MapReduce,受到很多因特网公司高度关注。2006 年 MapReduce 纳入开放源代码 Hadoop 项目中,目前得到广泛认可。

4.4.1 MapReduce 概述

MapReduce 从名字上来看就大致可以看出个缘由,两个动词 Map 和 Reduce,Map(展开)是将一个任务分解成为多个任务,Reduce 是将分解后多任务处理的结果汇总起来,得出最后的分析结果。在分布式系统中,机器集群就可以看作硬件资源池,将并行的任务拆分,然后交由每一个空闲机器资源去处理,能够极大地提高计算效率,同时这种资源无关性,对于计算集群的扩展无疑提供了最好的设计保证。任务分解处理以后,就需要将处理以后的结果再汇总起来,这就是 Reduce 要做的工作。

MapReduce 模型提供了一种简单的编程模型,每天数以千万亿字节的海量数据,HDFS 作为其计算所需数据的分布式文件系统。用户通过设定 Map 功能将一组键值对转换为一组中间键值对。然后,Reduce 功能将具有相同中间 Key 值的中间 Value 值进行整合,从而得到计算结果。具体执行流程如图 4-4 所示。

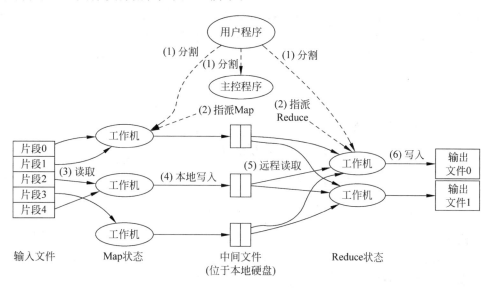

图 4-4　MapReduce 执行流程

(1) 在用户程序里的 MapReduce 库首先分割输入文件成 M 个片,每个片的大小一般从 16 到 64MB(用户可以通过可选的参数来控制),然后在机群中开始大量地复制程序。

(2) 这些程序复制中的一个是 Master,其他的都是由 Master 分配任务的 Worker。有 M 个 Map 任务和 R 个 Reduce 任务将被分配。Master 分配一个 Map 任务或 Reduce 任务给一个空闲的 Worker。

(3) 一个被分配了 Map 任务的 Worker 读取相关输入 split 的内容。它从输入数据中分析出键值对,然后把键值对传递给用户自定义的 map 函数。由 map 函数产生的中间键值对被缓存在内存中。

(4) 缓存在内存中的键值对被周期性的写入到本地磁盘上,通过分割函数把它们写入 R 个区域。在本地磁盘上的缓存对的位置被传送给 Master,Master 负责把这些位置传送给 Reduce Worker。

(5) 当一个 Reduce Worker 得到 Master 的位置通知的时候,它使用远程过程调用来从 Map Worker 的磁盘上读取缓存的数据。当 Reduce Worker 读取了所有的中间数据后,它通过排序使具有相同 Key 的内容聚合在一起。因为许多不同的 Key 映射到相同的 Reduce 任务,所以排序是必需的。如果中间数据比内存还大,那么还需要一个外部排序。

(6) Reduce Worker 迭代排过序的中间数据,对于遇到的每一个唯一的中间 Key,它把 Key 和相关的中间 Value 集传递给用户自定义的 Reduce 函数。Reduce 函数的输出被添加到这个 Reduce 分割的最终的输出文件中。

4.4.2　MapReduce 应用实例

MapReduce 本身就是用于并行处理大数据集的软件框架应用程序,至少包含三个部分:一个 map 函数、一个 reduce 函数和一个 main 函数。main 函数将作业控制和文件输入输出结合起来。MapReduce 的运行包含多个实例(许多 Map 和 Reduce)的操作组成,结构示意如图 4-5 所示。map 函数接收一组数据并将其转换为一个键值对列表,输入域中的每个元素对应一个键值对。reduce 函数接收 map 函数生成的列表,然后根据它们的键(为每个键生成一个键值对)缩小键值对列表。下面简单描述两个应用实例。

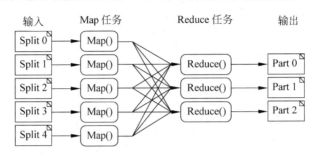

图 4-5　MapReduce 结构示意图

示例 1:

假设输入域是 one small step for man,one giant leap for mankind。在这个域上运行 Map 函数将得出以下的键/值对列表:

```
(one, 1)   (small, 1)   (step, 1)   (for, 1)   (man, 1)
(one, 1)   (giant, 1)   (leap, 1)   (for, 1)   (mankind, 1)
```

如果对这个键/值对列表应用 Reduce 函数,将得到以下一组键/值对:

```
(one, 2)     (small, 1)   (step, 1)   (for, 2)   (man, 1)
(giant, 1)   (leap, 1)    (mankind, 1)
```

结果是对输入域中的单词进行计数,这无疑对处理索引十分有用。但是,现在假设有两个输入域,第一个是 one small step for man,第二个是 one giant leap for mankind。可以在每个域上执行 Map 函数和 Reduce 函数,然后将这两个键值对列表应用到另一个 Reduce 函数,这时得到与前面一样的结果。换句话说,可以在输入域并行使用相同的操作,得到的结果是一样的,但速度更快。这便是 MapReduce 的威力,它的并行功能可在任意数量的系统上使用。

示例 2:

Hadoop 提供的范例 Wordcount(计算网页中各个单词的数量):

(1) Input:文本内容 è <行号,文本内容>。

(2) Map:<行号,文本内容> è List <<单词,数量 1>>。

(3) Reduce:<单词,List <数量 1>> è <单词,数量合计>。

(4) Output:List <<单词,数量>> è 文本文件。

4.4.3　MapReduce 实现和架构

通常 MapReduce 框架系统运行在一组相同的节点上,计算节点和存储节点通常在一起,这种配置允许框架在已经存好数据的节点上高效地调度任务。MapReduce 采用主/从结构,由一个负责主控的 JobTracker 服务器(Master)及若干个执行任务的 TaskTracker

(Slave)组成,如图 4-6 所示。JobTracker 与 HDFS 的 NameNode 处于同一节点,而 TaskTracker 则与 DataNode 处于同一节点,一台物理机器上只运行一个 TaskTracker。在 MapReduce 框架里,客户的一个作业通常会把输入数据集分成若干独立的数据块,由 Map 任务并行地处理。框架会对 Map 的输出结果进行排序和汇总,然后输入给 Reduce 任务。 作业的输入输出结果存储在 HDFS 文件系统中。JobTracker 负责调度所有的任务,并监控 它们的执行,重新执行已经失败的任务。

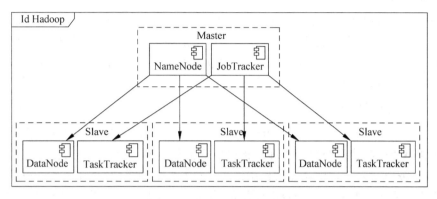

图 4-6　Hadoop 结构示意图

4.5　分布式协同控制

分布式系统中的每个节点既独立运行,又与所有其他节点并行工作,因而要进行协同控 制。本部分先介绍一般的分布式系统并发控制方法,然后对 Google 分布式锁机制进行 分析。

4.5.1　常见分布式并发控制方法

分布式并发控制作为分布式事务管理的基本任务之一,其目的是保证分布式数据库系 统中多个事务高效而正确地并发执行。并发控制就是负责正确协调并发事务的执行,保证 这种并发存取操作不会破坏系统完整性和一致性,以确保并发执行的多个事务能够正确运 行并获得正确结果。下面介绍几种常见的分布式并发控制方法。

1. 基于锁机制的并发控制方法

基于锁(Locking)机制的并发控制方法的基本思想是:事务对任何数据的操作均须先 申请该数据项的锁,只有申请到锁,即加锁成功后才可对数据进行操作。操作完成以后,释 放所申请的锁。如果需申请的锁已被其他事务锁定则要等待,直到那个事务释放该锁为止。 通过锁的共享及排斥特性来实现事务的可串行化调度。两阶段锁协议是最著名的锁并发控 制算法之一。

对分布式计算而言,考虑到数据的冗余(同一数据在系统中有多个副存在),需要引入专 门的多副本锁并发控制算法。

2．基于时间戳的并发控制方法

与锁机制试图通过互斥来支持串行性不同，基于时间戳的并发控制方法通过选择一个事先的串行次序来执行事务。为了建立次序，需要在每个事务初始化时由事务管理器为事务分配一个唯一的时标，用以识别事务并准许排序。基于时间戳的思想是：赋予每个事务唯一的时标，事务的执行等效于按时标次序串行执行，如果发生冲突，则通过撤销并重新启动一个事务来解决。

时间戳法按时标递增次序来决定串行序列，无须加锁，也没有死锁，避免了加锁和死锁检测造成的通信开销，但是它要求时标在全系统中是唯一的。对于较少的系统，时间戳法较为方便；而对于冲突较多的系统，则要以增加事务的重新启动为代价。目前时间戳法仅限于理论研究，实际运用较少。

3．乐观并发控制方法

乐观并发控制（Optimistic Concurrency Control）方法以事务间极少发生冲突为前提。与加锁法和时间戳法遇到冲突操作即停止或拒绝执行不同，乐观并发控制方法并不考虑冲突，而是让事务执行完毕。乐观并发控制方法将写操作的结果暂存，在事务结束后通过一项专门的检测来检验事务的执行是否可串行化，如果可以，才把写操作的结果永久化，否则将重新启动该事务。

乐观并发控制方法具有不阻塞、无死锁等优点，但它造成的重启代价是巨大的，因为事务行将结束。乐观法是并发控制领域的一种新技术，并行度高，但存储开销也大。

4．基于版本的并发控制方法

基于版本的并发控制方法把版本管理的概念引入并发控制，使分布式应用能够并行进行，适用于分布式数据库。多用户版本允许用户把初始数据读取到自己的工作区，用户在工作区内对数据进行操作，并用版本来记录每次操作的结果。任务结束时，利用 EDBMS（工程数据库管理系统）的版本合并功能对版本进行管理，如指定、合并或者删除版本。多用户版本在一定程度上可以避免死锁的发生，也避免了为预防和解除死锁而增加的代价，但它增加了任务需要的工作空间。

5．基于事务类的并发控制方法

基于事务类的并发控制方法把数据库的不同部分划为不同的冲突类，用存储过程来访问数据库，一个存储过程对应于一个事务。一个冲突类由若干对象决定，属于该冲突类的事务只能存取这些对象。一个事务可以属于多个冲突类，每个冲突类设一个主节点。利用一个读/写所有可用站点的副本控制法，读事务可在任何节点执行，而写事务则被广播到组内的所有节点，且只在冲突类的主节点执行。按照这种原则，属于同一冲突类的事务发生冲突的可能性较大，属于不同冲突类的事务不会发生冲突。每一个冲突类中存在一个先进先出的类队列，当事务处在相同的冲突队列中时，它们将按照一定的次序执行，以保证冲突事务的串行化。这种方法有效地避免了死锁的发生。

4.5.2　Google Chubby 并发锁

对于由大规服务器群构成的云计算数据中心而言，分布式同步机制是系统正确性和可靠性的基本保证,是开展一切上层应用的基础。Google Chubby 和 Hadoop ZooKeeper 是云基础架构分布式同步机制的典型代表,可用于协调系统中的各个部件,协同运作来同步访问信息资源,保证数据一致性。下面进行简要介绍。

Chubby 系统提供粗粒度的锁服务,并且基于松耦合分布式系统设计一致性问题。Chubby 系统本质上是一个分布式的文件系统,存储大量的小文件。每一个文件就代表了一个锁,并且保存一些应用层面的小规模数据。用户通过打开、关闭和读取文件来获取共享锁或者独占锁,并且通过通信机制向用户发送更新信息。

Google Chubby 系统基本上分为两部分:服务器端,称为 Chubby Cell;客户端,每个 Chubby 的客户端都有一个 Chubby Library。这两部分通过 RPC 进行通信,如图 4-7 所示。客户端通过 Chubby Library 的接口调用,在 Chubby Cell 上创建文件来获得相应的锁的功能。由于整个 Chubby 系统比较复杂,且细节很多,可将整个系统分为三个部分:Chubby Cell 的一致性部分、分布式文件系统部分、客户端与 Chubby Cell 的通信和连接部分。

1. Chubby Cell 的一致性

一般来说,一个 Chubby Cell 由 5 台服务器组成,可以支持整个数据中心的上万台机器的锁服务。Cell 中的每台服务器称为副本。

当 Chubby 工作的时候,首先它需要从这些副本中选举出一个 Master。注意,这其实也是一个分布一致性的问题,也就是说 Chubby 也存在着分布式的一致性问题。每个 Master 都具有一定的期限,在这个期限中,副本们不会再选举一个其他的 Master。

出于安全性和容错的考虑,所有的副本(包括 Master)都维护同一个数据的备份。但是,只有 Master 能够接受客户端提交的操作对数据进行读和写,而其他的 replicas 只是和 Master 进行通信来更新它们各自的数据。所以,一旦一个 Master 被选举出来后,所有的客户端都只和 Master 进行通信,如果是读操作,Master 一台机就够了;如果是写操作,Master 会通知其他的 Replicas 进行更新。这样的话,一旦 Master 意外停机,那么其他的副本也能够很快的选举出另外一个 Master。

2. Chubby 的文件系统

前文说过,Chubby 的底层实现其实就是一个分布式的文件系统。这个文件系统的接口是类似于 UNIX 系统的。例如,对于文件名/ls/foo /wombat/pouch,ls 表示的是 lock service,foo 表示的是某个 Chubby Cell 的名字,wombat/pouch 则是这个 Cell 上的某个文件目录或者文件名。如果一个客户端使用 Chubby Library 来创建这样一个文件名,那么这样一个文件就会在 Chubby Cell 上被创建。

Chubby 的文件系统由于它的特殊用途做了很多的简化,例如它不支持文件的转移,不记录文件最后访问时间等。整个文件系统只包含有文件和目录,统一称为 Node。文件系统采用 Berkeley DB 来保存 Node 的信息,主要是一种 Map 的关系。Key 就是 Node 的名字,Value 就是 Node 的内容。

Chubby Cell 和客户端之间用了 Event 形式的通知机制。客户端在创建了文件之后会得到一个 Handle,并且还可以订阅一系列的 Event,如文件内容修改的 Event。这样的话,一旦客户端相关的文件内容被修改了,那么 Cell 会通过机制发送一个 Event 来告诉客户端该文件被修改了。

3. 客户端与 Chubby Cell 的交互部分

这里大致包含两部分的内容：Cache 的同步机制和 KeepAlive 握手协议。为了降低客户端和 Cell 之间通信的压力和频率，客户端在本地会保存一个和自己相关的 Chubby 文件的 Cache。例如，如果客户端通过 Chubby Library 在 Cell 上创建了一个文件，那么在客户端本地也会有一个相同的文件在 cache 中创建，这个 Cache 中文件的内容和 Cell 上文件的内容是一样的。这样的话，客户端如果想访问这个文件，就可以直接访问本地的 Cache 而不通过网络去访问 Cell。

Cache 有两个状态：有效和无效。当有一个客户端要改变某个文件时，整个修改会被主机控制，然后主机会发送无效标志给所有缓存这个数据的客户端（它维护了这么一个表），当其他客户端收到这个无效标志后，就会将 cache 中的状态置为无效，然后返回一个应答。当主机确定收到了所有的应答之后才完成整个变更。

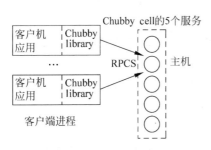

图 4-7　Google Chubby 系统架构

需要注意的是，主机并不发送更新数据给客户端，而是发送无效标志给客户端。这是因为如果发送更新数据给客户端，那么每一次数据的修改都需要发送一大堆的更新数据，而发送无效标示的话，对一个数据的很多次修改只需要发送一个无效标示，这样大幅降低了通信量。

关于 KeepAlive 协议，则是为了保证客户端和主机随时都保持着联系。客户端和主机每隔一段时间就会联系一次，如果主机意外停机，客户端可以很快知道这个消息，然后迅速转移到新的主机上。并且这种转移对于客户端的应用是透明的，也就是说应用并不会知道主机发生了错误。

4.6   Spark 计算框架

4.6.1   Spark 简介

Spark 是加州大学伯克利分校 AMP 实验室（Algorithms、Machines 和 People Lab）开发通用内存并行计算框架。Spark 在 2013 年 6 月进入 Apache 成为孵化项目，8 个月后成为 Apache 顶级项目，速度之快足见过人之处。Spark 以其先进的设计理念，迅速成为社区的热门项目，围绕着 Spark 推出了 Spark SQL、Spark Streaming、MLLib 和 GraphX 等组件，也就是 BDAS（伯克利数据分析栈），这些组件逐渐形成大数据处理一站式解决平台。从各方面报道来看，Spark 希望替代 Hadoop 在大数据中的地位，成为大数据处理的主流标准。Spark 使用 Scala 语言进行实现，它是一种面向对象、函数式编程语言，能够像操作本地集合对象一样轻松地操作分布式数据集。在 Spark 官网上介绍，它具有运行速度快、易用性好、通用性强和随处运行等特点。

1．运行速度快

Spark 拥有 DAG 执行引擎，支持在内存中对数据进行迭代计算。官方提供的数据表
明，如果数据由磁盘读取，速度是 Hadoop MapReduce 的 10 倍以上；如果数据从内存中读取，速度可以高达 100 多倍，如图 4-8 所示。

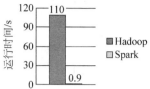

图 4-8　Spark 和 Hadoop 速度比较

2．易用性好

Spark 不仅支持 Scala 编写应用程序，而且支持 Java 和 Python 等语言进行编写，特别是 Scala 是一种高效、可拓展的语言，能够用简洁的代码处理较为复杂的处理工作。

3．通用性强

Spark 生态圈即 BDAS(伯克利数据分析栈)，包含了 Spark Core、Spark SQL、Spark Streaming、MLLib 和 GraphX 等组件，这些组件分别处理 Spark Core 提供内存计算框架、Spark Streaming 的实时处理应用、Spark SQL 的即席查询、MLLib 或 MLBase 的机器学习和 GraphX 的图处理，它们都是由 AMP 实验室提供，能够无缝地集成并提供一站式解决平台，如图 4-9 所示。

4．随处运行

Spark 具有很强的适应性，能够读取存放在 HDFS、Cassandra、HBase、S3 和 Techyon 的数据，能够以 Mesos、YARN 和自身携带的 Standalone 作为资源管理器调度工作来完成 Spark 应用程序的计算，如图 4-10 所示。

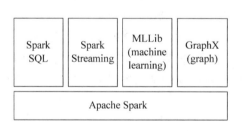

图 4-9　Spark 技术栈

图 4-10　Spark 运行环境

4.6.2　Spark 生态系统

Spark 生态圈也称为 BDAS(伯克利数据分析栈)，是伯克利 APMLab 实验室打造的，力图在算法(Algorithms)、机器(Machines)、人(People)之间通过大规模集成来展现大数据应用的一个平台。伯克利 AMPLab 运用大数据、云计算、通信等各种资源及各种灵活的技术方案，对海量不透明的数据进行甄别并转化为有用的信息，以供人们更好地理解世界。该生态圈已经涉及机器学习、数据挖掘、数据库、信息检索、自然语言处理和语音识别等多个领域。Spark 生态圈以 Spark Core 为核心，从 HDFS、Amazon S3 和 HBase 等持久层读取数据，以 Mesos、YARN 和自身携带的 Standalone 为资源管理器调度工作完成 Spark 应用程

序的计算。这些应用程序可以来自于不同的组件,如 Spark Shell/Spark Submit 的批处理、Spark Streaming 的实时处理应用、Spark SQL 的即席查询、BlinkDB 的权衡查询、MLLib/MLbase 的机器学习、GraphX 的图处理和 SparkR 的数学计算等。

1. Spark Core

前面介绍了 Spark Core 的基本情况,下面总结一下 Spark 内核架构。

(1) 提供了有向无环图(DAG)的分布式并行计算框架,并提供 cache 机制来支持多次迭代计算或者数据共享,大大减少迭代计算之间读取数据的开销,这对于需要进行多次迭代的数据挖掘和分析性能有很大提升。

(2) 在 Spark 中引入了 RDD(Resilient Distributed Dataset)的抽象,它是分布在一组节点中的只读对象集合,这些集合是弹性的,如果数据集一部分丢失,则可以根据"血统"对它们进行重建,保证了数据的高容错性。

(3) 移动计算而非移动数据,RDD Partition 可以就近读取分布式文件系统中的数据块到各个节点内存中进行计算。

(4) 使用多线程池模型来减少 task 启动开稍。

2. Spark Streaming

Spark Streaming 是一个对实时数据流进行高通量、容错处理的流式处理系统,可以对多种数据源(如 Kdfka、Flume、Twitter、Zero 和 TCP 套接字)进行类似 Map、Reduce 和 Join 等复杂操作,并将结果保存到外部文件系统、数据库或应用到实时仪表盘。

Spark Streaming 构架:

(1) 计算流程。Spark Streaming 是将流式计算分解成一系列短小的批处理作业。这里的批处理引擎是 Spark Core,也就是把 Spark Streaming 的输入数据按照 batch size(如 1s)分成一段一段的数据(Discretized Stream),每一段数据都转换成 Spark 中的 RDD(Resilient Distributed Dataset),然后将 Spark Streaming 中对 DStream 的 Transformation 操作变为针对 Spark 中对 RDD 的 Transformation 操作,将 RDD 经过操作变成中间结果保存在内存中。整个流式计算根据业务的需求可以对中间的结果进行叠加或者存储到外部设备。图 4-11 展示了 Spark Streaming 的架构。

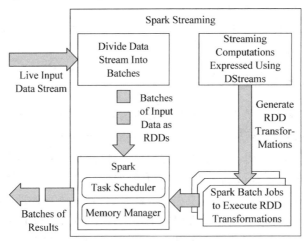

图 4-11　Spark Streaming 构架

（2）容错性。对于流式计算来说，容错性至关重要。首先要明确一下 Spark 中 RDD 的容错机制。每一个 RDD 都是一个不可变的分布式可重算的数据集，其记录着确定性的操作继承关系（Lineage），所以只要输入数据是可容错的，那么任意一个 RDD 的分区（Partition）出错或不可用，都是可以利用原始输入数据通过转换操作而重新算出的。

对于 Spark Streaming 来说，其 RDD 的传承关系如图 4-12 所示，图中的每一个椭圆形表示一个 RDD，椭圆形中的每个圆形代表一个 RDD 中的一个 Partition，图中每一列的多个 RDD 表示一个 DStream（图 4-12 中有三个 DStream），而每一行最后一个 RDD 则表示每一个 Batch Size 所产生的中间结果 RDD。可以看到图中的每一个 RDD 都是通过 lineage 相连接的，由于 Spark Streaming 输入数据可以来自于磁盘，例如 HDFS（多份备份）或是来自于网络的数据流（Spark Streaming 会将网络输入数据的每一个数据流复制两份到其他的机器）都能保证容错性，所以 RDD 中任意的 Partition 出错，都可以并行地在其他机器上将缺失的 Partition 计算出来，如图 4-12 所示。这个容错恢复方式比连续计算模型（如 Storm）的效率更高。

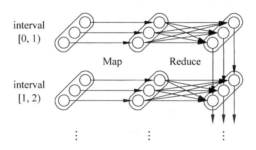

图 4-12　Spark Streaming 中 RDD 的继承关系图

（3）实时性。对于实时性的讨论，会牵涉到流式处理框架的应用场景。Spark Streaming 将流式计算分解成多个 Spark Job，对于每一段数据的处理都会经过 Spark DAG 图分解及 Spark 的任务集的调度过程。对于目前版本的 Spark Streaming 而言，其最小的 Batch Size 的选取在 $0.5 \sim 2s$ 之间（Storm 目前最小的延迟是 100ms 左右），所以 Spark Streaming 能够满足除了对实时性要求非常高（如高频实时交易）之外的所有流式准实时计算场景。

（4）扩展性与吞吐量。Spark 目前在 EC2 上已能够线性扩展到 100 个节点（每个节点 4Core），可以数秒的延迟处理 6GB/s 的数据量（60M records/s），其吞吐量也比流行的 Storm 高 $2 \sim 5$ 倍，在 Berkeley 利用 WordCount 和 Grep 两个用例所做的测试中，Spark Streaming 中每个节点的吞吐量是 670k records/s，而 Storm 是 115k records/s。

3. Spark SQL

Spark SQL 允许开发人员直接处理 RDD，同时也可查询例如在 Apache Hive 上存在的外部数据。Spark SQL 的一个重要特点是其能够统一处理关系表和 RDD，使得开发人员可以轻松地使用 SQL 命令进行外部查询，同时进行更复杂的数据分析。除了 Spark SQL 外，Michael 还谈到 Catalyst 优化框架，它允许 Spark SQL 自动修改查询方案，使 SQL 更有效地执行。

Spark SQL 的特点：

（1）引入了新的 RDD 类型 SchemaRDD，可以像传统数据库定义表一样来定义 SchemaRDD，SchemaRDD 由定义了列数据类型的行对象构成。SchemaRDD 可以从 RDD 转换过来，也可以从 Parquet 文件读入，还可以使用 HiveQL 从 Hive 中获取。

（2）内嵌了 Catalyst 查询优化框架，在把 SQL 解析成逻辑执行计划之后，利用 Catalyst 包里的一些类和接口，执行了一些简单的执行计划优化，最后变成 RDD 的计算在应用程序中可以混合使用不同来源的数据，如可以将来自 HiveQL 的数据和来自 SQL 的数据进行 Join 操作。

主要 Spark SQL 在下面几点做了优化：

（1）内存列存储（In-Memory Columnar Storage）。Spark SQL 的表数据在内存中存储不是采用原生态的 JVM 对象存储方式，而是采用内存列存储。

（2）字节码生成技术（Bytecode Generation）。Spark1.1.0 在 Catalyst 模块的 expressions 增加了 codegen 模块，使用动态字节码生成技术，对匹配的表达式采用特定的代码动态编译。另外对 SQL 表达式都进行了 CG 优化，CG 优化的实现主要还是依靠 Scala2.10 的运行时放射机制（Runtime Reflection）。

（3）Scala 代码优化。Spark SQL 在使用 Scala 编写时，尽量避免低效的、容易 GC 的代码。尽管增加了编写代码的难度，但对于用户来说接口统一。

4. MLBase/MLLib

MLBase 是 Spark 生态圈的一部分，专注于机器学习，让机器学习的门槛更低，让一些可能并不了解机器学习的用户也能方便地使用 MLBase。MLBase 分为 4 部分：MLLib、MLI、ML Optimizer 和 ML Runtime，如图 4-13 所示。

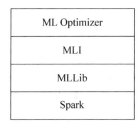

图 4-13　Spark 机器学习层次结构

（1）ML Optimizer 会选择它认为最适合的已经在内部实现好了的机器学习算法和相关参数来处理用户输入的数据，并返回模型或别的帮助分析的结果。

（2）MLI 是一个进行特征抽取和高级 ML 编程抽象的算法实现的 API 或平台。

（3）MLLib 是 Spark 实现常见机器学习算法的实用程序，包括分类、回归、聚类、协同过滤、降维及底层优化，这些算法可以进行扩充。MLLib 基于 Spark 计算框架，将 Spark 的分布式计算应用到机器学习领域。

总的来说，MLBase 的核心是它的优化器，把声明式的 Task 转化成复杂的学习计划，产出最优的模型和计算结果。与其他机器学习 Weka 和 Mahout 不同的是：

（1）MLBase 是分布式的，Weka 是一个单机的系统。

（2）MLBase 是自动化的，Weka 和 Mahout 都需要使用者具备机器学习技能，选择自己想要的算法和参数来做处理。

（3）MLBase 提供了不同抽象程度的接口，让算法可以扩充。

（4）MLBase 基于 Spark 这个平台。

5. GraphX

GraphX 是 Spark 中用于图和图并行计算的 API，可以认为是 GraphLab（C++）和 Pregel（C++）在 Spark（Scala）上的重写及优化。跟其他分布式图计算框架相比，GraphX 最大的贡献是在 Spark 之上提供一站式数据解决方案，可以方便且高效地完成图计算的一整套流水作业。GraphX 最先是伯克利 AMPLAB 的一个分布式图计算框架项目，后来整合到 Spark 中成为一个核心组件。

GraphX 的核心抽象是 Resilient Distributed Property Graph，一种点和边都带属性的有向多重图。它扩展了 Spark RDD 的抽象，有 Table 和 Graph 两种视图，而只需要一份物理存储，如图 4-14 所示。两种视图都有自己独有的操作符，从而获得了灵活操作和执行效率。如同 Spark，GraphX 的代码非常简洁。GraphX 的核心代码只有三千多行，而在此之上实现的 Pregel 模型只要短短的二十多行。GraphX 的代码结构整体如图 4-14 所示，其中大部分的实现都是围绕 Partition 的优化进行的。这在某种程度上说明了点分割的存储和相应的计算优化的确是图计算框架的重点和难点。

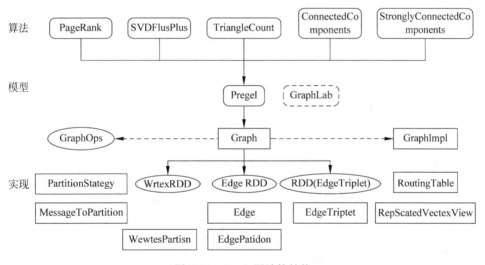

图 4-14 Spark 图计算结构

GraphX 的底层设计有以下几个关键点：

（1）对 Graph 视图的所有操作最终都会转换成其关联的 Table 视图的 RDD 操作来完成。这样对一个图的计算，最终在逻辑上等价于一系列 RDD 的转换过程。因此，Graph 最终具备了 RDD 的三个关键特性：Immutable、Distributed 和 Fault-Tolerant。其中最关键的是 Immutable（不变性）。逻辑上，所有图的转换和操作都产生了一个新图；物理上，GraphX 会有一定程度的不变顶点和边的复用优化，对用户透明。

（2）两种视图底层共用的物理数据由 RDD[Vertex-Partition] 和 RDD[EdgePartition] 这两个 RDD 组成。点和边实际都不是以表 Collection[tuple] 的形式存储的，而是由 VertexPartition/EdgePartition 在内部存储一个带索引结构的分片数据块，以加速不同视图下的遍历速度。不变的索引结构在 RDD 转换过程中是共用的,降低了计算和存储开销。

(3) 图的分布式存储采用点分割模式,而且使用 partitionBy 方法,由用户指定不同的划分策略(PartitionStrategy)。划分策略会将边分配到各个 EdgePartition,顶点 Master 分配到各个 VertexPartition,EdgePartition 也会缓存本地边关联点的 Ghost 副本。划分策略的不同会影响到所需要缓存的 Ghost 副本数量,以及每个 EdgePartition 分配的边的均衡程度,需要根据图的结构特征选取最佳策略。目前有 EdgePartition2d、EdgePartition1d、RandomVertexCut 和 CanonicalRandomVertexCut 这 4 种策略。在淘宝的大部分场景下,EdgePartition2d 效果最好。

6. SparkR

SparkR 是 AMPLab 发布的一个 R 开发包,使得 R 摆脱单机运行的命运,可以作为 Spark 的 job 运行在集群上,极大地扩展了 R 的数据处理能力。

SparkR 的几个特性:

(1) 提供了 Spark 中弹性分布式数据集(RDD)的 API,用户可以在集群上通过 R shell 交互性的运行 Spark job。

(2) 支持序化闭包功能,可以将用户定义函数中所引用到的变量自动序化发送到集群中其他的机器上。

(3) SparkR 还可以很容易地调用 R 开发包,只需要在集群上执行操作前用 includePackage 读取 R 开发包就可以了。当然,集群上要安装 R 开发包。

SparkR 结构如图 4-15 所示。

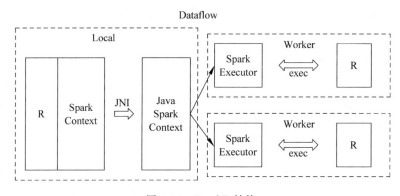

图 4-15　SparkR 结构

4.7　Flink 计算框架

4.7.1　Flink 简介

很多人可能都是在 2015 年才听到 Flink 这个词,其实早在 2008 年 Flink 的前身已经是柏林理工大学的一个研究性项目,在 2014 年被 Apache 孵化器所接受,然后迅速地成为

ASF(Apache Software Foundation)的顶级项目之一。

Flink 是一个针对流数据和批数据的分布式处理引擎,主要由 Java 代码实现。目前主要还是依靠开源社区的贡献而发展。对 Flink 而言,其所要处理的主要场景就是流数据,批数据只是流数据的一个极限特例而已。换句话说,Flink 会把所有任务当成流来处理,这也是其最大的特点。Flink 可以支持本地的快速迭代,以及一些环形的迭代任务。并且 Flink 可以定制化内存管理。在这点上,如果要对比 Flink 和 Spark 的话,Flink 并没有将内存完全交给应用层。这也是为什么 Spark 相对于 Flink 更容易出现 OOM 的原因(out of memory)。就框架本身与应用场景来说,Flink 更相似于 Storm。如果之前了解过 Storm 或者 Flume 的读者,可能会更容易理解 Flink 的架构和很多概念。下面先来看一下 Flink 的架构图。

如图 4-16 所示,可以了解到 Flink 的几个最基础的概念:Client、JobManager 和 TaskManager。Client 用来提交任务给 JobManager,JobManager 分发任务给 TaskManager 去执行,然后 TaskManager 会汇报任务状态。看到这里,有的人应该已经有种回到 Hadoop 一代的错觉。确实,从架构图去看,JobManager 很像当年的 JobTracker,TaskManager 也很像当年的 TaskTracker。然而有一个最重要的区别就是 TaskManager 之间是流(Stream)。而且,Hadoop 一代中只有 Map 和 Reduce 之间的 Shuffle,而对 Flink 而言,可能是很多级,并且在 TaskManager 内部和 TaskManager 之间都会有数据传递,而不像 Hadoop 是固定的 Map 到 Reduce。

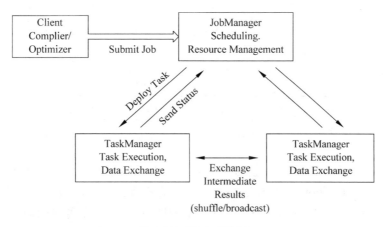

图 4-16　Flink 架构图

4.7.2　Flink 中的调度简述

在 Flink 集群中,计算资源被定义为 Task Slot。每个 TaskManager 会拥有一个或多个 Slots。JobManager 会以 Slot 为单位调度 Task。但是这里的 Task 跟在 Hadoop 中的理解是有区别的。对 Flink 的 JobManager 来说,其调度的是一个 Pipeline 的 Task,而不是一个点。举个例子,在 Hadoop 中 Map 和 Reduce 是两个独立调度的 Task,并且都会去占用计算资源。对 Flink 来说,MapReduce 是一个 Pipeline 的 Task,只占用一个计算资源。类同的,如果有一个 MRR 的 Pipeline Task,在 Flink 中其也是一个被整体调度的 Pipeline Task。在 TaskManager 中,根据其所拥有的 Slot 个数,同时会拥有多个 Pipeline。

在 Flink StandAlone 的部署模式中这个还比较容易理解,因为 Flink 自身也需要简单的管理计算资源(Slot)。当 Flink 部署在 Yarn 上面之后,Flink 并没有弱化资源管理。也就是说,这时的 Flink 在做一些 Yarn 该做的事情。从设计角度来讲,这是不太合理的。如果 Yarn 的 Container 无法完全隔离 CPU 资源,这时对 Flink 的 TaskManager 配置多个 Slot,应该会出现资源不公平利用的现象。Flink 如果想在数据中心更好的与其他计算框架共享计算资源,应该尽量不要干预计算资源的分配和定义。

4.7.3　Flink 的生态圈

一个计算框架要有长远的发展,必须打造一个完整的 Stack。不然就跟纸上谈兵一样,没有任何意义。只有上层有了具体的应用,并能很好地发挥计算框架本身的优势,这个计算框架才能吸引更多的资源,才会更快的进步。所以 Flink 也在努力构建自己的 Stack。

Flink 首先支持了 Scala 和 Java 的 API,Python 也正在测试中。Flink 通过 Gelly 支持了图操作,还有机器学习的 FlinkML。Table 是一种接口化的 SQL 支持,也就是 API 支持,而不是文本化的 SQL 解析和执行。对于完整的 Stack,可以参考图 4-17。

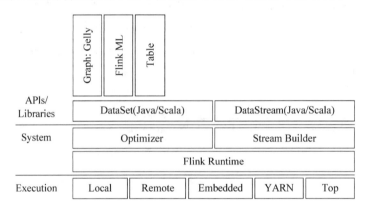

图 4-17　Flink 计算栈

Flink 为了更广泛地支持大数据的生态圈,其下也实现了很多 Connector 的子项目。最熟悉的当然就是与 Hadoop HDFS 集成。Flink 也宣布支持 Tachyon、S3 及 MapRFS。不过对于 Tachyon 及 S3 的支持都是通过 Hadoop HDFS 这层包装实现的,也就是说要使用 Tachyon 和 S3 就必须有 Hadoop,而且要更改 Hadoop 的配置(core-site.xml)。如果浏览 Flink 的代码目录,就会看到更多 Connector 项目,例如 Flume 和 Kafka。

4.8　本章小结

本章介绍了构成大数据云计算主要的关键技术——分布式计算技术,以及 Hadoop、Spark、Flink 等几种分布式大数据计算框架。

分布式计算和并行计算是相互关联的两个不同概念,称为实现云计算的关键技术。分布式计算是指通过网络将多个独立的计算节点(即物理服务器)连接起来共同完成一个计算任务的计算模式。并行计算是指许多指令得以同时进行的计算模式,其实就是指同时使用多种计算资源解决计算问题的过程。

Hadoop 是由 Apache 基金会开发,设计用来在由通用计算设备组成的大型集群上执行分布式应用的基础框架。用户可以在不了解分布式底层细节的情况下开发分布式程序,充分利用集群的威力高速运算和存储。

Spark 是加州大学伯克利分校 AMP 实验室(Algorithms、Machines 和 People Lab)开发的通用内存并行计算框架,在 2013 年 6 月进入 Apache 成为孵化项目,围绕着 Spark 推出了 Spark SQL、Spark Streaming、MLLib 和 GraphX 等组件,也就是 BDAS(伯克利数据分析栈),这些组件逐渐形成大数据处理一站式解决平台。

Flink 的前身已经是柏林理工大学的一个研究性项目,在 2014 年被 Apache 孵化器所接受,然后迅速地成为 ASF(Apache Software Foundation)的顶级项目之一。Flink 会把所有任务当成流来处理,支持本地的快速迭代以及一些环形的迭代任务,还可以定制内存管理。

第5章

NoSQL数据库

5.1 NoSQL 数据库概述

NoSQL(Not Only SQL,不仅仅是 SQL)是一项全新的数据库革命性运动,早期就有人提出,发展至 2009 年趋势越发高涨。随着因特网的兴起,传统的关系数据库在应付超大规模和高并发的 SNS 类型纯动态网站已经显得力不从心,暴露了很多难以克服的问题,而非关系型的数据库则由于其本身的特点得到了非常迅速的发展。NoSQL 数据库的产生就是为了解决大规模数据集合多重数据种类带来的挑战,尤其是大数据应用难题。

5.1.1 NoSQL 数据库的 4 大分类

1. 键值存储数据库

这一类数据库主要会使用到一个哈希表,这个表中有一个特定的键和一个指针指向特定的数据。Key/Value 模型对于 IT 系统来说,其优势在于简单、易部署。但是,如果 DBA 只对部分值进行查询或更新时,键值就显得效率低下了,如 Tokyo Cabinet/Tyrant、Redis、Voldemort、Oracle BDB。

2. 列存储数据库

这部分数据库通常用来应对分布式存储的海量数据。键仍然存在,但是它们的特点是指向了多个列。这些列是由列家族来安排的,如 Cassandra、HBase、Riak。

3. 文档型数据库

文档型数据库的灵感来自于 Lotus Notes 办公软件,而且它同第一种键值存储相类似。该类型的数据模型是版本化的文档,半结构化的文档以特定的格式存储,比如 JSON。文档型数据库可以看作是键值数据库的升级版,允许之间嵌套键值。而且文档型数据库比键值数据库的查询效率更高,如 CouchDB、MongoDb。国内也有文档型数据库 SequoiaDB,已经开源。

4. 图形数据库

图形(Graph)结构的数据库同其他行列及刚性结构的 SQL 数据库不同,它是使用灵活的图形模型,并且能够扩展到多个服务器上。NoSQL 数据库没有标准的查询语言(SQL),因此进行数据库查询需要制定数据模型。许多 NoSQL 数据库都有 REST 式的数据接口或者查询 API,如 Neo4J、InfoGrid、Infinite Graph。NoSQL 数据库分类如表 5-1 所示。

表 5-1 NoSQL 数据库的分类

分 类	举 例	典型应用场景	数据模型	优 点	缺 点
键值	Tokyo Cabinet/Tyrant, Redis, Voldemort, Oracle BDB	内容缓存,主要用于处理大量数据的高访问负载,也用于一些日志系统等	Key 指向 Value 的键值对,通常用 hash table 来实现	查找速度快	数据无结构化,通常只被当作字符串或者二进制数据
列存储数据库	Cassandra, HBase, Riak	分布式的文件系统	以列簇式存储,将同一列数据存在一起	查找速度快,可扩展性强,更容易进行分布式扩展	功能相对局限
文档型数据库	CouchDB, MongoDb	Web 应用(与键值类似,Value 是结构化的,不同的是数据库能够了解 Value 的内容)	键值对应的键值对,Value 为结构化数据	数据结构要求不严格,表结构可变,不需要像关系型数据库一样预先定义表结构	查询性能不高,而且缺乏统一的查询语法
图形数据库	Neo4J, InfoGrid, Infinite Graph	社交网络,推荐系统等。专注于构建关系图谱	图结构	利用图结构相关算法,如最短路径寻址、N 度关系查找等	很多时候需要对整个图做计算才能得出需要的信息,而且这种结构不太好做分布式的集群方案

因此,总结 NoSQL 数据库在以下几种情况下比较适用:

(1) 数据模型比较简单。

(2) 需要灵活性更强的 IT 系统。

(3) 对数据库性能要求较高。

(4) 不需要高度的数据一致性。

(5) 对于给定 Key,比较容易映射复杂值的环境。

5.1.2 数据库系统 CAP 理论和 BASE 理论

1. CAP 理论

分布式系统有一个重要的理论是 CAP 理论。CAP 理论指出：一个分布式系统不可能同时满足一致性（Consistency）、可用性（Availibility）和分区容忍性（Partition Tolerance）这三个需求，最多只能同时满足其中的两个。下面分别介绍这三个性质。

1）一致性

对于分布式系统，一个数据往往会存在多份。简单地说，一致性会让客户对数据的修改操作（增/删/改）要么在所有的数据副本（在英文文献中常称为 Replica）全部成功，要么全部失败。即修改操作对于一份数据的所有副本而言是原子（Atomic）的操作。如果一个存储系统可以保证一致性，那么客户读写的数据完全可以保证是最新的，不会发生两个不同的客户端在不同的存储节点中读取到不同副本的情况。

2）可用性

可用性很简单，顾名思义，就是指在客户端想要访问数据的时候可以得到响应。但是注意，系统可用（Available）并不代表存储系统所有节点提供的数据是一致的。比如客户端想要读取文章评论，系统可以返回客户端数据，但是评论缺少最新的一条。这种情况我们仍然说系统是可用的。我们往往会对不同的应用设定一个最长响应时间，超过这个响应时间的服务称为不可用的。

3）分区容忍性

如果存储系统只运行在一个节点上，要么系统整个崩溃，要么全部运行良好。一旦针对同一服务的存储系统分布到了多个节点后，整个系统就存在分区的可能性。如两个节点之间联通的网络断开（无论长时间或者短暂的），就形成了分区。对当前的因特网公司（例如 Google）来说，为了提高服务质量，同一份数据放置在不同城市乃至不同国家是非常正常的，节点之间形成了分区。除了全部网络节点全部故障以外，所有子节点集合的故障都不允许导致整个系统不正确响应。

在设计一个分布式存储系统时必须三个特性中放弃一个。

如果选择 Partition Tolerance 和 Consistency，操作必须一致。所以就必须 100% 保证所有节点之间有很好的连通性。这是很难做到的。最好的办法就是将所有数据放到同一个节点中。但是，显然这种设计是不满足 Availability 的。

如果要满足 Availability 和 Consistency，那么为了保证可用，数据必须要有 Replica。这样，系统显然无法容忍 Partition。当同一个数据的两个副本分配到了两个无法通信的 Partition 上时，显然会返回错误的数据。

最后看一下满足 Availability 和 Partition Tolerance 的情况。满足可用，就说明数据必须要在不同节点中有 replica。然而还必须保证在产生 Partition 的时候仍然操作可以完成，那么必然操作无法保证一致性。

2. ACID 模型

关系数据库放弃了分区容忍性（Partition Tolerance），具有高一致性（Consistency）和高可靠性（Availability），采用 ACID 模型解决方案：

- Atomicity(原子性)：一个事务中所有操作都必须全部完成,要么全部不完成。
- Consistency(一致性)：在事务开始或结束时,数据库应该在一致状态。
- Isolation(隔离层)：事务将假定只有它自己在操作数据库,彼此不知晓。
- Durability(持久性)：一旦事务完成,就不能返回。

对于单个节点的事务,数据库都是通过并发控制(两阶段封锁,two phase locking 或者多版本)和恢复机制(日志技术)保证事务的 ACID 特性。对于跨多个节点的分布式事务,通过两阶段提交协议(two phase commuting)来保证事务的 ACID。可以说,数据库系统是伴随着金融业的需求而快速发展起来的。对于金融业,可用性和性能都不是最重要的,而一致性是最重要的,用户可以容忍系统故障而停止服务,但绝不能容忍账户上的钱无故减少(当然,无故增加是可以的)。而强一致性的事务是这一切的根本保证。

3. BASE 思想

BASE 思想来自于因特网的电子商务领域的实践,它是基于 CAP 理论逐步演化而来,核心思想是即便不能达到强一致性(Strong Consistency),但可以根据应用特点采用适当的方式来达到最终一致性(Eventual Consistency)的效果。BASE 是 Basically Available、Soft state、Eventually Consistent 三个词组的简写,是对 CAP 中 C&A 的延伸。BASE 的含义：

- Basically Available：基本可用。
- Soft-state：软状态/柔性事务,即状态可以有一段时间的不同步。
- Eventual Consistency：最终一致性。

BASE 是反 ACID 的,完全不同于 ACID 模型,牺牲强一致性,获得基本可用性和可靠性,并要求达到最终一致性。

CAP、BASE 理论是当前在因特网领域非常流行的分布式 NoSQL 的理论基础。

5.1.3　NoSQL 的共同特征

对于 NoSQL 并没有一个明确的范围和定义,但是它们都普遍存在下面一些共同特征：

(1)不需要预定义模式。不需要事先定义数据模式,预定义表结构。数据中的每条记录都可能有不同的属性和格式。当插入数据时,并不需要预先定义它们的模式。

(2)无共享架构。相对于将所有数据存储的区域网络中的全共享架构而言。NoSQL 往往将数据划分后存储在各个本地服务器上。因为从本地磁盘读取数据的性能往往好于通过网络传输读取数据的性能,从而提高了系统的性能。

(3)弹性可扩展。可以在系统运行的时候动态增加或者删除节点。不需要停机维护,数据可以自动迁移。

(4)分区。相对于将数据存放于同一个节点,NoSQL 数据库需要将数据进行分区,将记录分散在多个节点上面,并且通常分区的同时还要做复制。这样既提高了并行性能,又能保证没有单点失效的问题。

(5)异步复制。和 RAID 存储系统不同的是,NoSQL 中的复制往往是基于日志的异步复制。这样数据就可以尽快地写入一个节点,不会被网络传输而引起迟延。缺点是并不总是能保证一致性,这样的方式在出现故障的时候可能会丢失少量的数据。

相对于事务严格的 ACID 特性,NoSQL 数据库保证的是 BASE 特性。BASE 是最终一致性和软事务。

NoSQL 数据库并没有一个统一的架构,两种 NoSQL 数据库之间的不同甚至远远超过两种关系型数据库的不同。可以说,NoSQL 各有所长,成功的 NoSQL 必然特别适用于某些场合或者某些应用,在这些场合中会远远胜过关系型数据库和其他的 NoSQL。

5.2　HBase 数据库

5.2.1　HBase 简介

HBase(Hadoop Database)是一个高可靠性、高性能、面向列、可伸缩的分布式存储系统,利用 HBase 技术可在廉价 PC Server 上搭建起大规模结构化存储集群。

HBase 是 Google Bigtable 的开源实现,类似 Google Bigtable 利用 GFS 作为其文件存储系统,HBase 利用 Hadoop HDFS 作为其文件存储系统;Google 运行 MapReducc 来处理 Bigtable 中的海量数据,HBase 同样利用 Hadoop MapReduce 来处理 HBase 中的海量数据;Google Bigtable 利用 Chubby 作为协同服务,HBase 利用 ZooKeeper 作为对应。

图 5-1 描述了 Hadoop Ecosystem 中的各层系统,其中 HBase 位于结构化存储层,Hadoop HDFS 为 HBase 提供了高可靠性的底层存储支持,Hadoop MapReduce 为 HBase 提供了高性能的计算能力,ZooKeeper 为 HBase 提供了稳定服务和 Failover 机制。

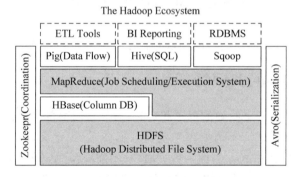

图 5-1　HBase 在 Hadoop 生态系统的层次

此外,Pig 和 Hive 还为 HBase 提供了高层语言支持,使得在 HBase 上进行数据统计处理变得非常简单。Sqoop 则为 HBase 提供了方便的 RDBMS 数据导入功能,使得传统数据库数据向 HBase 中迁移变得非常方便。

5.2.2　HBase 访问接口

1. Native Java API

它是最常规和高效的访问方式,适合 Hadoop MapReduce Job 并行批处理 HBase 表数据。

2. HBase Shell

它是 HBase 的命令行工具,最简单的接口,适合 HBase 管理使用。

3. Thrift Gateway

利用 Thrift 序列化技术,支持 C++、PHP、Python 等多种语言,适合其他异构系统在线访问 HBase 表数据。

4. REST Gateway

它支持 REST 风格的 Http API 访问 HBase,解除了语言限制。

5. Pig

可以使用 Pig Latin 流式编程语言来操作 HBase 中的数据,和 Hive 类似,本质最终也是编译 MapReduce Job 来处理 HBase 表数据,适合做数据统计。

6. Hive

当前 Hive 的 Release 版本尚已经加入对 HBase 的支持,可以使用类似 SQL 语言来访问 HBase。

5.2.3 HBase 数据模型

1. Table & Column Family

HBase 表结构如表 5-2 所示。

表 5-2 HBase 表结构

Row Key	Timestamp	Column Family	
		URI	Parser
r1	t3	url=http://www.taobao.com	title=天天特价
	t2	host=taobao.com	
	t1		
r2	t5	url=http://www.alibaba.com	content=每天…
	t4	host=alibaba.com	

- Row Key:行键,Table 的主键,Table 中的记录按照 Row Key 排序。
- Timestamp:时间戳,每次数据操作对应的时间戳,可以看作是数据的 version number。
- Column Family:列簇,Table 在水平方向由一个或多个 Column Family 组成,一个 Column Family 可以由任意多个 Column 组成,即 Column Family 支持动态扩展,无须预先定义 Column 的数量及类型,所有 Column 均以二进制格式存储,用户需要自行进行类型转换。

2. Table & Region

当 Table 随着记录数不断增加而变大后,会逐渐分裂成多份 splits,成为 regions,一个 region 由[startkey,endkey)表示,不同的 region 会被 Master 分配给相应的 RegionServer

进行管理，如图 5-2 所示。

3．-ROOT- && .META. 表

HBase 中有两张特殊的表：-ROOT-和.META.。

- .META.：记录了用户表的 Region 信息，.META. 可以有多个 region。
- -ROOT-：记录了.META. 表的 Region 信息，-ROOT-只有一个 region。

Zookeeper 中记录了-ROOT-表的 location，如图 5-3 所示。

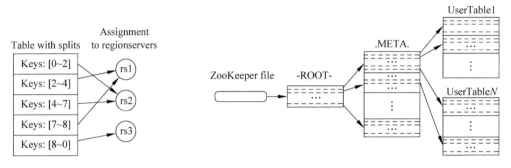

图 5-2　HBase 数据分片结构　　　　　图 5-3　HBase 中表的访问层次

client 访问用户数据之前需要首先访问 ZooKeeper，然后访问-ROOT-表，接着访问 .META. 表，最后才能找到用户数据的位置去访问，中间需要多次网络操作，不过 client 会 做 cache 缓存。

5.2.4　MapReduce on HBase

在 HBase 系统上运行批处理运算，最方便和实用的模型依然是 MapReduce，如图 5-4 所示。

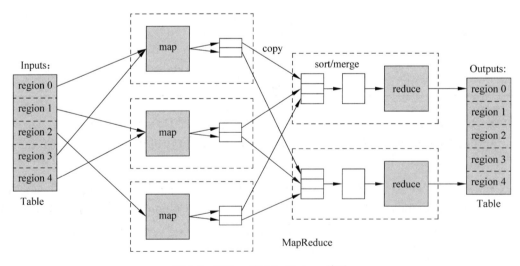

图 5-4　HBase 和 MapReduce 关系

HBase Table 和 Region 的关系比较类似 HDFS File 和 Block 的关系，HBase 提供了配 套的 TableInputFormat 和 TableOutputFormat API，可以方便的将 HBase Table 作为

Hadoop MapReduce 的 Source 和 Sink,对于 MapReduce Job 应用开发人员来说,基本不需要关注 HBase 系统自身的细节。

5.2.5　HBase 系统架构

HBase 系统架构如图 5-5 所示。

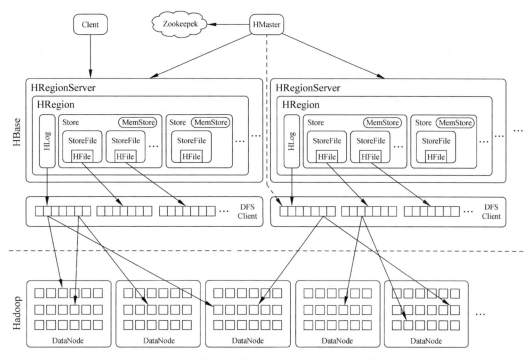

图 5-5　HBase 系统架构

1. Client

HBase Client 使用 HBase 的 RPC 机制与 HMaster 和 HRegionServer 进行通信,对于管理类操作,Client 与 HMaster 进行 RPC;对于数据读写类操作,Client 与 HRegionServer 进行 RPC。

2. ZooKeeper

ZooKeeper Quorum 中除了存储-ROOT-表的地址和 HMaster 的地址外,HRegionServer 也会把自己以 Ephemeral 方式注册到 ZooKeeper 中,使得 HMaster 可以随时感知到各个 HRegionServer 的健康状态。此外,ZooKeeper 也避免了 HMaster 的单点问题,见下文描述。

3. HMaster

HMaster 没有单点问题,HBase 中可以启动多个 HMaster,通过 ZooKeeper 的 Master Election 机制保证总有一个 Master 运行。HMaster 在功能上主要负责 Table 和 Region 的管理工作。

(1) 管理用户对 Table 的增、删、改、查操作。

(2) 管理 HRegionServer 的负载均衡,调整 Region 分布。

（3）在 Region Split 后负责新 Region 的分配。

（4）在 HRegionServer 停机后负责失效 HRegionServer 上的 Regions 迁移。

4．HRegionServer

HRegionServer 主要负责响应用户 I/O 请求，向 HDFS 文件系统中读写数据，是 HBase 中最核心的模块。

HRegionServer 内部管理了一系列 HRegion 对象，每个 HRegion 对应了 Table 中的一个 Region，HRegion 由多个 HStore 组成，如图 5-6 所示。每个 HStore 对应了 Table 中的一个 Column Family 的存储，可以看出每个 Column Family 其实就是一个集中的存储单元，因此最好将具备共同 I/O 特性的 Column 放在一个 Column Family 中，这样最高效。

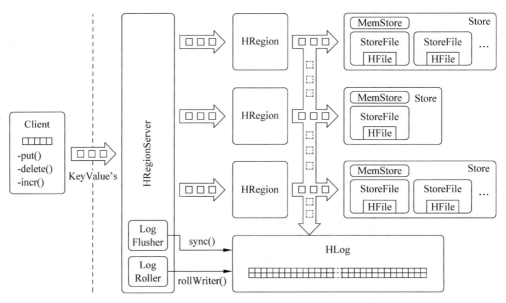

图 5-6　HRegionServer 内部管理

HStore 存储是 HBase 存储的核心，它由两部分组成，一部分是 MemStore，另一部分是 StoreFiles。MemStore 是 Sorted Memory Buffer，用户写入的数据首先会放入 MemStore，当 MemStore 满了以后会 Flush 成一个 StoreFile（底层实现是 HFile），当 StoreFile 文件数量增长到一定阈值会触发 Compact 合并操作，将多个 StoreFiles 合并成一个 StoreFile。合并过程中会进行版本合并和数据删除，因此可以看出 HBase 其实只有增加数据，所有的更新和删除操作都是在后续的 Compact 过程中进行的，这使得用户的写操作只要进入内存中就可以立即返回，保证了 HBase I/O 的高性能。当 StoreFiles Compact 后会逐步形成越来越大的 StoreFile，当单个 StoreFile 大小超过一定阈值后会触发 Split 操作，同时把当前 Region Split 成两个 Region，父 Region 会下线，新 Split 出的两个孩子 Region 会被 HMaster 分配到相应的 HRegionServer 上，使得原先一个 Region 的压力得以分流到两个 Region 上。图 5-7 描述了 Compaction 和 Split 的过程。

在理解了上述 HStore 的基本原理后，还必须了解一下 HLog 的功能，因为上述的 HStore 在系统正常工作的前提下是没有问题的，但是在分布式系统环境中无法避免系统出错或者宕机，因此一旦 HRegionServer 意外退出，MemStore 中的内存数据将会丢失，这就

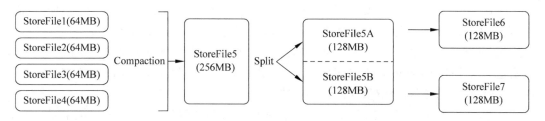

图 5-7　Compaction 和 Split 过程

需要引入 HLog 了。每个 HRegionServer 中都有一个 HLog 对象,HLog 是一个实现 Write Ahead Log 的类,在每次用户操作写入 MemStore 的同时也会写一份数据到 HLog 文件中 (HLog 文件格式见后续),HLog 文件定期会滚动出新的,并删除旧的文件(已持久化到 StoreFile 中的数据)。当 HRegionServer 意外终止后,HMaster 会通过 ZooKeeper 感知到, HMaster 首先会处理遗留的 HLog 文件,将其中不同 Region 的 Log 数据进行拆分,分别放 到相应 region 的目录下,然后再将失效的 region 重新分配,领取到这些 region 的 HRegionServer 在 Load Region 的过程中会发现有历史 HLog 需要处理,因此会 Replay HLog 中的数据到 MemStore 中,然后 flush 到 StoreFiles,完成数据恢复。

5. HBase 存储格式

HBase 中的所有数据文件都存储在 Hadoop HDFS 文件系统上,主要包括上述提出的 两种文件类型:

(1) HFile。HBase 中键值数据的存储格式,HFile 是 Hadoop 的二进制格式文件,实际 上 StoreFile 就是对 HFile 做了轻量级包装,即 StoreFile 底层就是 HFile。

(2) HLog File。HBase 中 WAL(Write Ahead Log)的存储格式,物理上是 Hadoop 的 Sequence File。

6. HFile

图 5-8 展示了 HFile 的存储格式。

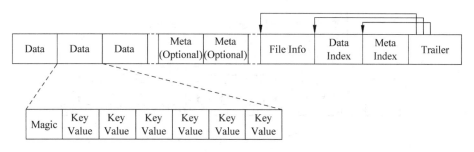

图 5-8　HFile 的存储格式

首先 HFile 文件是不定长的,长度固定的只有其中的两块:Trailer 和 File Info。在 图 5-8 中,Trailer 中有指针指向其他数据块的起始点。File Info 中记录了文件的一些 Meta 信息,如 AVG_KEY_LEN、AVG_VALUE_LEN、LAST_KEY、COMPARATOR 和 MAX_ SEQ_ID_KEY 等。Data Index 块和 Meta Index 块记录了每个 Data 块和 Meta 块的起 始点。

Data Block 是 HBase I/O 的基本单元,为了提高效率,HRegionServer 中有基于 LRU 的 Block Cache 机制。每个 Data 块的大小可以在创建一个 Table 的时候通过参数指定,大号的 Block 有利于顺序 Scan,小号 Block 利于随机查询。每个 Data 块除了开头的 Magic 以外就是一个个 KeyValue 对拼接而成,Magic 内容就是一些随机数字,目的是防止数据损坏。后面会详细介绍每个键值对的内部构造。

HFile 里面的每个键值对就是一个简单的 byte 数组。但是这个 byte 数组里面包含了很多项,并且有固定的结构,如图 5-9 所示。

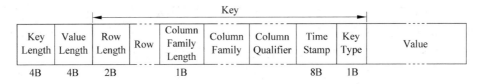

图 5-9　HFile 结构

开始是两个固定长度的数值,分别表示 Key 的长度和 Value 的长度。紧接着是 Key,这部分开始是固定长度的数值,表示 RowKey 的长度,紧接着是 RowKey,然后是固定长度的数值,表示 Family 的长度,然后是 Family,接着是 Qualifier,然后是两个固定长度的数值,表示 Time Stamp 和 Key Type(Put/Delete)。Value 部分没有这么复杂的结构,就是纯粹的二进制数据了。

7. HLogFile

图 5-10 中示意了 HLog 文件的结构,其实 HLog 文件就是一个普通的 Hadoop Sequence File,Sequence File 的 Key 是 HLogKey 对象,HLogKey 中记录了写入数据的归属信息,除了 table 和 region 名字外,同时还包括 sequence number 和 timestamp,timestamp 是"写入时间",sequence number 的起始值为 0,或者是最近一次存入文件系统中的 sequence number。

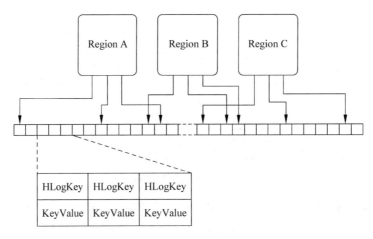

图 5-10　HLog 文件结构

HLog Squece File 的 Value 是 HBase 的 KeyValue 对象,即对应 HFile 中的 KeyValue,可参见上文描述。

5.3　本章小结

本章介绍的 NoSQL(Not Only SQL)是一项全新的数据库革命性运动,然后引出分布式数据库的重要理论 CAP,最后介绍了 HBase。

CAP 理论指出：一个分布式系统不可能同时满足一致性(Consistency)、可用性(Availibility)和分区容忍性(Partition Tolerance)这三个需求,最多只能同时满足其中的两个。

HBase 是 Google Bigtable 的开源实现,是一个高可靠性、高性能、面向列、可伸缩的分布式存储系统,利用 HBase 技术可在廉价 PC Server 上搭建大规模结构化存储集群。

第 *6* 章

机 器 学 习

6.1 机器学习概述

机器学习使用计算机模拟人类的学习活动,它是研究计算机识别现有知识、获取新知识、不断改善性能和实现自身完善的方法,是大数据的关键技术。

6.1.1 机器学习分类

1. 基于学习策略的分类

学习策略是指学习过程中系统所采用的推理策略。一个学习系统总是由学习和环境两部分组成。由环境(如书本或教师)提供信息,学习部分则实现信息转换,用能够理解的形式记忆下来,并从中获取有用的信息。在学习过程中,学生(学习部分)使用的推理越少,他对教师(环境)的依赖就越大,教师的负担也就越重。学习策略的分类标准就是根据学生实现信息转换所需的推理多少和难易程度来分类,按照从简单到复杂,从少到多的次序分为以下6种基本类型:

(1) 机械学习(Rote Learning)。

学习者无须任何推理或其他的知识转换,直接吸取环境所提供的信息。如塞缪尔的跳棋程序,纽厄尔和西蒙的 LT 系统。这类学习系统主要考虑的是如何索引存储的知识并加以利用。系统的学习方法是直接通过事先编好、构造好的程序来学习,学习者不作任何工作,或者是通过直接接收既定的事实和数据进行学习,对输入信息不作任何的推理。

(2) 示教学习(Learning from Instruction 或 Learning by Being Told)。

学生从环境(教师或其他信息源,如教科书等)获取信息,把知识转换成内部可使用的表示形式,并将新的知识和原有知识有机地结合为一体。所以要求学生有一定程度的推理能力,但环境仍要做大量的工作。教师以某种形式提出和组织知识,以使学生拥有的知识可以不断地增加。这种学习方法和人类社会的学校教学方式相似,学习的任务就是建立一个系统,使它能接受教导和建议,并有效地存储和应用学到的知识。不少专家系统在建立知识库时使用这种方法去实现知识获取。示教学习的一个典型用例是 FOO 程序。

(3) 演绎学习(Learning by Deduction)。

学生所用的推理形式为演绎推理。推理从公理出发,经过逻辑变换推导出结论。这种推理是"保真"变换和特化(Specialization)的过程,使学生在推理过程中可以获取有用的知识。这种学习方法包含宏操作(Macro-Operation)学习、知识编辑和组块(Chunking)技术。演绎推理的逆过程是归纳推理。

(4) 类比学习(Learning by Analogy)。

利用两个不同领域(源域、目标域)中的知识相似性,可以通过类比,从源域的知识(包括相似的特征和其他性质)推导出目标域的相应知识,从而实现学习。类比学习系统可以使一个已有的计算机应用系统转变为适应于新的领域来完成原先没有设计的相类似的功能。

类比学习需要比上述 3 种学习方式更多的推理。它一般要求先从知识源(源域)中检索出可用的知识,再将其转换成新的形式,用到新的状况(目标域)中去。类比学习在人类科学技术发展史上起着重要作用,许多科学发现就是通过类比得到的。例如著名的卢瑟福类比就是通过将原子结构(目标域)同太阳系(源域)作类比,揭示了原子结构的奥秘。

(5) 基于解释的学习(Explanation-Based Learning,EBL)。

学生根据教师提供的目标概念、该概念的一个例子、领域理论及可操作准则,首先构造一个解释来说明为什么该例子满足目标概念,然后将解释推广为目标概念的一个满足可操作准则的充分条件。EBL 已被广泛应用于知识库求精和改善系统的性能。

著名的 EBL 系统有迪乔恩(G. DeJong)的 GENESIS,米切尔(T. Mitchell)的 LEXII 和 LEAP,以及明顿(S. Minton)等的 PRODIGY。

(6) 归纳学习(Learning from Induction)。

归纳学习是由教师或环境提供某个概念的一些实例或反例,让学生通过归纳推理得出该概念的一般描述。这种学习的推理工作量远多于示教学习和演绎学习,因为环境并不提供一般性概念描述(如公理)。从某种程度上说,归纳学习的推理量也比类比学习大,因为没有一个类似的概念可以作为"源概念"加以取用。归纳学习是最基本的、发展也较为成熟的学习方法,在人工智能领域中已经得到广泛的研究和应用。

2. 学习形式分类

包括有指导学习(Supervised Learning)、无指导学习(Unsupervised Learning)和半指导学习(Semi -Supervised Learning)3 种类别。

(1) 有指导学习。之所以称为"有指导的",是指有结果度量(Outcome Measurement)的指导学习过程。希望根据一组特征(Features)对结果度量进行预测,如根据某病人的饮食习惯和血糖、血脂值来预测糖尿病是否会发作。通过学习已知数据集的特征和结果度量建立起预测模型来预测并度量未知数据的特征和结果。这里的结果度量一般有定量的(Quantitative,例如身高、体重)和定性的(Qualitative,例如性别)两种,分别对应于统计学中的回归(Regression)和分类(Classification)问题。常见的有指导学习包括决策树、

Boosting 与 Bagging 算法、人工神经网络和支持向量机等。

（2）无指导学习。在无指导学习中只能观察特征，没有结果度量。此时只能利用从总体中给出的样本信息对总体做出某些推断及描述数据是如何组织或聚类的。它并不需要某个目标变量和训练数据集，例如聚类分析或关联规则分析等。

（3）半指导学习。半指导学习是近年来机器学习中一个备受瞩目的内容。已得的观察量中一部分是经由指导者鉴认并加上了标识的数据，称为已标识数据；另一部分观察量由于种种原因未能标识，被称为未标识数据。需要解决的是，利用这些观察量（包括已标识数据和未标识数据）及相关的知识对观察量做出适当合理的推断。解决这类问题的常用方法是采用归纳-演绎式的两步骤路径，即先利用已标识数据去分析并指出适当的一般性的规律，再利用此规律去推断得出有关未标识数据的标识。这里前一步是从特殊得到一般结论的归纳步，后一步则是将一般规律用于特殊情况的演绎步。这里的关键是如何选择出合适的无标识样本并进行标记。值得注意的是，现有的半指导学习方法的性能通常不太稳定，而半指导学习技术在什么样的条件下能够有效地改善学习性能仍然是一个未决问题。比较有代表的做法有：利用 Naive Bayes 这样的生成式模型（Generative Model），通过 EM 算法进行标记估计和参数估计；通过转导推断（Transductive Inference）来优化特定测试集上的性能；利用独立冗余的属性集进行协同训练等。

3. 基于所获取知识的表示形式分类

学习系统获取的知识可能有行为规则、物理对象的描述、问题求解策略、各种分类及其他用于任务实现的知识类型。

对于学习中获取的知识，主要有以下一些表示形式：

（1）代数表达式参数。

学习的目标是调节一个固定函数形式的代数表达式参数或系数来达到一个理想的性能。

（2）决策树。

用决策树来划分物体的类属，树中每一个内部节点对应一个物体属性，而每一边对应于这些属性的可选值，树的叶节点则对应于物体的每个基本分类。

（3）形式文法。

在识别一个特定语言的学习中，通过对该语言的一系列表达式进行归纳，形成该语言的形式文法。

（4）产生式规则。

产生式规则表示为条件-动作对，已被极为广泛地使用。学习系统中的学习行为主要是生成、泛化、特化（Specialization）或合成产生式规则。

（5）形式逻辑表达式。

形式逻辑表达式的基本成分是命题、谓词、变量、约束变量范围的语句，以及嵌入的逻辑表达式。

（6）图和网络。

有的系统采用图匹配和图转换方案来有效地比较和索引知识。

（7）框架和模式（Schema）。

每个框架包含一组槽，用于描述事物（概念和个体）的各个方面。

（8）计算机程序和其他的过程编码。

获取这种形式的知识，目的在于取得一种能实现特定过程的能力，而不是为了推断该过程的内部结构。

（9）神经网络。

主要用在连接学习中。学习所获取的知识，最后归纳为一个神经网络。

（10）多种表示形式的组合。

有时一个学习系统中获取的知识需要综合应用上述几种知识表示形式。

根据表示的精细程度，可将知识表示形式分为两大类：泛化程度高的粗粒度符号表示和泛化程度低的精粒度亚符号（Sub-symbolic）表示。像决策树、形式文法、产生式规则、形式逻辑表达式、框架和模式等属于符号表示类；而代数表达式参数、图和网络、神经网络等则属于亚符号表示类。

4. 综合分类

综合考虑各种学习方法出现的历史渊源、知识表示、推理策略、结果评估的相似性、研究人员交流的相对集中性及应用领域等诸因素，将机器学习方法区分为以下6类：

（1）经验性归纳学习（Empirical Inductive Learning）。

经验性归纳学习采用一些数据密集的经验方法（如版本空间法、ID3法、定律发现方法）对例子进行归纳学习。其例子和学习结果一般都采用属性、谓词、关系等符号表示。它相当于基于学习策略分类中的归纳学习，但扣除连接学习、遗传算法、加强学习的部分。

（2）分析学习（Analytic Learning）。

分析学习方法是从一个或少数几个实例出发，运用领域知识进行分析。其主要特征为：

① 推理策略主要是演绎，而非归纳。

② 使用过去的问题求解经验（实例）指导新的问题求解，或产生能更有效地运用领域知识的搜索控制规则。

分析学习的目标是改善系统的性能，而不是新的概念描述。分析学习包括应用解释学习、演绎学习、多级结构组块及宏操作学习等技术。

（3）类比学习。

相当于基于学习策略分类中的类比学习。在这一类型的学习中，比较引人注目的研究是通过与过去经历的具体事例作类比来学习，称为基于范例的学习（Case Based Learning），或简称范例学习。

（4）遗传算法（Genetic Algorithm）。

遗传算法模拟生物繁殖的突变、交换和达尔文的自然选择（在每一个生态环境中适者生存）。它把问题可能的解编码为一个向量，称为个体，向量的每一个元素称为基因，并利用目标函数（相应于自然选择标准）对群体（个体的集合）中的每一个个体进行评价，根据评价值（适应度）对个体进行选择、交换、变异等遗传操作，从而得到新的群体。遗传算法适用于非常复杂和困难的环境，如带有大量噪声和无关数据、事物不断更新、问题目标不能明显和精确地定义，以及通过很长的执行过程才能确定当前行为的价值等。同神经网络一样，遗传算法的研究已经发展为人工智能的一个独立分支，其代表人物为霍勒德（J. H. Holland）。

（5）连接学习。

典型的连接模型实现为人工神经网络，其由称为神经元的一些简单计算单元及单元间的加权连接组成。

(6) 增强学习(Reinforcement Learning)。

增强学习的特点是通过与环境的试探性(Trial and Error)交互来确定和优化动作的选择,以实现所谓的序列决策任务。在这种任务中,学习机制通过选择并执行动作,导致系统状态的变化,并有可能得到某种强化信号(立即回报),从而实现与环境的交互。强化信号就是对系统行为的一种标量化的奖惩。系统学习的目标是寻找一个合适的动作选择策略,即在任一给定的状态下选择哪种动作的方法,使产生的动作序列可获得某种最优的结果。

在综合分类中,经验归纳学习、遗传算法、连接学习和增强学习均属于归纳学习,其中经验归纳学习采用符号表示方式,而遗传算法、连接学习和加强学习则采用亚符号表示方式。分析学习属于演绎学习。

实际上,类比策略可看成是归纳和演绎策略的综合,因而最基本的学习策略只有归纳和演绎。

从学习内容的角度看,采用归纳策略的学习由于是对输入进行归纳,所学习的知识显然超过原有系统知识库所能蕴涵的范围,改变了系统的知识演绎,因而这种类型的学习又可称为知识级学习;而采用演绎策略的学习尽管所学的知识能提高系统的效率,但仍能被原有系统的知识库所蕴涵,即所学的知识未能改变系统的演绎闭包,因而这种类型的学习又被称为符号级学习。

6.1.2 机器学习发展历程

1. 发展时期

机器学习是人工智能研究较为年轻的分支,它的发展过程大体上分为 4 个时期。

(1) 20 世纪 50 年代中叶到 60 年代中叶,属于热烈时期。在这个时期所研究的是"没有知识"的学习,即"无知"学习。其研究目标是各类自组织系统和自适应系统,主要研究方法是不断修改系统的控制参数和改进系统的执行能力,不涉及与具体任务有关的知识。本阶段的代表性工作是塞缪尔(Samuel)的下棋程序。但这种学习的结果远不能满足人们对机器学习系统的期望。

(2) 20 世纪 60 年代中叶到 70 年代中叶,被称为机器学习的冷静时期。本阶段的研究目标是模拟人类的概念学习过程,并采用逻辑结构或图结构作为机器内部描述。本阶段的代表性工作有温斯顿(Winston)的结构学习系统和海斯罗思(Hayes-Roth)等的基本逻辑的归纳学习系统。

(3) 20 世纪 70 年代中叶到 80 年代中叶,称为复兴时期。在此期间,人们从学习单个概念扩展到学习多个概念,探索不同的学习策略和方法,且在本阶段已开始把学习系统与各种应用结合起来,并取得很大的成功,促进机器学习的发展。1980 年,在美国的卡内基-梅隆(CMU)召开了第一届机器学习国际研讨会,标志着机器学习研究已在全世界兴起。

2. 主要研究方向

当前机器学习围绕三个主要研究方向进行:

(1) 面向任务。在预定的一些任务中,分析和开发学习系统,以便改善完成任务的水平,这是专家系统研究中提出的研究问题。

（2）认识模拟。主要研究人类学习过程及其计算机的行为模拟，这是从心理学角度研究的问题。

（3）理论分析研究。从理论上探讨各种可能的学习方法的空间和独立于应用领域之外的各种算法。

机器学习是继专家系统之后人工智能应用的又一个重要的研究领域，也是人工智能和神经计算的核心研究课题之一。现有的计算机系统和人工智能系统没有什么学习能力，至多也只有非常有限的学习能力，因而不能满足科技和生产提出的新要求。对机器学习的讨论和机器学习研究的进展必将促使人工智能和整个科学技术的进一步发展。

6.2　机器学习常用的算法

可以把算法分类，比如说基于树的算法、基于神经网络的算法等。当然，机器学习的范围非常庞大，有些算法很难明确归类到某一类。而对于有些分类来说，同一分类的算法可以针对不同类型的问题。这里尽量把常用的算法按照最容易理解的方式进行分类。

6.2.1　回归算法

回归算法是试图采用对误差的衡量来探索变量之间的关系的一类算法，如图 6-1 所示。回归算法是统计机器学习的利器。在机器学习领域，人们说起回归，有时候是指一类问题，有时候是指一类算法，这一点常常会使初学者有所困惑。常见的回归算法包括最小二乘法（Ordinary Least Square）、逻辑回归（Logistic Regression）、逐步式回归（Stepwise Regression）、多元自适应回归样条（Multivariate Adaptive Regression Splines）及本地散点平滑估计（Locally Estimated Scatterplot Smoothing）。

6.2.2　基于实例的算法

基于实例的算法常常用来对决策问题建立模型，这样的模型常常先选取一批样本数据，然后根据某些近似性把新数据与样本数据进行比较，如图 6-2 所示。通过这种方式来寻找最佳的匹配。因此，基于实例的算法常常也被称为"赢家通吃学习"或者"基于记忆的学习"。常见的算法包括 k-Nearest Neighbor（KNN）、学习矢量量化（Learning Vector Quantization，LVQ）及自组织映射算法（Self-Organizing Map，SOM）。

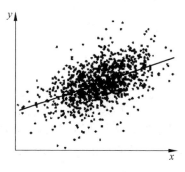

图 6-1　回归算法

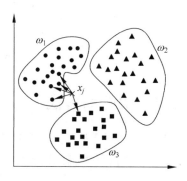

图 6-2　基于实例算法

6.2.3 正则化方法

正则化方法是其他算法(通常是回归算法)的延伸,根据算法的复杂度对算法进行调整。正则化方法通常对简单模型予以奖励,而对复杂算法予以惩罚,如图 6-3 所示。常见的算法包括 Ridge Regression、Least Absolute Shrinkage 和 Selection Operator(LASSO),以及弹性网络(Elastic Net)。

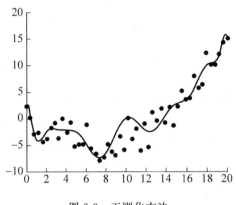

图 6-3　正则化方法

6.2.4 决策树算法

决策树算法根据数据的属性采用树状结构建立决策模型,决策树模型常用来解决分类和回归问题,如图 6-4 所示。常见的算法包括分类及回归树(Classification And Regression Tree,CART)、ID3 (Iterative Dichotomiser 3)、C4.5、Chi-squared Automatic Interaction Detection(CHAID)、Decision Stump、随机森林(Random Forest)、多元自适应回归样条(MARS)及梯度推进机(Gradient Boosting Machine,GBM)。

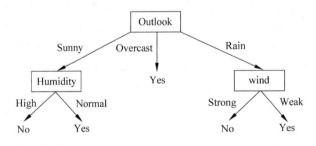

图 6-4　决策树算法

6.2.5 贝叶斯方法

贝叶斯算法是基于贝叶斯定理的一类算法,主要用来解决分类和回归问题,如图 6-5 所示。常见的算法包括朴素贝叶斯算法、平均单依赖估计(Averaged One-Dependence Estimators,AODE)及 Bayesian Belief Network(BBN)。

6.2.6 基于核的算法

基于核的算法中最著名的莫过于支持向量机(SVM)了。基于核的算法把输入数据映射到一个高阶的向量空间,在这些高阶向量空间里,有些分类或者回归问题能够更容易地解决,如图6-6所示。常见的基于核的算法包括支持向量机(Support Vector Machine,SVM)、径向基函数(Radial Basis Function,RBF)及线性判别分析(Linear Discriminate Analysis,LDA)等。

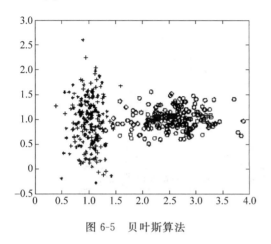

图 6-5 贝叶斯算法

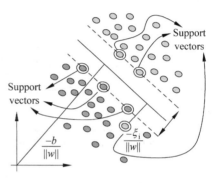

图 6-6 基于核算法

6.2.7 聚类算法

聚类,就像回归一样,有时候人们描述的是一类问题,有时候描述的是一类算法。聚类算法通常按照中心点或者分层的方式对输入数据进行归并,如图6-7所示。所有的聚类算法都试图找到数据的内在结构,以便按照最大的共同点将数据进行归类。常见的聚类算法包括 k-Means 算法及期望最大化算法(Expectation Maximization,EM)。

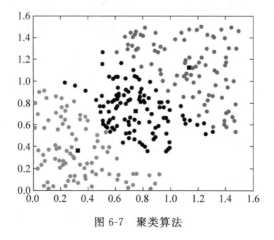

图 6-7 聚类算法

6.2.8　关联规则学习

关联规则学习通过寻找最能够解释数据变量之间关系的规则来找出大量多元数据集中有用的关联规则,如图 6-8 所示。常见算法包括 Apriori 算法和 Eclat 算法等。

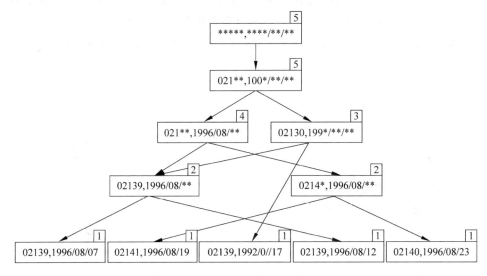

图 6-8　关联规则学习

6.2.9　遗传算法

遗传算法模拟生物繁殖的突变、交换和达尔文的自然选择(在每一个生态环境中适者生存)。它把问题可能的解编码为一个向量,称为个体,向量的每一个元素称为基因,并利用目标函数(相应于自然选择标准)对群体(个体的集合)中的每一个个体进行评价,根据评价值(适应度)对个体进行选择、交换、变异等遗传操作,从而得到新的群体。遗传算法适用于非常复杂和困难的环境,比如带有大量噪声和无关数据、事物不断更新、问题目标不能明显和精确地定义,以及通过很长的执行过程才能确定当前行为的价值等,如图 6-9 所示。同神经网络一样,遗传算法的研究已经发展为人工智能的一个独立分支,其代表人物为霍勒德(J. H. Holland)。

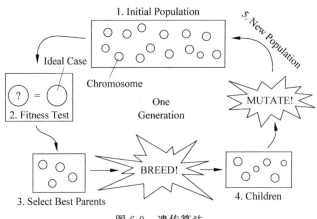

图 6-9　遗传算法

6.2.10 人工神经网络

人工神经网络算法模拟生物神经网络,是一类模式匹配算法,通常用于解决分类和回归问题。人工神经网络是机器学习的一个庞大分支,有几百种不同的算法(深度学习就是其中的一类算法,后面会单独讨论)。重要的人工神经网络算法包括感知器神经网络(Perceptron Neural Network)、反向传递(Back Propagation)、Hopfield 网络、自组织映射(Self-Organizing Map,SOM),如图 6-10 所示。

6.2.11 深度学习

深度学习算法是对人工神经网络的发展。在近期赢得了很多关注,特别是百度公司也开始开展"深度学习"研究后,更是在国内引起了很多关注。在计算能力变得日益廉价的今天,深度学习试图建立大得多也复杂得多的神经网络。很多深度学习的算法是半监督式学习算法,用来处理存在少量未标识数据的大数据集,如图 6-11 所示。常见的深度学习算法包括受限波尔兹曼机(Restricted Boltzmann Machine,RBN)、Deep Belief Networks(DBN)、卷积网络(Convolutional Network)、堆栈式自动编码器(Stacked Auto-encoders)。

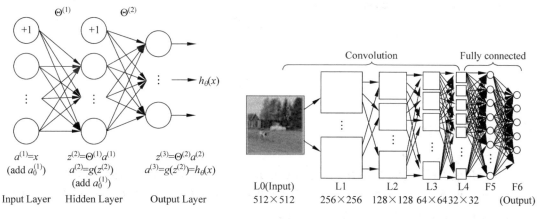

图 6-10 人工神经网络   图 6-11 深度学习

6.2.12 降低维度算法

像聚类算法一样,降低维度算法试图分析数据的内在结构,不过降低维度算法是以非监督学习的方式试图利用较少的信息来归纳或者解释数据,如图 6-12 所示。这类算法可以用于高维数据的可视化,或者用来简化数据以便监督式学习使用。常见的算法包括主成分分析(Principle Component Analysis,PCA)、偏最小二乘回归(Partial Least Square Regression,PLS)、Sammon 映射、多维尺度(Multi-Dimensional Scaling,MDS)、投影追踪(Projection Pursuit)等。

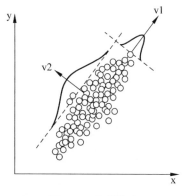

图 6-12 降低维度

6.2.13 集成算法

集成算法用一些相对较弱的学习模型独立地就同样的样本进行训练,然后把结果整合起来进行整体预测。集成算法的主要难点在于究竟集成哪些独立的、较弱的学习模型及如何把学习结果整合起来,如图6-13所示。这是一类非常强大的算法,同时也非常流行。常见的算法包括 Boosting、Bootstrapped Aggregation(Bagging)、AdaBoost、堆叠泛化(Stacked Generalization,Blending)、梯度推进机(Gradient Boosting Machine,GBM)、随机森林(Random Forest)、GBDT(Gradient Boosting Decision Tree)。

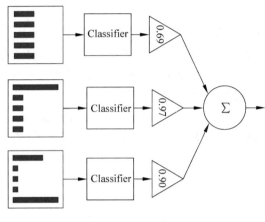

图 6-13　集成算法

6.3　本章小结

本章介绍了机器学习的概念、分类和发展历程,简要介绍了多种机器学习算法。机器学习使用计算机模拟人类的学习活动,是研究计算机识别现有知识、获取新知识、不断改善性能和实现自身完善的方法,是大数据的关键技术。

第**7**章

虚 拟 化

虚拟化技术实现了物理资源的逻辑抽象表示,可以提高资源的利用率,并能够根据用户业务需求的变化,快速、灵活地进行资源部署。虚拟化是实现云计算最重要的技术基础。

7.1 虚拟化概述

虚拟相对于真实,虚拟化就是将原本运行在真实环境上的计算机系统或组件运行在虚拟出来的环境中。一般来说,计算机系统分为若干层次,从下至上包括底层硬件资源、操作系统提供的应用程序编程接口,以及运行在操作系统之上的应用程序。虚拟化技术在这些不同层次之间构建虚拟化层,向上提供与真实层次相同或类似的功能,使得上层系统可以运行在该中间层之上。这个中间层解除其上下两层间的耦合关系,使上层的运行不依赖于下层的具体实现。

7.1.1 虚拟化发展历史

虚拟化技术近年来得到大面积推广应用,虚拟化概念的提出远远早于云计算,从其诞生的时间看,它的历史源远流长,大体可分为如下几个阶段:

1. 萌芽期(20世纪六七十年代)

虚拟化的首次提出是在1959年6月国际信息处理大会(International Conference on Information Processing)上,计算机科学家 Christopher Strachey 发表的论文《大型高速计算机中的时间共享》(*Time Sharing in Large Fast Computers*)中首次提出并论述了虚拟化技术。

20世纪60年代开始,IBM公司的操作系统虚拟化技术使计算机资源得到充分利用。随后,IBM公司及其他几家公司陆续开发了如下产品:Model 67 的 System/360 主机能够虚拟硬件接口,M44/44X 计算机项目定义了虚拟内存管理机制,IBM 360/40、IBM 360/67、VM/370 虚拟计算系统都具备虚拟机功能。

在这个阶段,虚拟计算技术可以充分利用相对昂贵的硬件资源。然而随着技术进步,计算机硬件越来越便宜,当初的虚拟化技术只在高档服务器如小型机中存在。

2. x86 虚拟化蓬勃发展(20 世纪 90 年代至今)

20 世纪 90 年代,VMware 等软件厂商率先实现了 x86 服务器架构上的虚拟化,从而开拓了虚拟化应用的市场。最开始的 x86 虚拟化技术是纯软件模式的"完全虚拟化",一般需要二进制转换来进行虚拟化操作,但虚拟机的性能打了折扣。因此,在 Denail 和 Xen 等项目中出现了"类虚拟化",对操作系统进行代码级修改,但又会带来隔离性等问题。随后,虚拟化技术发展到硬件支持阶段,在硬件级别上实现软件功能,从而大大减少了性能开销,典型的硬件辅助虚拟化技术包括 Intel 的 VT 技术和 AMD 的 SVM 技术。

3. 服务器虚拟化的广泛应用,带动虚拟化技术的发展壮大

x86 服务器虚拟化技术的发展给 IT 行业带来了低成本、高效率,虚拟化技术体系不断发展壮大,相继出现了桌面虚拟化、应用虚拟化、网络虚拟化、存储虚拟化等多个成员。这些虚拟化给用户多样的应用和选择,进而推动了虚拟化技术的广泛应用。

7.1.2 虚拟化技术的发展热点和趋势

纵观虚拟化技术的发展历史,可以看到它始终如一的目标就是实现对 IT 资源的充分利用。因为随着企业的发展,业务和应用不断扩张,基于传统的 IT 建设方式导致 IT 系统规模日益庞大,数据中心空间不够用、高耗能,维护成本不断增加;而现有服务器、存储系统等设备又没有被充分利用起来;新的需求又得不到及时的响应,IT 基础架构对业务需求反应不灵活,不能有效地调配系统资源适应业务需求。因此企业需要建立一种可以降低成本、具有智能化和安全特性并能够及时适应企业业务需求的灵活的、动态的基础设施和应用环境,虚拟化技术的发展热点和趋势不难预料。

1. 整体来看

目前通过服务器虚拟化实现资源整合是虚拟化技术得到应用的主要驱动力。现阶段,服务器虚拟化的部署远比桌面或者存储虚拟化等多。但从整体来看,桌面和应用虚拟化在虚拟化技术的下一步发展中处于优先地位,仅次于服务器虚拟化。未来,桌面平台虚拟化将得到大量部署。

2. 对于服务器虚拟化技术本身而言

随着硬件辅助虚拟化技术的日趋成熟,各厂商对自身软件虚拟化产品的持续优化,不同的服务器虚拟化技术在性能差异日益减小。未来,虚拟化技术的热点将主要集中在安全、存储、管理等方面。

3. 就当前来看

目前,虚拟化技术的应用在虚拟化的性能、虚拟化环境的部署、虚拟机的零宕机、虚拟机长距离迁移、虚拟机软件与存储等设备的兼容性等方面,实现突破。

7.1.3 虚拟化技术的概念

虚拟化技术是一种调配计算资源的方法,它将应用系统的不同层面(硬件、软件、数据、网络存储等)隔离起来,从而打破服务器、存储、网络数据和应用的物理设备之间的划分,实现架构动态化,并达到集中管理和动态使用物理资源及虚拟资源,以提高系统结构的弹性和灵活性,降低成本、改进服务、减少管理风险等目标。可见,虚拟化是一个广泛而变化的概念,因此想要给出一个清晰而准确的定义并不是一件容易的事情。目前业界对虚拟化已经产生如下多种定义。

虚拟化是表示计算机资源的抽象方法,通过虚拟化可以用与访问抽象方法一样的方法访问抽象后的资源。这种资源的抽象方法并不受实现、地理位置或底层置的限制。

——WiKipedia,维基百科

虚拟化是为某些事物创造的虚拟(相对于真实)版本,比如操作系统、存储设备和网络资源等。

——WhatIs.com,信息技术术语库

虚拟化是为一组类似资源提供一个通用的抽象接口集,从而隐藏它们之间的差异,并允许通过一种通用的方式来查看并维护资源。

——Open Grid Services Architecture

从上面的定义可以看出,虚拟化包含了如下三层含义:

(1) 虚拟化的对象是各种各样的资源。

(2) 经过虚拟化后的逻辑资源对用户隐藏了不必要的细节。

(3) 用户可以在虚拟环境中实现其在真实环境中的部分或者全部功能。

虚拟化的对象涵盖很广的范围,可以是各种硬件资源,如 CPU、内存、存储、网络;也可以是各种软件环境,如操作系统、文件系统、应用程序等,如图 7-1 所示。可以举一个简单的例子,来更好地理解操作系统中的内存实现虚拟化,内存和硬盘两者具有相同的逻辑表示。通过虚拟化向上层隐藏了如何在硬盘上进行内存交换、文件读写,如何在内存与硬盘间实现

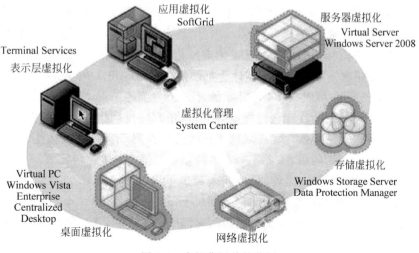

图 7-1 虚拟化涵盖的范围

统一寻址和换入换出等细节。对于使用虚拟内存的应用程序来说,它们仍然可以用一致的分配、访问和释放的指令对虚拟内存进行操作,就如同在访问真实存在的物理内存一样。

虚拟化简化了表示、访问和管理多种IT资源,包括基础设施、系统和软件等,并为这些资源提供标准的接口来接收输入和提供输出。虚拟化的使用者可以是最终用户、应用程序或者是服务。通过标准接口,虚拟化可以在IT基础设施发生变化时,减少对使用者的影响。由于与虚拟资源进行交互的方式没有变化,即使底层资源的实现方式已经发生了改变,最终用户可以重用原有的接口。

虚拟化降低了资源使用者与资源具体实现之间的耦合程度,让使用者不再依赖于某种资源的实现,极大地方便了系统管理员对IT资源的维护与升级。

7.2 虚拟化的分类

虚拟化技术已经成为一个庞大的技术家族,形式多种多样,实现的应用也形成体系。但对其分类,从不同的角度有不同的分法。从实现的层次可以分为基础设施化、系统虚拟化、软件虚拟化,从应用的领域可以划分为服务器虚拟化、存储虚拟化、应用虚拟化、平台虚拟化、桌面虚拟化。

7.2.1 从实现的层次划分

虚拟化技术、虚拟对象是IT资源,按照这些资源所处的层次可以划分出不同类型的虚拟化:基础设施化、系统虚拟化、软件虚拟化。目前,大家接触最多的就是系统虚拟化,例如VMware Workstation在个人计算机上虚拟出一个逻辑系统,用户可以在这个虚拟系统上安装和使用另一个操作系统及其上的应用程序,就如同在使用一台独立计算机。这样的虚拟系统称作"虚拟机",像这样的VMware Workstation软件是虚拟化套件,负责虚拟机的创建、运行和管理。这仅仅是虚拟化技术的一部分,下面从层次上向读者介绍几种虚拟化技术。

1. 基础设施虚拟化

网络、存储和文件系统同为支撑信息系统运行的重要基础设施,因此根据IBM"虚拟化和云计算"小组的观点,将相关硬件(CPU、内存、硬盘、声卡、显卡、光驱)虚拟化、网络虚拟化、存储虚拟化、文件虚拟化归类为基础设施虚拟化。

硬件虚拟化是用软件虚拟一台标准计算机硬件配置,如CPU、内存、硬盘、声卡、显卡、光驱等,成为一台虚拟裸机,可以在其上安装系统,代表产品有VMware、Virtual PC、Virtual Box。

网络虚拟化将网络的硬件和软件资源整合,向用户提供网络连接的虚拟化技术。网络虚拟化可以分为局域网络虚拟化和广域网络虚拟化。在局域网络虚拟化技术中,多个本地网络被组合成为一个逻辑网络,或者一个本地网络被分割为多个逻辑网络,提高企业局域网或者内部网络的使用效率和安全性,典型代表是虚拟局域网(Virtual LAN,VLAN)。广域网络虚拟化技术中,应用最广泛的是虚拟专网(Virtual Private Network,VPN)。虚拟专网抽象网络连接,使得远程用户可以安全地访问内部网络,并且感觉不到物理连接的和虚拟连接的差异。

存储虚拟化是为物理的存储设备提供统一的逻辑接口,用户可以通过统一逻辑接口来访问被整合的存储资源。存储虚拟化主要有基于存储设备的虚拟化和基于网络的存储虚拟化两种主要形式。基于存储设备的虚拟化,主要有磁盘阵列技术(Redundant Array Disks,RAID),基于存储设备的存储虚拟化的典型代表,通过将多块物理磁盘组成为磁盘阵列,实现了一个统一的、高性能的容错存储空间;存储区域网(Storage Area Network SAN)和网络存储(Network Attached Storage,NAS),基于网络的存储虚拟化技术的典型代表。SAN是计算机信息处理技术中的一种架构,它将服务器和远程的计算机存储设备(如磁盘阵列、磁带库)连接起来,使得这些存储设备看起来就像是本地一样。和 SAN 相反,NAS 使用基于文件(File-Based)的协议,如 NFS、SMB/CIFS 等,在这里仍然是远程存储,但计算机请求的是抽象文件中的一部分,而不是一个磁盘块。

文件虚拟化是指把物理上分散存储的众多文件整合为一个统一的逻辑接口,方便用户访问,提高文件管理效率。用户通过网络访问数据不需要知道真实的物理位置,还能够在一个控制台管理分散在不同位置存储于异构设备的数据。

2. 系统虚拟化

目前对于大多数熟悉或从事 IT 工作的人来说,系统虚拟化是最广泛接受和认识的一种虚拟化技术。系统虚拟化实现了操作系统和物理计算机的分离,使得在一台物理计算机上可以同时安装和运行一个或多个虚拟操作系统。与使用直接安装在物理计算机上的操作系统相比,用户不能感觉出显著差异。

系统虚拟化使用虚拟化软件在一台物理机上虚拟出一台或多台虚拟机(Machine,VM)。虚拟机是指使用系统虚拟化技术,运行在一个隔离环境中,具有完整的硬件功能的逻辑计算机系统。在系统虚拟化环境中,多个操作系统可以在同一台物理机上同时运行,复用物理机资源,互不影响,如图 7-2 所示。虚拟运行环境都需要为在其上运行的虚拟机提供一套虚拟的硬件环境,包括虚拟的处理器、内存、设备与 I/O 及网络接口等。同时,虚拟运行环境也为这些操作系统提供了硬件共享、统一管理、系统隔离等诸多特性。

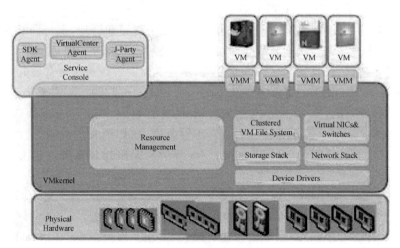

图 7-2 系统虚拟化

系统虚拟化技术在日常应用的个人计算机中具有丰富的应用场景。例如,一个用户使用的是 Windows 系统的个人计算机,但需要使用一个只能在 Linux 下运行的应用程序,可以在个人计算机上虚拟出一个虚拟机安装 Linux 操作系统,这样就可以使用他所需要的应用程序了。

系统虚拟化更大的价值在于服务器虚拟化。目前,大量应用 x86 的服务器完成各种网络应用。大型的数据中心往往托管了数以万计的 x86 服务器。出于安全性和可靠性的考虑,通常每个服务器基本只运行着一个应用服务,导致了服务器利用率低下,大量的计算资源被浪费。如果在同一台物理服务器上虚拟出多个虚拟服务器,每个虚拟服务器运行不同的服务,这样便可提高服务器的利用率,减少机器数量,降低运营成本、存储空间及能耗,从而达到既经济又环保的目的。

除了在个人计算机和服务器上采用系统虚拟化以外,桌面虚拟化解除了个人计算机桌面环境(包括应用程序和文件等)与物理机之间的耦合关系,达到在同一个终端环境运行多个不同系统的目的。经过虚拟化后的桌面环境被保存在远程的服务器上,当用户在桌面上工作时,所有的程序与数据都运行在这个远程的服务器上,用户可使用具有足够显示能力的兼容设备来访问桌面环境,如个人计算机、手机智能终端。

3. 软件虚拟化

除了基础设施虚拟化和系统虚拟化外,还有另一种针对软件平台的虚拟化技术,用户使用的应用程序和编程语言都存在相对应的虚拟化概念。这类虚拟化技术就是软件虚拟化,主要包括应用虚拟化和高级语言虚拟化。

应用虚拟化将应用程序与操作系统解耦合,为应用程序提供了一个虚拟的运行环境。这个环境不仅包括应用程序的可执行文件,还包括运行需要的环境。应用虚拟化服务器可以实时地将用户所需的程序组件推送到客户端的应用虚拟化运行环境。当用户完成操作关闭应用程序后,所做的更改被上传到服务器集中管理。这样,用户将不再局限于单一的客户端,可以在不同终端使用自己的应用。

应用虚拟化领域目前有多种国内外产品,下面简单介绍几个有代表性的。

(1) Microsoft Application Virtualization(App-V)。前身是 Softgrid,被微软公司收购,主要针对企业内部的软件分发,方便了企业桌面的统一配置和管理,支持同时使用同一程序的不同版本,在客户端第一次运行程序时可以实现边用边下载等。但是对 Windows 外壳扩展程序的支持不够好,并且安装实施非常复杂,不是专业的管理员很难部署起来。

(2) VMware ThinApp。前身是 Thinstall,被 VMware 收购。不需要第三方平台,直接把虚拟引擎(重写了几百个 Windows 的 API)和软件打包成单文件,分发简单,支持同时运行一个软件的多个版本。但是和系统的结合不够紧密,比如说文件关联、类似于 Winrar 等的右键菜单、无法封装环境包(.NET 框架、Java 环境)、无法封装服务。它主要用于企业软件分发。

(3) Symantec Software Virtualization Solution (SVS)。SVS 于 2006 年左右被 Symantec 收购,它的虚拟引擎和虚拟软件包是分离的,能做到对应用程序的完美支持,包括支持 Windows 外壳扩展的程序,支持封装环境包(.NET 框架、Java 环境)、支持封装服务。但是无法同时运行同一个软件的不同版本。它主要用于企业软件分发。

(4) Install Free。Install Free 是后起之秀,其最大特色在于无须在干净的环境下打包软件,也可以做到很好的兼容性,主要应用于企业软件的分发。打包软件是应用虚拟化技术的一大难题。要实现一个软件的随处免安装使用,就必须把软件正常安装后的文件都打成包,但如果系统不干净,就会造成打包文件的不完整,分发到其他计算机无法使用。

(5) Sandbox IE。俗称沙盘,主要用于软件测试和安全领域。它像一个软件的囚笼,可以把软件安装在沙盘里,并运行在其中,软件所有行为都不会影响到系统。如果软件带毒或被感染病毒,可以一下扫光,就像把一个真实沙盘里的各种沙造物体打碎,然后重来。

(6) 云端软件平台(Softcloud)。这是应用虚拟化领域的优秀国产软件,面市不久,其实现原理与 SVS 类似。但其最大的特别之处在于,不是应用于企业市场,而是针对个人用户使用软件时的诸多问题和烦恼的解决方案。应用软件时无须安装,一点就用,不写注册表、不写系统;无用软件可以一键删除,快速干净不残留。而且最省事的一点是,在重装系统后,所有软件不用重装。因为在云端使用的软件在云端的缓存目录里,重装系统后只要安装云端,再次指定这个目录,所有软件就可以立即恢复使用,并且无须重新配置。

高级语言虚拟化解决的是可执行程序在不同计算平台间迁移的问题。在高级语言虚拟化中,由高级语言编写的程序被编译为标准的中间指令。这些中间指令被解释执行或被动态翻译执行,因而可以运行在不同的体系结构之上。例如,被广泛应用的 Java 虚拟机技术,它解除下层的系统平台(包括硬件与操作系统)与上层的可执行代码间的耦合,实现跨平台执行。用户编写的 Java 源程序通过 JDK 编译成为平台中立的字节码,作为 Java 虚拟机的输入。Java 虚拟机将字节码转换为特定平台上可执行的二进制机器代码,从而达到了"一次编译,处处执行"的效果。

7.2.2 从应用的领域划分

从应用的领域划分,可以分为应用虚拟化、桌面虚拟化、服务器虚拟化、存储虚拟化、网络虚拟化。

1. 应用虚拟化

应用虚拟化是把应用对底层系统和硬件的依赖抽象出来,从而解除应用与操作系统和硬件的耦合关系。应用程序运行在本地应用虚拟化环境中时,这个环境为应用程序屏蔽了底层可能与其他应用产生冲突的内容,如图 7-3 所示。

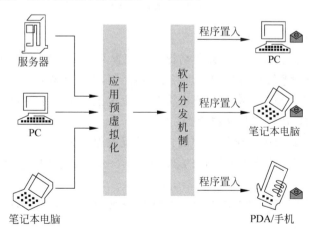

图 7-3 应用虚拟化

应用虚拟化是 SaaS 的基础。应用虚拟化需要具备以下功能和特点：

（1）解耦合。利用屏蔽底层异构性的技术解除虚拟应用与操作系统和硬件的耦合关系。

（2）共享性。应用虚拟化可以使一个真实应用运行在任何共享的计算资源上。

（3）虚拟环境。应用虚拟化为应用程序提供了一个虚拟的运行环境，不仅拥有应用程序的可执行文件，还包括所需的运行环境。

（4）兼容性。虚拟应用应屏蔽底层可能与其他应用产生冲突的内容，从而使其具有良好的兼容性。

（5）快速升级更新。真实应用可以快速升级更新，通过流的方式将相对应的虚拟应用及环境快速发布到客户端。

（6）用户自定义。用户可以选择自己喜欢的虚拟应用的特点及所支持的虚拟环境。

2. 桌面虚拟化

桌面虚拟化将用户的桌面环境与其使用的终端设备解耦。服务器上存放的是每个用户的完整桌面环境，用户可以使用不同终端设备通过网络访问该桌面环境，如图 7-4 所示。

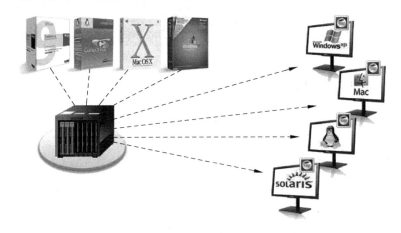

图 7-4　桌面虚拟化

桌面虚拟化具有如下功能和接入标准：

（1）集中管理维护。集中在服务器端管理和配置 PC 环境及其他客户端需要的软件，可以对企业数据、应用和系统进行集中管理、维护和控制，以减少现场支持工作量。

（2）使用连续性。确保终端用户下次在另一个虚拟机上登录时，依然可以继续以前的配置和存储文件内容，让使用具有连续性。

（3）故障恢复。桌面虚拟化是用户的桌面环境被保存为一个个虚拟机，通过对虚拟机进行快照和备份，就可以快速恢复用户的故障桌面，并实时迁移到另一个虚拟机上继续进行工作。

（4）用户自定义。用户可以选择自己喜欢的桌面操作系统、显示风格、默认环境，以及其他各种自定义功能。

3. 服务器虚拟化

服务器虚拟化技术可以将一个物理服务器虚拟成若干个服务器使用，如图 7-5 所示。

服务器虚拟化是基础设施即服务(Infrastructure as a Service,IaaS)的基础。

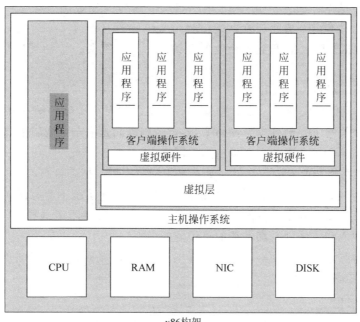

图 7-5 服务器虚拟化

服务器虚拟化需要具备以下功能和技术：

(1)多实例。在一个物理服务器上可以运行多个虚拟服务器。

(2)隔离性。在多实例的服务器虚拟化中,一个虚拟机与其他虚拟机完全隔离,以保证良好的可靠性及安全性。

(3)CPU 虚拟化。把物理 CPU 抽象成虚拟 CPU,无论任何时间一个物理 CPU 只能运行一个虚拟 CPU 的指令。而多个虚拟机同时提供服务将会大大提高物理 CPU 的利用率。

(4)内存虚拟化。统一管理物理内存,将其包装成多个虚拟的物理内存分别供给若干个虚拟机使用,使得每个虚拟机拥有各自独立的内存空间,互不干扰。

(5)设备与 I/O 虚拟化。统一管理物理机的真实设备,将其包装成多个虚拟设备给若干个虚拟机使用,响应每个虚拟机的设备访问请求和 I/O 请求。

(6)无知觉故障恢复。运用虚拟机之间的快速热迁移技术(Live Migration),可以使一个故障虚拟机上的用户在没有明显感觉的情况下迅速转移到另一个新开的正常虚拟机上。

(7)负载均衡。利用调度和分配技术,平衡各个虚拟机和物理机之间的利用率。

(8)统一管理。由多个物理服务器支持的多个虚拟机的动态实时生成、启动、停止、迁移、调度、负荷、监控等应当有一个方便易用的统一管理界面。

(9)快速部署。整个系统要有一套快速部署机制,对多个虚拟机及上面的不同操作系统和应用进行高效部署、更新和升级。

4. 网络虚拟化

网络虚拟化也是基础设施即服务的基础。网络虚拟化是让一个物理网络能够支持多个逻辑网络,虚拟化保留了网络设计中原有的层次结构、数据通道和所能提供的服务,使得最终用户的体验和独享物理网络一样,同时网络虚拟化技术还可以高效地利用网络资源,如空间、能源、设备容量等。

网络虚拟化具有以下功能和特点:

(1)网络虚拟化能大幅度节省企业的开销。一般只需要一个物理网络即可满足服务要求。

(2)简化企业网络的运维和管理。

(3)提高了网络的安全性。多套物理网时很难做到安全策略的统一和协调,在一套物理网可以将安全策略下发到各虚拟网络中,各虚拟网络间是完全的逻辑隔离,一个虚拟网络上操作、变化、故障等不会影响到其他的虚拟网络。

(4)提升了网络和业务的可靠性。如在虚拟网络中可以把多台核心交换机通过虚拟化技术融合为一台,当集群中一些小的设备故障时整个的业务系统不会有任何的影响。

(5)满足新型数据中心应用程序的要求。如云计算、服务器集群技术等新数据中心应用都要求数据中心和广域网有高性能的可扩展的虚拟化能力。

企业可以将园区和数据中心内的网络虚拟化,通过广域网扩展到企业分布在各地的小型数据中心、备份数据中心等。

5. 存储虚拟化

存储虚拟化也是基础设施即服务的基础。存储虚拟化将整个云计算系统的存储资源进行统一整合管理,为用户提供一个统一的存储空间,如图 7-6 所示。

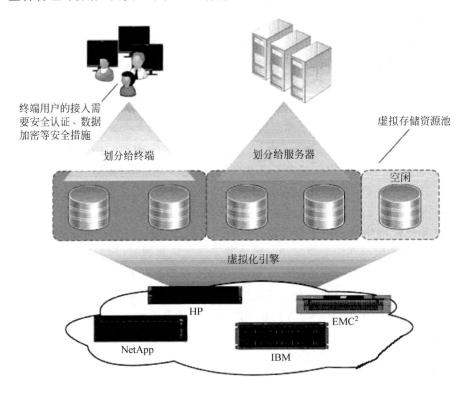

图 7-6　存储虚拟化

存储虚拟化具有以下功能和特点：

（1）集中存储。存储资源统一整合管理，集中存储，形成数据中心模式。

（2）分布式扩展。存储介质易于扩展，由多个异构存储服务器实现分布式存储，以统一模式访问虚拟化后的用户接口。

（3）绿色环保。服务器和硬盘的耗电量巨大，为提供全时段数据访问，存储服务器及硬盘不可以停机。但为了节能减排、绿色环保，需要利用更合理的协议和存储模式，尽可能减少开启服务器和硬盘的次数。

（4）虚拟本地硬盘。存储虚拟化应当便于用户使用，最方便的形式是将云存储系统虚拟成用户本地硬盘，使用方法与本地硬盘相同。

（5）安全认证。新建用户加入云存储系统前，必须经过安全认证并获得证书。

（6）数据加密。为了保证用户数据的私密性，将数据存储到云存储系统时必须加密。加密后的数据除了被授权的特殊用户外，其他人一概无法解密。

（7）层级管理。支持层级管理模式，即上级可以监控下级的存储数据，而下级无法查看上级或平级的数据。

下面就从应用领域分类，详细介绍各种虚拟化技术。

7.3　应用虚拟化

应用程序包括很多不同的程序部件，如动态链接库。如果一个程序的正确运行需要一个特定链接库，而另一个程序需要这个动态链接库的另一个版本，那么在同一个系统这两个应用程序就会造成动态链接库的冲突，其中一个程序会覆盖另一个程序动态链接库，造成程序不可用。因此，当系统或应用程序升级或打补丁时都有可能导致应用之间的不兼容。应用程序运行总是要进行严格而烦琐的测试来保证新应用与系统中的已有应用不存在冲突。这个过程需要耗费大量的人力、物力和财力。因此，应用虚拟化技术应运而生。

7.3.1　应用虚拟化的使用特点

应用程序虚拟化安装在一个虚拟环境里面，与操作系统隔离，拥有应用程序相关的所有共享资源，极大地方便了应用程序的部署、更新和维护。通常应用虚拟化与应用程序生命周期管理结合起来，使用效果比较好。

1. 部署方面

（1）不需要安装。应用程序虚拟化的应用程序包会以流媒体部署到客户端，有点像绿色软件，只要复制就能使用。

（2）没有残留的信息。应用程序虚拟化并不会在移除之后，在机器上产生任何文件或者设置。

（3）不需要更多的系统资源。应用虚拟化和安装在本地的应用一样使用本地或者网络驱动器，CPU 或者内存。

（4）事先配置好的应用程序。应用程序虚拟化的应用程序包本身就涵盖了程序所要的一些配置。

2. 更新方面

（1）更新方便。只需要在应用程序虚拟化的服务器上进行一次更新即可。

（2）无缝的客户端更新。一旦在服务器端进行更新，客户端便会自动地获取更新版本，无须逐一更新。

3. 支持方面

（1）减少应用程序间的冲突。由于每个虚拟化过的应用程序均运行在各自的虚拟环境里，因此并不会有因共享组件版本的问题，而减少应用程序之间的冲突。

（2）减少技术支持的工作量。应用程序虚拟化的程序跟传统安装本地的应用不同，需要经过封装测试才进行部署，此外也不会因为使用者误删除某些文件导致无法运行，所以从这些角度来说，可以减少使用者对于技术支持的需求量。

（3）增加软件的合规性。应用程序虚拟化可以针对有需求的使用者进行权限配置才允许使用，这方便了管理员对于软件授权的管理。

4. 终止方面

完全移除应用程序，并且不会在本地计算机有任何的影响，管理员只要在管理界面上进行权限设定，应用程序在客户端就会停止使用。

7.3.2　应用虚拟化的优势

应用虚拟化把应用程序从操作系统中解放出来，使应用程序不受用户计算环境变化带来的影响，带来了极大的机动性、灵活性，显著提高了 IT 效率及安全性和控制力。用户无须在自己的计算机上安装完整的应用程序，也不受自身有限的计算条件限制即可获得极高的使用体验。

1. 降低部署与管理问题

应用程序之间的冲突，通过应用虚拟化技术隔离开来，减少了应用程序间的冲突、版本的不兼容性及多使用者同时存取的安全问题。在部署方面，操作系统会为应用虚拟化提供各自虚拟组件、文件系统、服务等应用程序环境。

2. 部署预先配置好的应用程序

应用程序所有的配置信息根据使用者需要预先设定，并会封装在应用程序包里，最终部署到客户端计算机上。当退出应用程序的时候，相关配置会保存在使用者的个人计算机账户的配置目录里面，下一次使用应用程序时可回到原来的运行环境。

3. 在同一台计算机上运行不同版本的应用程序

企业常常会有需要运行不同版本的应用程序。传统的方式应用两台计算机运行，使管理复杂度和投资成本增大。应用程序虚拟化，使用者可以在相同的机器上运行不同的软件。

4. 提供有效的应用程序管理与维护

应用程序虚拟化过的包存储在一个文件夹中，并且在管理界面上，管理员可以轻松地对这些软件进行配置与维护。

5. 按需求部署

用户应用程序时，服务器会以流媒体的方式根据用户需要部署到客户端。例如，一个软件完全安装要 1GB 的空间,但是使用者可能使用到其中的 10％,服务器只会传相应的信息到客户端,降低了网络流量。应用虚拟化大大地提升了部署效率及网络性能。

7.3.3 应用虚拟化要考虑的问题

应用虚拟化在使用上要考虑如下几点。

1. 安全性

应用虚拟化的安全性由管理员控制。管理员要考虑企业的机密软件是否允许离线使用,因而使用者可以使用哪些软件以及相关配置由管理员决定。此外,由于应用程序是在虚拟环境中运行,某些程度上避免了恶意软件或者病毒的攻击。

2. 可用性

应用虚拟化中,相关程序和数据集中摆放,使用者透过网络下载,所以管理员必须考虑网络的负载均衡和使用者的并发量。

3. 性能考量

应用虚拟化的程序运行,采用本地 CPU、硬盘和内存,其性能除了考虑网络速度因素外,还取决于本地计算机的运算能力。

7.4 桌面虚拟化

桌面虚拟化将众多终端的资源集合到后台数据中心,以便对企业的成百上千个终端统一认证、统一管理,实现资源灵活调配。终端用户通过特殊身份认证,登录任意终端即可获取自相关数据,继续原有业务,极大地提高了使用的灵活性。

7.4.1 桌面虚拟化优势

应用桌面虚拟化后,用户使通常应用瘦客户端与服务器上多个虚拟机的某个终端相连,与传统的桌面部署模式相比具有如下优点。

1. 降低了功耗

虚拟桌面通常考虑使用瘦客户端,极大地节省了资源。

2. 提高了安全性

虚拟桌面的操作系统在服务器中,因而比传统桌面 PC 更易于保护,免受恶意攻击,还可以从这个集中位置处理安全补丁。并且桌面虚拟化某种瘦客户端,可以防止 USB 接口,减少了病毒感染和数据被窃取的可能性。

3. 简化部署及管理

虚拟桌面可以集中控制各个桌面,不需要前往每个工作区就能迅速为虚拟桌面打上补丁。

4. 降低了费用

虚拟桌面的使用同时降低了硬件成本和管理成本,极大地节省了费用。先构建一个允许用户共享的"主"系统磁盘镜像,桌面虚拟化系统在用户需要时做镜像备份,提供给用户。为了让不同的用户使用不同的应用程序,需要创建一个共享镜像的"基准",在这个基准镜像上安装所有应用程序,保证公司内的每一个人都可以使用。然后使用应用程序虚拟化包在每个用户的桌面上安装用户需要的个性化应用程序。

桌面虚拟化之所以在近年成为热点,一个很大的原因是相关产品的成熟和安全性能提高。多个IT巨头纷纷推出了自己的桌面虚拟化产品。

7.4.2　桌面虚拟化使用条件

桌面虚拟化使用瘦客户或其他设备通过网络登录用户自己的环境,因而需要如下使用条件。

1. 健全的网络环境

网络作为桌面虚拟化的传输载体起着关键性作用,保证网络的稳定是桌面虚拟化实现的重要条件。

2. 高可靠性的虚拟化环境

在桌面虚拟化环境中所有用户使用的桌面都运行在数据中心,其中的任何一个环节出现问题,很可能会导致整个桌面虚拟化环境崩溃,搭建高可用、高安全的数据虚拟化数据中心是关键。

3. 改变原来的运维流程

应用桌面虚拟化环境后,如果遇到系统性问题,管理员基本不必到使用者现场对桌面进行维护,通过统一的桌面管理中心能够管理所有使用者桌面,和传统的运作维护流程不同。

4. 充足的网络带宽

为了实现较好的用户体验,还需要具有充足的带宽以保证较好的图像显示的用户体验。

7.5　服务器虚拟化

服务器虚拟化是指能够在一台物理服务器上运行多台虚拟服务器的技术,多个虚拟服务器之间的数据是隔离的,虚拟服务器对资源的占用是可控的。用户可以在虚拟服务器上灵活地安装任何软件。

7.5.1　服务器虚拟化架构

在服务器虚拟化技术中,被虚拟出来的服务器称为虚拟机(Virtual Machine,VM)。运行在虚拟机里的操作系统称为客户操作系统(Guest OS)。负责管理虚拟机的软件称为虚拟机管理器(VMM),也称为 Hypervisor。

服务器虚拟化通常有两种架构,分别是寄生架构(Hosted)与裸金属架构(Bare-Metal)。

1. 寄生架构

一般而言,寄生架构在操作系统之上再安装一个虚拟机管理器,然后用 VMM 创建并管理虚拟机。VMM看起来像是"寄生"在操作系统上的,该操作系统称为宿主操作系统(Host OS),如图7-7所示。例如,Oracle公司的Virtual Box就是一种寄生架构。

2. 裸金属架构

顾名思义,裸金属架构是指将VMM直接安装在物理服务器之上而无须先安装操作系统的预装模式。再在VMM上安装其他操作系统(如Windows、Linux等)。由于VMM是直接安装在物理计算机上的,故称为裸金属架构,例如KVM、Xen、VMware ESx。裸金属架构是直接运行在物理硬件之上的,无须通过Host OS,所以性能比寄生架构更高。

用Xen技术实现裸金属架构服务器虚拟化,如图7-8所示,其中有三个Domain。Domain就是"域",更通俗地说,就是一台虚拟机。Xen发布的裸金属版本里面就包含了一个裁剪过的Linux内核,它为Xen提供了除CPU调度和内存管理之外的所有功能,包括硬件驱动、I/O、网络协议、文件系统、进程通信等所有其他操作系统所做的事情。这个Linux内核就运行在Domain 0里面。启动裸金属架构的Xen时会自动启动Domain 0。Domain 1和Domain 2启动后,几个域相互可能会有一些通信,公用服务器资源。

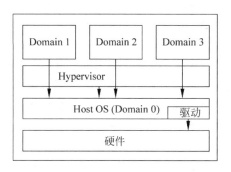

图7-7 寄生架构

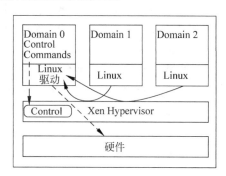

图7-8 裸金属架构

从目前的趋势来看,虚拟化将成为操作系统本身功能的一部分。例如,KVM就是Linux标准内核的一个模块,微软公司的Windows 2008也自带Hyper-V。下面将介绍服务器几个关键部件的虚拟化方法,包括CPU、内存、I/O的虚拟化。

7.5.2 CPU虚拟化

CPU虚拟化是指将物理CPU虚拟成多个虚拟CPU供虚拟机使用。虚拟CPU时分复用物理CPU,虚拟机管理器负责为虚拟CPU分配时间片,管理虚拟CPU的状态。

在x86指令集中,CPU有0~3共4个特权级(Ring)。其中,0级具有最高的特权,用于运行操作系统;3级具有最低的特权,用于运行用户程序;1级和2级很少使用,如图7-9所示。在对x86服务器实施虚拟化时,VMM占据0级,拥有最高的特权级;而虚拟机中安装的Guest OS只能运行在更低的特权级中,不能执行那些只能在0级执行的特权指令。为此,在实施服务器虚拟化时,必须要对相关CPU特权指令的执行进行虚拟化处理,Guest OS将有一定权限执行特权指令。

但是,Guest OS中的某些特权指令,如中断处理和内存管理等指令如果不运行在0级别将会具有不同的语义,产生不同的效果,或者根本不产生作用。问题的关键在于这些在虚拟机里执行敏感指令不能直接作用于真实硬件之上，而需要通过虚拟机监视器接管和模拟。这使得实现虚拟化 x86 体系结构比较困难。

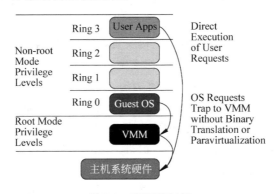

图 7-9　CPU 特权级

为了解决 x86 体系结构下的 CPU 虚拟化问题，业界提出了全虚拟化（Full-Virtualization）和半虚拟化（Para-Virtualization）两种不同通过软件实现虚拟化方法。业界还提出了在硬件层添加支持功能来处理这些敏感的高级别指令，实现基于硬件虚拟化（Hardware Assisted Virtualization）解决方案。

全虚拟化通常采用二进制代码动态翻译技术（Dynamic Binary Translation）来解决 Guest OS 特权指令问题。二进制代码动态翻译，在 Guest OS 的运行过程中，当它需要执行在第 0 级才能执行的特权指令时，陷入运行在第 0 级的虚拟机中。虚拟机捕捉到这一指令后，将相应指令的执行过程用本地物理 CPU 指令集中的指令进行模拟，并将执行结果返回 Guest OS，从而实现 Guest OS 在较高一级环境下对特权指令的执行。全虚拟化将在 Guest OS 内核态执行的敏感指令转换成可以通过虚拟机运行的具有相同效果的指令，对于非敏感指令则可以直接在物理处理器上运行，Guest OS 就像是运行在真实的物理环境中。全虚拟化的优点在于代码的转换工作是动态完成的，无须修改 Guest OS，可以支持多种操作系统。然而，动态转换需要一定的性能开销。Microsoft PC、Microsoft Virtual Server、VMware WorkStation 和 VMware ESX Server 的早期版本都用全虚拟化技术。

半虚拟化通过修改 Guest OS 将所有敏感指令替换成底层虚拟化平台的超级调用（Hypercall）来解决虚拟机执行特权指令的问题。虚拟化平台也为敏感指令提供了调用接口。半虚拟化中，经过修改的 Guest OS 知道处在虚拟化环境中，从而主动配合虚拟机，在需要的时候对虚拟化平台进行调用来完成敏感指令的执行。在半虚拟化中，Guest OS 和虚拟化平台必须兼容，否则无法有效地操作宿主物理机。Citrix 的 Xen、VMvare 的 ESX Server 和 Microsoft 的 Hyper-V 的最新版本都采用了半虚拟化。

全虚拟化和半虚拟化都是纯软件的 CPU 虚拟化，不要求对 x86 架构下的 CPU 做任何改变。但是，不论是全虚拟化的二进制翻译技术，还是半虚拟化的超级调用技术，都会增加系统的复杂性和开销。并且在半虚拟化中要充分考虑 Guest OS 和虚拟化平台的兼容性。

因而，基于硬件虚拟化应运而生。该技术在 CPU 中加入了新的指令集和相关的运行模式来完成与 CPU 虚拟化相关的功能。目前，Intel 公司和 AMD 公司分别推出了硬件辅助虚拟化技术 Intel VT 和 AMD-V，并逐步集成到最新推出的微处理器产品中。Intel VT 支持硬件辅助虚拟化，增加了名为虚拟机扩展（Virtual Machine Extensions，VMx）的指令集,包括十几条的新增指令来支持与虚拟化相关的操作。此外,Intel VT 为处理器定义了两种运行模式:根模式(Root)和非根模式(Non-Root)。虚拟化平台运行在根模式,Guest OS 运行在非根模式。由于硬件辅助虚拟化支持 Guest OS 直接在 CPU 上运行,无须进行二进制翻译或超级调用,因此减少了相关的性能开销,简化了设计。目前,主流的虚拟化软件厂商也在通过和 CPU 厂商的合作来提高产品效率和兼容性。

现在,主流的虚拟化产品都已经转型到基于硬件辅助的 CPU 虚拟化。例如,KVM 在一开始就要求 CPU 必须支持虚拟化技术。此外,VMware、Xen、Hyper-V 等都已经支持基于硬件辅助的 CPU 虚拟化技术了。

7.5.3 内存虚拟化

内存虚拟化技术把物理机的真实物理内存统一管理,包装成多个虚拟的物理内存,分别供若干个虚拟机使用,每个虚拟机拥有各自独立的内存空间,如图 7-10 所示。

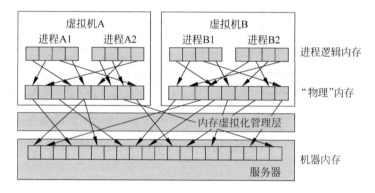

图 7-10 内存虚拟化

为实现内存虚拟化,内存系统中共有三种地址。

- 机器地址(Machine Address,MA)。真实硬件的机器地址,在地址总线上可以见到的地址信号。
- 虚拟机物理地址(Guest Physical Address,GPA)。经过 VMM 抽象后虚拟机看到的伪物理地址。
- 虚拟地址(Virtual Address,VA)。Guest OS 为其应用程序提供的线性地址空间。

虚拟地址到虚拟机物理地址的映射关系记作 g,由 Guest OS 负责维护。对于 Guest OS 而言,它并不知道自己所看到的物理地址其实是虚拟的物理地址。虚拟机物理地址到机器地址的映射关系记作 f,由虚拟机管理器的内存模块进行维护。

普通的内存管理单元(Memory Management Unit,MMU)只能完成一次虚拟地址到物理地址的映射,但获得的物理地址只是虚拟机物理地址,而不是机器地址,所以还要通过 VMM 来获得总线上可以使用的机器地址。但是,如果每次内存访问操作都需要 VMM 的参与,效率将变得极低。为了实现虚拟地址到机器地址的高效转换,目前普遍采用的方法是由 VMM 根据映射 f 和 g 生成复合映射 f.g,直接写入 MMU。具体的实现方法有两种,如图 7-11 所示。

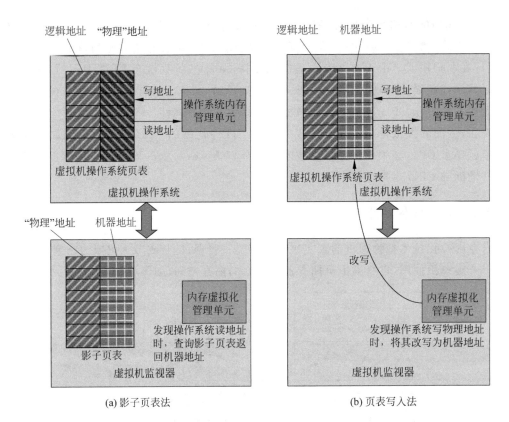

图 7-11　内存虚拟化的两种方法

1. 页表写入法

Xen 主要应用该技术，其主要原理是：当 Guest OS 创建新页表时，VMM 从维护的空闲内存中分配页面并进行注册，以后 Guest OS 对该页表的写操作都会陷入 VMM 中进行验证和转换；VMM 检查页表中的每一项，确保它们只映射属于该虚拟机的机器页面，而且不包含对页表页面的可写映射；然后 VMM 会根据其维护的映射关系将页表项中的物理地址替换为相应的机器地址；最后再把修改过的页表载入 MMU，MMU 就可以根据修改过的页表直接完成从虚拟地址到机器地址的转换了。这种方式的本质是将映射关系 f. g 直接写入 Guest OS 的页表中，替换原来的映射 g。

2. 影子页表

影子页表与 MMU 半虚拟化的不同之处在于 VMM 为 Guest OS 的每一个页表维护一个影子页表，并将 f. g 映射写入影子页表中，Guest OS 的页表内容保持不变。最后，VMM 将影子页表写入 MMU。

影子页表的维护在时间和空间上开销较大。时间开销主要是由于 Guest OS 构造页表时不会主动通知 VMM，VMM 必须等到 Guest OS 发生缺页时才通过分析缺页原因为其补全影子页表。而空间的开销主要体现在 VMM 需要支持多台虚拟机同时运行，每台虚拟机的 Guest OS 通常会为其上运行的每一个进程创建一套页表系统，因此影子页表的空间开销会随着进程数量的增多而迅速增大。

为了权衡时间开销和空间开销,现在一般采用影子页表缓存(Shadow Page Table Cache)技术,即 VMM 在内存中维护部分最近使用过的影子页表,只有当缓存中找不到影子页表时才构建一个新的影子页表。当前主要的全虚拟化技术都采用了影子页表缓存技术。

7.5.4 I/O 虚拟化

I/O 虚拟化就是通过截获 Guest OS 对 I/O 设备的访问请求,用软件模拟真实的硬件,复用有限的外设资源。I/O 虚拟化与 CPU 虚拟化是紧密相关的。例如,当 CPU 支持硬件辅助虚拟化技术时,往往在 I/O 方面也会采用 Direct I/O 等技术,使 CPU 能直接访问外设,以提高 I/O 性能。当前 I/O 虚拟化的典型方法如下:

1. 全虚拟化

VMM 对网卡、磁盘等关键设备进行模拟,以组成一组统一的虚拟 I/O 设备。Guest OS 对虚拟设备的 I/O 操作都会陷入 VMM 中,由 VMM 对 I/O 指令进行解析并映射到实际物理设备,直接控制硬件完成操作。这种方法可以获得较高的性能,而且对 Guest OS 是完全透明的。但 VMM 的设计复杂,难以应对设备的快速更新。

2. 半虚拟化

半虚拟化又叫做前端/后端模拟。这种方法在 Guest OS 中需要为虚拟 I/O 设备安装特殊的驱动程序,即前端(Front-end Driver)。VMM 中提供了简化的驱动程序,即后端(Back-end Driver)。前端驱动将来自其他模块的请求通过 VMM 定义的系统调用与后端驱动通信,后端驱动后会检查请求的有效性,并将其映射到实际物理设备,最后由设备驱动程序来控制硬件完成操作,硬件设备完成操作后再将通知发回前端。这种方法简化了 VMM 的设计,但需要在 Guest OS 中安装驱动程序甚至修改代码。基于半虚拟化的 I/O 虚拟化技术往往与基于操作系统的辅助 CPU 虚拟化技术相伴随,它们都是通过修改 Guest OS 来实现的。

3. 软件模拟

软件模拟即用软件模拟的方法来虚拟 I/O 设备,指 Guest OS 的 I/O 操作被 VMM 捕获并转交给 Host OS 的用户态进程,通过系统调用来模拟设备的行为。这种方法没有额外的硬件开销,可以重用现有驱动程序。但是完成一次操作需要涉及多个寄存器的操作,使 VMM 要截获每个寄存器访问并进行相应的模拟,导致多次上下文切换。而且由于要进行模拟,因此性能较低。一般来说,如果在 I/O 方面采用基于软件模拟的虚拟化技术,其 CPU 虚拟化技术也应采用基于模拟执行的 CPU 虚拟化技术。

4. 直接划分

直接划分是指将物理 I/O 设备分配给指定的虚拟机,让 Guest OS 可以在不经过 VMM 或特权域介入的情况下直接访问 I/O 设备。目前与此相关的技术有 Intel 的 VT_d、AMD 的 IOMMU 及 PCI-SIG 的 IOV。这种方法重用已有驱动,直接访问也减少了虚拟化开销,但需要购买较多的额外硬件。该技术与基于硬件辅助的 CPU 虚拟化技术相对应。VMM 支持基于硬件辅助的 CPU 虚拟化技术,往往会尽量采用直接划分的方式来处理 I/O。

7.6　网络虚拟化

网络虚拟化是通过软件统一管理和控制多个硬件或软件网络资源及相关的网络功能，为网络应用提供透明的网络环境。该网络环境称为虚拟网络，形成该虚拟网络的过程称为网络虚拟化。

不同应用环境下，虚拟网络架构多种多样。不同的虚拟网络架构需要相应的技术作为支撑。当前，传统网络虚拟化技术已经非常成熟，如 VPN、VLAN 等。而随着云计算的发展，很多新的问题不断涌现，对网络虚拟化提出了更大的挑战。服务器虚拟机的优势在于其更加灵活、可配置性更好，可以满足用户更加动态的需求。因此，网络虚拟化技术也紧随趋势，满足用户更加灵活、更加动态的网络结构的需求和网络服务要求，同时还必须保证网络的安全性。

具体地说，由于一个虚拟机上可能存在多个系统，系统之间通信就需要通过网络，但和普通的物理系统间通过实体网络设备互联不同，各个系统的网络接口也是虚拟的，因此不能直接通过实体网络设备互联。同时外部网络又要适应虚拟机变化进行安全动态通信，拥有合理授权、保证数据不被窃听、不被伪造成为对网络虚拟化技术提出的新需求。

因此，在云计算环境下，网络虚拟化技术需要解决如下问题：

(1) 如何构建物理机内部的虚拟网络？

(2) 外部网络如何动态调整以适应虚拟机不灵活变化的要求？

(3) 如何确保虚拟网络环境的安全性？如何对物理机内、外部的虚拟网络进行统一管理？

7.6.1　传统网络虚拟化技术

传统的网络虚拟化技术主要是指 VPN 和 VLAN 这两种典型的传统网络虚拟化技术，对于改善网络性能，提高网络安全性、灵活性起到良好效果。

1. VPN

虚拟私有网络(Virtual Private Network, VPN)是指在公用网络上建立专用网络的技术。整个 VPN 网络的任意两个节点之间的连接并没有传统专网所需的端到端的物理链路，而是架构在公用网络服务商所提供的网络平台上。VPN 实质上就是利用加密技术在公网上封装出一个数据通信隧道。有了 VPN 技术，用户无论是在外地出差还是在家中办公，只要能上因特网就能利用 VPN 非常方便地访问内网资源。VPN 作为传统的网络虚拟化技术，对于提高网络安全性、提高网络应用效率起到良好作用。

2. VLAN

虚拟局域网(Virtual Local Area Network, VLAN)是一种将局域网设备从逻辑上划分成一个个网段，从而实现虚拟工作组的数据交换技术。应用 VLAN 技术，管理员根据实际应用需求把同一物理局域网内的不同用户逻辑地划分成不同的广播域，每一个 VLAN 都包含一组有着相同需求的计算机工作站，与物理上形成的 LAN 有着相同的属性。由于它是从逻辑上划分，而不是从物理上划分，因此同一个 VLAN 内的各个工作站没有限制在同一个物理范围中,即这些工作站可以在不同物理 LAN 网段。由 VLAN 的特点可知,一个 VLAN 内部的广播和单播流量都不会转发到其他 VLAN 中,从而有助于控制流量、减少设备投资、简化网络管理、提高网络的安全性。

7.6.2 主机网络虚拟化

云计算的网络虚拟化归根结底是为了主机之间安全灵活地进行网络通信,因而主机网络虚拟化是云计算的网络虚拟化的重要组成部分。主机网络虚拟化通常与传统网络虚拟化相结合,主要包括虚拟网卡、虚拟网桥、虚拟端口聚合器。

1. 虚拟网卡

虚拟网卡就是通过软件手段模拟出来在虚拟机上看到的网卡。虚拟机上运行的操作系统通过虚拟网卡与外界通信。当一个数据包从 Guest OS 发出时,Guest OS 会调用该虚拟网卡的中断处理程序,而这个中断处理程序是模拟器模拟出来的程序逻辑。当虚拟网卡收到一个数据包时,它会将这个包从虚拟机所在物理网卡接收进来,就好像从物理机自己接收一样。

2. 虚拟网桥

由于一个虚拟机上可能存在多个 Guest OS,各个系统的网络接口也是虚拟的,相互通信和普通的物理系统间通过实体网络设备互联不同,因此不能直接通过实体网络设备互联。这样,虚拟机上的网络接口可以不需要经过实体网络,直接在虚拟机内部虚拟网桥 VEB (Virtual Ethernet Bridges)进行互联。

虚拟网桥(VEB)上有虚拟端口(VLAN Bridge Ports),虚拟网卡对应的接口就是和网桥上的虚拟端口连接,这个连接称为 VSI(Virtual Station Interface,虚拟终端接口)。VEB 实际上就是实现常规的以太网网桥功能,如图 7-12 所示。一般来说,VEB 用于在虚拟网卡之间进行本地转发,即负责不同虚拟网卡间报文的转发。注意,VEB 不需要通过探听 (Snooping)网络流量来获知 MAC 地址,因为它通过诸如访问虚拟机的配置文件等手段来获知虚拟机的 MAC 地址。

此外,VEB 也负责虚拟网卡和外部交换机之间的报文传输,但不负责外部交换机本身的报文传输。如图 7-13 所示,1 表示虚拟网卡和邻接交换机通信,2 表示虚拟网卡之间通信,3 表示 VEB 不支持交换机本身的互相通信。

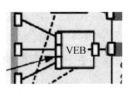

图 7-12 VEB

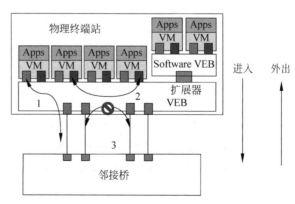

图 7-13 VEB 转发视图

3. 虚拟端口聚合器

虚拟以太网端口聚合器(Virtual Ethernet Port Aggregator,VEPA)将虚拟机上以太口聚合起来,作为一个通道和外部实体交换机进行通信,以减少虚拟机上网络功能负担。

VEPA 指的是将虚拟机上若干个 VSI 口汇聚起来,交换机发向各个 VSI 的报文首先到达 VEPA,再由 VEPA 负责朝某个 VSI 转发。另外一方面,VSI 所生成的报文不通过 VEB 进行转发,而是全部汇聚在一起通过物理链路发送到交换机,由交换机完成转发,交换机将报文送回虚拟机或将报文转发到外网。这样既可以利用交换机实现更多的功能(如安全策略、流量监控统计),又可以减轻虚

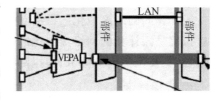

图 7-14　VEPA 部分

拟机上的转发负担。如图 7-14 所示,VEPA 负责汇聚三个 VSI 的流量,再转发到邻接桥上。

根据原来的转发规则,一个端口收到报文后,无论是单播还是广播,该报文不能再从接收端口发出。由于交换机和虚拟机只通过一个物理链路连接,要将虚拟机发送来的报文转发回去,就要对网桥转发模型进行修订。为此,802.1Qbg 中在交换机桥端口上增加了一种Reflective Relay 模式。当端口上支持该模式,并且该模式打开时,接收端口也可以成为潜在的发送端口。

如图 7-15 所示,VEPA 只支持虚拟网卡和邻接交换机之间的报文传输,不支持虚拟网卡之间的报文传输,也不支持邻接交换机本身的报文传输。对于需要获取流量监控、防火墙或其他连接桥上的服务的虚拟机可以考虑连接到 VEPA 上。

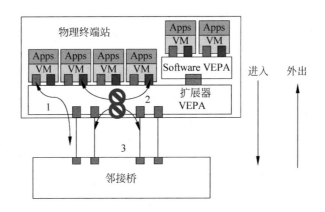

图 7-15　VEPA 转发图示

由于 VEPA 将转发工作都推卸到了邻接桥上,因此 VEPA 就不需要像 VEB 那样支持地址学习功能来负责转发。实际上,VEPA 的地址表是通过注册方式来实现的,即 VSI 主动到 hypervisor 注册自己的 MAC 地址和 VLAN id,然后 hypervisor 更新 VEPA 的地址表,如图 7-16 所示。

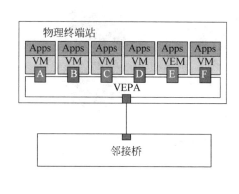

Destination MAC	VLAN	Copy To (ABCDEF)
A	1	100000
B	2	010000
C	1	001000
D	2	000100
E	1	000010
F	2	000001
Broadcast	1	101010
Broadcast	2	010101
Multicast C	1	101010
Unknown Multicast	1	100010
Unknown Multicast	2	010101
Unknown Unicast	1	000000
Unknown Unicast	2	000000

图 7-16　VEPA 地址表

7.6.3　网络设备虚拟化

随着因特网的快速发展,云计算兴起,需要的数据越来越庞大,用户的带宽需求不断提高。在这样的背景下,不仅服务器需要虚拟化,网络设备也需要虚拟化。目前国内外很多网络设备厂商如锐捷、思科都生产出相应产品,应用于网络设备虚拟化,取得了良好的效果。

网络设备的虚拟化通常分成两种形式,一种是纵向分割,另一种是横向整合。将多种应用加载在同一个物理网络上,势必需要对这些业务进行隔离,使它们相互不干扰,这种隔离称为纵向分割。VLAN 就是用于实现纵向隔离技术的。但是,最新的虚拟化技术还可以对安全设备进行虚拟化。例如,可以将一个防火墙虚拟成多个防火墙,使防火墙用户认为自己独占该防火墙。下面从虚拟交换单元、交换机虚拟化、虚拟机迁移等方面探讨网络设备虚拟化。

1. 虚拟交换单元

虚拟交换单元(Virtual Switch Unit,VSU)技术将两台核心层交换机虚拟化为一台,VSU 和汇聚层交换机通过聚合链路连接,将多台物理设备虚拟为一台逻辑上统一的设备,使其能够实现统一的运行,从而达到减小网络规模、提升网络高可靠性的目的,如图 7-17 所示。

VSU 的组网模式还具有以下优势。首先,简化了网络拓扑。VSU 在网络中相当于一台交换机,通过聚合链路和外围设备连接,不存在二层环路,没必要配置 MSTP 协议,各种控制协议是作为一台交换机运行的,例如单播路由协议。VSU 作为一台交换机,减少了设备间大量协议报文的交互,缩短了路由收敛时间。其次,这种组网模式的故障恢复时间缩短到了毫秒级。VSU 和外围设备通过聚合链路连接,如果其中一条成员链路出现故障,切换到另一条成员链路的时间是 50～200ms。而且，VSU 和外围设备通过聚合链路连接，既提供了冗余链路，又可以实现负载均衡，充分利用所有带宽。

图 7-17　VSU 虚拟化技术

2. 虚拟交换机

虚拟交换机（vSwitch）作为最早出现的一种网络虚拟化技术，已经在 Linux Bridge、VMWare vSwitch 等软件产品中实现。所谓 vSwitch 就是基于软件的虚拟交换，不涉及外部交换机。该技术最大的优点就是流量完全在服务器上进行传递，能够享受到最大的带宽和最小的延迟。

如图 7-18 所示，VEB 和 VEPA 被看成了网络虚拟化的两个方向。VEB 朝的是低延迟，流量在服务器内平行流动，因此称为东西流策略；VEPA 朝的是多功能方向，流量需要在服务器和交换机之间传递，因此称为南北流策略。

由于仅靠软件来实现虚拟网桥会影响到服务器的硬件性能，因此出现了单一源 I/O 虚拟化（SR-IOV）技术，也就是将 vSwitch 技术在网卡 NIC 上实现，如图 7-19 所示。

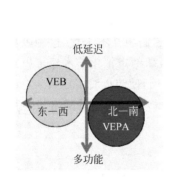

图 7-18　VEB VS VEPA

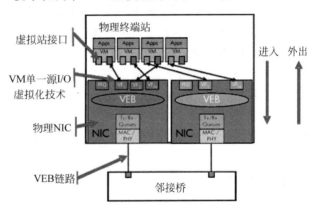

图 7-19　SR-IOV

VEB 直接嵌入在物理 NIC 中，负责虚拟 NIC 之间的报文转发，也负责将虚拟 NIC 发送的报文通过 VEB 上的链口发到邻接桥上。对比于虚拟机上通过软件实现交换，由硬件 NIC 实现交换可以提高 I/O 性能，减轻了由于软件模拟交换机而给服务器 CPU 带来的负担。而且由于是通过 NIC 硬件来实现报文传输，因此提高了虚拟机和外部网络的交互性能，如图 7-20 所示。

3. 虚拟机迁移

在大规模计算资源集中的云计算数据中心，以 x86 架构为基准的不同服务器资源通过

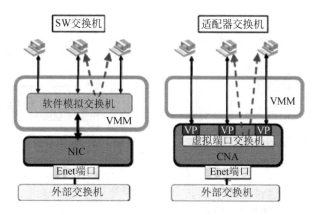

图 7-20 软件实现虚拟交换 VS 网卡实现硬件交换

虚拟化技术将整个数据中心的计算资源统一抽象出来,形成可以按一定粒度分配的计算资源池,如图 7-21 所示。虚拟化后的资源池屏蔽了各种物理服务器的差异,形成了统一的、云内部标准化的逻辑 CPU、逻辑内存、逻辑存储空间、逻辑网络接口,任何用户使用的虚拟化资源在调度、供应、度量上都具有一致性。

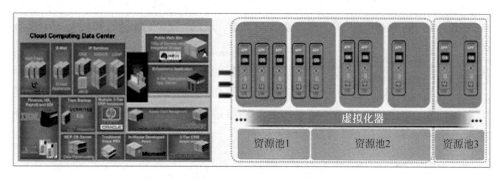

图 7-21 虚拟化资源

虚拟化技术不仅消除了大规模异构服务器的差异化,其形成的计算池可以具有超级的计算能力,如图 7-21 所示,一个云计算中心物理服务器达到数万台是一个很正常的规模。一台物理服务器上运行的虚拟机数量是动态变化的,当前一般是 4~20 个,某些高密度的虚拟机可以达到 100∶1 的虚拟比(即一台物理服务器上运行 100 个虚拟机),在 CPU 性能不断增强(主频提升、多核多路)、当前各种硬件虚拟化(CPU 指令级虚拟化、内存虚拟化、桥片虚拟化、网卡虚拟化)的辅助下,物理服务器上运行的虚拟机数量会迅猛增加。一个大型 IDC 中运行数十万个虚拟机是可预见的,当前的云服务 IDC 在业务规划时已经在考虑这些因素。

虚拟化的云中,计算资源能够按需扩展、灵活调度部署,这由虚拟机的迁移功能实现。虚拟化环境的计算资源必须在二层网络范围内实现透明化迁移,如图 7-22 所示。

透明环境不仅限于数据中心内部,对于多个数据中心共同提供的云计算服务,要求云计算的网络对数据中心内部、数据中心之间均实现透明化交换,这种服务能力可以使客户分布在云中的资源逻辑上相对集中(如在相同的一个或数个 VLAN 内),而不必关心具体物理位置。对云服务供应商而言,透明化网络可以在更大的范围内优化计算资源的供应,提升云计

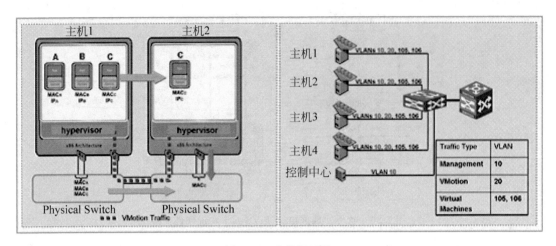

图 7-22   虚拟机迁移

算服务的运行效率,有效节省资源和成本。

虚拟化技术是云计算的关键技术之一,将一台物理服务器虚拟化成多台逻辑虚拟机(VM),不仅可以大大提升云计算环境 IT 计算资源的利用效率、节省能耗,同时虚拟化技术提供的动态迁移、资源调度使得云计算服务的负载可以得到高效管理、扩展,云计算的服务更具有弹性和灵活性。

服务器虚拟化的一个关键特性是虚拟机动态迁移,迁移需要在二层网络内实现。数据中心的发展正在经历从整合、虚拟化到自动化的演变,基于云计算的数据中心是未来更远的目标。如何简化二层网络,甚至是跨地域二层网络的部署,解决生成树无法大规模部署的问题是服务器虚拟化对云计算网络层面带来的挑战,如图 7-23 所示。

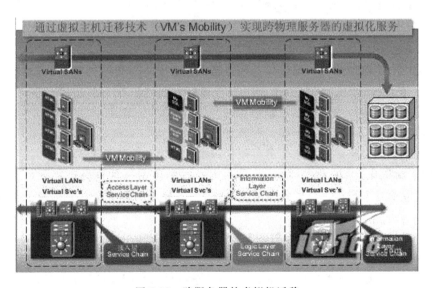

图 7-23   跨服务器的虚拟机迁移

7.7 存储虚拟化

　　虚拟存储技术将底层存储设备进行抽象化统一管理,向服务器层屏蔽存储设备硬件的特殊性,而只保留其统一的逻辑特性,从而实现了存储系统集中、统一而又方便的管理。对比一个计算机系统来说,整个存储系统中的虚拟存储部分就像计算机系统中的操作系统,对下层管理着各种特殊而具体的设备,而对上层则提供相对统一的运行环境和资源使用方式。

7.7.1 存储虚拟化概述

　　SNIA(Storage Networking Industry Association,存储网络工业协会)对存储虚拟化是这样定义的:通过将一个或多个目标(Target)服务或功能与其他附加的功能集成,统一提供有用的全面功能服务。当前存储虚拟化建立在共享存储模型基础之上,如图 7-24 所示,主要包括三个部分,分别是用户应用、存储域和相关的服务子系统。其中,存储域是核心,在上层主机的用户应用与部署在底层的存储资源之间建立了普遍的联系,其中包含多个层次;服务子系统是存储域的辅助子系统,包含一系列与存储相关的功能,如管理、安全、备份、可用性维护及容量规划等。

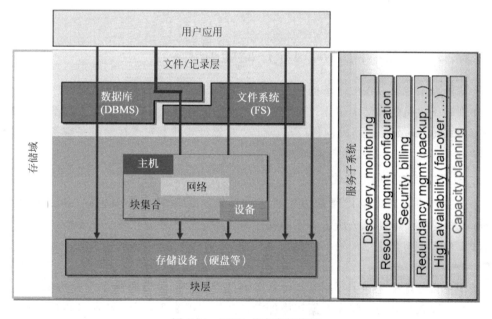

图 7-24　SNIA 共享存储模型

　　存储虚拟化可以按实现不同层次划分为基于存储设备的虚拟化、基于网络的虚拟化和基于主机的虚拟化,如图 7-25 所示。从实现的方式划分,存储虚拟化可以分为带内虚拟化和带外虚拟化,如图 7-26 所示。

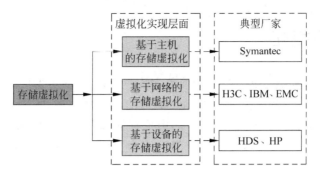

图 7-25   按层次划分虚拟化

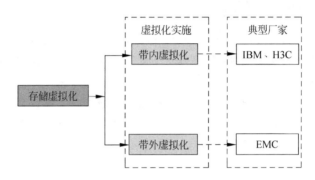

图 7-26   按实现方式划分虚拟化

7.7.2   按照不同层次划分存储虚拟化

存储的虚拟化可以在三个不同的层面上实现,包括:基于专用卷管理软件在主机服务器上实现基于主机的存储虚拟化;利用专用的虚拟化引擎在存储网络上实现基于网络的存储虚拟化;利用阵列控制器的固件(Firmware)在磁盘阵列上实现存储设备虚拟化。具体使用哪种方法来做,应根据实际需求来决定。

1. 基于主机的存储虚拟化

基于主机的存储虚拟化通常由主机操作系统下的逻辑卷管理软件(Logical Volume Manager)来实现,如图 7-27 所示。不同操作系统的逻辑卷管理软件也不相同。它们在主机系统和 UNIX 服务器上已经有多年的广泛应用,目前在 Windows 操作系统上也提供类似的卷管理器。

基于主机的虚拟化的主要用途是使服务器的存储空间可以跨越多个异构的磁盘阵列,常用于在不同磁盘阵列之间做数据镜像保护。如果仅仅需要单个主机服务器(或单个集群)访问多个磁盘阵列,就可以使用基于主机的存储虚拟化技术。此时虚拟化的工作通过特定的软件在主机服务器上完成,而经过虚拟化的存储空间可以跨越多个异构的磁盘阵列。

优点:支持异构的存储系统,不占用磁盘控制器资源。

缺点:

(1)占用主机资源,降低应用性能。

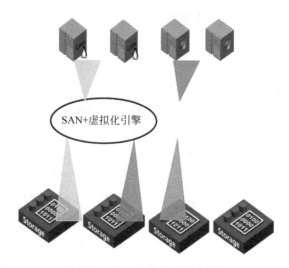

图 7-27 基于主机的存储虚拟化

（2）存在操作系统和应用的兼容性问题。

（3）主机数量越多，实施/管理成本越高。

2. 基于网络的存储虚拟化

基于存储网络的虚拟化通过在存储域网（SAN）中添加虚拟化引擎实现，实现异构存储系统整合和统一数据管理（灾备），如图 7-28 所示。也就是多个主机服务器需要访问多个异构存储设备，从而实现多个用户使用相同的资源，或者多个资源对多个进程提供服务。基于存储网络的虚拟化可以优化资源利用率，是构造公共存储服务设施的前提条件。

当前基于存储网络的虚拟化已经成为存储虚拟化的发展方向，这种虚拟化工作需要使用相应的专用虚拟化引擎来实现。目前市场上的 SAN Appliances 专用存储服务器，或是建立在某种专用的平台上，或是在标准的 Windows、UNIX 和 Linux 服务器上配合相应的虚拟化软件而构成。在这种模式下，因为所有的数据访问操作都与 SAN Appliances 相关，所以必须消除它的单点故障。在实际应用中，SAN Appliance 通常都是冗余配置的。

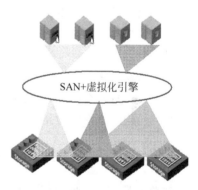

图 7-28 基于网络的存储虚拟化

优点：

（1）与主机无关，不占用主机资源。

（2）能够支持异构主机、异构存储设备。

（3）使不同存储设备的数据管理功能统一。

（4）构建统一管理平台，可扩展性好。

缺点：

（1）占用交换机资源。

（2）面临带内、带外的选择。

（3）存储阵列的兼容性需要严格验证。

（4）原有盘阵的高级存储功能将不能使用。

3. 基于设备的存储虚拟化

基于设备的存储虚拟化用于异构存储系统整合和统一数据管理（灾备），通过在存储控制器上添加虚拟化功能实现，应用于中高端存储设备，如图 7-29 所示。具体地说，当有多个主机服务器需要访问同一个磁盘阵列时，可以采用基于阵列控制器的虚拟化技术。此时虚拟化的工作是在阵列控制器上完成，将一个阵列上的存储容量划分为多个存储空间（LUN），供不同的主机系统访问。

智能的阵列控制器提供数据块级别的整合，同时还提供一些附加的功能，如 LUN Masking、缓存、即时快照、数据复制等。配合使用不同的存储系统，这种基于存储设备的虚拟化模式可以实现性能的优化。

图 7-29　基于设备的存储虚拟化

优点：

（1）与主机无关，不占用主机资源。

（2）数据管理功能丰富。

（3）技术成熟度高。

缺点：

（1）消耗存储控制器的资源。

（2）接口数量有限，虚拟化能力较弱。

（3）异构厂家盘阵的高级存储功能将不能使用。

7.7.3　按照实现方式不同划分存储虚拟化

按照实现方式不同存储虚拟化有两种方式，分别为带内存储虚拟化和带外存储虚拟化。带内虚拟化引擎位于主机和存储系统的数据通道中间（带内，In-Band）；带外虚拟化引擎是一个数据访问必须经过的设备，位于数据通道之外（带外，Out-of-Band），仅向主机服务器传送一些控制信息（Metadata）来完成物理设备和逻辑卷之间的地址映射。

1. 带内虚拟化

带内虚拟化引擎位于主机和存储系统的数据通道中间，控制信息和用户数据都会通过它，而它会将逻辑卷分配给主机，就像一个标准的存储子系统一样。因为所有的数据访问都会通过这个引擎，所以它可以实现很高的安全性，如图 7-30 所示。就像一个存储系统的防火墙，只有它允许的访问才能够通行，否则就会被拒绝。

带内虚拟化的优点是可以整合多种技术的存储设备，安全性高。此外，该技术不需要在主机上安装特别的虚拟化驱动程序，比带外的方式易于实施。其缺点是当数据访问量异常

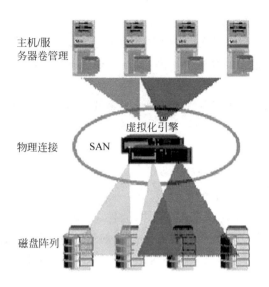

图 7-30 带内虚拟化引擎

大时,专用的存储服务器会成为瓶颈。

目前市场上使用该技术的产品主要有 IBM 的 TotalStorage SVC,HP 的 VA、EVA 系列,HDS 的 TagmaStore,NetApp 的 V-Series 及 H3C 的 IV5000。

2. 带外虚拟化

带外虚拟化引擎是一个数据访问必须经过的设备,通常利用 Caching 技术来优化性能,如图 7-31 所示。带外虚拟化引擎物理上不位于主机和存储系统的数据通道中间,而是通过其他的网络连接方式与主机系统通信。于是,在每个主机服务器上都需要安装客户端软件,或者特殊的主机适配卡驱动,这些客户端软件接收从虚拟化引擎传来的逻辑卷结构和属性信息,以及逻辑卷和物理块之间的映射信息,在 SAN 上实现地址寻址。存储的配置和控制信息由虚拟化引擎负责提供。

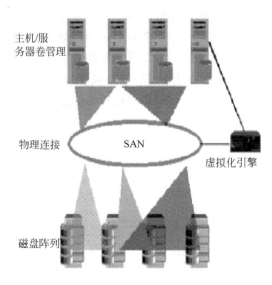

图 7-31 带外虚拟化引擎

该方式的优点是能够提供很好的访问性能,并无须对现存的网络架构进行改变。其缺点是数据的安全性难以控制。此外,这种方式的实施难度大于带内模式,因为每个主机都必须有一个客户端程序。也许就是这个原因,目前大多数的 SAN Appliances 都是采用带内的方式。

目前市场上使用该技术的产品主要有 EMC 的 InVista 和 StoreAge 的 SVM。

7.8 本章小结

本章介绍了构成云计算主要的关键技术——虚拟化技术。虚拟化技术是一种调配计算资源的方法,它将应用系统的不同层面(硬件、软件、数据、网络存储等)隔离起来,从而打破服务器、存储、网络数据和应用的物理设备之间的划分,实现架构动态化,并达到集中管理和动态使用物理资源及虚拟资源,以提高系统结构的弹性和灵活性,降低成本、改进服务、减少管理风险等目标。

虚拟化技术从实现的层次可以分为基础设施化、系统虚拟化、软件虚拟化;从应用的领域可以分为服务器虚拟化、存储虚拟化、应用虚拟化、平台虚拟化、桌面虚拟化。

基础设施化包括将相关硬件(CPU、内存、硬盘、声卡、显卡、光驱)虚拟化、网络虚拟化、存储虚拟化和文件虚拟化。

系统虚拟化实现了操作系统和物理计算机的分离,使得在一台物理计算机上可以同时安装和运行一个或多个虚拟操作系统,用户不能感觉出显著差异。

软件虚拟化主要包括应用虚拟化和高级语言虚拟化。

应用虚拟化把应用对底层系统和硬件的依赖抽象出来,从而解除应用与操作系统和硬件的耦合关系。应用程序运行在本地应用虚拟化环境中时,这个环境为应用程序屏蔽了底层可能与其他应用产生冲突的内容。

桌面虚拟化将用户的桌面环境与其使用的终端设备解耦,服务器上存放的是每个用户的完整桌面环境,用户可以使用不同的终端设备通过网络访问该桌面环境。

服务器虚拟化将一个物理服务器虚拟成若干个服务器使用。

网络虚拟化是让一个物理网络能够支持多个逻辑网络,虚拟化保留了网络设计中原有的层次结构、数据通道和所能提供的服务,使得最终用户的体验和独享物理网络一样,同时网络虚拟化技术还可以高效地利用网络资源,如空间、能源、设备容量等。

存储虚拟化将整个云计算系统的存储资源进行统一整合管理,为用户提供一个统一的存储空间。

第 8 章

Docker容器

8.1 Docker 容器概述

Docker 是一个开源的应用容器引擎,完全使用沙箱机制,相互之间不会有任何接口(类似 iPhone 的 app)。几乎没有性能开销,可以很容易地在机器和数据中心运行。最重要的是,它的运行不依赖于任何语言、框架包括系统。

8.1.1 Docker 容器的由来

DotCloud 是一个开源的基于 LXC 的高级容器引擎,源代码托管在 Github 上,基于 go 语言并遵从 Apache2.0 协议开源。Docker 自 2013 年以来非常火热,无论是从 Github 上的代码活跃度,还是 Redhat 在 RHEL6.5 中集成对 Docker 的支持,就连 Google 的 Compute Engine 也支持 Docker 在其之上运行。

某款开源软件能否在商业上成功,很大程度上依赖三件事:成功的 User case,活跃的社区和一个好故事。DotCloud 在自家的 PaaS 产品上建立在 Docker 之上,长期维护且有大量用户,社区十分活跃,接下来看看 Docker 的故事。

(1) 环境管理复杂。从各种 OS 到各种中间件到各种 app,一款产品能够成功,作为开发者需要关心的东西太多,且难以管理,这个问题几乎在所有现代 IT 相关行业都需要面对。对此,Docker 可以简化部署多种应用实例工作,例如 Web 应用、后台应用、数据库应用、大数据应用,比如 Hadoop 集群、消息队列等都可以打包成一个 Image 部署,如图 8-1 所示。

(2) 云计算时代的到来。AWS 的成功引导开发者将应用转移到 Cloud 上,解决了硬件管理的问题,然而中间件相关的问题依然存在,Docker 的出现正好能帮助软件开发者开阔

图 8-1　容器环境

思路,尝试新的软件管理方法来解决这个问题。

(3) 虚拟化手段的变化。Cloud 时代采用标配硬件来降低成本,采用虚拟化手段来满足用户按需使用的需求及保证可用性和隔离性。然而无论是 kvm 还是 Xen,在 Docker 看来都是在浪费资源,因为用户需要的是高效的运行环境而非 OS,Guest OS 既浪费资源又难于管理,更加轻量级的 LXC 更加灵活和快速。

(4) LXC 的移植性。LXC 在 Linux2.6 的 Kernel 里就已经存在了,但是其设计之初并非为云计算考虑的,缺少标准化的描述手段和容器的可迁移性,决定其构建出的环境难以迁移和标准化管理(相对于 kvm 之类的 image 和 snapshot),Docker 就在这个问题上做出了实质性的革新,如图 8-2 所示。

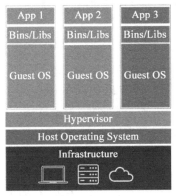

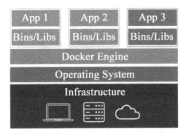

Virtual Machines

Containers

图 8-2　虚拟机和容器

面对上面的问题,Docker 的设想是交付运行环境如同海运,OS 如同一个货轮,每一个在 OS 基础上的软件都如同一个集装箱,用户可以通过标准化手段自由组装运行环境,同时集装箱的内容可以由用户自定义,也可以由专业人员制造。这样,交付一个软件就是一系列标准化组件的集合的交付,如同乐高积木,用户只需要选择合适的积木组合,并且在最顶端署上自己的名字(最后标准化组件是用户的 app),这也就是基于 Docker 的 PaaS 产品的原型。

8.1.2　Docker 定义

Docker 是一个开源的应用容器引擎,让开发者可以打包他们的应用及依赖包到一个可移植的容器中,然后发布到任何流行的 Linux 机器上。Docker 是一个重新定义了程序开发测试、交付和部署过程的开放平台。Docker 可以称为构建一次,到处运行,这就是 Docker 提出的"Build once,Run anywhere"。

为了更好地认识 Docker,先来了解几个必备词汇:镜像,容器和仓库。

1. 镜像

镜像是具有层次结构的文件系统以及包含如何运行容器的元数据,Dockerfile 中的每条命令都会在文件系统中创建一个新的层次结构,文件系统在这些层次上构建起来,镜像就构建于这些联合的文件系统之上。

Docker 镜像就是一个只读的模板,镜像可以用来创建 Docker 容器。Docker 提供了一个很简单的机制来创建镜像或者更新现有的镜像,用户甚至可以直接从其他人那里下载一个已经做好的镜像来直接使用。

2. 容器

容器是从镜像创建的运行实例,它可以被启动、开始、停止、删除。每个容器都是相互隔离的、保证安全的平台。可以把容器看做是一个简易版的 Linux 环境,Docker 利用容器来运行应用。

3. 仓库

仓库是集中存放镜像文件的场所,仓库注册服务器(Registry)上往往存放着多个仓库,每个仓库中又包含了多个镜像,每个镜像有不同的标签(Tag)。目前,最大的公开仓库是 Docker Hub,存放了数量庞大的镜像供用户下载。

Docker 仓库用来保存我们的 images,当创建了自己的 image 之后就可以使用 push 命令将它上传到公有或者私有仓库,这样下次要在另外一台机器上使用这个 image 时,只需要从仓库上 pull 下来就可以了,如图 8-3 所示。

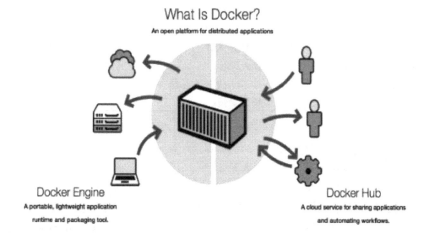

图 8-3　Docker 的创建与应用

8.1.3 Docker 的优势

作为一种新兴的虚拟化方式,Docker 跟传统的虚拟化方式相比具有众多的优势。首先,Docker 容器的启动可以在秒级实现,这相比传统的虚拟机方式要快得多。其次,Docker 对系统资源的利用率很高,一台主机上可以同时运行数千个 Docker 容器。容器除了运行其中应用外,基本不消耗额外的系统资源,使得应用的性能很高,同时系统的开销尽量小。传统虚拟机方式运行 10 个不同的应用就要启动 10 个虚拟机,而 Docker 只需要启动 10 个隔离的应用即可。

具体来说,Docker 在如下几个方面具有较大的优势:

(1) 更快速的交付和部署。

对开发和运维人员来说,最希望的就是一次创建或配置,可以在任意地方正常运行。开发者可以使用一个标准的镜像来构建一套开发容器,开发完成之后,运维人员可以直接使用这个容器来部署代码。Docker 可以快速创建容器,快速迭代应用程序,并让整个过程全程可见,使团队中的其他成员更容易理解应用程序是如何创建和工作的。Docker 容器很轻很快,容器的启动时间是秒级的,大量地节约了开发、测试、部署的时间。

(2) 更高效的虚拟化。

Docker 容器的运行不需要额外的 hypervisor 支持,它是内核级的虚拟化,因此可以实现更高的性能和效率。

(3) 更轻松的迁移和扩展。

Docker 容器几乎可以在任意的平台上运行,包括物理机、虚拟机、公有云、私有云、个人计算机、服务器等。这种兼容性可以让用户把一个应用程序从一个平台直接迁移到另外一个。

(4) 更简单的管理。

使用 Docker,只需要小小的修改就可以替代以往大量的更新工作。所有的修改都以增量的方式被分发和更新,从而实现自动化并且高效的管理。

Docker 与虚拟机比较如表 8-1 所示。

表 8-1　Docker 与虚拟机比较

特性	容器	虚拟机
启动速度	秒级	分钟级
硬盘使用	一般为 MB	一般为 GB
性能	接近原生	弱于
系统支持量	单击支持上千容器	一般几十个
隔离性	安全隔离	完全隔离

8.2　Docker 的原理

Docker 核心解决的问题是利用 LXC 来实现类似 VM 的功能,从而利用更加节省的硬件资源提供给用户更多的计算资源。同 VM 的方式不同,LXC 其实并不是一套硬件虚拟化方法(无法归属到全虚拟化、部分虚拟化和半虚拟化中的任意一个),而是一个操作系统级虚拟化方法,理解起来可能并不像 VM 那样直观。所以从虚拟化到 Docker 要解决的问题出发,看看它是怎么满足用户虚拟化需求的。

用户需要考虑虚拟化方法,尤其是硬件虚拟化方法,需要借助其解决的主要是以下 4 个问题:

1. 隔离性

每个用户实例之间相互隔离,互不影响。硬件虚拟化方法给出的方法是 VM,LXC 给出的方法是 container,更细一点是 kernel namespace。

2. 可配额/可度量

每个用户实例可以按需提供其计算资源,所使用的资源可以被计量。硬件虚拟化方法因为虚拟了 CPU,memory 可以方便实现,LXC 则主要是利用 cgroups 来控制资源。

3. 移动性

用户的实例可以很方便地复制、移动和重建。硬件虚拟化方法提供 snapshot 和 image 来实现,Docker(主要)利用 AUFS 实现。

4. 安全性

这里强调的是从 host 主机的角度要尽量保护 container。硬件虚拟化的方法因为虚拟化的水平比较高,用户进程都是在 KVM 等虚拟机容器中翻译运行的。然而对于 LXC,用户的进程是 lxc-start 进程的子进程,只是在 Kernel 的 namespace 中隔离的,因此需要一些 kernel 的 patch 来保证用户的运行环境不会受到来自 host 主机的恶意入侵,dotcloud(主要是)利用 kernel grsec patch 解决。

8.2.1 Linux Namespace(ns)

LXC 所实现的隔离性主要是来自 kernel 的 namespace,其中 pid、net、ipc、mnt、uts 等 namespace 将 container 的进程、网络、消息、文件系统和 hostname 隔离开。

1. pid namespace

之前提到用户的进程是 lxc-start 进程的子进程,不同用户的进程就是通过 pid namespace 隔离开的,且不同 namespace 中可以有相同 PID。容器进程具有以下特征:

(1) 每个 namespace 中的 pid 有自己的 pid=1 的进程(类似/sbin/init 进程)。

(2) 每个 namespace 中的进程只能影响自己的同一个 namespace 或子 namespace 中的进程。

(3) 因为/proc 目录包含正在运行的进程,所以在 container 中的 pseudo-filesystem 的/proc 目录只能看到自己 namespace 中的进程。

(4) 因为 namespace 允许嵌套,父 namespace 可以影响子 namespace 的进程,所以子 namespace 的进程可以在父 namespace 中看到,但是具有不同的 pid。

正是因为以上的特征,所有的 LXC 进程在 Docker 中的父进程为 docker 进程,每个 lxc 进程具有不同的 namespace。同时由于允许嵌套,因此可以很方便地实现 LXC in LXC。

2. net namespace

有了 pid namespace,每个 namespace 中的 pid 能够相互隔离,但是网络端口还是共享

host 的端口。网络隔离是通过 net namespace 实现的,每个 net namespace 有独立的 network devices、IP addresses、IP routing tables、/proc/net 目录。这样,每个 container 的网络就能隔离开来。

LXC 在此基础上有 5 种网络类型,Docker 默认采用 veth 的方式将 container 中的虚拟网卡同 host 上的一个 docker bridge 连接在一起。

3. ipc namespace

container 中的进程交互还是采用 Linux 常见的进程间交互方法(Interprocess Communication,IPC),包括常见的信号量、消息队列和共享内存。然而同 VM 不同,container 的进程间交互实际上还是 host 上具有相同 pid namespace 中的进程间交互,因此需要在 IPC 资源申请时加入 namespace 信息(每个 IPC 资源有一个唯一的 32 位 ID)。

4. mnt namespace

类似 chroot,将一个进程放到一个特定的目录执行。mnt namespace 允许不同 namespace 的进程看到的文件结构不同,这样每个 namespace 中的进程所看到的文件目录就被隔离开了。同 chroot 不同,每个 namespace 中的 container 在/proc/mounts 的信息只包含所在 namespace 的 mount point。

5. uts namespace

UTS(UNIX Time-sharing System)namespace 允许每个 container 拥有独立的 hostname 和 domain name,使其在网络上可以被视作一个独立的节点而非 Host 上的一个进程。

6. user namespace

每个 container 可以有不同的 user 和 group id,也就是说可以以 container 内部的用户在 container 内部执行程序而非 Host 上的用户。

有了以上 6 种 namespace 从进程、网络、IPC、文件系统、UTS 和用户角度的隔离,container 就可以对外展现出一个独立计算机的能力,并且不同 container 从 OS 层面实现了隔离。

8.2.2 Control Groups(cgroups)

cgroups 实现了对资源的配额和度量。cgroups 的使用非常简单,提供类似文件的接口,在/cgroup 目录下新建一个文件夹即可新建一个 group,在此文件夹中新建 task 文件,并将 pid 写入该文件即可实现对该进程的资源控制。具体的资源配置选项可以在该文件夹中新建子 subsystem,{子系统前缀}.{资源项}是典型的配置方法,如 memory.usage_in_bytes 就定义了该 group 在 subsystem memory 中的一个内存限制选项。

另外,cgroups 中的 subsystem 可以随意组合,一个 subsystem 可以在不同的 group 中,也可以一个 group 包含多个 subsystem,也就是说一个 subsystem。

cgroups 可以限制 subsystem 中的资源:

- cpu:在 cgroup 中,并不能像硬件虚拟化方案一样能够定义 CPU 能力,但是能够定义 CPU 轮转的优先级,因此具有较高 CPU 优先级的进程会更可能得到 CPU 运算。

通过将参数写入 cpu.shares,即可定义该 cgroup 的 CPU 优先级。这里是一个相对权重,而非绝对值。当然,在 cpu 这个 subsystem 中还有其他可配置项,手册中有详细说明。

- cpusets:cpusets 定义了有几个 CPU 可以被这个 group 使用,或者哪几个 CPU 可以供这个 group 使用。在某些场景下,单 CPU 绑定可以防止多核间缓存切换,从而提高效率。
- memory:内存相关的限制。
- blkio:block IO 相关的统计和限制,byte/operation 统计和限制(IOPS 等),读写速度限制等。但是这里主要统计的都是同步 IOnet_cls、cpuacct、devices、freezer 等其他可管理项。

8.2.3　Linux 容器(LXC)

借助于 namespace 的隔离机制和 cgroup 限额功能,LXC 提供了一套统一的 API 和工具来建立和管理 container。LXC 利用了如下 kernel 的 features:

```
Kernel namespaces (ipc, uts, mount, pid, network and user)
Apparmor and SELinux profiles
Seccomp policies
Chroots (using pivot_root)
Kernel capabilities
Control groups (cgroups)
```

LXC 向用户屏蔽了以上 kernel 接口的细节,提供了如下的组件大大简化了用户的开发和使用工作:

```
The liblxc library
Several language bindings (python3, lua and Go)
A set of standard tools to control the containers
Container templates
```

LXC 旨在提供一个共享 kernel 的 OS 级虚拟化方法,在执行时不用重复加载 Kernel,且 container 的 kernel 与 host 共享,因此可以大大加快 container 的启动过程,并显著减少内存消耗。在实际测试中,基于 LXC 的虚拟化方法的 IO 和 CPU 性能几乎接近 baremetal 的性能,大多数数据相比 Xen 具有优势。当然,对于 KVM 这种也是通过 Kernel 进行隔离的方式,性能优势或许不是那么明显,主要还是内存消耗和启动时间上的差异。在参考文献 [5]中提到了利用 iozone 进行 Disk IO 吞吐量测试 KVM 反而比 LXC 要快,而且笔者在 device mapping driver 下重现同样 case 的实验中也确实能得出如此结论。参考文献从网络虚拟化中虚拟路由的场景(网络 IO 和 CPU 角度)比较了 KVM 和 LXC,得到的结论是 KVM 在性能和隔离性的平衡上比 LXC 更优秀。KVM 在吞吐量上略差于 LXC,但 CPU 的隔离可管理项比 LXC 更明确。

关于 CPU、Disk IO、network IO 和 memory 在 KVM 和 LXC 中的比较还是需要更多的实验才能得出可信服的结论。

8.2.4　AUFS

Docker 对容器的使用基本上是建立在 LXC 基础之上的,然而 LXC 存在的问题是难以移动,难以通过标准化的模板制作、重建、复制和移动 container。在以 VM 为基础的虚拟化手段中,有 image 和 snapshot 可以用于 VM 的复制、重建及移动的功能。想要通过 container 来实现快速的大规模部署和更新,这些功能不可或缺。Docker 正是利用 AUFS 来实现对 container 的快速更新,在 docker0.7 中引入了 storage driver,支持 AUFS、VFS、device mapper,也为 BTTRFS 及引入 ZFS 提供了可能。但是除了 AUFS,其他都未经过 DotCloud 的线上使用,因此还是从 AUFS 角度学习。

AUFS(AnotherUnionFS)是一种 Union FS,简单来说就是支持将不同目录挂载到同一个虚拟文件系统下(unite several directories into a single virtual filesystem)的文件系统。更进一步,AUFS 支持为每一个成员目录(AKA branch)设定 readonly、readwrite 和 writeout-able 权限,同时 AUFS 里有一个类似分层的概念,对 readonly 权限的 branch 可以逻辑上进行修改(增量的,不影响 readonly 部分)。通常 Union FS 有两个用途:一是可以实现不借助 LVM,RAID 将多个 disk 挂到一个目录下;二是将一个 readonly 的 branch 和一个 writeable 的 branch 联合一起,live CD 正是基于此可以允许在 OS image 不变的基础上让用户进行一些写操作。Docker 在 AUFS 上构建的 container image 也正是如此,接下来以启动 container 中的 Linux 为例介绍 Docker 在 AUFS 特性的运用。

典型的 Linux 启动运行需要两个 FS:bootfs+rootfs(从功能角度而非文件系统角度),如图 8-4 所示。

Bootfs(boot file system)主要包含 bootloader 和 kernel,bootloader 主要功能是引导加载内核 kernel,当 boot 成功后 kernel 被加载到内存中,bootfs 就被 umonut 了。Rootfs(root file system)包含的就是典型 Linux 系统中/dev、/proc、/bin、/etc 等标准目录和文件。

由此可见,对于不同的 Linux 发行版,bootfs 基本是一致的,rootfs 会有差别,因此不同的发行版可以共用 bootfs,如图 8-5 所示。

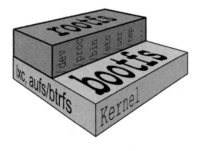

图 8-4　镜像的层次

图 8-5　共用底层镜像

典型的 Linux 在启动后,首先将 rootfs 设置为 readonly,进行一系列的检查,然后将其切换为 readwrite 供用户使用。在 Docker 中,起初也是将 rootfs 以 readonly 方式加载并检查,接下来利用 union mount 将一个 readwrite 文件系统挂载在 readonly 的 rootfs 之上,并且允许再次将下层的 file system 设定为 readonly,并且向上叠加,这样一组 readonly 和一个 writeable 的结构构成一个 container 的运行目录,每一个被称作一个 layer,如图 8-6 所示。

得益于 AUFS 的特性,每一个对 readonly 层文件/目录的修改都只会存在于上层的 writeable 中。这样,由于不存在竞争,多个 container 可以共享 readonly 的 layer,因此 docker 将 readonly 的层称作 image。对于 container 而言,整个 rootfs 都是 readwrite 的,但事实上所有的修改都写入最上层的 writeable 层中，image 不保存用户状态，可以用于模板、重建和复制，如图 8-7 所示。

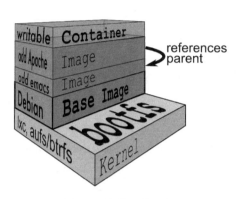

图 8-6　镜像层的叠加　　　　　　　　图 8-7　容器共享 readonly 的 layer

　　上层的 image 依赖下层的 image，因此 Docker 中把下层的 image 称作父 image，没有 image 的 image 称作 base image，如图 8-8 所示。

　　因此，想要从一个 image 启动 container，docker 会先加载其父 image 直到 base image。用户的进程运行在 writeable 的 layer 中，所有 parent image 中的数据信息及 ID、网络和 LXC 管理的资源限制等具体 container 的配置构成一个 Docker 概念上的 container，如图 8-9 所示。

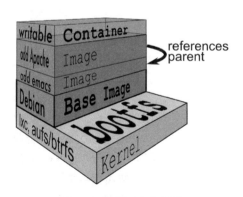

图 8-8　镜像层次的依赖　　　　　　　图 8-9　镜像层次关系

由此可见，采用 AUFS 作为 container 的文件系统，能够提供如下好处：

（1）节省存储空间。多个 container 可以共享 base image 存储。

（2）快速部署。部署多个 container，base image 可避免多次拷贝。

（3）内存更省。多个 container 共享 base image，以及 OS 的 disk 缓存机制，多个

container 中的进程命中缓存内容的几率大大增加。

（4）升级方便。相比于 copy-on-write 类型的 FS，base-image 也是可以挂为 writeable 的，可以通过更新 base image 而一次性更新其上的 container。

（5）允许在不更改 base-image 的同时修改其目录中的文件。所有写操作都发生在最上层的 writeable 层中，这样可以大大增加 base image 能共享的文件内容。

以上的（1）～（3）条可以通过 copy-on-write 的 FS 实现，（4）可以利用其他的 union mount 方式实现，（5）只有 AUFS 实现的很好。这也是 Docker 开始就建立在 AUFS 之上的原因。

由于 AUFS 并不会进入 Linux 主干，同时对内核 kernel 要求比较高，因此在 Radhat 工程师的帮助下，在 Docker 0.7 版本实现了 driver 机制。AUFS 只是其中的一个 driver，在 RHEL 中采用的则是 Device Mapper 的方式实现的 container 文件系统。

8.2.5　Grsec

Grsec 是 Linux kernel 安全相关的 patch，用于保护 host 防止非法入侵。由于其并不是 Docker 的一部分，因此只进行简单的介绍。

Grsec 主要从以下 4 个方面保护进程不被非法入侵：

（1）随机地址空间。进程的堆区地址是随机的。

（2）用只读的 memory management unit 来管理进程流程，堆区和栈区内存只包含数据结构/函数/返回地址和数据，是 non-executeable。

（3）审计和 Log 可疑活动。

（4）编译期的防护。

安全永远是相对的，这些方法只是告诉我们可以从这些角度考虑 container 类型的安全问题可以关注的方面。

8.3　Docker 技术发展与应用

8.3.1　Docker 解决的问题

云计算、大数据、移动技术的快速发展，加之企业业务需求的不断变化，导致企业架构要随时更改以适合业务需求，跟上技术更新的步伐。毫无疑问，这些重担都将压在企业开发人员身上。团队之间如何高效协调，快速交付产品，快速部署应用，以及满足企业业务需求是开发人员急需解决的问题。Docker 技术恰好可以帮助开发人员解决这些问题。

为了解决开发人员和运维人员之间的协作关系，加快应用交付速度，越来越多的企业引入了 DevOps 这一概念。但是，传统的开发过程中，开发、测试、运维是三个独立运作的团队，团队之间沟通不畅，开发运维之间冲突时有发生，导致协作效率低下，产品交付延迟，影响了企业的业务运行。Docker 技术将应用以集装箱的方式打包交付，使应用在不同的团队中共享，通过镜像的方式应用可以部署于任何环境中。这样避免了各团队之间协作问题的出现，成为企业实现 DevOps 目标的重要工具。以容器方式交付的 Docker 技术支持不断地开发迭代,大大提升了产品开发和交付速度。

此外,与通过 Hypervisor 把底层设备虚拟化的虚拟机不同,Docker 直接移植于 Linux 内核之上,通过运行 Linux 进程将底层设备虚拟隔离,这样系统性能的损耗也要比虚拟机低得多,几乎可以忽略。同时,Docker 应用容器的启停非常高效,可以支持大规模的分布系统的水平扩展,真正给企业开发带来福音。

8.3.2 Docker 的未来发展

任何一项新技术的出现都需要一个发展过程,比如云计算被企业所接受用了将近 5 年左右的时间,OpenStack 技术也经历了两三年才受到人们的认可。因此,虽然 Docker 技术发展很快,但技术还不够成熟,对存储的灵活支持、网络的开销和兼容性方面还存在限制,这是 Docker 没有被企业大范围使用的一个主要原因。另外一个原因是企业文化是否与 DevOps 运动一致,只有企业支持 DevOps 才能更大地发挥 Docker 的价值。最后一个原因就是安全性问题。Docker 对于 Linux 这一层的安全隔离还有待改进,才能进一步得到企业的认可。惠普刘艳凯认为,这也是 Docker 需要在下一步中改进的一方面。

8.3.3 Docker 技术的局限

(1) 网络限制。容器网络(Docker Network)让用户可以方便地在同一主机下对容器进行网络连接。加上一些其他的工作,就可以跨主机使用叠加网络功能。然而,也就到此为止了。网络配置操作是受限的,而且到目前为止可以说这些手段都是人工的。容器脚本化可以规模配置网络,给网络定义必须增加预分配实例,每次提供容器网络时还需要额外步骤,这容易引起错误。

(2) 库控制受限。库已经成为任何容器会话的中心议题。公共库是最有价值的,因为它贡献了大量的预置容器,节省了许多的配置时间。然而,在沙盒里使用它是有风险的。在不知道谁及如何创建镜像的情况下,可能会存在任意数量的有意或无意的稳定性和安全性风险。对于企业来说,有必要建立和维护一个私有库,这个库的建立挑战不大,但管理是一个问题。

(3) 没有清晰的审计跟踪。提供容器是很简单的,但知道提供容器的时间、原因、方式以及提供方却不容易。因此,在提供容器之后,难以掌握出于审计目的的记录。

(4) 运行实例的低可见性。如果没有经过深思熟虑的行动,实例提供后很难接触到运行容器的对象,也很难知道哪些应该出现在那里,哪些不应该出现在那里。

8.4 本章小结

本章介绍了 Docker 容器相关的概念、优势、由来和实现原理。阐述了 Docker 是一个开源的应用容器引擎,完全使用沙箱机制,相互之间不会有任何接口。

第 9 章

Web 2.0

Web 2.0 是相对 Web 1.0 的新一类因特网应用的统称。Web 1.0 的主要特点在于用户通过浏览器获取信息。Web 2.0 则更注重用户的交互作用,用户既是网站内容的浏览者,也是网站内容的制造者。因特网上的每一个用户不再仅仅是因特网的读者,同时也成为因特网的作者;不再仅仅是在因特网上冲浪,同时也成为波浪的制造者;在模式上由单纯的"读"向"写"及"共同建设"发展;由被动地接收因特网信息向主动创造因特网信息发展。当前,Web 2.0 成为构成云计算的关键技术。

9.1 Web 2.0 产生背景和定义

9.1.1 Web 2.0 产生背景

因特网迅猛发展,正在经历着重大变革,Web 2.0 在这样的时代背景之下诞生。

1. 因特网质的变化引发升级换代

因特网用户量不断增多,成员扩充到一定阶段必然引发质的变化。因特网正在经历重大的变革,正在升级换代,不仅仅单纯是技术上的,而且包括因特网社会体制的变化,笼统地将其称为 Web 2.0(因特网 2.0)。社会体系的变化是深层次的变化,将引起生产关系和生产力的变化,从而激发出更高的效率和巨大的财富。

2. 因特网用户强劲的个性独立和社会化需求

因特网用户需求和行为一直是因特网产业所关注的重心。个性独立和社会化是今天因特网用户日益深化的需求,也是未来不可阻挡的趋势。并且个性独立是社会化的前提。Web 2.0 的本质是社会化的因特网,是要重构过去少数人主导的集中控制式的体系而更多关注个体以及在个体基础上形成的社群,并在充分激发释放个体能量的基础上带动整个体系的增长。

1) 个性独立起因

个性独立是独立的人的基本需求,会延伸到整个网络社会中,而个性独立今天爆发出来的原因在于:技术和理念的发展使得因特网用户自我呈现表达的门槛降低;因特网用户需求在深化,在很多基本需求被满足以后,有了社会交往和个性表达的深入需求;越来越多的人在网上表达出自己。

2) 社会化起因

随着因特网用户的增多,相互就会形成各种隐性的(看不见的)、显性的(看得见的)千丝万缕的联系。今天和未来是一个开放的社会,一个趋于真实社会的社会,今天的社会学理论(例如六度分隔理论及社会资本、社会性网络)同样也在因特网社会中得到实践和验证,并推动网络社会的和谐,而今天的因特网社会和商业体制也在社会化的浪潮中开始升级换代。

3. 因特网创新应用和创新思考的积累

公众因特网的商业发展经历了若干年,留给今天从业者的思考就是:为什么有些因特网公司取得了非凡的成功,而有些因特网公司却消失了或正在苦苦挣扎? 这些成功的因特网公司成功的决定性因素是什么? 还有一些新涌现的现象,例如博客(Blog)在蓬勃的发展,一些新的创新应用的轻量型公司在给用户带来非凡的体验。而这些似乎都有一些共同之处。

这都是要思考的问题,到 2004 年这些创新的思考的片段汇聚在了一起,逐渐在讨论中形成了系统的理论和思想体系,并不断被认识、思考、完善和应用,这个系统的理论和思想体系就是 Web 2.0。

9.1.2　Web 2.0 的概念

Web 2.0 是什么? 很多人在说,又好像所有的人都无法说清。可以肯定的是,Web 2.0 不是一种单纯的技术变革,不是一种简单的诸如 C2C、IM 这样可以描述出来的相对独立的服务或应用。Web 2.0 目前没有一个统一的定义,它只是一个符号,表明的是正在变化中的因特网,这些变化相辅相成,彼此联系在一起才促使因特网出现今天的模样,才让社会性、用户、参与和创作浮到表面成为因特网文化的中坚力量并表征了未来。

因特网协会对 Web 2.0 的定义是:Web 2.0 是因特网的一次理念和思想体系的升级换代,由原来自上而下的由少数资源控制者集中控制主导的因特网体系转变为自下而上的由广大用户集体智慧和力量主导的因特网体系。Web 2.0 内在的动力来源是将因特网的主导权交还个人,从而充分发掘了个人的积极性参与到体系中来,个人贡献的影响及智慧及个人联系形成社群的影响替代了原来少数人控制和制造所产生的影响,从而极大地解放了个人的创作和贡献的潜能,使得因特网的创造力上升到了新的量级。

9.1.3　Web 2.0 和 Web 1.0 比较

Web 1.0 泛指 Web 2.0 概念产生之前,即 2003 年之前因特网应用的统称,两者对比如表 9-1 所示。

表 9-1　Web 1.0 和 Web 2.0 对比

项　　目	Web 1.0	Web 2.0
时间/年	1993—2003	2003—？
表现形式	通过浏览器浏览大量网页	网页,加上很多通过 Web 分享的其他"内容",更加互动,更像一个应用程序而非"网页"
模式	读	"写"和贡献
主要内容单元	网页	帖子/记录(微内容)
形态	静态	动态(聚合)
浏览方式	浏览器	浏览器、RSS 阅读器、其他
体系结构	客户服务器	Web 服务
内容创建者	网页编写者	任何人
主导者	geeks 极客	大量业余人士
旗手	Netscape,Yahoo,Google	Google

在 Web 1.0 中经常谈到的是门户、内容、商业模式、封闭、大而全,它以网站为中心,是一对一的(网站对用户)。Web 2.0 相对于 Web 1.0 谈论的是个性化、应用、服务、开放、聚合,以个人为中心,是社会性网络(用户对用户)。Web 1.0 的典型的公司是 Netscape,而Web 2.0 的典型的公司是 Google。

Netscape 以传统的软件摹本来勾勒其所谓的"因特网作为平台",其旗舰产品是因特网浏览器,一个桌面应用程序。同时,他们的战略是利用其在浏览器市场的统治地位来为昂贵的服务器产品建立起市场。最终,浏览器和网络服务器都变成了"日用品",同时价值链条也向上移动到了在因特网平台上传递的服务。

Google 以天生的网络应用程序的角色问世,它从不出售或者打包程序,而是以服务的方式来传递。没有了定期的软件发布,只需要持续的改善。没有了许可证或销售,只需要使用。没有了平台迁移,只需要搭建宏大的、由众多个人计算机组成的、可伸缩的网络。其上运行开源操作系统,以及其自行研制的应用程序和工具,而公司之外的任何人则永远无法接触到这些东西。

关于 Web 1.0 是为人创造 Internet 而 Web 2.0 是为计算机更好地创造 Internet 的解释:World Wide Web(WWW)是英国人 Tim-Berners-Lee 于 1989 年在欧洲共同体的一个大型科研机构任职时发明的。通过 Web,因特网上的资源可以在一个网页里比较直观地表示出来,而且资源之间在网页上可以链来链去。在 Web 1.0 上做出巨大贡献的公司有Netscape、Yahoo 和 Google。Netscape 研发出第一个大规模商用的浏览器;Yahoo 的杨致远提出了因特网黄页,将因特网进行了分类;而 Google 后来者居上,推出了大受欢迎的搜索服务。

搜索最大的贡献是把因特网上海量的信息用机器初步进行分类检索。但是,光知道网页里有哪些关键字,只解决了人浏览网页的需求。所以,Tim-Berners-Lee 在提出 WWW 不久即开始推崇语义网(Semantic Web)的概念。为什么呢?因为因特网上的内容机器不能理解。他的理想是网页制作时和架构数据库时,大家都用一种语义的方式将网页里的内容表述成机器可以理解的格式。这样,整个因特网就成了一个结构严谨的知识库。从理想的角度看,这是很诱人的,因为科学家和机器都喜欢有次序的东西。Berners-Lee 关心的是因特网上的数据能否被其他因特网应用所重复引用。举一个例子说明标准数据库的魅力。有个产品叫 LiberyLink,装了它后到 Amazon 上去浏览时会自动告诉你某一本书在用户当地的图书馆能否找到,书号是多少等。因为一本书有统一的书号和书名,两个不同的因特网服务(Amazon 和当地图书馆数据库检索)可以共享数据,给用户提供全新服务。

但是,语义网提出之后,曲高和寡,响应的人不多。为什么? 因为指望要网页的制作者提供这么多额外的信息去让机器理解一个网页太难了,简直就是人给机器打工。这违反了人们能偷懒就偷懒的本性。看看 Google 的成功就知道了。Google 有一个 Page Rank 技术,将网页之间互相链接的关系用来做结果排序的一个依据,变相利用了网页制作人的判断力。想一想网页的制作者们,从数量来说,比纯浏览者的数量小得多。但 Google 就这一个革新,用上了网页制作者的一部分力量,已将其推上了因特网的顶峰。

所以因特网下一步是要让所有的人都忙起来,全民织网,然后用软件、机器的力量使这些信息更容易被需要的人找到和浏览。如果说 Web 1.0 是以数据为核心的因特网,那么 Web 2.0 可以说是以人为出发点的因特网。

9.1.4 Web 2.0 特征

1. 多人参与

Web 1.0 里,因特网内容是由少数编辑人员(或站长)定制的,比如各门户网站;而在 Web 2.0 里,每个人都是内容的供稿者。

2. 人是灵魂

在因特网的新时代,信息是由每个人贡献出来的,各个人共同组成因特网信息源。Web 2.0 的灵魂是人。

3. 可读可写因特网

在 Web 1.0 里,因特网是"阅读式因特网",而在 Web 2.0 里是"可写可读因特网"。虽然每个人都参与信息供稿,但在大范围里看,贡献大部分内容的是小部分的人。

4. Web 2.0 的元素

Web 2.0 包含了人们经常使用到的服务,例如博客、维基、P2P 下载、社区、分享服务等。博客是 Web 2.0 里十分重要的元素,因为它打破了门户网站的信息垄断,在未来博客的地位将更为重要。

5. 总结看法

Web 2.0 实际上是对 Web 1.0 的信息源进行扩展,使其多样化和个性化。

9.2 Web 2.0 应用产品

因特网现在已经全面进入 Web 2.0 时代,可以称为又一次的因特网黄金时代,微博、轻博客的诞生和迅猛发展体现出 Web 2.0 在网络中的强烈互动性。相当多的 Web 2.0 产品得到广泛应用。

百度百科、WiKi 百科、人人网、点点网、Wallop、Yahoo360、Openbc、Cyworld、43things、

Flickr、Cragslist、Glob、客齐集、Friendster、LinkedIn、UU 通、优友、天际网、爱米网、Linkist、新浪点点通、Skype、亿友、新浪名博、土豆网、猪八戒威客网等都是 Web 2.0 产品，下面介绍几种主要的产品。

9.2.1　Web 2.0 主要应用产品

1. Blog

Blog 是个人或群体以时间顺序所作的一种记录，且不断更新。Blog 之间的交流主要是通过反向引用（TrackBack）和留言/评论（Comment）的方式进行的。Blog 的作者（Blogger）既是这个 Blog 的创作人，也是其档案管理人。

TrackBack 是一种 Blog 应用工具，它可以让 Blogger 知道有哪些人看到自己的文章后撰写了与之有关的内容。这种功能实现了网站之间的互相通告，因此它也可以看作一种提醒功能。

在 Web 2.0 的世界中，Blog（中文翻译为"网志"、"博客"）绝对是一个"招牌菜"，它已获得了广泛的知名度，代表个人媒体的崛起。

"9·11"事件是 Blog 发展史上的里程碑阶段。人们发现，恐怖事件现场当事人建立的 Blog 才是最可能给出第一手和最真实信息的人。一个重要的博客类战争 Blog（WarBlog）因此繁荣起来。"对'9·11'事件最真实、最生动的描述不在《纽约时报》，而在那些幸存者的 Blog 中"一位 Blog 作者写道。

Blog 并不是一个充满技术含量的概念，为了便于理解，你甚至可以把它看作以时间为顺序更新的个人主页。Blog 的可贵之处在于，它让世人认识到写作并不是媒体的专利，新闻也不是记者的特权。再眼疾手快的记者也不如在现场的人更了解事实。目击者的 Blog 比新闻记者拥有更高的权威和更接近事实的判断。

在亚洲，韩国人 Oh Yeon Ho 创立的 Blog 网站已经成为韩国重要的媒体力量，通过发动全社会的力量，无论是韩国总统卢武铉遭弹劾事件，还是韩国人金善逸在伊拉克遭到绑架并被杀害事件，都走在了韩国各大媒体的前列。这个网站的一条新闻上竟然有 85 000 条评论，远超过其他媒体互动水平。

著名硅谷 IT 专栏作家丹·吉尔默总结说，Blog 本身代表着"新闻媒体 3.0"。1.0 是指传统媒体或者说旧媒体（Old Media，如晚报、CCTV）；2.0 就是人们通常所说的新媒体（New Media，如新浪、雅虎），也叫做跨媒体；3.0 就是以 Blog 为代表（We Media）的个人媒体，或者叫自媒体。

Blog 发展到现在，内容已并不仅局限于文字，图片、音频和视频都是可选项，而音频 Blog 就有一个自己的名字——Podcast（国内翻译为"播客"）。Blog 搭起从因特网阅读时代到写录时代的桥梁。

2. WiKi

WiKi 是 Web 2.0 体系下的又一个概念。WiKi 可以简单地解释为由网友自发维护的网络大百科全书，这个大百科全书由网友自发编辑并修改内容，每个人既可以是某个词条的读者，又可以是这个词条的编撰者，读者和编辑的界限在 WiKi 中被模糊了。首个 WiKi 网站的创建者 Ward Cunningham 说："我创建第一个 WiKi 的初衷就是要建立一种环境，我们能够交流彼此的经验。"

3. Tag

标签是一种更为灵活、有趣的日志分类方式,可以让你为自己所创造的内容(Blog 文字、图片、音频等)创建多个用作解释的关键字。比如一副雪景的图片就可以定义"雪花""冬天""北极""风景照片"这几个。雅虎刚刚收购的图片共享网站 Flickr 就对此提供支持。Tag 类似于传统媒体的"栏目",它的相对优势则在于创作者不会因媒体栏目的有限性而无法给作品归类,体现了群体的力量,使得日志之间的相关性和用户之间的交互性大大增强,其核心价值是社会化书签 SocialBookmark,用于分享多人的网络书签。

4. SNS

SNS(Social Network Service,社会性网络服务)依据六度分隔理论,以认识朋友的朋友为基础,扩展自己的人脉,便于在需要的时候可以随时获取,得到该人脉的帮助。SNS 网站就是依据六度分隔理论建立的网站,帮你运营朋友圈里的朋友。

Google 推出 1GB 免费信箱也是一个 SNS 应用,通过网友之间的互相邀请,Gmail 在很短的时间内就获得了巨大的用户群。

5. RSS

RSS 是一种用于共享新闻和其他 Web 内容的数据交换规范,起源于网景通信公司 Netscape 的推(Push)技术,将订户订阅的内容传送给他们的通信协同格式(Protocol)。主要版本有 0.91、1.0 和 2.0,广泛用于 Blog、WiKi 和网上新闻频道。借助 RSS,网民可以自由订阅指定 Blog 或是新闻等支持 RSS 的网站(绝大多数的 Blog 都支持 RSS),也就是说读者可以自定义自己喜欢的内容,而不是像 Web 1.0 那样由网络编辑选出读者阅读的内容。世界上多数知名新闻社网站都提供 RSS 订阅支持,它的核心价值在于颠覆了传统媒体中心的理念。雅虎首席运营官丹尼尔·罗森格告诉记者,"(对传统媒体的)颠覆倒不敢说,但 RSS 重新定义了信息分享的方法,颠覆了未来信息社会必须有一个核心的理念,虽然 RSS 眼下并不会为网络广告带来什么帮助,但是却能让所有人更好地分享信息。"

9.2.2 主要产品的区别

1. Blog 和 BBS 有何不同

Blog 是集原创文章、链接评价、链接、网友跟进于一体的,比起 BBS 那种口无遮拦、随心所欲、良莠不齐的情绪化发言,博客制作的日志更加审慎、仔细和周详,其单个文本的丰富性、讨论脉络的清晰度、论题的拓展空间都超过了 BBS 的网友发言帖子。

2. WiKi 和 BBS 有何不同

BBS 没有上下文的概念,讨论经常无法持久地进行。讨论组反复围绕着同一个话题,但是人们经常忘了以前说过什么,讨论的内容无法积累和沉淀。

3. WiKi 和 Blog 有何不同

WiKi 站点一般都有着一个严格的共同关注,WiKi 主题一般是明确的、坚定的。WiKi 站点的内容要求具有高度相关性。其确定的主旨,任何作者和参与者都应当严肃地遵从。WiKi 的协作是针对同一主题作外延式和内涵式的扩展,将同一个问题谈的很充分、很深入。

WiKi 非常适合于做一种 all about something 的站点。个性化在这里不是最重要的,信息的完整性和充分性及权威性才是真正的目标。由于 WiKi 的技术实现和含义的交织及复杂性,如果漫无主题地去发挥,最终连建立者自己都会很快迷失。

WiKi 使用最多也最合适的就是共同进行文档的写作或文章/书籍的写作。特别是技术相关的(尤以程序开发相关的)FAQ,更适合以 WiKi 来展现。

Blog 是一种无主题变奏,一般来说是少数人(大多数情况下是一个人)关注的蔓延。一般的 Blog 站点都会有一个主题,凡是这个主旨往往都是很松散的,而且一般不会去刻意地控制内容的相关性。

Blog 注重的是个人的思想(不管多么不成熟,多么的匪夷所思),个性化是 Blog 的最重要特色。Blog 注重交流,一般是小范围的交流,访问者通过 Blog 文章的评论进行交流。

Blog 也有"协作"的意思,但是协作一般是指多人维护,而维护者之间可能着力于完全不同的内容。这种协作对内容而言是比较松散的。任何人,任何主题的站点都可以 Blog 方式展示,都有它的生机和活力。

9.3 Web 2.0 相关技术

9.3.1 Web 2.0 的设计模式

Web 2.0 应用"模式语言(A Pattern Language)"描述了问题的核心解决方案,此方式可以在方案中重复使用很多次。

1. 长尾

小型网站构成了因特网内容的大部分;细分市场构成了因特网的大部分可能的应用程序。所以,利用客户的自服务和算法上的数据管理来延伸到整个因特网,到达边缘而不仅仅是中心,到达长尾而不仅仅是头部。

2. 数据是下一个 Intel Inside

应用程序越来越多地由数据驱动。因此,为获得竞争优势,应设法拥有一个独特的,难于再造的数据资源。

3. 用户增添价值

对因特网程序来说,竞争优势的关键在于用户多大程度上会在你提供的数据中添加他们自己的数据。因而,不要将"参与的体系"局限于软件开发,要让你的用户们隐式和显式地为程序增添价值。

4. 默认的网络效应

只有很小一部分用户会不嫌麻烦地为你的程序增添价值。因此,将默认设置适合用户使用,成为用户使用程序的副产品。

5. 一些权力保留

知识产权保护限制了重用也阻碍了实验。因而,在好处来自于集体智慧而不是私有约束的时候,应确认采用的门槛要低。遵循现存准则,并以尽可能少的限制来授权。设计程序使之具备可编程性和可混合性。

6. 永远的测试版

当设备和程序连接到因特网时,程序已经不是软件作品了,它们是正在展开的服务。因此,不要将各种新特性都打包到集大成的发布版本中,而应作为普通用户体验的一部分来经常添加这些特性。吸引你的用户来充当实时的测试者,并且记录这些服务以便了解人们是如何使用这些新特性的。

7. 合作,而非控制

Web 2.0 的程序是建立在合作性的数据服务网络之上的。因此,提供网络服务界面和内容聚合,并重用其他人的数据服务。支持允许松散结合系统的轻量型编程模型。

8. 软件超越单一设备

PC 不再是因特网应用程序的唯一访问设备,而且局限于单一设备的程序的价值小于那些相连接的程序。因此,从一开始就设计你的应用程序,使其集成跨越手持设备、PC 和因特网服务器的多种服务。

9.3.2 Web 标准

1. 什么是 Web 标准

Web 标准不是某一个标准,而是一系列标准的集合。网页主要由三部分组成:结构(Structure)、表现(Presentation)和行为(Behavior)。对应的标准也分为三个方面:结构化标准语言,主要包括 XHTML 和 XML;表现标准语言,主要包括 CSS;行为标准,主要包括对象模型(如 W3C DOM)、ECMAScript 等。这些标准大部分由 W3C 起草和发布,也有一些是其他标准组织制定的标准,比如 ECMA(European Computer Manufacturers Association)的 ECMAScript 标准。

2. 相应的标准

1) XML

目前推荐遵循的是 W3C 于 2000 年 10 月 6 日发布的 XML1.0(参考 www.w3.org/TR/2000/REC-XML-20001006)。和 HTML 一样,XML(The Extensible Markup Language,可扩展标识语言)同样来源于 SGML,但 XML 是一种能定义其他语言的语言。XML 最初设计的目的是弥补 HTML 的不足,以强大的扩展性满足网络信息发布的需要,后来逐渐用于网络数据的转换和描述。关于 XML 的好处和技术规范细节这里就不多说了,网上有很多资料,也有很多书籍可以参考。

2) XHTML

目前推荐遵循的是 W3C 于 2000 年 1 月 26 日发布的 XHTML1.0(参考 http://www.w3.org/TR/xhtml1)。XML 虽然数据转换能力强大,完全可以替代 HTML,但面对成千上万已有的站点,直接采用 XML 还为时过早。因此,在 HTML4.0 的基础上,用 XML 的规则对其进行扩展,得到了 XHTML(The Extensible HyperText Markup Language,可扩展超文本标识语言)。简单地说,建立 XHTML 的目的就是实现 HTML 向 XML 的过渡。

3）CSS

目前推荐遵循的是 W3C 于 1998 年 5 月 12 日发布的 CSS2（参考 http://www.w3.org/TR/CSS2/）。W3C 创建 CSS（Cascading Style Sheets，层叠样式表）标准的目的是以 CSS 取代 HTML 表格式布局、帧和其他的语言。纯 CSS 布局与结构式 XHTML 相结合能帮助设计师分离外观与结构，使站点的访问及维护更加容易。

4）DOM

根据 W3C DOM 规范（http://www.w3.org/DOM/），DOM（Document Object Model，文档对象模型）是一种与浏览器、平台、语言的接口，使得用户可以访问页面中其他的标准组件。简单理解，DOM 解决了 Netscaped 的 JavaScript 和 Microsoft 的 JScript 之间的冲突，给予 Web 设计师和开发者一个标准的方法，让他们来访问他们站点中的数据、脚本和表现层对象。

5）ECMAScript

ECMAScript 是 ECMA（European Computer Manufacturers Association）制定的标准脚本语言（JavaScript）。目前推荐遵循的是 ECMAScript 262（http://www.ecma.ch/ecma1/STAND/ECMA-262.HTM）。

3. Web 标准的目的

我们大部分人都有深刻体验，每当主流浏览器版本升级，我们刚建立的网站就可能变的过时，就需要升级或者重新建造一遍网站。例如 1996—1999 年典型的"浏览器大战"，为了兼容 Netscape 和 IE，网站不得不为这两种浏览器写不同的代码。同样的，每当新的网络技术和交互设备出现，也需要制作一个新版本来支持这种新技术或新设备，例如支持手机上网的 WAP 技术。类似的问题举不胜举：网站代码臃肿、繁杂，浪费了大量的带宽；针对某种浏览器的 DHTML 特效，屏蔽了部分潜在的客户；不易用的代码，残障人士无法浏览网站等。这是一种恶性循环，是一种巨大的浪费。

如何解决这些问题呢？有识之士早已开始思考，需要建立一种普遍认同的标准来结束这种无序和混乱。商业公司（Netscape、Microsoft 等）也终于认识到统一标准的好处，因此在 W3C（W3C.org）的组织下，网站标准开始被建立（1998 年 2 月 10 日发布 XML1.0 为标志），并在网站标准组织（webstandards.org）的督促下推广执行。网站标准的目的是：

（1）提供最多利益给最多的网站用户。

（2）确保任何网站文档都能够长期有效。

（3）简化代码、降低建设成本。

（4）让网站更容易使用，能适应更多不同用户和更多网络设备。

（5）当浏览器版本更新，或者出现新的网络交互设备时，确保所有应用能够继续正确执行。

4. 采用 Web 标准的优点

（1）对网站浏览者的优点：

① 文件下载与页面显示速度更快。

② 内容能被更多的用户所访问（包括失明、视弱、色盲等残障人士）。

③ 内容能被更广泛的设备所访问（包括屏幕阅读机、手持设备、搜索机器人、打印机、电冰箱等）。

④ 用户能够通过样式选择定制自己的表现界面。

⑤ 所有页面都能提供适于打印的版本。

（2）对网站所有者和开发者的优点：

① 更少的代码和组件，容易维护。

② 带宽要求降低（代码更简洁），成本降低。举个例子：当 ESPN.com 使用 CSS 改版后，每天节约超过两兆字节（Terabytes）的带宽。

③ 更容易被搜寻引擎搜索到。

④ 改版方便，不需要变动页面内容。

⑤ 提供打印版本而不需要复制内容。

⑥ 提高网站易用性。在美国，有严格的法律条款（Section 508）来约束政府网站必须达到一定的易用性，其他国家也有类似的要求。

9.3.3 向 Web 标准过渡

大部分网页采用传统的表格布局、表现与结构混杂在一起的方式来建立网站。学习使用 XHTML＋CSS 的方法需要一个过程，使现有网站符合网站标准也不可能一步到位。最好的方法是循序渐进，分阶段来逐步达到完全符合网站标准的目标。如果是新手，或者对代码不是很熟悉，也可以采用遵循标准的编辑工具，例如 Dreamweaver MX 2004，它是目前支持 CSS 标准最完善的工具。

1. 初级改善

（1）为页面添加正确的 DOCTYPE。

很多设计师和开发者都不知道什么是 DOCTYPE（Document Type），DOCTYPE 有什么用。DOCTYPE 主要用来说明用的 XHTML 或者 HTML 是什么版本。浏览器根据 DOCTYPE 定义的 DTD（文档类型定义）来解释页面代码。所以，如果不注意设置了错误的 DOCTYPE，结果会让你大吃一惊。XHTML1.0 提供了三种 DOCTYPE 可选择：

① 过渡型（Transitional）

```
<!DOCTYPE html PUBLIC " - //W3C//DTD XHTML 1.0 Transitional//EN""http://www.w3.org/TR/xhtml1/DTD/xhtml1 - transitional.dtd">
```

② 严格型（Strict）

```
<!DOCTYPE html PUBLIC " - //W3C//DTD XHTML 1.0 Strict//EN""http://www.w3.org/TR/xhtml1/DTD/xhtml1 - strict.dtd">
```

③ 框架型（Frameset）

```
<!DOCTYPE html PUBLIC " - //W3C//DTD XHTML 1.0 Frameset//EN""http://www.w3.org/TR/xhtml1/DTD/xhtml1 - frameset.dtd">
```

（2）设定一个名字空间。

直接在 DOCTYPE 声明后面添加如下代码：

```
<html XMLns = "http://www.w3.org/1999/xhtml">
```

Namespace 是收集元素类型和属性名字的一个详细的 DTD，Namespace 声明允许通过在线地址指向来识别 Namespace。只要照样输入代码就可以。

（3）声明编码语言。

为了被浏览器正确解释和通过标识校验，所有的 XHTML 文档都必须声明它们所使用的编码语言。代码如下：

```
< meta http - equiv = "Content - Type" content = "text/html; charset = GB2312" />
```

（4）用小写字母书写所有的标签。

XML 对大小写是敏感的，所以 XHTML 也是大小写有区别的。所有的 XHTML 元素和属性的名字都必须使用小写，否则文档将被 W3C 校验认为是无效的。

（5）为图片添加 alt 属性。

为所有图片添加 alt 属性。alt 属性指定了当图片不能显示的时候就显示供替换文本，这样做对正常用户可有可无，但对纯文本浏览器和使用屏幕阅读机的用户来说是至关重要的。只有添加了 alt 属性，代码才会被 W3C 正确性校验通过。需要注意的是，要添加有意义的 alt 属性。

（6）给所有属性值加引号。

在 HTML 中可以不给属性值加引号，但是在 XHTML 中必须加引号，这是向 XML 过渡的要求。

（7）关闭所有的标签。

在 XHTML 中，每一个打开的标签都必须关闭。

经过上述 7 个规则处理后，页面就基本符合 XHTML1.0 的要求了。但还需要校验一下是否真的符合标准了。可以利用 W3C 提供免费校验服务（http://validator.w3.org/），发现错误后逐个修改。在后面的资源列表中也提供了其他校验服务和对校验进行指导的网址，可以作为 W3C 校验的补充。当最后通过了 XHTML 验证，意味着向网站标准迈出了一大步。

2. 中级改善

中级改善需要应用 CSS 技术，可以有效地对页面的布局、字体、颜色、背景和其他效果实现更加精确的控制。

（1）用 CSS 定义元素外观。

在写标识时已经养成习惯，当希望字体大点就用< h1 >，希望在前面加个点符号就用< li >。人们总是认为< h1 >的意思是大的，< li >的意思是圆点，< b >的意思是"加粗文本"。而实际上，< h1 >能变成想要的任何样子，通过 CSS，< h1 >能变成小的字体，< p >文本能够变成巨大的、粗体的，< li >能够变成一张图片等。不能强迫用结构元素实现表现效果，应该使用 CSS 来确定那些元素的外观。例如，可以使原来默认的 6 级标题看起来大小一样：

```
h1, h2, h3, h4, h5, h6{ font - family:宋体, serif; font - size: 12px; }
```

（2）用结构化元素代替无意义的垃圾。

许多人可能从来都不知道 HTML 和 XHTML 元素设计的本意是用来表达结构的。很多人已经习惯用元素来控制表现，而不是结构。例如，一段列表内容可能会使用下面这样的标识：

句子一< br />句子二< br />句子三< br />

如果采用一个无序列表代替会更好：

<ul><li>句子一</li><li>句子二</li><li>句子三</li></ul>

你或许会说"但是<li>显示的是一个圆点,我不想用圆点"。事实上,CSS 没有设定元素看起来是什么样子,完全可以用 CSS 关掉圆点。

（3）给每个表格和表单加上 id。

给表格或表单赋予一个唯一的、结构的标记,例如

< table id = "menu">

接下来,在书写样式表的时候就可以创建一个 menu 的选择器,并且关联一个 CSS 规则,用来告诉表格单元、文本标签和所有其他元素怎么去显示。这样,不需要对每个< td >标签附带一些多余的、占用带宽的表现层的高、宽、对齐和背景颜色等属性。只需要一个附着的标记（标记 menu 的 id 标记）,就可以在一个分离的样式表内为干净的、紧凑的代码标记进行特别的表现层处理。

中级改善这里先列主要的三点,其中包含的内容和知识点非常多,需要逐步学习和掌握,直到最后实现完全采用 CSS 而不采用任何表格实现布局。

3. 高级改善

高级改善往往基于 Ajax 创建更好、更快及交互性更强的 Web 应用程序。

（1）Ajax（Asynchronous JavaScript and XML,异步 JavaScript 和 XML）是一种创建交互式网页应用的网页开发技术。Ajax 不是一个技术,它实际上是几种技术,每种技术都有其独特之处,合在一起就成了一个功能强大的新技术。Ajax 包括：

① 使用 XHTML＋CSS 来表示信息。

② 使用 JavaScript 操作 DOM（Document Object Model）进行动态显示及交互。

③ 使用 XML 和 XSLT 进行数据交换及相关操作。

④ 使用 XMLHttpRequest 对象与 Web 服务器进行异步数据交换。

⑤ 使用 JavaScript 将所有的东西绑定在一起。

（2）与传统 Web 应用模型的对比,如图 9-1 所示。

传统的 Web 应用模型工作起来是这样：大部分界面上的用户动作触发一个连接到 Web 服务器的 HTTP 请求。服务器完成一些处理,如接收数据,处理计算,再访问其他的数据库系统,最后返回一个 HTML 页面到客户端。这是一个老套的模式,自采用超文本作为 Web 使用以来一直都这样用,这就限制了 Web 界面没有桌面软件那么好用。传统技术不会产生很好的用户体验,每一个动作用户都要等待。很明显,如果按照桌面程序的思维设计 Web 应用,我们不愿意让用户总是等待。

（3）Ajax 的好处。

① 减轻服务器的负担。

因为 Ajax 的根本理念是"按需取数据",所以最大可能地减少了冗余请求和响应对服务

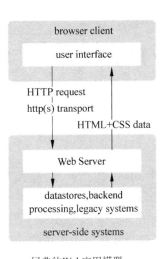

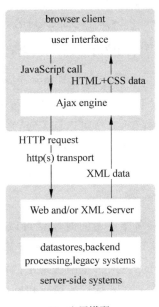

图 9-1　经典 Web 应用模型与 Ajax 应用模型的比较

器造成的负担。

② 无刷新更新页面,减少用户实际和心理等待时间。

首先,"按需取数据"的模式减少了数据的实际读取量;其次,即使要读取比较大的数据,也不用像 Reload 一样出现白屏的情况。由于 Ajax 是用 XMLHTTP 发送请求得到服务端应答数据,在不重新载入整个页面的情况下用 JavaScript 操作 DOM 最终更新页面的,所以在读取数据的过程中,用户所面对的也不是白屏,而是原来的页面状态(或者可以加一个 Loading 的提示框让用户了解数据读取的状态),只有当接收到全部数据后才更新相应部分的内容,而这种更新也是瞬间的,用户几乎感觉不到。

③ 更好的用户体验。

④ 也可以把以前的一些服务器负担的工作转嫁到客户端,利用客户端闲置的处理能力来处理,减轻服务器和带宽的负担,节约空间和带宽租用成本。

⑤ Ajax 可以调用外部数据。

⑥ 基于标准化的并被广泛支持的技术,并且不需要插件或下载小程序。

⑦ Ajax 使 Web 中的界面与应用分离(也可以说是数据与呈现分离)。

(4) Ajax 的问题。

① 搜索引擎不友好。

② 一些手持设备(如手机、PDA 等)现在还不能很好的支持 Ajax。

③ 用 JavaScript 作的 Ajax 引擎,JavaScript 的兼容性和调试都是让人头痛的事。

④ Ajax 的无刷新重载。由于页面的变化没有刷新重载那么明显,因此容易给用户带来困扰,不知道现在的数据是新的还是已经更新过的。

⑤ 对流媒体的支持没有 Flash、Java Applet 好。

（5）Ajax 框架及分类。

① Aplication frameworks 应用程序框架，通过窗口生成组件建立 GUI Bindows BackBase DOJO qooxdoo。

② Infrastructural frameworks 提供基本的框架功能和轻便式浏览器端操作，让开发者去创建具体应用，主要功能包括：

- 基于 XMLHttpRequest 组件的浏览器交互功能；
- XML 解析和操作功能；
- 根据 XMLHttpRequest 的返回信息进行相应的 DOM 操作；
- 一些特殊情况下，和其他的浏览器端技术如 Flash（或 Java Applets）等集合到一起应用。

常用的工具有 AjaxCaller、Flash JavaScript Integration Kit、Google AjaxSLT。

③ 基于服务器端的应用框架。

服务器端应用框架，通过服务器端生成 HTML 和 JS 代码在传递给浏览器端进行直接运行和远程交互；JavaScript 调用服务器端函数（例如调用 Java 函数）并返回给 JavaScript 的回调句柄，或者请求服务器端数据信息，如 Session 信息、数据库查询等。

9.4　本章小结

本章介绍了构成云计算主要的关键技术——Web 2.0 技术。Web 2.0 是相对 Web 1.0 的新的一类因特网应用的统称。Web 2.0 是因特网的一次理念和思想体系的升级换代，由原来自上而下由少数资源控制者集中控制主导的因特网体系转变为自下而上由广大用户集体智慧和力量主导的因特网体系。

Web 标准不是某一个标准，而是一系列标准的集合。网页主要由三部分组成：结构、表现和行为。对应的标准也分为三个方面：结构化标准语言，主要包括 XHTML 和 XML；表现标准语言，主要包括 CSS；行为标准，主要包括对象模型（如 W3C DOM）、ECMAScript 等。

第10章

绿色数据中心

数据中心是在一幢建筑物内,以特定的业务应用中的各类数据为核心,依托 IT 技术,按照统一的标准建立数据处理、存储、传输、综合分析的一体化数据信息管理体系。云计算的诞生和发展意味着更加高效地应用 IT 资源,节能减排、低碳环保等理念逐渐深入人心,绿色数据中心成为构成云计算的相关技术。

10.1 绿色数据中心概述

绿色数据中心(Green Data Center)是指数据机房中的 IT 系统、机械、照明和电气等能取得最大化的能源效率和最小化的环境影响。绿色数据中心是数据中心发展的必然。总的来说,可以从建筑节能、运营管理、能源效率等方面来衡量一个数据中心是否为"绿色"。绿色数据中心的"绿色"具体体现在整体的设计规划及机房空调、UPS、服务器等 IT 设备、管理软件应用上,要具备节能环保、高可靠可用性和合理性。从普通数据中心到适应云计算的绿色数据中心要经历好几个阶段。

10.1.1 云数据中心发展阶段

云计算进入商用阶段,相对于传统的数据中心,云数据中心可以逐渐升级。从提供的服务方面划分,普通数据中心向云计算数据中心进阶的过程可以划分为 4 个阶段:托管型、管理服务型、托管管理型和云计算管理型(就是所谓的云计算绿色数据中心)。

1. 服务器托管型数据中心

该中心提供 IP+宽带+电力。

对于托管型数据中心来说,服务器由客户自行购买安装,在托管期间对设备监控及管理工作也由客户自行完成。数据中心主要提供 IP 接入、带宽接入、电力供应等服务。简而言之,就是为服务器提供一个运行的物理环境。云主机租用。

2. 管理服务型数据中心

该中心提供安装、调试、监控、湿度控制＋IP/带宽/VPN＋电力。

普通客户自行购买的服务器设备进入到管理服务型数据中心,工程师将完成从安装到调试的整个过程。当客户的服务器开始正常运转,与之相关联的网络监控(包括 IP、带宽、流量、网络安全等)和机房监控(机房环境参数、机电设备等)也随之开始。对客户设备状态进行实时的监测以提供最适宜的运行环境。除了提供 IP、带宽资源外,还提供 VPN 接入和管理。

3. 托管管理型数据中心

该中心提供服务器/存储＋咨询＋自动化的管理和监控＋IP/带宽/VPN＋电力。

相对管理服务型数据中心,托管管理型数据中心提供的不仅是管理服务,还提供着服务器和存储,客户不需要自行购买安装服务器等硬件设备即可使用数据中心所提供的存储空间和物理环境。同时,相关 IT 咨询服务也可以帮助客户选择最适合的 IT 解决方案以优化IT 管理结构。

4. 云计算绿色数据中心

该中心提供 IT 效能托管＋服务器/存储＋咨询＋自动化的管理和监控＋IP/带宽/VPN＋电力。

云计算绿色数据中心托管的是计算能力和 IT 可用性,而不再是客户的设备。数据在云端进行传输,云计算数据中心为其调配所需的计算能力,并对整个基础构架的后台进行管理。从软件、硬件两方面运行维护,软件层面不断根据实际的网络使用情况对云平台进行调试,硬件层面保障机房环境和网络资源正常运转调配。数据中心去完成整个 IT 的解决方案,客户可以完全不用操心后台就有充足的计算能力可以使用。

10.1.2 绿色数据中心架构

计算机技术的迅猛发展促进了机房工程建设,对数据中心的安全性、可用性、灵活性、机架化、节能性等方面提出了更高的要求,绿色数据中心的架设综合体现在节能环保、高可靠可用性和合理性三个方面,其架构图如图 10-1 所示。

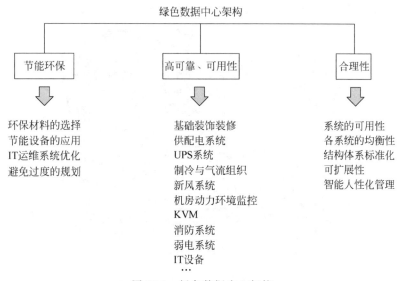

图 10-1 绿色数据中心架构

节能环保体现在环保材料的选择、节能设备的应用、IT 运维系统的优化及避免数据中心过度的规划。如 UPS 效率的提高能有效降低对电力的需求,达到节能的目的。机房的密封、绝热、配风、气流组织这些方面如果设计合理将会降低空调的使用成本。进一步考虑系统的可用性、可扩展性,各系统的均衡性,结构体系的标准化,以及智能人性化管理,能降低整个数据中心的成本(TCO)。

10.1.3 云数据中心需要整合的资源

未来云计算,按需提供大规模信息服务,是对现有业务的继承和发展,因此要对现有数据中心和相关的基础设施进行整合管理。具体来说有三个层面:

(1) 设备层面。需要实现对大容量设备(上万台服务器和网络设备)的管理,同时要考虑物理上分布式部署、逻辑上统一的管理需求。

(2) 业务层面。需要实现在同一个平台上实现对 IT 和 IP 设备的融合,可以从业务的角度对网络进行管理,也可以从性能和流量的角度对业务进行监控和优化。

(3) 服务层面。需要提供运维服务方面的支持,帮助 IT 部门向规范化、可审计的服务运营中心转变。

总的来说,云数据中心要整合好各种资源,包括设备、应用、流量、服务等,为将来建立虚拟化资源池、对外提供云服务打下基础。

10.2 数据中心管理和维护

随着数据中心、超级计算、云计算等技术与概念的兴起,信息产业正经历着从商业模式、技术架构到管理运营等各方面的巨大变革。与之相应的云数据中心管理的相关话题也变得越来越热门。普通数据中心管理关注重点资源和业务的整合、可视化和虚拟化,而云数据中心管理关注重点按需分配资源和云的收费运营等。云数据中心管理主要包括基础设施管理、虚拟化管理、业务管理、运行维护管理 4 个部分,如图 10-2 所示。

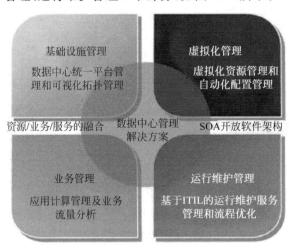

图 10-2　数据中心管理解决方案模型

10.2.1 实现端到端、大容量、可视化的基础设施整合

数据中心除了传统的网络、安全设备外,还存在存储、服务器等设备,这要求对常见的网管功能进行重新设计,包括拓扑、告警、性能、面板、配置等,以实现对基础设施的整合管理。在底层协议方面,需要将传统的 SNMP(简单网络管理协议)和 WMI、JMX 等其他管理协议进行整合,以同时支持对 IP 设备和 IT 设备的管理。

在软件架构方面,需要考虑上万台设备对管理平台性能的冲击,因此必须采用分布式的架构设计,让管理平台可以同时运行在多个物理服务器上,实现管理负载的分担。

数据中心所在的机房、机架等也需要进行管理,这些靠传统物理拓扑的搜索是搜不出来的,需要考虑增加新的可视化拓扑管理功能,让管理员可以查看如分区、楼层、机房、机架、设备面板等视图,方便管理员从各个维度对数据中心的各种资源进行管理,如图 10-3 所示。

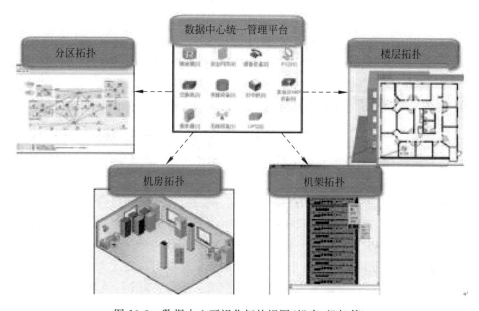

图 10-3 数据中心可视化拓扑视图(机房、机架等)

10.2.2 实现虚拟化、自动化的管理

传统的管理软件只考虑物理设备的管理,对于虚拟机、虚拟网络设备等虚拟资源无法识别,更不要说对这些资源进行配置。然而,数据中心虚拟化和自动化是大势所趋,虚拟资源的监控、部署与迁移等需求将推动数据中心管理平台进行新的变革,如图 10-4 所示。

对于虚拟资源,需要考虑在拓扑、设备等信息中增加相关的技术支持,使管理员能够在拓扑图上同时管理物理资源和虚拟化资源,查看虚拟网络设备的面板,以及虚拟机的 CPU、内存、磁盘空间等信息;加强对各种资源的配置管理能力,能够对物理设备和虚拟设备下发网络配置,建立配置基线模板,定期自动备份,并且支持虚拟网络环境(VLAN、ACL、QoS等)的迁移和部署,满足快速部署、业务迁移、新系统测试等不同场景的需求。

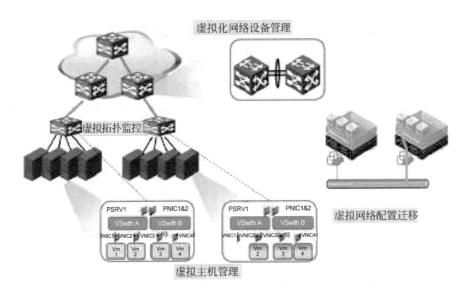

图 10-4　数据中心虚拟化资源管理

10.2.3　实现面向业务的应用管理和流量分析

数据中心存在着各种关键业务和应用,如服务器、操作系统、数据库、Web 服务、中间件、邮件等,对这些业务系统的管理应该遵循高可靠的原则,采用 agentless 无监控代理的方式进行监控,尽量不影响业务系统的运行。

在可视化方面,为了便于实现 IP 与 IT 的融合管理,需要将网络管理与业务管理的功能进行对接,拓扑图上不光可以显示设备信息,也可以显示服务器菜单运行业务及详细性能参数。另外,数据中心带来了新的业务模型,如 1：N(一台服务器运行多个业务)、N：1(多台服务器运行同一个业务)和 N：M(不同业务间的流量模型),这些业务对于数据中心的流量带来了很大的冲击,有可能会造成流量瓶颈,影响业务运行,如图 10-5 所示。

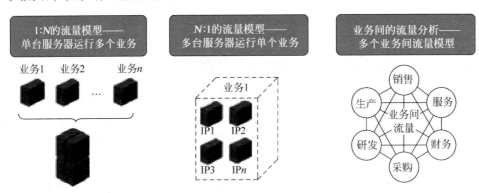

图 10-5　数据中心业务流量模型

因此,可以对诸如流量分析软件进行改进,提供基于 NetFlow/NetStream/sFlow 等流量分析技术的分析功能,并通过各种可视化的流量视图对业务流量中的接口、应用、主机、会话、IP 组、7 层应用等进行分析,从而找出瓶颈,规划接口带宽,满足用户对内部业务进行持续监控和改进的流量分析需求。

10.3 本章小结

本章介绍了构成云计算主要的关键技术——绿色数据中心。绿色数据中心（Green Data Center）是指数据机房中的 IT 系统、机械、照明和电气等能取得最大化的能源效率和最小化的环境影响。

云数据中心管理主要包括基础设施管理、虚拟化管理、业务管理和运维管理 4 个部分。实现端到端、大容量、可视化的基础设施整合，虚拟化、自动化的管理，面向业务的应用管理和流量分析。

第 3 篇　云计算架构

第11章

基础设施即服务

基础设施即服务(Infrastructure as a Service,IaaS)是为用户按需提供基础设施资源(服务器/存储和网络)的共享服务,是当前业界相对成熟的云计算服务形式。本章主要对IaaS的定义/特征进行阐述,接着进一步探讨 IaaS 管理平台的架构,最后对 IaaS 领域Amazon 的代表产品 EC2 进行介绍。

11.1 IaaS 概述

要实现信息化,就需要一系列的应用软件来处理应用的业务逻辑,还需要将数据以结构化或非结构化的形式保存起来,也要构造应用软件与使用者之间的桥梁,使应用软件的使用者可以使用应用软件获取或保存数据。这些应用软件需要一个完整的平台以支撑它的运行,这个平台通常包括网络、服务器和存储系统等构成企业 IT 系统的硬件环境,也可以包括操作系统、数据库、中间件等基础软件,这个由 IT 系统的硬件环境和基础软件共同构成的平台称为 IT 基础设施。IaaS 可以将这些硬件和基础软件以服务的形式交付给用户,使用户可以在这个平台上安装部署各自的应用系统。

11.1.1 IaaS 的定义

IaaS 是指将 IT 基础设施能力(如服务器、存储、计算能力等)通过网络提供给用户使用,并根据用户对资源的实际使用量或占用量进行计费的一种服务。因此,IaaS 的服务通常包括以下部分:

(1)网络和通信系统提供的通信服务。

(2)服务器设备提供的计算服务。

(3)数据存储系统提供的存储服务。

11.1.2 IaaS 提供服务的方法

首先,IaaS 云服务的提供者会依照其希望提供的服务建设相应的资源池,即通过虚拟化或服务封装的手段将 IT 设备可提供的各种能力,如通信能力、计算能力、存储能力等构建成资源池,在资源池中这种能力可以被灵活的分配、使用与调度。但由一种资源池提供的服务的功能较单一,不能直接满足应用系统的运行要求,IaaS 提供者需将几种资源池提供的服务进行组合,包装成 IaaS 服务产品。例如一个虚拟化服务器(VM)产品可能需要来自网络和通信服务的 IP 地址和 VLAN ID,需要来自计算服务的虚拟化服务器,需要来自存储服务的存储空间,还可能需要来自软件服务的操作系统。

同时,IaaS 提供者还需要将能够提供的服务组织成 IaaS 服务目录,以说明能够提供何种 IaaS 服务产品,使 IaaS 使用者可以根据应用系统运行的需要选购 IaaS 产品。IaaS 提供者通常以产品包的形式向 IaaS 使用者交付 IaaS 产品,产品包可能很小,也可能很大,小到一台运行某种操作系统的服务器,大到囊括支持应用系统运行的所有基础设施,包括网络、安全、数据处理和数据存储等多种产品,IaaS 使用者可以像使用直接采购的物理硬件设备和软件设备一样使用 IaaS 提供的服务产品。

11.1.3 IaaS 云的特征

作为云服务的一种类型,IaaS 服务同样具备云服务的特征,同时具备 IaaS 云独有的特性。

1. 随需自服务

对于 IaaS 服务的使用者,从 IaaS 服务产品的选择,发出服务订单,获取和使用 IaaS 服务产品,到注销不再需要的产品都可以通过自助服务的形式进行;对于 IaaS 服务的提供者,从 IaaS 服务订单确认,服务资源的分配,服务产品的组装生产,到对服务包交付过程中全生命周期的管理都使用了自动化的管理工具,可以随时响应使用者提出的请求。

2. 广泛的网络接入

IaaS 获取和使用 IaaS 服务都需要通过网络进行,网络成为连接服务提供者和使用者的纽带。同时,在云服务广泛存在的情况下,IaaS 服务的提供者也会是服务的使用者,这不单是指支撑 IaaS 提供者服务的应用系统运行在云端(Run Cloud on Cloud),IaaS 提供者还可能通过网络获取其他提供者提供的各种云服务,以丰富自身的产品目录。

3. 资源池化

IaaS 服务的资源池化是指通过虚拟化或服务封装的手段将 IT 设备可提供的各种能力,如通信能力、计算能力、存储能力等构建成资源池,在资源池中这种能力可以被灵活地分配、使用与调度。各种各样的能力被封装为各种各样的服务,进一步组成各种各样的服务产品。使用者为使用某种能力而选择某种服务产品,而真正的能力提供者是资源池。

4. 快速扩展

在资源池化后,用户所需要或订购的能力和资源池能够提供的能力相比较是微不足道的,因此,对某个用户来说,资源池的容量是无限的,可以随时获得所需的能力。另一方面,对服务提供者来说,资源池的容量一部分来自底层的硬件设施,可以随时采购,不会过多受到来自应用系统需求的制约;另一部分可能来自其他云服务的提供者,它可以整合多个提供者的资源为用户提供服务。

5. 服务可度量

不论是公有云还是私有云,服务的使用者和提供者之间都会对服务的内容与质量有一个约定(SLA),为了保证 SLA 的达成,提供者需要对提供的服务进行度量与评价,以便对所提供的服务进行调度、改进与计费。

11.1.4 IaaS 和虚拟化的关系

服务器虚拟化与 IaaS 云既有密切的联系又有本质的区别,不能混为一谈。

首先,服务器虚拟化是一种虚拟化技术,它将一台或多台物理服务器的计算能力组合在一起,组成计算资源池,并能够从计算资源池中分配适当的计算能力重新组成虚拟化的服务器。常见的服务器虚拟化技术包括 x86 平台上的 VMware,微软公司 Hyper-V,Xen 和 KVM 等,IBM Power 平台上的 PowerVM,Oracle Sun 平台中的 Sun Fire 企业级服务器动态系统域,T5000 系列服务器支持的 LDOM,Solaris 10 操作系统支持的 Container 等。服务器虚拟化和网络虚拟化(如 VLAN)及存储虚拟化都是数据中心中常见的虚拟化技术。

而 IaaS 云是一种业务模式,它以服务器虚拟化、网络虚拟化、存储虚拟化等各种虚拟化技术为基础,向云用户提供各种类型的服务。为了达到这一目的,IaaS 云的运营者首先需要对通过各种虚拟化技术构成的资源池进行有效的管理,并能够向云用户提供清晰的服务目录以说明 IaaS 云能够提供何种服务,同时能够对已经交付给云用户的服务进行监控与管理,以满足服务的 SLA 需求,这些工作都属于 IaaS 云业务管理体系的内容。由此可见,IaaS 云较服务器虚拟化具有更多的内容。

另一方面,服务器虚拟化又是 IaaS 云的关键技术之一,通常也是 IaaS 建设过程中第一个关键性步骤,很多企业都希望从服务器虚拟化入手进行 IaaS 云建设。在服务器虚拟化建设完成后,要达到 IaaS 云的建设目标还要完成 IaaS 云的业务管理体系的建设等工作。

11.2 IaaS 技术架构

IaaS 通过采用资源池构建、资源调度、服务封装等手段,可以将资源池化,实现 IT 资产向 IT 资源按需服务的迅速转变。

通常来讲,基础设施服务(IaaS)的总体技术架构主要分为资源层、虚拟化层、管理层和服务层在内的 4 层架构,如图 11-1 所示。

11.2.1 资源层

位于架构最底层的是资源层,主要包含数据中心所有的物理设备,如硬件服务器、网络设备、存储设备及其他硬件设备。在基础架构云平台中,位于资源层中的资源不是独立的物理设备个体,而是组成一个集中的资源池,因此资源层中的所有资源将以池化的概念出现。这种汇总或者池化不是物理上的,而是一种概念,指的是资源池中的各种资源都可以由IaaS的管理人员进行统一的、集中的运维和管理,并且可以按照需要随意地进行组合,形成一定规模的计算资源,或者计算能力。

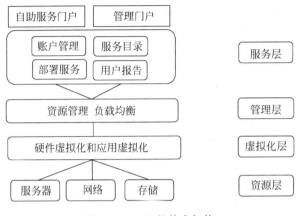

图 11-1 IaaS 的技术架构

资源层的主要资源如下:

(1) 计算资源。计算资源指的是数据中心中各类计算机的硬件配置,如机架式服务器、刀片服务器、工作站、桌面计算机、笔记本等。

在 IaaS 架构中,计算资源是一个大型资源池,不同于传统数据中心的最明显特点是计算资源可动态、快速地重新分配,并且不需要中断应用或者业务。不同时间,同一计算资源被不同的应用或者虚拟机使用。

(2) 存储资源。存储资源一般分为本地存储和共享存储。本地存储指的是直接连接在计算机上的磁盘设备,例如 PC 普通硬盘、服务器高速硬盘、外置 USB 接口硬盘等;共享存储一般指的是 NAS、SAN 或者 iSCSI 设备,这些设备通常由专用的存储厂提供。

在 IaaS 架构中,存储资源的主要目的除了存放应用数据或者数据库之外,更主要的用途是存放大量的虚拟机。而且在合理设计的 IaaS 架构中,由于应用高可用性、业务连续性等因素,一般都会选择在共享存储中存放虚拟机,而不是本地存储中。

(3) 网络资源。网络资源一般分为物理网络和虚拟网络。物理网络指的是主硬件网络接口(NIC)连接物理交换机或其他网络设备的网络。虚拟网络是人为建立的网络连接,其连接的另一方通常是虚拟交换机或者虚拟网卡。为了适应架构的复杂性,满足多种网络架构的需求,IaaS 架构中的虚拟网络可以具有多种功能,在前面虚拟化中网络虚拟化已提到。

虚拟网络资源往往带有物理网络的特征,例如可以为其指定 VLAN ID,允许虚拟网络划分虚拟子网。

11.2.2 虚拟化层

位于资源层之上的是虚拟化层,虚拟化层的作用是按照用户或者业务的需求,从资源池中选择资源并打包,从而形成虚拟机应用于不同规模的计算。如果从池化资源层中选择了两个物理 CPU、4GB 物理内存、100GB 存储,便可以将以上资源打包,形成一台虚拟机。

虚拟化层是实现 IaaS 的核心模块,位于资源层与管理层中间,包含各种虚拟化技术,主要作用是为 IaaS 架构提供最基本的虚拟化实现。针对虚拟化平台,IaaS 应该具备完善的运维、管理功能。这些管理功能以虚拟化平台中的内容及各类资源为主要操作对象,而对虚拟化平台加以管理的目的是保证虚拟化平台的稳定运行,可以随时顺畅地使用平台上的资源及随时了解平台的运行状态。虚拟化平台主要包括虚拟化模块、虚拟机、虚拟网络、虚拟存储及虚拟化平台所需要的所有资源,包括物理资源及虚拟资源,如虚拟机镜像、虚拟磁盘、虚拟机配置文件等。其主要功能包括以下几种:

(1) 对虚拟化平台的支持。

(2) 虚拟机管理(创建、配置、删除、启动、停止等)。

(3) 虚拟机部署管理(克隆、迁移、P2V、V2V)。

(4) 虚拟机高可用性管理。

(5) 虚拟机性能及资源优化。

(6) 虚拟网络管理。

(7) 虚拟化平台资源管理。

正是因为有了虚拟化技术,才可以灵活地使用物理资源构建不同规模、不同能力的计算资源,并可以动态、灵活地对这些计算资源进行调配。因此,对于 IaaS 架构的运维中,针对虚拟化平台的管理是必不可少的,这也是极其重要的一个部分。

11.2.3 管理层

虚拟化层之上为管理层,管理层主要对下面的资源层进行统一的运维和管理,包括收集资源的信息,了解每种资源的运行状态和性能情况,决定如何借助虚拟化技术选择、打包不同的资源,以及如何保证打包后的计算资源——虚拟机的高可用性或者如何实现负载均衡等。

通过管理层,一方面可以了解虚拟化层和资源层的运行情况及计算资源的对外提供情况;另一方面,也是更重要的一点,管理层可以保证虚拟化层和资源层的稳定、可靠,从而为最上层的服务层打下坚实的基础。

管理层的主要构成包括以下几个部分:

1. 资源配置模块

资源配置模块作为资源层的主要管理任务处理模块,管理人员可以通过资源配置模块方便、快速地建立不同的资源,包括计算资源、网络资源和存储资源。除此之外,管理人员还应该能够按照不同的需求灵活地分配资源、修改资源分配情况等。

2. 系统监控平台

在 IaaS 架构中,管理层位于虚拟化层与服务层之间。管理层的主要任务是对整个 IaaS 架构进行运维和管理,因此其包含的内容非常广泛,主要有配置管理、数据保护、系统部署和系统监控。

3. 数据备份与恢复平台

同系统监控一样,数据备份与恢复也属于位于虚拟化层与服务层之间的管理层中的一部分。数据备份与恢复的作用是帮助 IT 运维、管理人员按照提前制订好的备份计划进行各种类型数据、各种系统中数据的备份,并在任何需要的时候恢复这些备份数据。

4．系统运维中心平台

在 IaaS 架构中包含各种各样的专用模块,这些模块需要一个总的接口,一方面能够连接到所有的模块,对其进行控制,得到各个模块的返回值,从而实现交互;另一方面需要能够提供人机交互界面,便于管理人员进行操作、管理,这就是 IaaS 中的系统运维中心平台。

5．IT 流程的自动化平台

位于服务层的管理平台主要是 IT 流程的自动化平台。在传统数据中心中,IT 管理人员的任务往往是单一的、任务化的。即使数据中心包含多个模块、组成部分,但管理人员所需要进行的工作往往只发生在一个独立的系统中,且通过简单的步骤或者过程即可完成。既不需要牵扯到其他的模块、组成部分,同时参与的人员数量也相对较小,大部分的工作通过手工或半自动的方式即可完成,因此对于服务流程自动化的需求相对较低。

11.2.4　服务层

服务层位于整体架构的最上层,主要向用户提供使用管理层、虚拟化层和资源层的接口。不论是通过虚拟化技术将不同的资源打包形成虚拟机,还是动态调配这些资源,IaaS 的管理人员和用户都需要统一的界面来进行跨越多层的复杂操作。

服务门户可对资源进行综合运行监控管理,一目了然地掌控多时运行状态。

(1) 服务器资源信息。这里是用户所拥有的服务器信息一览,可以直观地看到服务器所处的健康状况。

(2) 应用程序信息。这里是用户在自己服务器上安装的应用程序的信息,可以直观地看到应用程序的健康状况。

(3) 资源统计信息。即用户拥有资源的一个综合汇总信息。

(4) 系统报警信息。这里是系统告警信息的一个汇总。

(5) 由云数据中心提供的各类增值服务,如系统升级维护、数据备份/恢复、系统告警、运行趋势分析等。

另外,对所有基于资源层、虚拟化层、管理层,但又不限于这几层资源的运维和管理任务将被包含在服务层中。这些任务在面对不同业务时往往有很大的差别,其中包含比较多的自定义、个性化因素,例如用户账号管理、用户权限管理、虚拟机权限设定及其他各类服务。

11.3　IaaS 云计算管理

IaaS 需要将经过虚拟化的资源进行有效整合,形成可统一管理、灵活分配调度、动态迁移、计费度量的基础服务设施资源池,并按需向用户提供自动化服务,因而需要对基础设施进行有效管理。

11.3.1　自动化部署

自动化部署包含两部分的内容:一部分是在物理机上部署虚拟机,另一部分是将虚拟机从一台物理机迁移到另一台物理机。前者是初次部署,后者是迁移。

1. 初次部署

虚拟化的好处在于 IT 资源的动态分配所带来的成本降低。为了提高物理资源的利用率,降低系统运营成本,自动化一部署过程首先要合理地选择目标物理服务器。通常部署会考虑以下要素:

(1) 尽量不启动新的物理服务器。为了降低能源开销,应该尽量将虚拟机部署到已经部署了其他虚拟机的物理服务器上,尽量不启动物理服务器。

(2) 尽可能让 CPU 和 I/O 资源互补。有的虚拟机所承载的业务是 CPU 消耗型的,而有的虚拟机所承载的业务是 I/O 消耗型的,那么通过算法让两种不同类型的业务尽可能分配到同一台物理服务器上,以最大化地利用该物理服务器的资源,或者在物理服务器层面上进行定制,将物理服务器分为 I/O 消耗型、CPU 消耗型及内存消耗型,然后在用户申请虚拟机的时候配置虚拟机的资源消耗类型,最后根据资源消耗类型将虚拟机分配到物理服务器上。

在实际的部署过程中,如果让用户安装操作系统会费时费力。为了简化部署过程,系统模板出现了。系统模板其实就是一个预装了操作系统的虚拟磁盘映像,用户只要在启动虚拟机时挂接映像,就可以使用操作系统。

2. 迁移

当一台服务器需要维护时,或者由于资源限制,服务器上的虚拟机都应迁移到另一台物理机上时,通常要具备两个条件:虚拟机自身能够支持迁移功能;物理服务器之间有共享存储。

虚拟机实际上是一个进程,该进程由两部分构成:一部分是虚拟机操作系统,另一部分则是该虚拟操作系统所用到的设备。虚拟操作系统其实是一大片内存,因此迁移虚拟机就是迁移虚拟机操作系统所处的整个内存,并且把整个外设全部迁移,使操作系统感觉不到外设发生了变化。这就是迁移的基本原理。

11.3.2　弹性能力提供技术

通常,用户在构建新的应用系统时都会按照负载的最高峰值进行资源配置,而系统的负载在大部分时间内都处于较低的水平,导致了资源的浪费。但如果按照平均负载进行资源配置,一旦应用达到高峰负载时将无法正常提供服务,影响应用系统的可用性及用户体验。所以,在平衡资源利用率和保障应用系统的可用性方面总是存在着矛盾。云计算以其弹性资源提供方式正好可以解决目前所面临的资源利用率与应用系统可用性之间的矛盾。

弹性能力提供通常有两种模式:

1. 资源向上/下扩展(Scale Up/Down)

资源向上扩展是指当系统资源负载较高时,通过动态增大系统的配置,包括 CPU、内存、硬盘、网络带宽等来满足应用对系统资源的需求。资源向下扩展是指当系统资源负载较低时,通过动态缩小系统的配置,包括 CPU、内存、硬盘、网络带宽等来提高系统的资源利用率。小型机通常采用这种模式进行扩展。

2. 资源向外/内扩展（Scale Out/In）

资源向外扩展是指当系统资源负载较高时，通过创建更多的虚拟服务器提供服务，分担原有服务器的负载。资源向内扩展是指当由多台虚拟服务器组成的集群系统资源负载较低时，通过减少集群中虚拟服务器的数量来提升整个集群的资源利用率。通常所说的云计算即采用这种模式进行扩展。

为了实现弹性能力的提供，需要首先设定资源监控阈值（包括监控项目和阈值）、弹性资源提供策略（包括弹性资源提供模式、资源扩展规模等），然后对资源监控项目进行实时监测。当发现超过阈值时，系统将根据设定的弹性资源提供策略进行资源的扩展。

对于资源向外/内扩展，由于是通过创建多个虚拟机来扩展资源的，因此需要解决：虚拟机文件的自动部署，即将原有虚拟机文件复制，生成新的虚拟机文件，并在另一台物理服务器中运行；多台虚拟机的负载均衡。负载均衡的解决有两种方式：一种是由应用自己进行负载均衡的实现，即应用中有一些节点不负责具体的请求处理，而是负责请求的调度；另一种是由管理平台来实现负载均衡，即用户在管理平台上配置好均衡的策略，管理平台根据预先配置的策略对应用进行监控，一旦某监控值超过了阈值，则自动调度另一台虚拟机加入该应用，并将一部分请求导入该虚拟机进行分流，或者当流量低于某一阈值时自动回收一台虚拟机，减少应用对虚拟机的占用。

11.3.3　资源监控

1. 资源监控概念

虚拟化技术引入，需要新的工具监控虚拟化层，保障 IT 设施的可用性、可靠性、安全性。传统资源监控的主要对象是物理设施（如服务器、存储、网络）、操作系统、应用与服务程序。由于虚拟化的引入，资源可以动态调整，因此增加了系统监控的复杂性。主要表现以下方面：

1）状态监控

状态监控监控所有物理资源和虚拟资源的工作状态，包括物理服务器、虚拟化软件（VMM）、虚拟服务器、物理交换机与路由器、虚拟交换机与路由器、物理存储与虚拟存储等。

2）性能监控

IaaS 虚拟资源的性能监控分为两个部分：基本监控和虚拟化监控。基本性能监控主要是从虚拟机操作系统——VMM 的角度来监视与度量 CPU、内存、存储、网络等设施的性能。与虚拟化相关的监控主要提供关于虚拟化技术的监控度量指标，如虚拟机部署的时间、迁移的时间、集群性能等。

3）容量监控

当前企业对 IT 资源的需求不断变化，这就需要做出长期准确的 IT 系统规划。

因此，容量监控是一种从整体、宏观的角度长期进行的系统性能监控。容量监控的度量指标包括服务器、内存、网络、存储资源的平均值和峰值使用率，以及达到资源瓶颈的临界用户数量。

4）安全监控

在 IaaS 环境除了存在传统的 IT 系统安全问题外，虚拟化技术的引入也带来新的安全问题,虚拟机蔓生(Sprawl)现象导致虚拟化层的安全威胁。

- 传统安全监控。包括入侵检测、漏洞扫描、病毒扫描、网络风暴检测等。
- 虚拟机蔓生活动监控。监控虚拟机的活动,如虚拟机克隆、复制、迁移、网络切换、存储切换等。
- 合规监控。监控各种操作、配置是否符合标准及规范,强化使用正版软件检测违背IT管理策略的事件等。
- 访问控制监控。监控用户访问行为和对用户访问行为进行监控。

5) 使用量度量

为了使 IaaS 服务具备可运营的条件,需要度量不同组织、团体、个人使用资源和服务的情况,有了这些度量信息便可以生成结算信息和账单。为了实现资源度量监控,需要收集以下方面的信息:

- 服务使用时间:包括计算、存储、网络等服务的使用时间。
- 配置信息:包括虚拟机等服务的资源配置、软件配置信息。
- 事件信息:包括虚拟机等服务的开始、结束,以及资源分配与调整。

因为当前流行的虚拟化软件种类很多,所以在开发虚拟化资源池监控程序时需要一个支持主流虚拟化软件的开发库,它能够与不同的虚拟化程序交互,收集监控度量信息。监控系统会将收集到的信息保存在历史数据库中,为容量规划、资源度量、安全等功能提供历史数据。虽然虚拟化向系统监控提出了新的挑战,但它也为自动响应、处理系统问题提供了很多物理环境无法提供的机会。

2. 资源监控的常用方法

系统资源监控主要通过度量收集到的与系统状态、性能相关的数据的方式来实现,经常采用的方法如下:

(1) 日志分析。通过应用程序或者系统命令采集性能指标、事件信息、时间信息等,并将其保存到日志文件或者历史数据库中,用来分析系统或者应用的 KPI(Key Performance Indicator,关键业绩指标)。例如,用户如果使用 Linux 操作系统的计算实例,可以运行 Linux 系统监控命令(如 top、iftop、vmstat、iostat、mpstat、df、free、pstree 等),同时将这些命令的输出结果保存到日志文件中。很多虚拟化软件也提供了系统监控命令。例如,Xen 虚拟化软件时,用户可以运行 xentop、xenmon 等命令来收集服务器的性能指标信息。

(2) 包嗅探(Packet Sniffing)。主要用于对网络中的数据进行拆包、检查、分析,提取相关信息,以分析网络或者相关应用程序的性能。

(3) 探针采集(Instrumentation)。通过在操作系统或应用中植入并运行探针程序来采集性能数据,最常见的应用实例是 SNMP 协议。大多数的操作系统都提供了 SNMP 代理运行系统性能数据,并通过 SNMP 协议发送至监控端。VMware ESX、Xen 虚拟化支持植入 SNMP 探针程序。通过这些探针程序,一方面可以收集物理服务器的性能信息,另一方面可以收集运行在物理服务器上的虚拟机信息。

11.3.4 资源调度

从用户的角度来看,云计算环境中的资源应该是无限的,即每当用户提出新的计算和存储需求时,"云"都要及时地给予相应的资源支持。同时,如果用户的资源需求降低,那么"云"就应该及时对资源进行回收和清理,以满足新的资源需求。

在云计算环境中,因为应用的需求波动,所以云环境应该动态满足用户需求,这需要云环境的资源调度策略为应用提供资源预留机制,即以应用为单位,为其设定最保守的资源供应量。这是事前商定的,虽然并不一定能够完全满足用户和应用在运行时的实际需求,但是它使用户在一定程度上获得了资源供给和用户体验保证。

虽然用户的资源需求是动态可变并且事前不可明确预知的,但其中却存在着某些规律。因此,对应用的资源分配进行分析和预测也是云资源调度策略需要研究的重要方面。首先在运行时动态捕捉各个应用在不同时段的执行行为和资源需求,然后对这两方面信息进行分析,以发现它们各自内在及彼此之间可能存在的逻辑关联,进而利用发掘出的关联关系进行应用后续行为和资源需求的预测,并依据测试结果为其提前准备资源调度方案。

因为"云"是散布在因特网上的分布式计算和存储架构,所以网络因素对于云环境的资源调度非常重要。调度过程中考虑用户与资源之间的位置及分配给同一应用的资源之间的位置。这里的"位置"并不是指空间物理位置,它主要考虑用户和资源、资源和资源之间的网络情况,例如带宽等。

云的负载均衡也是一种重要的资源调度策略。考察系统中是否存在负载均衡可以从多个方面进行,例如处理器压力、存储压力、网络压力等,而其调度策略也可以根据应用的具体需求和系统的实际运作情况进行调整。如果系统中同时存在着处理器密集型应用和存储密集型应用,那么在进行资源调度的时候,用户可以针对底层服务器资源的配置情况做出多种选择。例如,可以将所有处理器/存储密集型应用对应部署到具有特别强大的处理器/存储能力的服务器上,还可以将这些应用通过合理配置后部署到处理器和存储能力均衡的服务器上。这样做能够提高资源利用率,同时保证用户获得良好的使用体验。

基于能耗的资源调度是云计算环境中必须考虑的问题。因为云计算环境拥有数量巨大的服务器资源,其运行、冷却、散热都会消耗大量能源,如果可以根据系统的实时运行情况,在能够满足应用的资源需求的前提下将多个分布在不同服务器上的应用整合到一台服务器上,进而将其余服务器关闭,就可以起到节省能源的作用,这对于降低云计算环境的运营成本具有非常重要的意义。

11.3.5　业务管理和计费度量

IaaS 服务可以向用户提供多种 IT 资源的组合,这些服务可再细分成多种类型和等级。用户可以根据自己的需求订购不同类型、不同等级的服务,还可以为级别较高的客户提供高安全性的 VPC(Virtual Private Cloud,虚拟私有云)服务。对 IaaS 业务服务需要提供包括服务的创建、发布、审批等功能。

云计算中的资源包括网络、存储、计算能力及应用服务,用户所使用的是一个个服务产品的实例。用户获取 IaaS 服务需要经过注册、申请、审批、部署等流程。通常管理用户服务实例的操作包含服务实例的申请、审批、部署、查询、配置及变更、迁移、终止、删除等。

按照资源使用付费是云计算在商业模式上的一个显著特征,它改变了传统的购买 IT 物理设备、建设或租用 IDC、由固定人员从事设备及软件维护等复杂的工作模式。在云计算中,用户只要购买计算服务,其 IT 需求即可获得满足,包括 IT 基础设施、系统软件(如操作系统、服务器软件、数据库、监控系统)、应用软件(如办公软件、ERP、CRM)等都可以作为服务从云计算服务提供商处购买,降低了用户资源投资和维护成本,同时提高了 IT 资源的利用率。

云服务的运营必然涉及用户计费问题。云计算服务的计费方式可用下面公式表示:

$$消费金额＝单位价格×消费数量$$

通常用户购买云计算服务时会涉及多种服务,包括计算、存储、负载均衡、监控等,每种服务都有自己的计价策略和度量方式,在结算时需要先计算每种服务的消费金额,然后将单个用户所消费服务进行汇总得到用户消费的账单。

"单位价格"是由云计算服务提供商的计价策略确定的。例如,EC2 的计价策略是普通 Linux 计算实例每小时 0.031 美元,普通 Windows 计算实例每小时 0.08 美元。可见,每种服务的计价策略也可以再按照多种维度进行细分。同时,云计算服务提供商也会根据市场的需求和成本的变化调整计价策略。而"消费数量"则是云计算服务商在提供服务时对用户资源使用量的度量,这种资源度量可以与资源监控结合在一起。例如,EC2 服务的度量指标是服务的使用时间,即用户使用某种计算实例的小时数,根据资源监控历史记录可以方便地统计出用户使用 EC2 服务的类型和时间。

11.4　Amazon 云计算案例

Amazon 公司构建了一个云计算平台,并以 Web 服务的方式将云计算产品提供给用户,Amazon Web Services(AWS)是这些 Web 服务的总称。通过 AWS 的 IT 基础设施层服务和丰富的平台层服务。

11.4.1　概述

Amazon 公司的云计算平台提供 IaaS 服务,可以满足各种企业级应用和个人应用。用户获得可靠的、可伸缩的、低成本的信息服务的同时,也可以从复杂的数据中心管理和维护中解脱出来。Amazon 公司的云计算真正实现了按使用付费的收费模式,AWS 用户只需为自己实际所使用的资源付费,从而降低了运营成本。AWS 目前提供的产品如表 11-1 所示。

表 11-1　Amazon AWS 产品分类列表

产 品 分 类	产 品 名 称
计算	Amazon Elastic Compute Cloud (E2)
	Amazon Elastic MapReduce
	Auto Scaling
内容交付	Amazon CloudFront
数据库	Amazon SimpleDB
	Amazon Relational Database Service (RDS)
电子商务	Amazon Fullfillment Web Service (FWS)
消息通信	Amazon Simple Queue Service (SQS)
	Amazon Simple Notification Service (SNS)
监控	Amazon CloudWatch

续表

产品分类	产品名称
网络通信	Amazon Virtual Private (VPC)
	Elastic Load Balancing
支付	Amazon Flexible Payment Service (FPS)
	Amazon DevPay
存储	Amazon Simple Storage Service (S3)
	Amazon Elastic Block Storage (EBS)
	Amazon Import/Export
支持	AWS Premium Support
Web 流量	Alexa Web Information Service
	Alexa Top Sites
人力服务	Amazon Mechanical Turk

　　AWS 基础设施层服务包括计算服务、消息通信服务、网络通信服务和存储服务，以 IaaS 服务为主。图 11-2 显示了在一个应用中经常使用的各个 AWS 服务之间的配合关系。用户可以将应用部署在 EC2 上，通过控制器启动、停止和监控应用。计费服务负责对应用的计费。应用的数据存储在 SimpleDB 或 S3。应用系统之间借助 SQS 在不同的控制器之间进行异步可靠的消息通信，从而减少各个控制器之间的依赖，使系统更为稳定，任何一个控制器的失效或者阻塞都不会影响其他模块的运行。

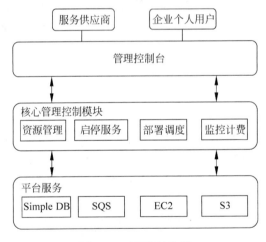

图 11-2　AWS 结构图

　　AWS 的 IaaS 服务平台不仅能够满足很多方面的 IT 资源需求，还提供了很多上层业务服务，包括电子商务、支付和物流等。下面介绍 S3、Simple DB、RDS、SQS 和 EC2 等几个底层关键产品。

11.4.2　Amazon S3

　　Amazon Simple Storage Service(S3)是云计算平台提供的可靠的网络存储服务，通过 S3，个人用户可以将自己的数据放到存储云上，通过因特网访问和管理。同时，Amazon 公司的其他服务也可以直接访问 S3。S3 由对象和存储桶（Bucket）两部分组成。对象是最基本的存储实体，包括对象数据本身、键值、描述对象的元数据及访问控制策略等信息。存储桶则是存放对象的容器，每个桶中可以存储无限数量的对象。目前存储桶不支持嵌套。

作为云平台上的存储服务，S3 具有与本地存储不同的特点。S3 采用的按需付费方式节省了用户使用数据服务的成本。S3 既可以单独使用，也可以同 Amazom 公司的其他服务结合使用。云平台上的应用程序可以通过 REST 或者 SOAP 接口访问 S3 的数据。以 REST 接口为例，S3 的所有资源都有唯一的 URI 标识符，应用通过向指定的 URI 发 HTTP 请求就可以完成数据的上传、下载、更新或者删除等操作。但用户需要了解的是，S3 作为一个分布式的数据存储服务，目前的版本存在着一些不足，如数据操作存在网络延迟，以及不支持文件的重命名、部分更新等。作为 Web 数据存储服务，S3 适合存储较大的，一次写入、多次读取的数据对象，例如声音、视频、图像等媒体文件。

安全性和可靠性是云计算数据存储普遍关心的两个问题。S3 采用账户认证、访问控制列表及查询字符串认证三种机制来保障数据的安全性。当用户创建 AWS 账户的时候，系统自动分配一对存取键 ID 和存取密钥，利用存取密钥对请求签名，然后在服务器端进行验证，从而完成认证。访问控制策略是 S3 采用的另外一种安全机制，用户利用访问控制列表设定数据（对象和存储桶）的访问权限，比如数据是公开的还是私有的等。即使在同一公司内部，相同的数据对不同的角色也有不同的视图，S3 支持利用访问规则来约束数据的访问权限。通过对公司员工的角色进行权限划分，能够方便地设置数据的访问权限。如系统管理员能够看到整个公司的数据信息，部门经理能看到与部门相关的数据，普通员工只能看到自己的信息。查询字符串认证方式广泛适用于以 HTTP 请求或者浏览器的方式对数据进行访问。为了保证数据服务的可靠性，S3 采用了冗余备份的存储机制，存放在 S3 中的所有数据都会在其他位置备份，保证部分数据失效不会导致应用失效。在后台，S3 保证不同备份之间的一致性，将更新的数据同步到该数据的所有备份上。

11.4.3 Amazon Simple DB

Amazon Simple DB 是一种高可用的、可伸缩的非关系型数据存储服务。与传统的关系数据库不同，Simple DB 不需要预先设计和定义任何数据库 Schema，只需定义属性和项，即可用简单的服务接口对数据进行创建、查询、更新或删除操作。

Simple DB 的存储模型分为三层：域（Domain）、项（Item）和属性（Attribute）。域是数据的容器，每个域可以包含多个项。在 Simple DB 中，用户的数据是按照域进行逻辑划分的，所以数据查询操作只能在同一个域内进行，不支持跨域的查询操作。项是由若干属性组成的数据集合，它的名字在域中是全局唯一的。项与关系数据库中表的一行类似，用户可以对项进行创建、查询、修改和删除操作。但又与表的一行有所差异，项中的数据不受固定 Schema 的约束，项中的属性可以包含多个值。属性是由一个或者多个文本值所组成的数据集合，在项内具有唯一的标识。在 Simple DB 中，属性与关系数据库中的列类似，不同的是每个属性可以同时拥有多个字符串数值，而关系数据库的列不能拥有多个值。

Simple DB 是一种简单易用的、可靠的结构化数据管理服务，它能满足应用不断增长的需求，用户不需要购买、管理和维护自己的存储系统，是一种经济有效的数据库服务。Simple DB 提供两种服务访问方式：REST 接口和 SOAP 接口。这两种方式都支持通过

HTTP 协议发出的 POST 或者 GET 请求访问 Simple DB 中的数据。Simple DB 使用简单，例如数据索引是由系统自动创建并维护的，不需要程序员定义。然而，Simple DB 毕竟是一种轻量级的数据库，与技术成熟、功能强大的关系数据库相比有些不足。比如，由于数据操作是经过因特网进行的，不可避免地有较大延迟，因而 Simple DB 不能保证所有的更新都按照用户提交的顺序执行，只能保证每个更新最终成功，因此应用通过 Simple DB 获得的数据有可能不是最新的。此外，Simple DB 的存储模型是以域、项、属性为层次的树状存储结构，与关系数据库的表的二维平面结构不同，因此在一些情况下并不能将关系数据库中的应用迁移到 Simple DB 上来。

11.4.4　Amazon RDS

尽管 Simple DB 提供了一种简单、高效的数据存储服务，但是当前很多已有的应用多数还是采用关系型数据库进行数据存储，这就增加了将这些应用系统迁移到 Amazon AWS 平台的成本和技术风险。因此，Amazon 又推出了 Relational Database Service(RDS)来满足用户对关系型数据库服务的需求。

RDS 是一个关系型数据库服务，通过 RDS 用户可以非常容易地建立、操作和伸缩云中的数据库。RDS 为用户提供了一套完整的 MySQL 数据库服务，这就使得那些目前正在使用 MySQL 数据库的应用可以无缝地与 RDS 进行集成。

毫无疑问，RDS 弥补了 Amazon 在关系型数据库服务领域的一个空白。然而，这并不意味着 RDS 出现之前用户就没有办法在 Amazon EC2 上使用关系型数据库，也并不意味着 RDS 出现之后就能满足所有应用对关系型数据库的需求。

首先，在 RDS 出现之前，用户可以选择将数据库产品打包在 AMI 镜像中并部署在 EC2 上运行，然后在应用中直接对数据库进行访问。

另外，根据最近 5 年 Gartner 的数据统计，IBM、Oracle 和 Microsoft 的数据库产品几乎占了市场占有率的 80% 以上，而 RDS 目前只能提供对 MySQL 的完整支持。因此，如果 RDS 要获得巨大成功，未来的版本必须考虑为更多的客户提供对主流数据库产品的完整支持，比如 Oracle、DB2。

11.4.5　Amazon SQS

Amazon SQS(Simple Queue Service)是一种用于分布式应用的组件之间数据传递的消息队列服务，这些组件可能分布在不同的计算机上，甚至是不同的网络中。利用 SQS 能够将分布式应用的各个组件以松耦合的方式结合起来，从而创建可靠的大规模的分布式系统。松耦合的组件之间相对独立性强，系统中任何一个组件的失效都不会影响整个系统的运行。

消息和队列是 SQS 实现的核心。消息是可以存储到 SQS 队列中的文本数据，可以由应用通过 SQS 的公共访问接口执行添加、读取、删除操作。队列是消息的容器，提供了消息传递及访问控制的配置选项。SQS 是一种支持并发访问的消息队列服务，它支持多个组件并发的操作队列，如向同一个队列发送或者读取消息。消息一旦被某个组件处理，则该消息将被锁定，并且被隐藏，其他组件不能访问和操作此消息，此时队列中的其他消息仍然可以被各个组件访问。

SQS采用分布式构架实现,每一条消息都可能保存在不同的机器中,甚至保存在不同的数据中心里。这种分布式存储策略保证了系统的可靠性,同时也体现出其与中央管理队列的差异,这些差异需要分布式系统设计者和SQS使用者充分理解。首先,SQS并不严格保证消息的顺序,先送入队列的消息也可能晚些时候才会可见;其次,分布式队列中有些已经被处理的消息在一定时间内还存在于其他队列中,因此同一个消息可能会被处理多次;再次,获取消息时不能确保得到所有的消息,可能只得到部分服务器中队列里的消息;最后,消息的传递可能有延迟,不能期望发出的消息马上被其他组件看到。

图11-3为一条消息的生命周期管理示例。首先,由组件1创建一条新的消息A,通过HTTP协议调用SQS服务将消息A存储到消息队列中。接着,组件2准备处理消息,它从队列中读取消息A,并将其锁定。在组件2处理的过程中,消息A仍然存在于消息队列中,只是对其他组件不可见。最后,当组件2成功处理完消息A后,SQS将消息A从队列中删除,避免这个消息被其他组件重复处理。但是,如果组件2在处理过程中失效,导致处理超时,SQS会把消息A的状态重新设为可见,从而可以被其他组件继续处理。

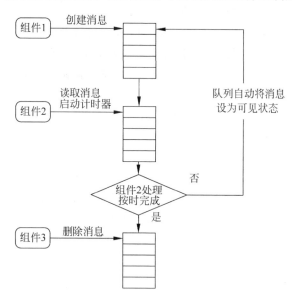

图11-3　Amazon SQS服务消息管理示例

11.4.6　Amazon EC2

Amazon EC2(Elastic Compute Cloud)是一种云基础设施服务。该服务基于服务器虚拟化技术,致力于为用户提供大规模的、可靠的、可伸缩的计算运行环境。通过EC2所提供的服务,用户不仅可以非常方便地申请所需要的计算资源,而且可以灵活地定制所拥有的资源,如用户拥有虚拟机的所有权限,可以根据需要定制操作系统,安装所需的软件。

EC2一个诱人的特点就是用户可以根据业务的需求灵活地申请或者终止资源使用,且只需为实际使用到的资源数量付费。

EC2由AMI(Amazon Machine Image)、EC2虚拟机实例和AMI运行环境组成。AMI是一个用户可定制的虚拟机镜像,是包含了用户的所有软件和配置的虚拟环境,是EC2部署的基本单位。多个 AMI 可以组合形成一个解决方案,例如 Web 服务器、应用服务器和数据服务器可联合形成一个三层架构的 Web 应用。AMI 被部署到 EC2 的运行环境后就产生一个 EC2 虚拟机实例,由同一个 AMI 创建的所有实例都拥有相同的配置。需要注意的是,EC2 虚拟机实例内部并不保存系统的状态信息,存储在实例中的信息随着它的终止而丢失。用户需要借助于 Amazon 的其他服务持久化用户数据,如前面提到的 Simple DB 或者 S3。AMI 的运行环境是一个大规模的虚拟机运行环境,拥有庞大规模的物理机资源池和虚拟机运行平台,所有利用 AMI 镜像启动的 EC2 虚拟机实例都运行在该环境中。EC2 运行环境为用户提供基本的访问控制服务、存储服务、网络及防火墙服务等。

通常 EC2 的用户需要首先将自己的操作系统、中间件及应用程序打包在 AMI 虚拟机镜像文件中,然后将自己的 AMI 镜像上传到 S3 服务上,最后通过 EC2 的服务接口启动 EC2 虚拟机实例。

与传统的服务运行平台相比,EC2 具有以下优势:

(1) 可伸缩性。利用 EC2 提供的网络服务接口,应用可以根据需求动态调整计算资源,支持同时启动多达上千个虚拟机实例。

(2) 节省成本。用户不需要预先为应用峰值所需的资源进行投资,也不需要雇用专门的技术人员进行管理和维护,可以利用 EC2 轻松地构建任意规模的应用运行环境。在服务的运行过程中,用户可以灵活地开启、停止、增加、减少虚拟机实例,并且只需为实际使用的资源付费。

(3) 使用灵活。用户可以根据自己的需要灵活定制服务,Amazon 公司提供了多种不同的服务器配置,以及丰富的操作系统和软件组合给用户选择。用户可以利用这些组件轻松地搭建企业级的应用平台。

(4) 安全可靠。EC2 构建在 Amazon 公司的全球基础设施之上,EC2 的运行实例可以分布到全球不同的数据中心,单个节点失效或者局部区域的网络故障不会影响业务的运行。

(5) 容错。Amazon 公司通过提供可靠的 EBS(Elastic Block Store)服务,在不同区域持久地存储和备份 EC2 实例,在出现故障时可以快速地恢复到之前正确的状态,对应用和数据的安全提供了有效的保障。

11.5 本章小结

本章介绍了云计算环境中的 IaaS,IaaS 是指将 IT 基础设施能力(如服务器、存储、计算能力等)通过网络提供给用户使用,并根据用户对资源的实际使用量或占用量进行计费的一种服务。

IaaS 通过采用资源池构建、资源调度、服务封装等手段,可以将资源池化,实现 IT 资产向 IT 资源按需服务的迅速转变。基础设施即服务的总体技术架构主要分为资源层、虚拟化层、管理层和服务层 4 层架构。

(1) 资源层。位于架构最底层的是资源层,主要包含数据中心所有的物理设备,如硬件服务器、网络设备、存储设备及其他硬件设备。在基础架构云平台中,位于资源层中的资源不是独立的物理设备个体,而是组成一个集中的资源池,因此资源层中的所有资源将以池化的概念出现。

（2）虚拟化层。位于资源层之上的是虚拟化层,虚拟化层的作用是按照用户或者业务的需求,从资源池中选择资源并打包,从而形成虚拟机应用于不同规模的计算。

（3）管理层。虚拟化层之上为管理层,管理层主要对下面的资源层进行统一的运维和管理,包括收集资源的信息,了解每种资源的运行状态和性能情况,决定如何借助虚拟化技术选择、打包不同的资源,以及如何保证打包后的计算资源——虚拟机的高可用性或者如何实现负载均衡等。

（4）服务层。服务层位于整体架构的最上层,主要向用户提供使用管理层、虚拟化层和资源层的接口。

Amazon 公司的云计算平台提供 IaaS 服务,可以满足各种企业级应用和个人应用。用户获得可靠的、可伸缩的、低成本的信息服务的同时,也可以从复杂的数据中心管理和维护中解脱出来。

第*12*章

平台即服务

平台即服务(Platform as a Service,PaaS)是把服务器作为一种服务提供的商业模式,能够为应用程序的执行弹性地提供所需的资源,并根据用户程序对实际资源的使用收取费用。本章介绍 PaaS 概述、PaaS 架构和 Google 微软公司应用案例。

12.1 PaaS 概述

PaaS 通过因特网为用户提供的平台是一种应用开发与执行环境,根据一定规律开发出来的应用程序可以运行在这个环境之内,并且其生命周期能够被该环境所控制,而并非只是简单地调用平台提供的接口。从应用开发者的角度看,PaaS 是因特网资源的聚合和共享,开发者可以灵活、充分地利用服务提供商提供的应用能力便捷地开发因特网应用;从服务提供商的角度看,PaaS 通过提供易用的开发平台和便利的运行平台,吸引更多的应用程序和用户,从而获得更大的市场份额并扩大收益。

12.1.1 PaaS 的由来

业界最早的 PaaS 服务是由 Salesforce 公司在 2007 年推出的 Force.corn,它为用户提供了关系数据库、用户界面选项、企业逻辑及一个专用的集成开发环境,应用程序开发者可以在该平台提供的运行环境中对他们开发出来的应用软件进行部署测试,然后将应用提交给 Salesforce 供用户使用。作为 SaaS 服务提供商,Salesforce 公司推出 PaaS 的目的是使商业 SaaS 应用的开发更加便捷,进而使 SaaS 服务用户能够有更多的软件应用可以选择。

当前时代计算的先驱的 Google 公司,使用便宜的计算机和强有力的中间件,以及自己的技术装备建成了世界上最强大的数据中心和超高性能的并行计算群。2008 年 4 月发表的 PaaS 服务 Google App Engine,为了提供更多的服务,方便用户使用,去掉了烦琐的作业。

微软公司在 2008 年冬天推出 Windows Azure 平台,并陆续发布了用于提供数据库服务、总线服务、身份认证服务等相关组件,构建完整的微软公司 PaaS 服务。

PaaS 服务更多的从用户角度出发,将更多的应用移植到 PaaS 平台上进行开发管理,充分体现了因特网低成本、高效率、规模化的应用特性。PaaS 对于 SaaS 的运营商来说,可以帮助他们进行产品多元化和产品定制化。

12.1.2 PaaS 的概念

平台即服务是软件即服务的变种,这种形式的云计算将开发环境作为服务来提供。可以创建自己的应用软件在供应商的基础架构上运行,然后通过网络从供应商的服务器上传递给用户,能给客户带来更高性能、更个性化的服务。

PaaS 实际上是指将软件研发的平台(计世资讯定义为业务基础平台)作为一种服务,以 SaaS 的模式提交给用户。因此,PaaS 也是 SaaS 模式的一种应用。但是,PaaS 的出现可以加快 SaaS 的发展,尤其是加快 SaaS 应用的开发速度。PaaS 之所以能够推进 SaaS 的发展,主要在于它能够提供企业进行定制化研发的中间件平台,同时涵盖数据库和应用服务器等。PaaS 可以提高在 Web 平台上利用的资源数量。例如,可通过远程 Web 服务使用数据即服务(Data-as-a-Service,DaaS),还可以使用可视化的 API。用户或者厂商基于 PaaS 平台可以快速开发自己所需要的应用和产品。同时,PaaS 平台开发的应用能更好地搭建基于 SOA 架构的企业应用。此外,PaaS 对于 SaaS 运营商来说,可以帮助他们进行产品多元化和产品定制化。

12.1.3 PaaS 模式的开发

PaaS 利用一个完整的计算机平台,包括应用设计、应用开发、应用测试和应用托管,这些都作为一种服务提供给客户,而不是用大量的预置型(On-Premise)基础设施支持开发。因此,不需要购买硬件和软件,只需要简单地订购一个 PaaS 平台,通常这只需要一分钟的时间。利用 PaaS 能够创建、测试和部署一些非常有用的应用和服务,这与在基于数据中心的平台上进行软件开发相比,费用要低得多。这就是 PaaS 的价值所在。

虽然技术是不断变化的,可是架构却是不变的,如图 12-1 所示。PaaS 不是一个新的"拯救世界"的概念,而只是目前思维方式的延伸及对新兴技术的一种反应,比如核心业务流程外包和基于 Web 的计算。对于 PaaS 这个所谓的"范式转变",需要知道的是其实没有任何转变。我们多年以来一直在外包主要的业务流程,而这一直都很困难。但是,随着越来越多的 PaaS 厂商在这一新兴领域共同努力,应该完全相信在未来几年里会有一些相当令人吃惊的产品问世。这对于那些搭建 SOA 和 WOA 的人来说很有帮助,因为他们可以选择在哪里托管这些进程或服务,在防火墙内部还是外部。事实上,很多人都会 PaaS 方法,因为这种方法的成本及部署速度太有吸引力了,使人难以拒绝。

PaaS 所提倡的价值不只是简单的成本和速度,而是可以在该 Web 平台上利用的资源数量。例如,可通过远程 Web 服务使用数据即服务,还可以使用可视化的 API,范围从绘图到商业应用。甚至其他 PaaS 厂商还允许混合并匹配适合自己应用的平台。

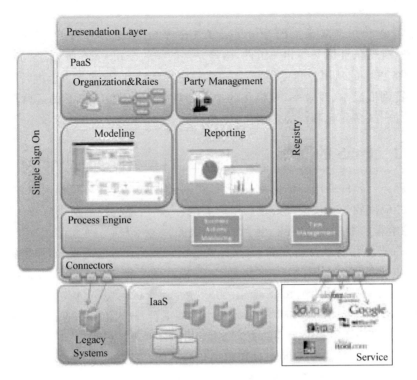

图 12-1　PaaS 架构

　　PaaS 与广为人知的 SaaS 具有某种程度的相似。SaaS 提供人们可以立即订购和使用的、得到完全支持的应用；而在使用 PaaS 时，开发人员使用由服务提供商提供的免费编程工具来开发应用并把它们部署到云中。这种基础设施是由 PaaS 提供商或其合作伙伴提供的，同时后两者根据 CPU 使用情况或网页观看数等一些使用指标来收费。

　　这种开发模型与传统方式完全不同。在传统方式中，程序员把商业或开源工具安装在本地系统上，编写代码，然后把开发的应用程序部署到他们自己的基础设施上并管理它们。而 PaaS 模型正迅速赢得支持者。

　　Garrett Davis 过去 30 多年来为大型保险公司编写软件。他求助于 Google App Engine 在 PaaS 云中完成他的工作。他说："在很多年编写了数不清行数的 Basic 程序，然后是 Cobol 程序，然后是 J2EE 程序后，App Engie 的工具，尤其是典雅的 Python，显示出巨大的吸引力。"Davis 说："Python 语言不强迫我用圆括号和分号搞清我的代码。"

1. PaaS 开发速度更快

　　使用 PaaS，开发人员可以极具生产力，这部分是由于他们不必为定义可伸缩性要求去操心，也不必用 XML 编写部署说明，这些工作全部由 PaaS 提供商处理。Davis 迅速开发出了工资单和财产管理应用程序。他说，在使用 App Engine 时，他只需要一个月的时间就可以完成使用 J2EE、耗费 50 个人员月编写的工作人员薪酬应用的移植工作。

　　PaaS 上市时间优势也给 Author Solutions 公司的 Michael Iovino 留下了深刻印象。他的 8 名程序员利用 Salesforce. com 公司的 Force. com PaaS 开发环境开发了公司的 iUniverse 创作应用。开发小组只用了三个月时间就拿出了一个具有全套业务逻辑和帮助图书作者完成各种工作(从文字版面到营销和销售)的多选件完整程序。Iovino 说："我对这种开发速度非常满意。"

弗吉尼亚 Fredricksburg 市 ECMInstitute 公司经理 Ray Chance 指出 PaaS 的另一个巨大的诱人之处——低费用。他的非赢利组织是一个传播企业内容管理信息的分发中心。这个中心使用利用 Google App Engine 开发定制的 RSS 服务将信息传播给该机构的 1000 家成员。

Chance 说，只要你每月网页观看量不到 500 万并且需要不到 500MB 的在线存储空间，Google 就是免费的。Chance 说，更重要的是，他用 App Engine 开发的 RSS 应用部署在 Google 的数据中心，并在这个中心得到维护。Davis 把这个数据中心形容为"地球上最复杂的芯片和存储的集合"。

2. PaaS 开发也有缺点

开发 PaaS 软件也存在着缺点。例如，Chance 说，App Engine 的 Python 由于其内存管理的局限，有时会成为一场"斗争"。而缓存问题会限制 RSS 从他的站点提供 RSS 馈送的速度。Davis 也说，机构可能发现将 J2EE 应用移植到 Google 的受到限制的环境存在困难。

Iovino 说，Force. com 环境相当强健。而且 Salesforce. com 的 AppExchange 第三方软件市场提供更多的开发工具。他补充说，但是，如果 PaaS 模型要想在长期取得成功的话，Force. com 将需要更好的代码管理能力。

Iovino 还指出，由于代码在 Salesforce. com 的多用户基础设施中执行，开发人员必须知道存在的限制。例如，他们必须将一个长的服务调用或数据请求划分为多个更小的、更可管理的部分。Iovino 说，开发人员迅速把这种概念融入到他们的思想中。

Saugatuck Technology 公司分析师 Mike West 说，研究表明 PaaS 尽管处在早期采用者的阶段，但由于其投资回报，仍将吸引来自各种规模的企业的开发人员。他说："比例越来越大的应用开发资金开始涌向 PaaS。"

12.1.4　PaaS 推进 SaaS 时代

PaaS 充分体现了因特网低成本、高效率、规模化应用的特性，我们相信，PaaS 必将把 SaaS 模式推进一个全新快速发展的时代。

在传统软件激烈的你争我夺之时，SaaS 模式异军突起，以其零安装零维护、即需即用的特征为广大企业用户所青睐。SaaS 是一种以租赁服务形式提供企业使用的应用软件，企业通过 SaaS 服务平台能够自行设定所需要的功能，SaaS 服务供货商提供相关的数据库、服务器主机连同后续的软件和硬件维护等，节省了大量用于购买 IT 产品、技术和维护运行的资金，大幅度降低了企业信息化的门槛与风险。

SaaS 提供商提供的应用程序或服务通常使用标准 Web 协议和数据格式，以提高其易用性并扩大其潜在的使用范围，并且越来越倾向于使用 HTTP 和常用的 Web 数据格式，如 XML、RSS 和 JSON。但是 SaaS 提供商并不满足于此，他们一直在思考如何开拓新的技术，推进整个 SaaS 时代的飞越，于是 PaaS 出现了。2007 年国内外知名厂商先后推出自己的 PaaS 平台，其中包括全球 SaaS 模式的领导者 salesforce. com 和中国 SaaS 的发起者八百客。PaaS 不只是 SaaS 的延伸，更是一个能够提供企业进行定制化研发的中间件平台，除了应用软件以外，还同时涵盖数据库和应用服务器等。PaaS 改变了了 SOA 创建、测试和部署的位置,并且在很大程度上加快 SOA 架构搭建的速度并简化了搭建过程。这仍然是关于架构的。虽然技术是不断变化的,但是架构却是不变的。PaaS 不是一个新的"拯救世界"的概念,而只是目前思维方式的延伸及对新兴技术的一种反应,比如核心业务流程外包和基于 Web 的计算。随着越来越多的 PaaS 厂商在这一新兴领域共同努力,可以预见在未来几年里会有一些相当令人吃惊的产品问世。这对于那些搭建 SOA 和 WOA 的人来说很有帮助,因为他们可以选择在哪里托管这些进程或服务,在防火墙内部还是外部。事实上,很多人都会选用 PaaS 方法,因为这种方法的成本及部署速度太有吸引力了,使人难以拒绝。

PaaS 所提倡的价值不只是简单的成本和速度,还更注重可以在该 Web 平台上利用的资源数量。例如,可通过远程 Web 服务使用数据即服务,还可以使用可视化的 API。

Salesforce.com 亚太区业务经理田秋豪指出:"PaaS 虽然是 SaaS 服务的延伸,但对于 Salesforce.com 而言,将会因此成为多元化软件服务供货商(Multi Application Vendor),不再只是一家 CRM 随选服务提供商。"800app.com 副总经理王琳指出:"通过 PaaS 平台,我们跨越了仅是 CRM 供应商的市场定位,轻松实现了 BTO(Built to Order,按订单生产)和在线交付流程。使用 800app 的 PaaS 开发平台,用户不再需要任何编程即可开发包括 CRM、OA、HR、SCM、进销存管理等任何企业管理软件,而且不需要使用其他软件开发工具并立即在线运行。"王琳还说:"PaaS 是管理软件开发的革命,企业可以自己把自己的业务流程和想法快速应用到管理软件中去,也就是企业管理软件 DIY(Do It Yourself,自己动手),从而大大提高工作效率和执行力。"

很多人一直强调 SaaS 最大的吸引力在于其可灵活个性化定制。PaaS 的出现更加满足了他们的这种心理,"积木王国"中有各式各样的"积木",企业可以按照自己的想法随意 DIY。这就像将家具拆卸,顾客自己组装作为自己特色的宜家。宜家十分关注不同顾客群体的特别需求,但是不会有一款产品适合所有人,于是"自己动手 DIY"就成了宜家的经营理念。所有人都买到了自己称心如意的产品,或是时尚而低廉,或是精美而奢华。总之总能在从宜家购物出来的客户脸上看到满意的微笑。这就是 DIY 的魅力。PaaS 就赋予了 SaaS 这样的魅力,所以必将把 SaaS 推向一个新的发展阶段。

与"企业管理软件 DIY"一样共同得益于 PaaS 平台的还有 SaaS 产品的另一个特色 BTO,企业提需求,软件厂商"按单生产",不再是流水线似的大规模加工生产,而是完全的按单生产。所有客户都是 VIP,成本低,实用。在激烈甚至有些惨烈的笔记本计算机市场竞争中,英特尔公司于 2002 年率先提出 BTO 概念笔记本,引发了笔记本计算机的 BTO 热,推动了整个笔记本计算机行业向着更方便、更质优价廉、服务更完善发展。PaaS 也提供给 SaaS 模式一个 BTO 的"工厂",使 SaaS 向更加客户化、灵活易用迈进,它也必将成为 SaaS 的新增长点。

PaaS 充分体现了因特网低成本、高效率、规模化应用的特性。我们相信,PaaS 必将把 SaaS 模式推进一个全新快速发展的时代。

12.2　PaaS 架构

从传统角度来看,PaaS 实际上就是云环境下的应用基础设施,也可理解成中间件即服务,如图 12-2 所示。

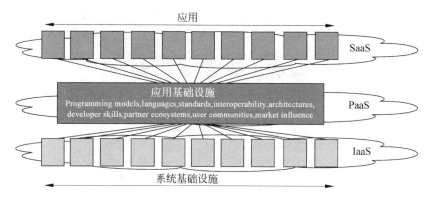

图 12-2 PaaS 所处的位置

12.2.1 PaaS 的功能

PaaS 为部署和运行应用系统提供所需的资源应用基础设施,所以应用开发人员无须关心应用的底层硬件和应用基础设施,并且可以根据应用需求动态扩展应用系统所需的资源。完整的 PaaS 平台应提供如下功能:

1. 应用运行环境

- 分布式运行环境;
- 多种类型的数据存储;
- 动态资源伸缩。

2. 应用全生命周期支持

- 提供开发 SDK、IDE 等加快应用的开发、测试和部署;
- 以 API 形式提供公共服务,如队列服务、存储服务和缓存服务等;
- 提供资源池、应用系统的管理和监控功能,精确计量,明确所消耗的计算资源。

3. 集成、复合应用构建能力

除了提供应用运行环境外,还需要提供连通性服务、整合服务、消息服务和流程服务等用于构建 SOA 架构风格的复合应用。

PaaS 的全局功能如图 12-3 所示。

12.2.2 多租户弹性是 PaaS 的核心特性

PaaS 的特性有多租户、弹性(资源动态伸缩)、统一运维、自愈、细粒度资源计量、SLA 保障等。这些特性基本上也都是云计算的特性。多租户弹性是 PaaS 区别于传统应用平台的本质特性,其实现方式也是用来区别各类 PaaS 的最重要标志,因此多租户弹性是 PaaS 的最核心特性。

多租户(Multi-tenancy)是指一个软件系统可以同时被多个实体所使用,每个实体之间是逻辑隔离、互不影响的。一个租户可以是一个应用,也可以是一个组织。弹性(Elasticity)是指一个软件系统可以根据自身需求动态的增加、释放其所使用的计算资源。

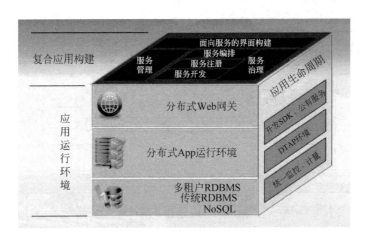

图 12-3　PaaS 的全局功能图

多租户弹性(Multi-tenancy Elastic)是指租户或者租户的应用可以根据自身需求动态的增加、释放其所使用的计算资源。技术上来说,多租户有如下几种实现方式:

(1) Shared-nothing:为每一个租户提供一套和 On-premise 一样的应用系统,包括应用、应用基础设施和基础设施。Shared-nothing 仅在商业模式上实现了多租户。Shared-nothing 的好处是整个应用系统栈都不需要改变,隔离非常彻底,但是技术上没有实现资源弹性分配,资源不能共享。

(2) Shared-hardware:共享物理机,虚拟机是弹性资源调度和隔离的最小单位,典型例子是 Microsoft Azure。传统软件巨头如微软公司和 IBM 等拥有非常广的软件产品线,在 On-premise 时代占据主导地位后,他们在云时代的策略就是继续将 On-premise 软件 Stack 装到虚拟机中并提供给用户。

(3) Shared-OS:共享操作系统,进程是弹性资源调度和隔离的最小单位。相比于 Shared-hardware,Shared-OS 能实现更小粒度的资源共享,但是安全性方面会差些。

(4) Shared-everything:基于元数据模型以共享一切资源,典型例子是 force.com。Shared-everything 方式能够实现最高效的资源共享,但实现技术难度大,安全和可扩展性方面会面临很大的挑战。

12.2.3　PaaS 架构的核心意义

在云产业链中,如同传统中间件所起的作用一样,PaaS 也将会是产业链的制高点。无论是在大型企业私有云中,还是在中小企业和 ISV 所关心的应用云中,PaaS 都将起到核心的作用。

1. 以 PaaS 为核心构建企业私有云

大型企业都有复杂的 IT 系统,甚至自己筹建了大型数据中心,其运行维护工作量非常大,同时资源的利用率又很低。据统计,大部分企业数据中心的计算资源利用率都不超过 30%。在这种情况下,企业迫切需要找到一种方法整合全部 IT 资源,进行池化,并且以动态可调度的方式供应给业务部门。大型企业建设内部私有云有两种模式,一种是以 IaaS 为核心,另外一种是以 PaaS 为核心,如图 12-4 所示。

(a) 以IaaS为核心的模式　　　　(b) 以PaaS为核心的模式

图 12-4　两种模式架构

企业会采用成熟的虚拟化技术首先实现基础设施的池化和自动化调度。当前有大量电信运营商、制造企业和产业园区都在进行相关的试点。但是，私有云建设万不可局限于 IaaS，因为 IaaS 只关注解决基础资源云化问题，解决的主要是 IT 问题。在 IaaS 的技术基础上进一步架构企业 PaaS 平台将能带来更多的业务价值。PaaS 的核心价值是让应用及业务更敏捷、IT 服务水平更高，并实现更高的资源利用率。

以 PaaS 为核心的私有云建设模式是在 IaaS 的资源池上进一步构建 PaaS 能力，提供内部云平台、外部 SaaS 运营平台和统一的开发、测试环境。

(1) 内部云平台：建立业务支撑平台。

(2) 外部 SaaS 运营平台：向企业外部供应商或者客户提供 SaaS 应用。

(3) 开发、测试环境：为开发人员提供统一的开发和测试环境平台。

以某航空运输领域的集团为例。它正从单一的航空运输企业转型为以航空旅游、现代物流、现代金融服务三大链条为支柱，涵盖"吃、住、行、游、购、娱"6 大产业要素的现代服务业综合运营商，其产业覆盖航空运输、旅游服务、现代物流、金融服务、商贸零售、房地产开发与管理、机场管理。对于这么一个大型企业集团，当前信息化的挑战不仅在于如何高效整合、集中管控整个集团的 IT 资源，更重要的在于如何快速地、更好地满足客户的需求，如何更高效地整合外部供应商，使 IT 真正成为其创新的驱动力。云计算为该集团带来契机，以 PaaS 为核心构建其对内、对外云平台必将成为其最佳选择，如图 12-5 所示。

2. 以 PaaS 为核心构建和运营下一代 SaaS 应用

对于中小企业来说，大部分缺乏专业的 IT 团队，并且难以承受高额的前期投入，他们往往很难通过自建 IT 的思路来实现信息化，所以 SaaS 是中小企业的天然选择。然而，SaaS 这么多年来在国内的发展状况一直没有达到各方的预期。抛开安全问题不讲，最主要的其他两个原因是传统 SaaS 应用难以进行二次开发以满足企业个性需求，并缺少能够提供一站式 SaaS 应用服务的运营商。

无论是 Salesforce.com，还是国内的 SaaS 供应商都意识到 SaaS 的未来在于 PaaS，需要以 PaaS 为核心来构建和运营新一代的 SaaS 应用，如图 12-6 所示。

在云计算时代，中小企业市场的机会比以往任何时候都大。在这个以 PaaS 为核心的生态链中，每个参与者都得到了价值的提升。

(1) 中小企业：一站式的 SaaS 应用服务；可定制的 SaaS 应用。

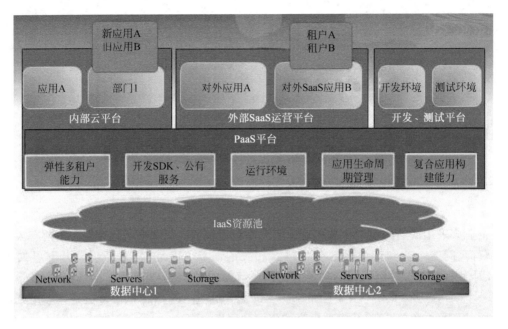

图 12-5　以 PaaS 为核心的云架构

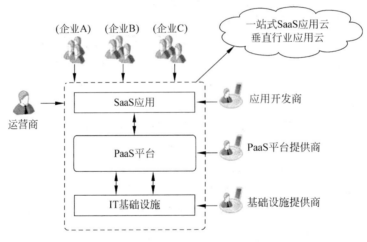

图 12-6　以 PaaS 为核心构建 SaaS

（2）SaaS 运营商：基于统一 PaaS 平台提供一站式的 SaaS 应用服务；实现规模效应。

（3）应用开发商：基于 PaaS 平台，将已开发的成熟应用 SaaS 化、开发新的 SaaS 应用；为中小企业提供二次开发服务；开发效率得到提升。

（4）基础设施提供商：专注于基础设施运维；实现资源更高效利用和回报。

12.2.4　PaaS 改变未来软件开发和维护模式

PaaS 改变了传统的应用交付模式，如图 12-7 所示，促进了分工的进一步专业化，整合开发团队和运维团队，将极大地提高未来软件交付的效率，是开发和运维团队之间的桥梁，如图 12-8 所示。

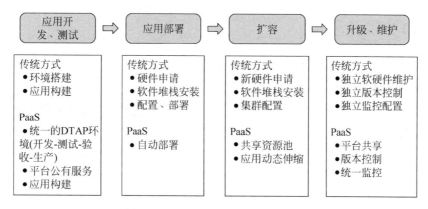

图 12-7 PaaS 改变传统的应用交付

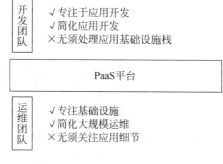

图 12-8 PaaS 是开发和运维团队之间的桥梁

12.3 Google 的云计算平台

Google 的云计算技术实际上是针对 Google 特定的网络应用程序而定制的。针对内部网络数据规模超大的特点,Google 提出了一整套基于分布式并行集群方式的基础架构,利用软件的能力来处理集群中经常发生的节点失效问题。

从 2003 年开始,Google 连续几年在计算机系统研究领域的最顶级会议与杂志上发表论文,揭示其内部的分布式数据处理方法,向外界展示其使用的云计算核心技术。从其近几年发表的论文来看,Google 使用的云计算基础架构模式包括 4 个相互独立又紧密结合在一起的系统,包括 Google 建立在集群之上的文件系统 Google File System,针对 Google 应用程序的特点提出的 MapReduce 编程模式,分布式的锁机制 Chubby 及 Google 开发的模型简化的大规模分布式数据库 BigTable。Google 在强大的基础设施之上构筑了 Google App Engine 这项 PaaS 服务,成为功能最全面的 PaaS 平台。

Google App Engine 提供一整套开发组件来让用户轻松地在本地构建和调试网络应用,之后能让用户在 Google 强大的基础设施上部署和运行网络应用程序,并自动根据应用所承受的负载对应用进行扩展,并免去用户对应用和服务器等的维护工作,同时提供大量的免费额度和灵活的资费标准。在开发语言方面,现支持 Java 和 Python 这两种语言,并为这两种语言提供基本相同的功能和 API。

12.3.1 设计理念

App Engine 在设计理念方面主要可以总结为下面这 5 条：

1. 重用现有的 Google 技术

大家都知道，重用是软件工程的核心理念之一，因为通过重用不仅能降低开发成本，而且能简化架构。在 App Engine 开发的过程中，重用的思想也得到了非常好的体现，比如 Datastore 是基于 Google 的 Bigtable 技术，Images 服务是基于 Picasa 的，用户认证服务是利用 Google Account 的，E-mail 服务是基于 Gmail 的等。

2. 无状态

为了更好地支持扩展，Google 没有在应用服务器层存储任何重要的状态，而主要在 Datastore 层对数据进行持久化，这样当应用流量突然爆发时，可以通过应用添加新的服务器来实现扩展。

3. 硬限制

App Engine 对运行在其上的应用代码设置了很多硬性限制，比如无法创建 Socket 和 Thread 等有限的系统资源，这样能保证不让一些恶性的应用影响到与其临近应用的正常运行，同时也能保证在应用之间能做到一定的隔离。

4. 利用 Protocol Buffers 技术解决服务方面的异构性

应用服务器和很多服务相连，有可能会出现异构性的问题，比如应用服务器是用 Java 写的，而部分服务是用 C++ 写的等。Google 在这方面的解决方法是基于语言中立、平台中立和可扩展的 Protocol Buffer，并且在 App Engine 平台上所有 API 的调用都需要在进行 RPC（Remote Procedure Call，远程方面调用）之前被编译成 Protocol Buffer 的二进制格式。

5. 分布式数据库

因为 App Engine 将支撑海量的网络应用，所以独立数据库的设计肯定是不可取的，而且很有可能将面对起伏不定的流量，所以需要一个分布式的数据库来支撑海量的数据和海量的查询。

12.3.2 构成部分

GAE 的架构如图 12-9 所示。

1. 前端

共包括 4 个模块：

- Front End。既可以认为是 Load Balancer，也可以认为是 Proxy，主要负责负载均衡和将请求转发给 App Server（应用服务器）或者 Static Files 等工作。
- Static Files。在概念上比较类似于 CDN（Content Delivery Network，内容分发网络），用于存储和传送那些应用附带的静态文件，比如图片、CSS 和 JS 脚本等。
- App Server。用于处理用户发来的请求，并根据请求的内容调用后面的 Datastore

和服务群。

- App Master。在应用服务器间调度应用,并将调度之后的情况通知 Front End。

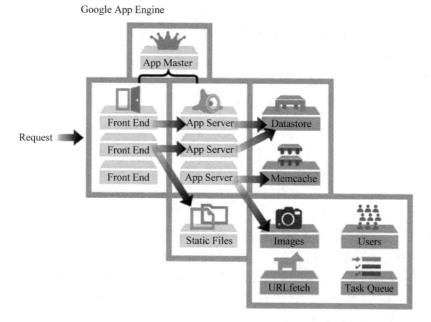

图 12-9　GAE 的架构图

2. Datastore

基于 BigTable 技术的分布式数据库,虽然也可以被理解成一个服务,但由于其是整个 App Engine 唯一存储持久化数据的地方,因此是 App Engine 中一个非常核心的模块。具体细节将在下篇和大家讨论。

3. 服务群

整个服务群包括很多服务供 App Server 调用,比如 Memcache、图形、用户、URL 抓取和任务队列等。

12.3.3　App Engine 服务

App Engine 提供了多种服务,从而使用户可以在管理应用程序的同时执行常规操作。它提供了以下 API 访问这些服务。

1. 网址获取

应用程序可以使用 App Engine 的网址获取服务访问因特网上的资源,如网络服务或其他数据。

2. 邮件

应用程序可以使用 App Engine 的邮件服务发送电子邮件。邮件服务使用 Google 基础架构发送电子邮件。

3. Memcache

Memcache 服务为用户的应用程序提供了高性能的内存键值缓存,可通过应用程序的多个实例访问该缓存。Memcache 对于那些不需要数据库的永久性功能和事务功能的数据很有用,例如临时数据或从数据库复制到缓存以进行高速访问的数据。

4. 图片操作

图片服务使用户的应用程序可以对图片进行操作。使用 API 可以对 JPEG 和 PNG 格式的图片进行大小调整、剪切、旋转和翻转。

12.4　Windows Azure 平台

Windows Azure 平台目前包含 Windows Azure、SQL Azure 和 Windows Azure Platform AppFabric 三大部分,如图 12-10 所示。其中 Windows Azure 是平台最为核心的组成部分,被称为云计算操作系统。但是它履行了资源管理的职责,只不过它管理的资源更为宏观,数据中心的所有服务器、存储、交换机、负载均衡器等都接受它的管理。因为未来的数据中心会越来越像一台超级计算机,所以 Windows Azure 也会越来越像一个超级操作系统。Windows Azure 的设计团队中就有许多微软公司技术重量级人物,其中包括 Dave Cutler,他被称为 Windows NT 和 VMS 之父。

图 12-10　Windows Azure 平台组成

Windows Azure 为开发者提供了托管的、可扩展的、按需应用的计算和存储资源,还为开发者提供了云平台管理和动态分配资源的控制手段。Windows Azure 是一个开放的平台,支持微软公司和非微软公司的语言和环境。开发人员在构建 Windows Azure 应用程序和服务时,不仅可以使用熟悉的 Microsoft Visual Studio、Eclipse 等开发工具,同时 Windows Azure 还支持各种流行的标准与协议,包括 SOAP、REST、XML 和 HTTPS 等。

12.4.1　Windows Azure 操作系统

Windows Azure 是 Windows Azure Platform 上运行云服务的底层操作系统,微软公司将 Windows Azure 定为云中操作系统的商标,它提供了托管云服务需要的所有功能,包括运行时环境,如 Web 服务器、计算服务、基础存储、队列、管理服务和负载均衡。Windows Azure 也为开发人员提供了本地开发网络,在部署到云之前,可以在本地构建和测试服务,图 12-11 显示了 Windows Azure 的三个核心服务。

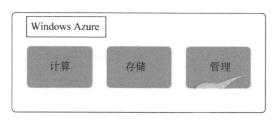

图 12-11 Windows Azure 核心服务

Windows Azure 的三个核心服务分别是计算（Compute）、存储（Storage）和管理（Management）。

（1）计算。计算服务在 64 位 Windows Server 2008 平台上由 Hyper-V 支持提供可扩展的托管服务，这个平台是虚拟化的，可根据需要动态调整。

（2）存储。Windows Azure 支持三种类型的存储，分别是 Table、Blob 和 Queue。它们支持通过 REST API 直接访问。注意，Windows Azure Table 和传统的关系数据库 Table 有着本质的区别，它有独立的数据模型，Table 通常用来存储 TB 级高可用数据，如电子商务网站的用户配置数据；Blob 通常用来存储大型二进制数据，如视频、图片和音乐，每个 Blob 最大支持存储 50GB 数据；Queue 是连接服务和应用程序的异步通信信道，可以在一个 Windows Azure 实例内使用，也可以跨多个 Windows Azure 实例使用，Queue 基础设施支持无限数量的消息，但每条消息的大小不能超过 8KB。任何有权访问云存储的账户都可以访问 Table、Blob 和 Queue。

（3）管理。包括虚拟机授权，在虚拟机上部署服务，配置虚拟交换机和路由器，负载均衡等。

12.4.2 SQL Azure

SQL Azure 是 Windows Azure Platform 中的关系数据库，它以服务的形式提供核心关系数据库功能。SQL Azure 构建在核心 SQL Server 产品代码基础上，开发人员可以使用 TDS（Tabular Data Stream）访问 SQL Azure。图 12-12 显示了 SQL Azure 的核心组件。

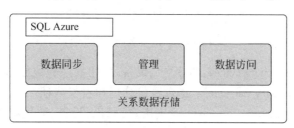

图 12-12 SQL Azure 核心组件

SQL Azure 的核心组件包括关系数据存储（Relational Data Storage）、数据同步（Data Sync）、管理（Management）和数据访问（Data Access）。

（1）关系数据存储：它是 SQL Azure 的支柱，提供传统 SQL Server 的功能，如表、视图、函数、存储过程、触发器等。

（2）数据同步：提供数据同步和聚合功能。

（3）管理：为 SQL Azure 提供自动配置、计量、计费、负载均衡、容错和安全功能。

（4）数据访问：定义访问 SQL Azure 的不同编程方法，目前 SQL Azure 支持 TDS，包括 ADO. NET、实体框架、ADO. NET Data Service、ODBC、JDBC 和 LINQ 客户端。

12.4.3　.NET 服务

.NET 服务是 Windows Azure Platform 的中间件引擎，提供访问控制服务和服务总线。图 12-13 显示了. NET 服务的两个核心服务。

图 12-13　. NET 服务的核心服务

（1）访问控制（Access Control）：访问控制组件为分布式应用程序提供规则驱动，基于声明的访问控制。

（2）服务总线（Service Bus）：与企业服务总线（Enterprise Service Bus，ESB）类似，但它是基于因特网的，消息可以跨企业、跨云传输。它也提供发布/订阅、点到点和队列等消息交换机制。

12.4.4　Live 服务

Microsoft Live 服务是以消费者为中心的应用程序和框架的集合，包括身份管理、搜索、地理空间应用、通信、存储和同步。图 12-14 显示了 Live 服务的核心组件。

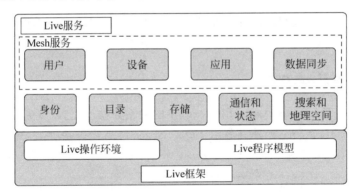

图 12-14　Live 服务的核心组件

（1）Mesh 服务（Mesh Service）：向用户、设备、应用程序和数据同步提供编程访问。

（2）身份服务（Identity Service）：提供身份管理和授权认证。

（3）目录服务（Directory Service）：管理用户、标识、设备、应用程序和它们连接的网络的关系，如 Live Mesh 中用户和设备之间的关系。

（4）存储（Storage）：管理 Mesh 中用户、设备和应用程序的数据临时性存储及持久化存储，如 Windows Live Skydrive。

（5）通信和状态（Communications & Presence）：提供设备和应用程序之间的通信基础设施，管理它们之间的连接和显示状态信息，如 Windows Live Messenger 和 Notifications API。

（6）搜索（Search）：为用户、网站和应用程序提供搜索功能，如 Bing。

（7）地理空间（Geospatial）：提供丰富的地图、定位、路线、搜索、地理编码和反向地理编码服务,如 Bing 地图。

(8) Live 框架(Live Framework):Live 框架是跨平台、跨语言、跨设备 Live 服务编程统一模型。

12.4.5 Windows Azure Platform 的用途

根据微软公司公司官方的说法,Windows Azure Platform 的主要用途是:

(1) 给现有打包应用程序增加 Web 服务功能。

(2) 用最少的资源构建、修改和分发应用程序到 Web 上。

(3) 执行服务,如大容量存储、批处理操作、高强度计算等。

(4) 快速创建、测试、调试和分发 Web 服务。

(5) 降低构建和扩展资源的成本和风险。

(6) 减少 IT 管理工作和成本。

微软公司是在 2008 年 10 月末发布 Azure 的,在当时的经济环境下,Azure 的到来给正处于经济寒冬的中小型企业,甚至是大型企业带来了一阵春风,降低成本成为企业选择 Azure 的主要动机。

微软公司设计 Azure Platform 时充分考虑了现有的成熟技术和技术人员的知识,.NET 开发人员可以继续使用 Visual Studio 2008 创建运行于 Azure 的 ASP.NET Web 应用程序和 WCF(Windows Communication Framework)服务,Web 应用程序运行在一个 IIS(Internet Information Services)7 沙盒版本中,以文件系统为基础的网站项目不受支持,后来微软公司推出了"持久化 Drive"存储,Web 应用程序和基于 Web 的服务以部分信任代码访问安全(Code Access Security)模式运行,基本符合 ASP.NET 的中等信任和对某些操作系统资源的有限访问。

Windows Azure SDK 为调用非.NET 代码启用了非强制的完全信任代码访问安全,使用要求完全信任的.NET 库,使用命名管道处理内部通信。微软公司承诺在云平台中支持 Ruby、PHP 和 Python 代码,最初的开发平台仅限于支持 Visual Studio 2008 及更高版本,未来有计划支持 Eclipse。

Azure Platform 支持的 Web 标准和协议包括 SOAP、HTTP、XML、Atom 和 AtomPub。

12.5 本章小结

本章介绍了云计算环境中的 PaaS,PaaS 指把服务器平台作为一种服务提供的商业模式,能够为应用程序的执行弹性地提供所需的资源,并根据用户程序对实际资源的使用收取费用。

PaaS 通过因特网为用户提供的平台是一种应用开发与执行环境,根据一定规律开发出来的应用程序可以运行在这个环境之内,并且其生命周期能够被该环境所控制,而并非只是简单地调用平台提供的接口。从应用开发者的角度看,PaaS 是因特网资源的聚合和共享,开发者可以灵活、充分地利用服务提供商提供的应用能力便捷地开发因特网应用;从服务提供商的角度看,PaaS 通过提供易用的开发平台和便利的运行平台,吸引更多的应用程序和用户,从而获得更大的市场份额并扩大收益。

  PaaS 的特性有多租户、弹性(资源动态伸缩)、统一运维、自愈、细粒度资源计量、SLA 保障等。多租户弹性是 PaaS 区别于传统应用平台的本质特性,其实现方式也是用来区别各类 PaaS 的最重要标志,因此多租户弹性是 PaaS 的最核心特性。多租户弹性(Multi-Tenancy Elastic)是指租户或者租户的应用可以根据自身需求动态的增加、释放其所使用的计算资源。

  Google App Engine 和 Windows Azure Platform 都是 PaaS 的现实案例。

第 *13* 章

软件即服务

SaaS(Software as a Service,软件即服务)是指通过 Internet 提供软件的模式,厂商将应用软件统一部署在自己的服务器上,客户可以根据自己的实际需求,通过因特网向厂商定购所需的应用软件服务,按定购的服务多少和时间长短向厂商支付费用,并通过因特网获得厂商提供的服务。SaaS 是随着因特网技术的发展和应用软件的成熟而在 21 世纪开始兴起的一种完全创新的软件应用模式。

不同于基础设施层和平台层,软件即服务层中提供给用户的是千变万化的应用,为企业和机构用户简化 IT 流程,为个人用户提高日常生活方方面面的效率。这些应用都是能够在云端运行的技术,业界将这些技术或者功能总结、抽象并定义为 SaaS 平台。开发者可以使用 SaaS 平台提供的常用功能,减少应用开发的复杂度和时间,而专注于业务自身及其创新。

本章先概述 SaaS,介绍 SaaS 的框架,最后对 SaaS 领域的领先者 Salesforce 进行介绍。

13.1 SaaS 概述

从本质上来说,SaaS 是近年来兴起的一种将软件转变成服务的模式,为人们认识、应用和改变软件提供了一个新的角度。在这个新的视角下,人们重新审视软件及其相关属性,发掘出了软件的一些别有价值的关注点,为软件的设计、开发、发布和经营等活动找到了一套不同于以往的方法和途径,这就是 SaaS。

13.1.1 SaaS 的由来

软件即服务不是新产物,早在 2000 年左右,SaaS 作为一种能够降低成本、快速获得价值的软件交付模式而被提出。在近十年的发展中,SaaS 的应用面不断扩展。随着云计算的兴起,SaaS 作为一种最契合云端软件的交付模式成为瞩目的焦点。根据 Saugauck 技术公司撰写的分析报告,指出 SaaS 的发展被分为连续而有所重叠的三个阶段:

第一个阶段为 2001—2006 年,SaaS 针对的问题范围主要停留在如何降低软件使用者消耗在软件部署、维护和使用上的成本。

第二个阶段为 2005—2010 年,SaaS 理念被广泛地接受,在企业 IT 系统中扮演着越来越重要的角色。如何将 SaaS 应用与企业既有的业务流程和业务数据进行整合成为这一阶段的主题。SaaS 开始进入主流商业应用领域。

第三个阶段为 2008—2013 年,SaaS 将成为企业整体 IT 战略的关键部分。SaaS 应用与企业应用已完成整合,使企业的既有业务流程更加有效运转,并使新创的业务成为可能。

13.1.2　SaaS 的概念

1. SaaS 相关观点

关于对 SaaS 如何准确定义尚未定论,人们对 SaaS 的认识主要有以下一些观点:

(1) SaaS 是客户通过因特网标准的浏览器(例如 IE)使用软件的所有功能,而软件及相关硬件的安装、升级和维护都由服务商完成,客户按照使用量向服务商支付服务费用。

(2) SaaS 由传统的 ASP 演变而来,都是"软件部署为托管服务,通过因特网存取"。不同之处在于传统的 ASP 只是针对每个客户定制不同的应用,而没有将所有的客户放在一起进行考虑。在 SaaS 模式中,在用户和 Web 服务器上的应用之间增加了一个中间层,这个中间层用来处理用户的定制、扩展性和多用户的效率问题。

(3) SaaS 有三层含义:

- 表现层:SaaS 是一种业务模式,这意味着用户可以通过租用的方式远程使用软件,解决了投资和维护问题。而从用户角度来讲,SaaS 是一种软件租用的业务模式。
- 接口层:SaaS 是统一的接口方式,可以方便用户和其他应用在远程通过标准接口调用软件模块,实现业务组合。
- 应用实现层:SaaS 是一种软件能力,软件设计必须强调配置能力和资源共享,使得一套软件能够方便地服务于多个用户。

2. SaaS 的定义

根据以上的认识,SaaS 是一种通过因特网提供软件的模式,厂商将应用软件统一部署在自己的服务器上,客户可以根据自己实际需求,通过因特网向厂商定购所需的应用软件服务,按定购的服务多少和时间长短向厂商支付费用,并通过因特网获得厂商提供的服务。用户不用再购买软件,而改为向提供商租用基于 Web 的软件来管理企业经营活动,且无须对软件进行维护,服务提供商会全权管理和维护软件,软件厂商在向客户提供因特网应用的同时,也提供软件的离线操作和本地数据存储,让用户随时随地都可以使用其定购的软件和服务。

在这种模式下,客户不再像传统模式那样花费大量的投资用于硬件、软件、人员,而只需要支出一定的租赁服务费用,通过因特网便可以享受到相应的硬件、软件和维护服务,享有软件使用权和不断升级,这是网络应用最具效益的营运模式。

13.1.3 SaaS 与传统软件的区别

SaaS 服务模式与传统许可模式软件有很大的不同,它是未来管理软件的发展趋势。SaaS 不仅减少了或取消了传统的软件授权费用,而且厂商将应用软件部署在统一的服务器上,免除了最终用户的服务器硬件、网络安全设备和软件升级维护的支出,客户不需要除了个人计算机和因特网连接之外的其他 IT 投资就可以通过因特网获得所需要的软件和服务。此外,大量的新技术,如 Web Service 提供了更简单、更灵活、更实用的 SaaS。

SaaS 供应商通常是按照客户所租用的软件模块进行收费,因此用户可以根据需求按需订购软件应用服务,而且 SaaS 的供应商会负责系统的部署、升级和维护。而传统管理软件通常是买家需要一次支付一笔可观的费用才能正式启动。

ERP 这样的企业应用软件,软件的部署和实施比软件本身的功能、性能更为重要,万一部署失败,那所有的投入几乎全部白费,这样的风险是每个企业用户都希望避免的。通常的 ERP、CRM 项目的部署周期至少需要一两年甚至更久的时间,而 SaaS 模式的软件项目部署最多也不会超过 90 天,而且用户无须在软件许可证和硬件方面进行投资。传统软件在使用方式上受空间和地点的限制,必须在固定的设备上使用,而 SaaS 模式的软件项目可以在任何可接入因特网的地方与时间使用。相对于传统软件而言,SaaS 模式在软件的升级、服务、数据安全传输等各个方面都有很大的优势。

最早的 SaaS 服务之一当属在线电子邮箱,极大地降低了个人与企业使用电子邮件的门槛,进而改变了人与人、企业与企业之间的沟通方式。发展至今,SaaS 服务的种类与产品已经非常丰富,面向个人用户的服务包括在线文档编辑、表格制作、日程表管理、联系人管理等;面向企业用户的服务包括在线存储管理、网上会议、项目管理、CRM(客户关系管理)、ERP(企业资源管理)、HRM(人力资源管理)、在线广告管理及针对特定行业和领域的应用服务等。

与传统软件相比,SaaS 服务依托于软件和因特网,不论从技术角度还是商务角度都拥有与传统软件不同的特性,表现以下几方面。

1. 因特网特性

一方面,SaaS 服务通过因特网浏览器或 Web Services/Web 2.0 程序连接的形式为用户提供服务,使得 SaaS 应用具备了典型的因特网技术特点;另一方面,由于 SaaS 极大地缩短了用户与 SaaS 提供商之间的时空距离,从而使得 SaaS 服务的营销、交付与传统软件相比有着很大的不同。

2. 多租户(Multi-Tenancy)特性

SaaS 服务通常基于一套标准软件系统为成百上千的不同客户(又称为租户)提供服务。这要求 SaaS 服务能够支持不同租户之间数据和配置的隔离,从而保证每个租户数据的安全与隐私,以及用户对诸如界面、业务逻辑、数据结构等的个性化需求。由于 SaaS 同时支持多个租户,每个租户又有很多用户,这对支撑软件的基础设施平台的性能、稳定性、扩展性提出很大挑战。

3. 服务特性

SaaS 使得软件以因特网为载体的服务形式被客户使用,所以服务合约的签订、服务使用的计量、在线服务质量的保证、服务费用的收取等问题都必须考虑。而这些问题通常是传统软件没有考虑到的。

SaaS是通过因特网以服务形式交付和使用软件的业务模式。在SaaS模式下,软件使用者无须购置额外硬件设备、软件许可证及安装和维护软件系统,通过因特网浏览器在任何时间、任何地点都可以轻松使用软件并按照使用量定期支付使用费。

13.1.4　SaaS模式应用于信息化优势

传统的信息化管理软件已经不能满足企业管理人员随时随地的要求,与移动通信和宽带互联的高速发展同步,移动商务才是未来发展的趋势。SaaS模式的出现使企业传统管理软件正在经历深刻的变革。SaaS模式的管理软件有许多区别于传统管理软件的独特优势有如下几种。

1. SaaS模式的低成本性

SaaS企业要在激烈的市场竞争中取胜,首先就要控制好运营成本,提高运营效率。以往,企业管理软件的大额资金投入一直是阻碍企业尤其是中小企业信息化发展的瓶颈,SaaS模式的出现无疑使这个问题迎刃而解。

SaaS模式实质属于IT外包。企业无须购买软件许可,而是以租赁的方式使用软件,不会占用过多的营运资金,从而缓解企业资金不足的压力。企业可以根据自身需求选择所需的应用软件服务,并可按月或按年交付一定的服务费用,这样大大降低了企业购买软件的成本和风险。企业在购买SaaS软件后,可以立刻注册开通。不需要花很多时间去考察开发和部署,为企业降低了宝贵的时间成本。

2. SaaS模式的多重租赁特性

多重租赁是指多个企业将其数据和业务流程托管存放在SaaS服务供应商的同一服务器组上,相当于服务供应商将一套在线软件同时出租给多个企业,每个企业只能看到自己的数据,由服务供应商来维护这些数据和软件。

有些SaaS软件服务供应商采用为单一企业设计的软件,也就是一对一的软件交付模式。客户可以要求将软件安装到自己的企业内部,也可托管到服务供应商那里。定制能力是衡量企业管理软件好坏的重要指标之一,这也是为什么有些软件开发商在SaaS早期坚持采用单重租赁的软件设计方案。多重租赁大大增强了软件的可靠性,降低了维护和升级成本。

3. SaaS模式灵活的自定制服务

自定制功能是SaaS软件的另一个核心技术,供应商的产品已经将自定制作得相当完美。企业可以根据公司的业务流程自定义字段、菜单、报表、公式、权限、视图、统计图、工作流和审批流等,并可以设定多种逻辑关系进行数据筛选,便于查询所需的详细信息,做到SaaS软件的量身定制,而且不需要操作人员具有编程知识。

企业可以根据需要购买所需服务,这就意味着企业可以根据自身发展模式购买相应软件。企业规模扩大时只要开启新的连接,无须购置新的基础设施和资源,而一旦企业规模缩小,只要关闭相应连接即可,这样企业可以避免被过多的基础设施和资源所牵累。

自定制服务的技术是通过在软件架构中增加一个数据库扩展层、表现层和一套相关开发工具来实现。目前世界上只有几家服务供应商拥有此项核心技术,其中包括中国的八百客公司。

4. SaaS软件的可扩展性

与传统企业管理软件相比,SaaS软件的可扩展性更强大。在传统管理软件模式下,如果软件的功能需要改变,那么相应的代码也需要重新编写,或者是预留出一个编程接口让用户可以进行二次开发。

在SaaS模式下,用户可以通过输入新的参数变量,或者制定一些数据关联规则来开启一种新的应用。这种模式也被称为"参数应用",而灵活性更强的方式是自定制控件,用户可以在SaaS软件中插入代码实现功能扩展。这样还能够大大减轻企业内部IT人员的工作量,有助于加快实施企业的解决方案。

5. SaaS软件提供在线开发平台

在线开发平台技术是自定制技术的自然延伸。传统管理软件的产业链是由操作系统供应商、编程工具供应商和应用软件开发商构成,而在线开发平台提供了一个基于因特网的OS和开发工具。

在线开发平台通常集成在SaaS软件中,最高权限用户在用自己的账号登录到系统后会发现一些在线开发工具。例如"新建选项卡"等选项,每个选项卡可以有不同的功能。多个选项卡可以完成一项企业管理功能,用户可以将这些新设计的选项卡定义为一个"应用程序",自定义一个名字。然后可以将这些"应用程序"共享或销售给其他在此SaaS平台上的企业用户,让其他企业也可以使用这些新选项卡的功能。

6. SaaS软件的跨平台性

SaaS提供跨平台操作使用。对于使用不同操作平台的用户来说,不需要再担心使用的是Windows还是Linux操作平台,通常只要用浏览器就可以连接到S to S提供商的托管平台。用户只要能够连接网络,就能随处使用所需要的服务。另外,SaaS基于WAP(无线应用协议)的应用,可以为用户提供更为贴身的服务。

7. SaaS软件的自由交互性

管理者通过平台可在任何地方、任何时间掌握企业最新的业务数据,同时利用平台的交互功能,管理者可发布管理指令、进行审核签字、实现有效的决策和管理控制。随着对外交往的日益广泛,管理者之间可以通过平台实现信息的交互,这种信息的交互不局限于简单的文字、表单,甚至可以是声音或者图片。

13.1.5 SaaS成熟度模型

1. Level1:定制开发

这是最初级的成熟度模型,其定义为Ad Hoc/Custom,即特定的/定制的。对于最初级的成熟度模型,技术架构上跟传统的项目型软件开发或者软件外包没有什么区别,按照客户的需求来定制一个版本,每个客户的软件都有一份独立的代码。不同的客户软件之间只可以共享和重用少量的可重用组件、库及开发人员的经验。最初级的SaaS应用成熟度模型与传统模式的最大差别在于商业模式,即软硬件及相应的维护职责由SaaS服务商负责,而软件使用者只需按照时间、用户数、空间等支付软件租赁使用费用即可。

2. Level2：可配置

第二级成熟度模型相对于最初级的成熟度模型增加了可配置性，可以通过不同的配置来满足不同客户的需求，而不需要为每个客户进行特定定制，以降低定制开发的成本。但在第二级成熟度模型中，软件的部署架构没有发生太大的变化，依然是为每个客户独立部署一个运行实例。只是每个运行实例运行的是同一个代码，通过配置的不同来满足不同客户的个性化需求。

3. Level3：高性能的多租户架构

在应用架构上，第一级和第二级的成熟度模型与传统软件没有多大差别，只是在商业模式上符合 SaaS 的定义。多租户单实例的应用架构才是通常真正意义上的 SaaS 应用架构，即 Multi-Tenant 架构。多租户单实例的应用架构可以有效地降低 SaaS 应用的硬件及运行维护成本，最大化地发挥 SaaS 应用的规模效应。要实现 Multi-Tenant 架构的关键是通过一定的策略来保证不同租户间的数据隔离，确保不同租户既能共享同一个应用的运行实例，又能为用户提供独立的应用体验和数据空间。

4. Level4：可伸缩性的多租户架构

在实现了多租户单实例的应用架构之后，随着租户数量的逐渐增加，集中式的数据库性能就成为整个 SaaS 应用的性能瓶颈。因此，在用户数大量增加的情况下，无须更改应用架构，而仅需简单地增加硬件设备的数量就可以支持应用规模的增长。不管用户多少，都能像单用户一样方便地实施应用修改。这就是第四级也是最高级别的 SaaS 成熟度模型所要致力解决的问题。

13.2 模式及实现

13.2.1 SaaS 商务模式

SaaS 是一个新的业务模式，在这种模式下软件市场将会转变，可通过下面两个方面进行描述。

1. 从客户角度考虑

软件所有权发生改变；将技术基础设施和管理等方面（如硬件与专业服务）的责任从客户重新分配给供应商；通过专业化和规模经济降低提供软件服务的成本；降低软件销售的最低成本，针对小型企业的长尾市场做工作。

（1）IT 投入发生转移。

在以传统软件方式构建的 IT 环境中，大部分预算花费在硬件和专业服务上，软件预算只占较小份额。在采用 SaaS 模式的环境中，SaaS 提供商在自己的中央服务器上存储重要的应用和相关数据，并拥有专业的支持人员来维护软硬件，这使得企业客户不必购买和维护服务器硬件，也不必为主机上运行的软件提供支持。基于 Web 的应用对客户端的性能要求要低于本地安装的应用,这样在 SaaS 模式下大部分 IT 预算能用于软件。

(2) 规模经济产生边际成本递减。

SaaS 模式比传统模式更节约成本。对于可扩展性较强的 SaaS 应用,随着客户的增多,每个客户的运营成本会不断降低。当客户达到一定的规模,提供商投入的硬件和专业服务成本可以与营业收入达到平衡。在此之后,随着规模的增大,提供商的销售成本不受影响,利润开始增长。

总体来讲,SaaS 为客户带来如下价值:

① 服务的收费方式风险小,灵活选择模块,备份,维护,安全,升级。

② 让客户更专注核心业务,不需要额外增加专业的 IT 人员。

③ 灵活启用和暂停,随时随地都可使用。

④ 按需定购,选择更加自由。

⑤ 产品更新速度加快。

⑥ 市场空间增大。

⑦ 实现年息式的循环收入模式。

⑧ 大大降低客户的总体拥有成本,有效降低营销成本。

⑨ 准面对面使用指导。

⑩ 在全球各地,7×24 小时全天候网络服务。

2. 从 ISV 角度考虑

(1) 能够覆盖中小企业信息化市场。

在信息化发展的今天,软件市场面临这样的境况,即中小型企业对信息化的需求与大型企业基本相同,但却难以承担软件的费用。符合由美国人克里斯·安德森提出的长尾理论——当商品储存流通展示的场地和渠道足够宽广,商品生产成本急剧下降以至于个人都可以进行生产,并且商品的销售成本急剧降低时,几乎任何以前看似需求极低的产品,只要有卖,都会有人买。这些需求和销量不高的产品所占据的共同市场份额可以和主流产品的市场份额相比,甚至更大。在这样的市场环境下,SaaS 供应商可消除维护成本,利用规模经济效益将客户的硬件和服务需求加以整合,这样就能提供比传统厂商价格低得多的解决方案,这不仅减轻了财务成本,而且大幅减少了客户增加 IT 基础设施建设的需要。因此,SaaS 供应商能面向全新的客户群开展市场工作,而这部分客户是传统解决方案供应商所无力顾及的。

(2) 能够控制盗版问题。

传统的管理软件备份成本几乎可以忽略不计,很难控制盗版。而 SaaS 模式的服务程序全都放在服务商的服务器端,用户认证、软件升级和维护的权力都掌握在 SaaS 提供商手中,很好地控制了盗版问题。

(3) 可预见的收入来源。

在传统的许可模式下,收入以一种大型的、循环的模式来达到平衡。每一轮的产品升级都伴随着不菲的研发投入和后续的市场推广费用,随着市场趋于饱和后,产品生命周期结束,新产品的研发再开启一轮新的循环。

在 SaaS 模式中,客户以月为基础来为使用软件付费,收入流更加增量化。从长远看,SaaS 的收入会远远超出许可模式,并且它会提供更多可预见的现金流。

13.2.2　SaaS 平台架构

基于 SaaS 模式的企业信息化服务平台通过 Internet 向企业用户提供软件及信息化服务,用户无须再购买软件系统和昂贵的硬件设备,转而采用基于 Web 因特网的租用方式引入软件系统。

服务提供商必须通过有效的技术措施和管理机制,以确保每家企业数据的安全性和保密性。在保证安全的前提下,还要保证平台的先进性、实用性。为了便于承载更多的应用服务,还需保证平台的标准化、开放性、兼容性、整体性、共享性和可扩展性。为了保证平台的使用效果,提供良好的客户体验,必须保证良好的可靠性和实时性。同时平台应该是可管理和便于维护的,通过大规模的租用,先进的技术保证,降低成本实现使用的经济性。基于 SaaS 模式的企业信息化平台框架如图 13-1 所示,主要包含 4 大部分,分别是基础设施、运行时支持设施、核心组件和业务服务应用。

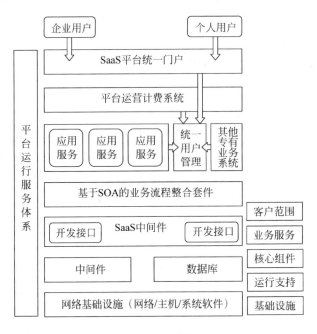

图 13-1　平台总体框架图

基础设施包含了 SaaS 平台的硬件设施(如服务器、网络建设等)和基本的操作系统等 IT 系统的基础环境;运行时支持设施包括运行基于 Java EE 和.net 软件架构的应用系统所必需的中间件和数据库等支撑软件;核心组件主要包括 SaaS 中间件、基于 SOA 的业务流程整合套件和统一用户管理系统,这些软件系统提供了实现 SaaS 模式和基于 SOA 的业务流程整合的先决条件;业务服务主要包含专有业务系统、通用服务和业务应用系统,为用户提供了全方位的应用服务。

SaaS 平台首先建设面向数据中心标准的软硬件基础设施,为任何软件系统的运行提供了基础的保障。高性能操作系统安装在必需的集群环境下,为整个数据中心提供高性能的虚拟化技术保障。SaaS 平台是一个非常复杂的软件应用承载环境,不可能为每个应用设立独立的运行环境、数据支持环境和安全支持环境,共享和分配数据中心资源才是高效运营 SaaS 平台的基础。虚拟化技术既提供了这样的资源虚拟能力,能够将数据中心集群中的资源综合分配给每个应用,也能够将数据中心集群中的独立资源再细化分解为计算网格节点,细化控制每个应用利用的资源数量与质量。建成具有数据中心承载能力的软硬件基础环境后,SaaS 平台上会部署一层中间件、数据库服务和其他必要的支持软件系统。硬件和操作系统的资源并不能直接为最终应用所使用,通过中间件、数据库服务和其他必要的支持软件系统,存在于 SaaS 平台数据中心的计算和存储能力才能够真正地发挥作用。不论是基于 Java EE 还是. Net framework 创建的(超)企业级应用,都能够稳定高效地运行在这些高性能的服务软件之上。

整个 SaaS 平台协同运行的核心是多租户管理和用户资源整合。基于自主知识产权的统一用户授权管理系统与单点登录系统(UUM/ SSO)很好地满足了 SaaS 平台在这方面的需求。依照 UUM/SSO 所提供的标准接口,各类应用在整合用户的角度能够无缝连接到 SaaS 平台上,当最终用户登录 SaaS 平台的服务门户后,整个使用过程就好像是统一操作每个软件系统的不同模块,所有各系统的用户登录和授权功能都被整合在一起,给用户最佳的使用体验。同时,由于用户整合工作在所有应用服务登录平台前就已经完成,这就为日后的应用系统业务流程整合提供了良好的基础,为深层数据挖掘与数据利用提供了重要的前提。在基于 UUM/SSO 的支持下,SaaS 平台运营收费管理系统提供了平台完整的运营功能,保障整个 SaaS 平台顺利安全稳定运行,并具有开放的扩展能力,保证 SaaS 平台在日后的发展中不断完善和进步,走在业界的前沿。

基于上述所有 SaaS 平台自身建设的基础,SaaS 平台将为最终用户提供高效、稳定、安全、可定制、可扩展的现代企业应用服务。不管是通用的因特网服务还是满足企业业务需求的专有应用,SaaS 平台运营商都会依照客户需求选择、采购、开发和整合专业的应用系统为用户提供最优质的服务。

13.2.3　SaaS 服务平台的主要功能

1. SaaS 服务平台统一门户系统

SaaS 门户网站用来全方位展示 SaaS 运营服务,建立品牌形象、营销渠道与用户认可度,利用因特网这一现代化的信息和媒体平台,提高软件应用服务的覆盖范围与推广速度,这是通用 SaaS 服务推广的重要手段之一。SaaS 作为基于因特网的软件增值服务,通过因特网推广产品,拓展渠道。

SaaS 统一门户应用系统是依托 SaaS 平台完备网络基础设施、存储、安全及多个业务领域服务系统,构建统一 SaaS 门户,实现客户在线模块化的快速订购组件、面向企业服务(行业专有)、服务营销推广、企业培训及体验中心等多种服务展现方式。

(1)易用性。方便上网客户浏览和操作,最大限度地减轻后台管理人员的负担,做到部分业务的自动化处理。

(2)业务完整性。对于业务进行中的特殊情况能够做出及时、正确的响应,保证业务数据的完整性。

（3）业务规范化。在系统设计的同时，也为将来的业务流程制定了较为完善的规范，具有较强的实际操作性。

（4）可扩展性。系统设计要考虑到业务未来发展的需要，要尽可能设计的简明，各个功能模块间的耦合度小，便于系统今后的扩展。

2. SaaS 运营管理平台系统

SaaS 运营管理平台从服务参与实体上线、服务运营生命周期、服务运营分析及可视化这三个重要的维度为服务运营提供强有力的支持。SaaS 运营平台立足于服务运营管理平台的管理元模型，该模型需基于实际的服务运营经验抽象提升得到，为实现灵活的运营功能（如分销渠道管理、多模式服务订阅、统一账户管理等）提供有力支持。SaaS 运营管理平台的着眼点在于端到端的服务生命周期管理，通过规范的服务运营流程提高服务运营的质量和效率，并且该平台针对 SaaS 运营的分析模型和功能高效地综合运营相关信息并及时清晰地展示给相关人员。

SaaS 运营管理平台克服了传统软件服务运营流程不规范，效能低下，运营状况无法及时获取，客户体验不一致等问题，从而帮助软件服务运营从小规模、人工化的方式向大规模、高效率、快节奏运营迈进。

SaaS 运营管理平台系统是 SaaS 服务平台的核心系统，承担着 SaaS 服务平台的计费和支付、统一用户管理、单点登录、应用服务的管理及各种统计报表数据的管理等功能。其中在总体技术架构中，统一用户管理系统又作为运营管理平台的核心，将门户、应用服务、底层支撑平台有机地集成到一起。

SasS 服务平台提供的应用可以分为新开发应用系统、可改造的应用系统、无须改造的应用系统三类，如图 13-2 所示。

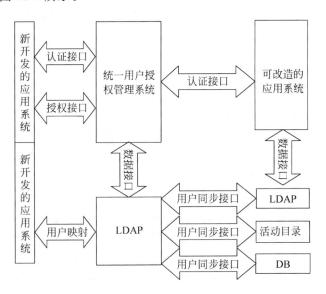

图 13-2　统一用户管理系统设计

新开发应用系统没有认证和授权机制,数据库中只存储与具体业务相关信息;可改造的应用系统本身已经具有认证和授权机制,可以通过数据同步和认证机制改造与单点登录系统集成;无须改造的应用系统由于系统改造工作难度比较大,只需要把统一用户授权管理系统的用户和应用系统的用户进行映射,就可以完成认证集成。

一般的应用系统都有自己的授权体系,并且授权的方式也不太一样,同时授权机制与业务紧密联系,要把授权独立拆分出来工作量比较大,需要对系统进行大量改造。考虑到现存应用授权的现状,统一用户授权管理系统对不同的应用进行不同粒度的授权。新开发的应用系统可以不需要关心授权机制,只需要开发业务即可,统一用户授权管理系统负责应用系统管理、角色管理、资源管理(包含页面、菜单、按钮、模块、数据等),为应用系统合法用户提供合法授权的权限(授权的资源)信息。统一用户授权管理系统提供标准的认证接口、授权接口、用户同步接口,可以做到应用系统与统一用户授权管理系统的无缝集成,达到完美的用户体验。对于已经存在的系统,如果可以进行升级改造,完全可以按照标准的接口、规范进行开发。如果改造难度比较大或者无法改造,可以采用以下两种方式来集成:

(1)采用统一身份认证,授权分布管理的方式。也就是应用系统身份认证调用统一用户和授权管理系统提供的身份认证接口,授权等操作则由各应用系统完成。这种方式既可以保证用户的统一身份认证,又可以降低应用系统整合的复杂度,推荐采用。

(2)采用用户身份映射的方式。也就是应用系统基本不需要做改动,在统一用户和授权管理系统中把统一的用户身份和应用系统的用户身份进行映射,进而完成用户身份的统一性。这种方式主要针对一些已经存在的旧应用系统,并且无法改造,可以采用用户映射的方式进行身份认证的整合集成。

以上两种方式和完全按照系统标准接口开发的应用区别在对于应用系统的权限管理粒度不同。新开发应用系统集成度比较高,统一授权的粒度比较细,可以控制到应用系统的具体资源。第三方应用和现存应用二次开发难度比较大,只需要控制到应用系统层面,即用户是否可以访问应用系统,应用系统具体的权限控制由应用系统自行管理和控制。

3. SaaS 服务平台应用服务系统

SaaS 服务平台的特色是可以通过因特网提供丰富多样的企业信息化应用服务,因此平台对各种企业信息化应用需要提供一种集成和部署环境及统一部署接口,以便为不同的信息化服务整合奠定基础。根据信息化产品应用的不同,可以将应用服务分为 4 大类:

(1)通用型服务:企业邮箱、网络传真、杀毒类产品、视频会议等。

(2)管理型服务:财务类应用、在线进销存、客户关系管理、ERP、办公 OA 协同等。

(3)专有服务:定制不同行业信息化整体解决方案、大中型企业供应链系统。

(4)设计类应用服务:AutoCAD、CA XA 系列、ANSYS. DESIGNSPACE 等各种设计软件授权租用。

一般情况下,新引入的应用服务需要同 SaaS 平台进行集成,都需要按照平台接口规范进行一定的改造。企业邮箱与 Saas 平台集成如图 13-3 所示。

在企业邮箱系统集成到 SaaS 平台后,企业邮箱系统的用户资源将和 SaaS 平台自身的用户资源做自动化的同步。企业邮箱系统的界面将通过单点登录系统与 SaaS 平台门户有机整合,用户只要通过一次登录 SaaS 门户,就可以直接访问账号对应的企业邮箱。

图 13-3　企业邮箱与 SaaS 平台集成

4. SaaS 服务平台的安全保障体系

从 SaaS 平台的安全需求入手，依据面向服务的集成体系，设计、实施安全防御和保护策略。如图 13-4 所示，SaaS 平台的安全保障架构由以下安全体系构成。

（1）IT 基础设施安全体系。SaaS 平台的基础，为了保障业务支撑体系和门户的安全，必须加强物理、网络、主机安全。

（2）运营支撑安全体系。为了保障应用系统和网站的安全，需要借助数字证书进行强身份认证、加密、签名等安全措施，而以上安全措施需要相关基础设施和技术进行支撑，如数字证书基础设施、数字证书、数据安全传输等。

（3）业务支撑安全体系，包括信息传输的安全性、保密性、有效性和不可抵赖性；户业务数据的安全性和可靠性；统一身份认证、安全审计等。

13.2.4　SaaS 服务平台关键技术

1. 单实例多租户技术

单实例多租户模型可以说是 SaaS 应用的本质特点，通过这样的模型，供应商实现了低费用，规模效应的商业模式。要求供应商能够承担多租户带来的挑战，一方面是多租户同时使用时的承载，另一方面还必须满足多租户不同的个性化需求。

多租户技术解决方案基于强大/丰富的软件中间件产品线，提供了面向 SaaS 应用开发人员和平台运营商的开发、部署、运行、管理多租户应用的全方位的组件群，可以提供高效的多租户资源共享和隔离机制，从而最大限度地降低分摊在单个租户的平均基础设施和管理成本；提供具备高可扩展性的基础架构，从而支持大数量的租户，具备平台架构动态支持服务扩展,以满足租户的增减;提供灵活的体系结构,从而满足不同租户异构的服务质量和定制化需求;提供对复杂异构的底层系统、应用程序、租户的统一监控和管理。

图 13-4 SaaS 服务平台安全保障体系

2. 多租户数据隔离技术

如图 13-5 所示,多租户数据管理在数据存储上存在着三种方式,分别是独立数据库;共享数据库,隔离数据架构;共享数据库,共享数据架构。这三种存储方式带来的影响表现在数据的安全和独立、可扩展的数据模型和可缩放的分区数据上。

图 13-5 多租户数据管理

(1) 独立数据库。每个租户对应一个单独的数据库,这些数据在逻辑上彼此隔离。元数据将每个数据库与相应的用户关联,数据库的安全机制防止用户无意或恶意存取其他用户的数据。它的优势是实现简单、易数据恢复、更加安全隔离。缺点则是硬件和软件的投入相对较高。这种情况适合于对数据的安全和独立要求较高的大客户,如银行、医疗系统。

(2) 共享数据库,不共享架构。隔离数据架构就是所有租户采用一套数据库,但是数据分别存储在不同的数据表集中,这样每个租户就可以设计不同的数据模型。它的优势在于容易进行数据模型扩展,提供中等程度的安全性。缺点则是数据恢复困难。

(3)共享数据库,共享架构。共享数据架构就是所有租户使用相同的数据表,并存放在同一个数据库中。它的优势是管理和备份的成本低,能够最大化利用每台数据库服务器的性能。缺点则是数据还原困难,难于进行数据模型扩展。另外所有租户的数据放在一个表中,数据量太大,索引、查询、更新更加复杂。

3. SaaS 服务的整合技术

SaaS 平台服务的重要对象之一是 SaaS 软件开发商,当 SaaS 平台上的服务日渐增加时,SaaS 服务提供商和最终用户就会有对相关联的 SaaS 服务加以集成或组合的需求,因此 SaaS 平台应当具备软件服务整合功能,将开发商开发的 SaaS 服务有机、高效的组织,并统一运行在 SaaS 平台之上。

(1)良好的平台扩展性架构。增加 SaaS 软件服务,不增加 SaaS 平台复杂性和运行费用。

(2)不同服务集成。使得服务提供商提供的服务能够与其他服务方便地进行数据集成,与其用户的本地应用方便地进行数据集成,实现 SaaS 和 SaaS 之间业务数据的路由,转换、合并和同步。

(3)与已有的系统兼容。提供数据和服务适配接口,方便客户将已有的数据和服务无损移植到 SaaS 平台中,实现 SaaS 和用户本地应用之间业务数据的平滑交互。

4. 联邦用户管理

联邦身份管理支持部件是任何 SaaS 平台上的一个基础部件,如图 13-6 所示,它为 SaaS 客户提供了一个集中平台来管理员工和客户的身份信息。此外,它还为开发和交付安全的组合服务提供了联邦身份的支持。

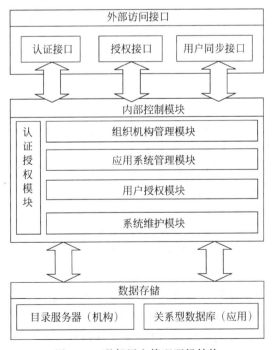

图 13-6　联邦用户管理逻辑结构

在一个 SaaS 平台上,一个用户很可能是多个 SaaS 服务的订阅者。为了避免每个 SaaS 服务重复验证和管理用户身份,对于联邦身份的支持就显得十分重要。

13.3 Salesforce 云计算案例

Salesforce 是创建于 1999 年 3 月的一家客户关系管理(CRM)软件服务提供商,可提供随需应用的客户关系管理(On-demand CRM),允许客户与独立软件供应商定制并整合其产品,同时建立他们各自所需的应用软件。对于用户而言,可以避免购买硬件、开发软件等前期投资及复杂的后台管理问题。Salesforce 采用的云计算主要是软件即服务这种模式,即通过 Internet 提供软件应用的模式,服务提供商将应用软件统一部署在自己的服务器上,用户无须购买、构建和维护基础设施和应用程序软件,只需根据自己实际需求定购应用软件服务,按定购的服务多少和时间长短向服务商支付费用。服务提供商全权管理、维护软件,让用户随时随地都可以使用其定购的软件和服务。平台即服务是另一种 SaaS,这种形式的云计算把开发环境作为一种服务来提供。开发者可以使用中间商的软硬件设备开发自己的程序并通过因特网供用户使用。

13.3.1 Salesforce 云计算产品组成

Salesforce 经过十年多的发展,在云计算方面形成 4 大平台产品,包括 Sales Cloud(销售云,原有 CRM 产品的延伸)、Service Cloud(服务云)、Force. corn(CRM 产品的附加应用开发平台)、Chatter 协作平台(实时通信协作平台),它们都具备独特的功能,各个产品之下的各个组件还可以无缝整合,实现"按需使用",结构如图 13-7 所示。下面对每个产品的功能、特征进行简单介绍。

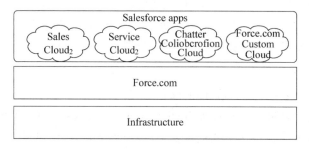

图 13-7　Salesforce 云计算产品结构

1. Sales Cloud

Sales Cloud 以 Salesforce Automation 为基础,推出了 Sales Cloud 服务,该服务贯穿于企业销售活动的各个阶段。从前期的机会管理到后期的统计分析与市场预测,应用 Sales Cloud 服务能够起到销售过程加速和流水线化的作用。

2. Service Cloud

Service Cloud 主要通过各种信息渠道(从呼叫中心、客服门户到社交网站、即时通信)实现高效且响应快捷的客户服务,是一个现代化的客户服务平台,它融合众多通信技术支持各种服务,包括呼叫中心、客户门户、社交功能(快速与 Twitter、Facebook 等社交网站进行连接,参与对公司、产品及服务的讨论)、知识管理(知识积累、共享与管理)、电子邮件、即时聊天(即时与客户、合作伙伴进行交流)、搜索(借助 Google 等搜索站点共享知识和信息)、合作伙伴服务(与合作伙伴协作解决客户问题、共享知识)、客服分析(根据客户服务记录形成相关分析报表)等模块。通过这些服务手段,Service Cloud 能够为自己的用户提供可信的服务渠道,这就是"客户服务软件即服务"。它以 Web 方式订购和交付在线 CRM 软件,用户无须购买和维护 CRM 系统,大大缩短了 CRM 系统的上线时间。

3. Force. com

Force. com 是 Salesforce CRM 核心产品的附加应用开发平台。Force. com 是一组集成的工具和应用程序,ISV(Independent Software Vendors,独立软件开发商)企业的 IT 部门可以使用它构建任何业务应用程序,并在提供 Salesforce CRM 应用程序的相同基础架构上运行该业务应用程序。Force. com 提供了一个应用开发模型和托管平台,借助这个开发模型,开发人员可以使用 Apex 开发语言访问 Salesforce. com 服务,并将应用自动托管到 Force. com 平台执行,因此 Force. Comss 属于 PaaS 应用。Apex 代码托管于 Salesforce 的 Force. com 云服务中,是"世界上第一种随需应变的编程语言",运行于 Force. com 平台环境中。在语法方面,Apex 与 Java 或 C 语言类似。

Force. com 平台自底向上共分为三层:云基础设施层,负责平台的底层计算、数据库存储、事务处理、系统更新等能力的提供;平台层,负责提供编程接口、业务逻辑实现、工作流验证、应用托管等功能;应用层,实现应用程序的自动化、定制化,提供应用呈现、应用交易等服务。Force. com 的核心技术包括多租户架构、元数据驱动开发模型、Web Service API、Apex 编程语言、Visualforce 开发组件、Force Platform Sites、AppExchange 应用软件超市等。

利用 Force. com 平台,企业不会在 IT 系统日常维护上浪费资源,从而可以开始创建真正具有商业价值的新的应用程序,因此也获得了巨大的成功,并吸引了大量的开发者。

现在,Force. com 平台主要提供三个版本,分别是免费版、企业版和无限制版。

4. Chatter 协作平台

伴随着近几年因特网社交网站、即时通信工具的普遍推广,人们可以非常方便地与亲友取得联系、进行沟通,国外的 Facebook、Twitter,国内的人人网、QQ 等正在不断地把社交信息、生活信息通过多种渠道推送给我们。而 Salesforce Chatter 开启了一个全新的企业实时协作平台,用户可以随时了解其他同事的工作进展、重要项目和交易的状态,能够在需要的时候更新联系人、工作组、文档和应用数据。同时,Chatter 基于 Force. com 构建,因此所有 Salesforce. com 的用户、合作伙伴和开发者都能基于 Chatter 的协作能力构建定制化应用。目前 Chatter 仅有一个版本,付费用户可以免费使用,单独购买每月 15 美元。

13.3.2　Salesforce 云计算特点

Salesforce 提供的"云服务"在不断发展中形成了一种良性循环,各个特点互相补充、相辅相成,为 Salesforce 的用户提供了多种便利。其云计算的特点主要包括以下几个方面。

1. 按需定制

以用户为中心,这是 Salesforce 云服务最为突出的一个优势,通过 Force.com 开发平台的运用,用户可以根据需要开发出适合自己的应用软件。这种方式不仅通过软件功能的独特性为用户提供更为专业和实用的服务,在降低成本方面也具有明显的优势。信息行业协会的一份研究报告的数据显示,按需部署比安装软件要快 50%～90%,且成本只是安装软件的 1/10～1/5。同时 Force.com 平台可以根据企业变化不断调整以适应业务需求,使客户群始终使用最新的版本。

2. 全方位的整合

企业在运用 Salesforce 时经常会考虑该技术的运用是否能够与企业多年使用的其他系统很好地整合,以充分发挥各自的功能。令人欣慰的是 Salesforce 的用户不必担心这个问题,因为对用户来说,既可以使用 Force.com 平台提供的接口程序与企业现有的应用程序或系统整合,也可以使用 Salesforce 提供的开发工具进行自定义整合。这些整合的方式简单易行,且不会影响到原先各个系统的正常运行。

3. 共享应用程序的市场

Salesforce 公司为其使用者提供了一个 appexchange 目录,其中储存了上百个预先建立的、预先集成的应用程序,从经费管理到采购招聘一应俱全,用户可以根据自己的需要将这些程序直接安装到自己的 Salesforce 账户中,或者根据需要对这些应用程序进行修改以适应本公司特殊业务的需要,同时可以与其现有的自定义程序一起在 Force.com 平台运行。

Salesforce 公司的云服务可以说是非常全面的。用户通过 Force.com 平台不仅能够自主设计应用程序以满足特殊需要,还可以借鉴现有定制的应用程序通过修改达到自用的要求,同时完善的整合路径也不会影响到企业内部其他系统的正常运行,保证各个系统发挥各自的功能,相辅相成,共同为企业的生产运营服务。

13.4 本章小结

本章介绍了云计算环境中的 SaaS。SaaS 是指通过 Internet 提供软件的模式,厂商将应用软件统一部署在自己的服务器上,客户可以根据自己的实际需求,通过因特网向厂商定购所需的应用软件服务,按定购的服务多少和时间长短向厂商支付费用,并通过因特网获得厂商提供的服务。

Salesforce 采用的云计算主要是软件即服务这种模式,即通过 Internet 提供软件应用的模式,服务提供商将应用软件统一部署在自己的服务器上,用户无须购买、构建和维护基础设施和应用程序软件,只需根据自己实际需求定购应用软件服务,按定购的服务多少和时间长短向服务商支付费用。

Salesforce 在云计算方面形成了 4 大平台产品,包括 Sales Cloud(销售云,原有 CRM 产品的延伸)、Service Cloud(服务云)、Force.com(CRM 产品的附加应用开发平台)、Chatter 协作平台(实时通信协作平台),它们都具备独特的功能,各个产品之下的各个组件还可以无缝整合,实现"按需使用"。

第 *14* 章

容器即服务

14.1 容器云服务

14.1.1 云平台架构层次

在云计算平台层次中，IaaS 平台接管了所有的资源虚拟化工作，通过软件定义的方式为云租户提供虚拟的计算、网络和存储资源。PaaS 平台接管了所有的运行时环境和应用支撑工作，云平台的租户因此可以申请配额内的计算单元而不是虚拟机资源来运行自身的服务。当前不少经典 PaaS 平台已经采用容器作为计算单元，替代那些仍然依靠虚拟机支持的 PaaS 平台。在这两层的基础上，用户部署的应用和服务通过 API 响应的方式组成系列集合服务于最终用户，这就是所谓的 SaaS。

经典云平台中，应用实例运行在 PaaS 平台所提供的容器环境中，容器在虚拟机基础上完成了第二层次基础设施资源的划分；容器封装了应用正常运行所需的运行时环境和系统依赖；同时，容器也成为租户调度应用、构建应用多实例集群的最直接手段。

基于虚拟机运行的经典 PaaS 平台的租户不能进入自己的计算单元中，这类 PaaS 平台就如同一个黑盒，完全脱离租户的控制，处于完全被托管的状态。如果一切都有条不紊地运作，该模式没有问题。

然而，一旦应用运行过程中有错误发生，云平台的 PaaS 层首先会删除故障实例，然后立即在其他位置恢复这个实例。因此，开发和运维人员失去了往日对应用及其运行时环境的完全掌控，再加上经典 PaaS 平台通常在应用架构选择，支持的软件环境服务等方面有较强限制。因此在生产环境下，部分倾向于放弃 PaaS 层，直接依靠运维力量来分配和调度虚拟机,靠大量自动化工具来维护和支撑所有运行时、应用环境配置、服务依赖、操作系统管理等。

14.1.2　容器云

云计算环境中的 CaaS(Container as a Service,容器即服务)是指将服务软件封装在容器中,根据用户需要提供灵活高效的容器服务。

相对于传统 IaaS 平台,Docker 容器启停速度比虚拟机提高了一个量级,而在资源利用率上容器独有的高密度部署能力也强于普通 IaaS。更有吸引力的是,容器镜像大小仅几十到几百兆就完整封装了响应的服务,提供了一种全新的应用分发方式,给应用开发者带来了一致性保证,比动辄 GB 级的虚拟机镜像在应用部署和分发上有更加强大的竞争力。

相比经典 PaaS 平台,Docker 的出现使得构造一个对开发和运维人员更加开放的容器 PaaS 云成为可能。基于容器镜像的应用发布流程不仅能覆盖整个应用生命周期,还减少了经典 PaaS 平台对应用架构/支持的软件环境服务等方面的诸多限制,将更多控制力交还给开发和运维人员。不论处于哪种层次的云平台,基于 Docker 的容器即服务将大行其道,结构如图 14-1 所示。

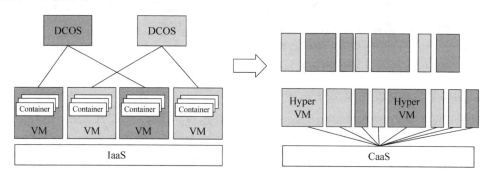

图 14-1　IaaS 向容器云转变

14.1.3　容器云的特点

随着以 Docker 为代表的容器技术在国内的迅速发展,容器云也逐渐流行,但容器云(CaaS)相比传统的云主机(IaaS)在实际应用中还存在着一些区别。

1. 高密度、高弹性

现有的云计算平台在面对大规模、高弹性计算的需求时往往会遇到一些瓶颈:难以在短时间内启动大规模计算资源来应对高并发的需求;传统 IaaS 的弹性计算性价比低,每个虚拟机都要消耗额外的系统资源。

由于 Docker 容器的启动一般在秒级实现,这相比传统的虚拟机方式要快得多。另外,Docker 对系统资源的利用率很高,一台主机上可以同时运行数千个 Docker 容器。容器除了运行其中的应用外,基本不需要消耗额外的系统资源,使得应用的性能很高,同时系统的开销很小。基于虚拟机的技术决定了它的启动速度分钟级(或数秒级),而 Docker 基于轻量级的 LXC,它的启动速度是毫秒级(秒级)的。这就使得容器云具备高密度、高弹性的特性,在面对突发访问量时也能轻松应对。另外,它通过提升应用对系统资源的利用率,使得相比虚拟机的性价比大大提高了。

2. 兼具 IaaS 的灵活和 PaaS 的便利

基于 Docker 的容器云是一个用于开发、交付和运行应用的平台,Docker 设计用来更快的交付应用程序。Docker 可以将用户的应用程序和基础设施层隔离,并且还可以将基础设施当作程序一样进行管理。Docker 可以实现更快地打包代码、测试及部署,并且大大缩短从开发到运行上线的周期。容器云的本质是一个轻量级的容器虚拟化平台,以及一套标准的开发、构建、部署、运行的流程,并且可以集成各类工具,比如持续集成、数据库与缓存、大数据等,以及一些 PaaS 类的服务。容器云在计算资源调度上具备 IaaS 的灵活性,以及 PaaS 的便利,弹性伸缩,日志监控,滚动升级,持续集成/部署等系统级的 PaaS 服务已成为容器云的标配,并逐渐往上层发展,比如部署数据库与缓存、大数据、安全监控等服务,以及集成各类 SaaS 服务。

3. 容器化应用是基石,一切都封装在镜像里

Docker 提供了一种在安全隔离的容器中运行几乎所有应用的方式,这种隔离性和安全性允许在同一主机上同时运行多个容器,而容器的这种轻量级特性意味着可以节省更多的系统资源,因为不必消耗运行 Hypervisor 所需要的额外负载。对于容器云而言,所有的应用都需要容器化以后才能发布,即将应用程序打包进 Docker 容器,以镜像的方式运行。容器化应用未来将会成为云端应用交付的标准。

4. 实现更快速的交付和部署

对于开发者来说,往往希望能够一次构建,随处运行。试想一下,如果团队里有 10 个开发者,按照传统的方式,每个新来的人往往需要在自己的环境里重复搭建一套开发测试环境,而通常因为系统的不一致(有的人使用 Windows,有的人使用 Ubuntu,抑或是 Mac)导致出错率大大提高及效率的降低。而使用 Docker 之后,开发者可以使用一个标准的镜像来构建一套开发环境,开发完成之后,运维人员可以直接使用这个容器来部署代码。Docker 可以快速创建容器,快速迭代应用程序,并让整个过程全程可见,使团队中的其他成员更容易理解应用程序是如何创建和工作的。

5. 更易于微服务架构的实现

微服务采用一组服务的方式构建一个应用,服务独立部署在不同的进程中,不同的服务通过一些轻量级交互机制来通信,例如 RPC、HTTP 等。服务可独立扩展伸缩,每个服务定义了明确的边界,不同的服务甚至可以采用不同的编程语言来实现,由独立的团队来维护。微服务通常具有相互独立、原子化、松耦合结构等特点。基于 Docker 的容器云更易于微服务架构的实现,主要体现在以下几个方面:

(1) 一个容器即是一个完整的执行环境,不依赖外部任何的东西。

(2) 一台物理机器可以同时运行成百上千个容器。它的计算粒度足够的小。

(3) 容器通常是秒级创建和销毁,所以非常适合服务的构建和重组。

(4) 一系列的容器编排工具,能够快速的实现服务的组合和调度。

6. 更高效的虚拟化

由于 Docker 轻量并且快速，因此相对于基于 Hypervisor 的虚拟机的部署方式，Docker 提供了一种更可行和划算的替代方案，这对于高密度部署环境尤其有用，例如构建私有云或 PaaS。当然，当想在有限的资源里部署更多的应用时，Docker 对于中小型的部署也非常有用。Docker 容器的运行不需要额外的 Hypervisor 支持，它是内核级的虚拟化，因此可以实现更高的性能和效率。

7. 容器的启动是（毫）秒级的

通常，如果要在一台服务器上运行多个任务，传统的方法是将其划分为多个虚拟机，使用每个虚拟机来运行一个任务。但是虚拟机启动很慢，因为它们必须启动整个操作系统，这要花上几分钟的时间。而且这会占用大量资源，因为每个虚拟机都需要运行一个完整的操作系统实例。容器则提供了某种类似的行为，但是速度更快一些，因为启动一个容器就像启动一个进程。

8. 像搭积木一样进行资源编排

例如，在基于 Kubernetes 的容器云中可以实现 Pod 和 Stack 两种层面的编排。

（1）Pod 编排。

适用于紧耦合的服务组，保证一组服务始终部署在同一节点，并可以共享网络空间和存储卷。也就是同一个 Pod 内的容器可以通过 Localhost 访问彼此服务，共享网络空间，容器的端口不能互相冲突；对于同一个存储卷，可以被同一个 Pod 的多个容器操作。通过 Pod 编排，使我们不需要重新构建镜像就可以把多个服务进行整合。如果一个容器推荐仅包含一个进程，那么 Pod 更像是可以容纳多个进程的虚拟机。

（2）Stack 编排。

设计上与 Docker Compose 相似，但可以支持跨物理节点的服务之间通过 API 进行网络通信。以上两种编排均支持用 yaml 文件描述多个容器及其之间的关系，定制各个容器的属性，并可一键部署运行。

9. 易于管理

负载均衡、弹性伸缩、日志监控、滚动升级等举手可得。

对于容器云，通常只需要小小的修改就可以替代以往大量的更新工作。所有的修改都以增量的方式被分发和更新，从而实现自动化并且高效的管理。而以前需要耗费额外的工作去开发的一些管理运维的工作，比如负载均衡、全自动/半自动弹性伸缩、日志监控、滚动升级等往往成为容器云的“标配”，无须再为这些事情操心。

10. 易于扩展和迁移

容器云的 Docker 容器几乎可以在任意的平台上运行，包括物理机、虚拟机、公有云、私有云、个人计算机、服务器等。这种兼容性可以让用户把一个应用程序从一个平台直接迁移到另外一个。容器云的这种特性类似于 Java 的 JVM，Java 程序可以运行在任意安装了 JVM 的设备上，在迁移和扩展方面变得更加容易。

14.2 Kubernetes 应用部署

十多年来,Google 一直在生产环境中使用容器运行业务,负责管理其容器集群的系统就是 Kubernetes 的前身 Borg。其实现在很多工作在 Kubernetes 项目上的 Google 开发者先前就在 Borg 这个项目上工作。Kubernetes 管理容器集群,加速开发和简化运维(即 DevOps)。

14.2.1 Kubernetes 架构

Kubernetes 集群包括 Kubernetes 代理(Agents)和 Kubernetes 服务(Master Node)两种角色,代理角色的组件包括 Kube-Proxy 和 Kubelet,它们同时部署在一个节点上,这个节点也就是代理节点。服务角色的组件包括 Kube-Apiserver、Kube-Scheduler、Kube-Controller-Manager,它们可以任意部署,可以部署在同一个节点上,也可以部署在不同的节点上。Kubernetes 集群依赖的第三方组件目前有 Etcd 和 Docker 两个。前者提供状态存储,两者用来管理容器。集群还可以使用分布式存储给容器提供存储空间。图 14-2 显示了目前系统的组成部分。

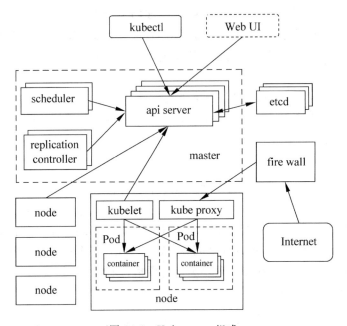

图 14-2 Kubernetes 组成

1. Kubernetes 代理节点

Kubelet 和 Kube-Proxy 运行在代理节点上,它们监听服务节点的信息来启动容器和实现 Kubernetes 网络和其他业务模型,比如 Service、Pod 等。当然,每个代理节点都运行 Docker。Docker 负责下载容器镜像和运行容器。

1）Kubelet

Kubelet 组件管理 Pods 和它们的容器,镜像和卷等信息。

2）Kube-Proxy

Kube-Proxy 是一个简单的网络代理和负载均衡器,它具体实现 Service 模型,每个 Service 都会在所有的 Kube-Proxy 节点上体现。根据 Service 的 Selector 所覆盖的 Pods,Kube-Proxy 会对这些 Pods 做负载均衡来服务于 Service 的访问者。

2. Kubernetes 服务节点

Kubernetes 服务组件形成了 Kubernetes 的控制平面,目前它们运行在单一节点上,但是将来会分开部署,以支持高可用性。

1）Etcd

所有的持久性状态都保存在 Etcd 中。Etcd 同时支持 Watch,这样组件很容易得到系统状态的变化,从而快速响应和协调工作。

2）Kubernetes API Server

这个组件提供对 API 的支持,响应 REST 操作,验证 API 模型和更新 Etcd 中的相应对象。Scheduler 通过访问 Kubernetes 中 Binding API,Scheduler 负责 Pods 在各个节点上的分配。Scheduler 是插件式的,Kubernetes 将来可以支持用户自定义的 Scheduler。

3）Kubernetes Controller Manager Server

Controller Manager Server 负责所有其他的功能,比如 Endpoints 控制器负责 Endpoints 对象的创建、更新。Node 控制器负责节点的发现、管理和监控。将来可能会把这些控制器拆分并且提供插件式的实现。

14.2.2 Kubernetes 模型

Kubernetes 的伟大之处就在于它的应用部署模型,主要包括 Pod、Replication Controller、Label 和 Service。

1. Pod

Kubernetes 的最小部署单元是 Pod 而不是容器。作为 First class API 公民,Pods 能被创建、调度和管理。简单地说,像一个豌豆荚中的豌豆一样,一个 Pod 中的应用容器共享同一个上下文:

(1) PID 名字空间。但是在 Docker 中不支持。

(2) 网络名字空间。在同一个 Pod 中的多个容器访问同一个 IP 和端口空间。

(3) IPC 名字空间。同一个 Pod 中的应用能够使用 SystemV IPC 和 POSIX 消息队列进行通信。

(4) UTS 名字空间。同一个 Pod 中的应用共享一个主机名。

(5) Pod 中的各个容器应用还可以访问 Pod 级别定义的共享卷。

从生命周期来说,Pod 应该是短暂的,而不是长久的应用。Pods 被调度到节点,保持在这个节点上直到被销毁。当节点死亡时,分配到这个节点的 Pods 将会被删掉,将来可能会实现 Pod 的迁移特性。在实际使用时,一般不直接创建 Pods,通过 Replication Controller 负责 Pods 的创建、复制、监控和销毁。一个 Pod 可以包括多个容器,它们往往相互协作完成一个应用功能。

2. Replication Controller

复制控制器确保一定数量的 Pod 在运行。如果超过这个数量,控制器会杀死一些;如果少了,控制器会启动一些。控制器也会在节点失效、维护的时候保证这个数量。所以强烈建议即使份数是 1,也要使用复制控制器,而不是直接创建 Pod。

从生命周期上讲,复制控制器自己不会终止,但是跨度不会比 Service 强。Service 能够横跨多个复制控制器管理的 Pods。而且在一个 Service 的生命周期内,复制控制器能被删除和创建。Service 和客户端程序是不知道复制控制器的存在的。

复制控制器创建的 Pods 应该是可以互相替换的和语义上相同的,这个对无状态服务特别合适。

Pod 是临时性的对象,被创建和销毁,而且不会恢复。复制器动态地创建和销毁 Pod。虽然 Pod 会分配到 IP 地址,但是这个 IP 地址都不是持久的。这样就产生了一个疑问:外部如何消费 Pod 提供的服务呢?

3. Service

Service 定义了一个 Pod 的逻辑集合和访问这个集合的策略。集合是通过定义 Service 时提供的 Label 选择器完成的。举个例子,假定有三个 Pod 的备份来完成一个图像处理的后端。这些后端备份逻辑上是相同的,前端不关心哪个后端在给它提供服务。虽然组成这个后端的实际 Pod 可能变化,但是前端客户端不会意识到这个变化,也不会跟踪后端。Service 就是用来实现这种分离的抽象。

对于 Service,还可以定义 Endpoint,Endpoint 把 Service 和 Pod 动态地连接起来。

4. Service Cluster IP 和 Kuber Proxy

每个代理节点都运行了一个 Kube-Proxy 进程,这个进程从服务进程那边得到 Service 和 Endpoint 对象的变化。对于每一个 Service,它在本地打开一个端口,到这个端口的任意连接都会代理到后端 Pod 集合中的一个 Pod IP 和端口。在创建了服务后,服务 Endpoint 模型会体现后端 Pod 的 IP 和端口列表,Kube-Proxy 就是从这个 Endpoint 维护的列表中选择服务后端的。另外,Service 对象的 SessionAffinity 属性也会帮助 Kube-Proxy 来选择哪个具体的后端。默认情况下,后端 Pod 的选择是随机的。可以设置 service. spec. sessionAffinity 为 Client IP 来指定同一个 Client IP 的流量代理到同一个后端,如图 14-3 所示。

在实现上,Kube-Proxy 会用 IPtables 规则把访问 Service 的 Cluster IP 和端口的流量重定向到这个本地端口。下面介绍 Service 的 Cluster IP。

14.2.3 内部使用者的服务发现

1. Kubernetes

在一个集群内创建的对象或者在代理集群节点上发出访问的客户端称为内部使用者。

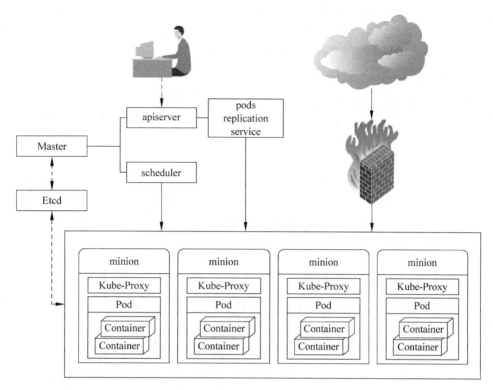

图 14-3　通过 Kube-Proxy 访问容器

要把服务暴露给内部使用者,Kubernetes 支持两种方式:环境变量和 DNS。

1) 环境变量

当 Kubelet 在某个节点上启动一个 Pod 时,它会给这个 Pod 的容器为当前运行的 Service 设置一系列环境变量,这样 Pod 就可以访问这些 Service 了。一般情况是 {SVCNAME}_SERVICE_HOST 和{SVCNAME}_SERVICE_PORT 变量,其中{SVCNAME}是 Service 名字变成大写,中画线变成下画线。比如 Service "redis-master",它的端口是 TCP 6379,分配到的 Cluster IP 地址是 10.0.0.11,Kubelet 可能会产生下面的变量给新创建的 Pod 容器:

```
REDIS_MASTER_SERVICE_HOST = 10.0.0.11
REDIS_MASTER_SERVICE_PORT = 6379
REDIS_MASTER_PORT = tcp://10.0.0.11:6379
REDIS_MASTER_PORT_6379_TCP = tcp:// 10.0.0.11 :6379
REDIS_MASTER_PORT_6379_TCP_PROTO = tcp
REDIS_MASTER_PORT_6379_TCP_PORT = 6379
REDIS_MASTER_PORT_6379_TCP_ADDR =
10.0.0.11
```

注意:只有在某个 Service 后创建的 Pod 才会有这个 Service 的环境变量。

2) DNS

一个可选的 Kubernetes 附件(强烈建议用户使用)是 DNS 服务。它跟踪集群中的 Service 对象,为每个 Service 对象创建 DNS 记录。这样所有的 Pod 就可以通过 DNS 访问服务了。比如,在 Kubernetes 的名字空间 my-ns 中有一个叫 my-service 的服务,DNS 服务会创建一条 my-service. my-ns 的 DNS 记录。同在这个命名空间的 Pod 就可以通过 my-service 来得到这个 Service 分配到的 Cluster IP,在其他命名空间的 Pod 则可以用全限定名 my-service. my-ns 来获得这个 Service 的地址。

2. Pod IP 和 Service Cluster IP

Pod IP 地址是实际存在于某个网卡(可以是虚拟设备)上的,但 Service Cluster IP 就不一样了,没有网络设备为这个地址负责。它是由 Kube-Proxy 使用 Iptables 规则重新定向到其本地端口,再均衡到后端 Pod 的。前面说的 Service 环境变量和 DNS 都使用 Service 的 Cluster IP 和端口。

当 Service 被创建时,Kubernetes 给它分配一个地址 10.0.0.1。这个地址从启动 API 的 service-cluster-ip-range 参数(旧版本为 portal_net 参数)指定的地址池中分配,比如 -- service-cluster-ip-range＝10.0.0.0/16。假设这个 Service 的端口是 1234,集群内的所有 Kube-Proxy 都会注意到这个 Service。当 Proxy 发现一个新的 Service 后,它会在本地节点打开一个任意端口,建立相应的 Iptables 规则,重定向服务的 IP 和 Port 到这个新建的端口,开始接收到达这个服务的连接。

当一个客户端访问这个 Service 时,这些 Iptable 规则就开始起作用,客户端的流量被重定向到 Kube-Proxy 为这个 Service 打开的端口上,Kube-Proxy 随机选择一个后端 Pod 来服务客户。这个流程如图 14-4 所示。

根据 Kubernetes 的网络模型,使用 Service Cluster IP 和 Port 访问 Service 的客户端可以坐落在任意代理节点上。外部要访问 Service ,就需要给 Service 外部访问 IP 。

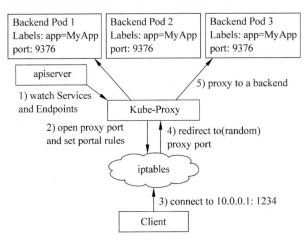

图 14-4　内部使用者服务发现

14.2.4　外部访问 Service

Service 对象在 Cluster IP Range 池中分配到的 IP 只能在内部访问,如果服务作为一个应用程序内部的层次还是很合适的。如果这个 Service 作为前端服务,准备为集群外的客户提供业务,就需要给这个服务提供公共 IP 了。

外部访问者是访问集群代理节点的访问者。为这些访问者提供服务,可以在定义 Service 时指定其 spec. publicIPs,一般情况下 PublicIP 是代理节点的物理 IP 地址。和先前

Cluster IP Range 上分配到的虚拟 IP 一样，Kube-Proxy 同样会为这些 PublicIP 提供 Iptables 重定向规则，把流量转发到后端的 Pod 上。有了 PublicIP，就可以使用 Load Balancer 等常用的因特网技术来组织外部对服务的访问了。

spec.publicIPs 在新的版本中标记为过时了，代替它的是 spec.type＝NodePort，这个类型的 Service，系统会给它在集群的各个代理节点上分配一个节点级别的端口，能访问到代理节点的客户端都能访问这个端口，从而访问到服务。

14.3 Mesos 应用

Mesos 是 Apache 下的开源分布式资源管理框架，被称为分布式系统的内核。Mesos 最初是由加州大学伯克利分校的 AMPLab 开发的，后来在 Twitter 中得到广泛使用。

14.3.1 Mesos 体系结构和工作流

Mesos 实现了两级调度架构，它可以管理多种类型的应用程序。第一级调度是 Master 的守护进程，管理 Mesos 集群中所有节点上运行的 Slave 守护进程。集群由物理服务器或虚拟服务器组成，用于运行应用程序的任务，比如 Hadoop 和 MPI 作业。第二级调度由被称作 Framework 的"组件"组成。Framework 包括调度器（Scheduler）和执行器（Executor）进程，其中每个节点上都会运行执行器。Mesos 能和不同类型的 Framework 通信，每种 Framework 由相应的应用集群管理。图 14-5 展示了 Hadoop 和 MPI 两种类型，其他类型的应用程序也有相应的 Framework。

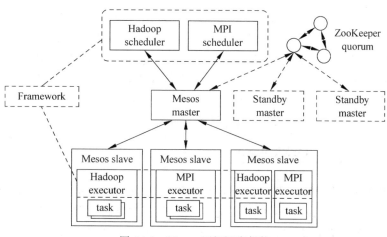

图 14-5　Mesos 两级调度架构

Mesos Master 协调全部的 Slave，并确定每个节点的可用资源，聚合计算跨节点的所有可用资源的报告，然后向注册到 Master 的 Framework（作为 Master 的客户端）发出资源邀约。Framework 可以根据应用程序的需求选择接受或拒绝来自 Master 的资源邀约。一旦接受邀约，Master 即协调 Framework 和 Slave，调度参与节点上的任务，并在容器中执行，以使多种类型的任务，比如 Hadoop 和 Cassandra 可以在同一个节点上同时运行。

14.3.2 Mesos 流程

Slave 是运行在物理或虚拟服务器上的 Mesos 守护进程,是 Mesos 集群的一部分。Framework 由调度器(Scheduler)应用程序和任务执行器(Executor)组成,被注册到 Mesos,以使用 Mesos 集群中的资源,如图 14-6 所示。

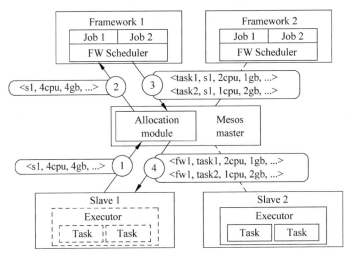

图 14-6 Mesos 流程

(1) Slave 1 向 Master 汇报其空闲资源:4 个 CPU、4GB 内存。然后 Master 触发分配策略模块,得到的反馈是 Framework 1 要请求全部可用资源。

(2) Master 向 Framework 1 发送资源邀约,描述了 Slave 1 上的可用资源。

(3) Framework 的调度器响应 Master,需要在 Slave 上运行两个任务,第一个任务分配 < 2CPUs, 1GB RAM >资源,第二个任务分配< 1CPUs, 2GB RAM >资源。

(4) Master 向 Slave 下发任务,分配适当的资源给 Framework 的任务执行器,接下来由执行器启动这两个任务(如图 14-6 中虚线框所示)。此时还有一个 CPU 和 1GB 的 RAM 尚未分配,因此分配模块可以将这些资源供给 Framework 2。

14.3.3 Mesos 资源分配

为了实现在同一组 Slave 节点集合上运行多任务这一目标,Mesos 使用了隔离模块,该模块使用了一些应用和进程隔离机制来运行这些任务,支持容器隔离。Mesos 早在 2009 年就用上了 Linux 的容器技术,如 cgroups 和 Solaris Zone,时至今日这些仍然是默认的。然而,Mesos 社区增加了 Docker 作为运行任务的隔离机制。不管使用哪种隔离模块,为运行特定应用程序的任务,都需要将执行器全部打包,并在已经为该任务分配资源的 Slave 服务器上启动。当任务执行完毕后,容器会被"销毁",资源会被释放,以便可以执行其他任务。

Mesos 管理跨多个 Framework 和应用的资源,是不可或缺的。由 Master 向注册其上的 Framework 发送资源邀约。每次资源邀约包含一份 Slave 节点上可用的 CPU、RAM 等资源的列表。Master 提供这些资源给它的 Framework 是基于分配策略的。分配策略对所有的 Framework 普遍适用,同时适用于特定的 Framework。Framework 可以拒绝资源邀约,如果它不满足要求,资源邀约随即可以发给其他 Framework。由 Mesos 管理的应用程序通常运行短周期的任务,因此这样可以快速释放资源,缓解 Framework 的资源饥饿。Slave 定期向 Master 报告其可用资源,以便 Master 能够不断产生新的资源邀约。另外,还可以使用诸如此类的技术,每个 Fraamework 过滤不满足要求的资源邀约,Master 主动废除给定周期内一直没有被接受的邀约。

分配策略有助于 Mesos Master 判断是否应该把当前可用资源提供给特定的 Framework,以及应该提供多少资源。Mesos 通过可插拔的分配模块分配资源,实现非常细粒度的资源共享。Mesos 实现了公平共享和严格优先级分配模块,确保大部分用例的最佳资源共享。已经实现的新分配模块可以处理大部分之外的用例。

14.3.4　Mesos 优势

Mesos 集四大优势于一身,将成为下一代数据中心的操作系统内核。

1. 效率

如今,在大多数数据中心中,服务器的静态分区是常态,即使使用最新的应用程序,如 Hadoop。令人担忧的是,当不同的应用程序使用相同的节点时,调度相互冲突,可用资源互相争抢。静态分区本质上是低效的,因为经常会面临,其中一个分区已经资源耗尽,而另一个分区的资源却没有得到充分利用,而且没有什么简单的方法能跨分区集群重新分配资源。使用 Mesos 资源管理器仲裁不同的调度器,将进入动态分区/弹性共享的模式,所有应用程序都可以使用节点的公共池,安全地、最大化地利用资源。一个经常被引用的例子是 Slave 节点通常运行 Hadoop 作业,在 Slave 空闲阶段动态分配给它们运行批处理作业,反之亦然。值得一提的是,这其中的某些环节可以通过虚拟化技术,如基于 VMware vSphere 的 Mesos 体系结构和工作流布式资源调度(DRS)来完成。然而,Mesos 具有更精细的粒度,因为 Mesos 在应用层而不是机器层分配资源,通过容器而不是整个虚拟机(VM)分配任务。前者能够为每个应用程序的特殊需求做考量,应用程序的调度器知道最有效地利用资源;后者能够更好地"装箱",运行一个任务,没有必要实例化整个虚拟机。

2. 敏捷

与效率和利用率密切相关,往往效率解决的是"如何花最少的钱最大化数据中心的资源",而敏捷解决的是"如何快速用上手头的资源"。Mesos 可以确保关键应用程序不能耗尽所需资源。

3. 可扩展性

为可扩展而设计。Mesos 的一个重要属性是应对数据可以指数级增长,分布式应用可以水平扩展。当前发展已经远远超出了使用巨大的整体调度器或者限定群集节点数量为 64 的时代,足以承载新形式的应用扩张。Mesos 可扩展设计的关键之处是采用两级调度架构。使用 Framework 代理任务的实际调度,Master 可以用非常轻量级的代码实现,更易于扩展集群发展的规模,因为 Master 不必知道所支持的每种类型的应用程序背后复杂的调度逻辑。此外,由于 Master 不必为每个任务做调度,因此不会成为容量的性能瓶颈,而这在为每个任务或者虚拟机做调度的整体调度器中经常发生。

4. 模块化

Mesos 设计具有包容性，可以将功能插件化，比如分配策略、隔离机制和 Framework。将容器技术，比如 Docker 和 Rocket 插件化的好处是显而易见的。但是，在此强调的是围绕 Framework 建设的生态系统。将任务调度委托给 Framework 应用程序，以及采用插件架构，通过这样的设计，Mesos 成为数据中心资源管理的生态系统的核心。因为每接入一种新的 Framework，Master 无须为此编码，Slave 模块可以复用，使得在 Mesos 所支持的宽泛领域中业务迅速增长。相反，开发者可以专注于他们的应用和 Framework 的选择。

14.4　基于 Kubernetes 打造 SAE 容器云

SAE 一直以自有技术提供超轻量级的租户隔离，原有的隔离技术有很大的弊端，最主要表现在 namespace 独立性不足，本地读写支持度不好，容易产生用户 Lock-In。针对于此，SAE 决定基于 Kubernetes 技术推出以 Docker 容器为运行环境的容器云。

14.4.1　Kubernetes 的好处

Kubernetes 由 Go 语言编写，各个逻辑模块功能比较清晰，可以很快定位到功能点进行修改。另外，Kubernetes 可以非常方便地部署在 CentOS 上。Kubernetes 提出一个 Pod 的概念，Pod 可以说是逻辑上的容器组，它包含运行在同一个节点上的多个容器，这些容器一般是业务相关的，它们可以共享存储和快速网络通信。这种在容器层上的逻辑分组非常适合实际的业务管理，这样用户可以按照业务模块组成不同的 Pod。例如，以一个电商业务为例：可以把 PC 端网站作为一个 Pod，移动端 API 作为另一个 Pod，H5 端网站再作为一个 Pod，这样每个业务都可以根据访问量使用适当数量的 Pod，并且可以根据自己的需求进行扩容和容灾。

相同的 Pod 可以由 Replication Controller 来控制，这样的设计方便 Pod 的扩容、缩容，特别是当有 Pod 处于不健康的状态时，可以快速切换至新的 Pod，保证总 Pod 数不变，而不影响服务。这种模式保证了实际业务的稳定性。

14.4.2　容器云网络

无论是 IaaS 还是 PaaS，租户间隔离都是最基本的需求，两个租户间的网络不能互通。对于 PaaS 来讲，一般做到网络层基本就可以了，因为用户无法生成数据链路层的代码；而对于 IaaS 来讲，就要做到数据链路层隔离，否则用户可以看到别人的 mac 地址，然后很容易就可以构造数据链路层数据帧来攻击别人。对于 PaaS 来讲，还需要做传输层和应用层的隔离处理，比如 PaaS 的网络入口和出口一般都是共享的，所以 PaaS 需要针对不同的应用层协议做配额控制，比如不能让某些用户的抓取电商行为导致所有用户不能访问电商网站。

目前主流的 Docker 平台的网络方案主要有两种：Bridge 和 NAT，Bridge 实际是将容器置于物理网络中，容器拿到的是实际的物理内网 IP，直接的通信和传统的 IDC 间通信没有什么区别。而 NAT 实际是将容器内的网络 IP：Port 映射为物理实际网络上的 IP：Port，优点是节约内网 IP，缺点是因为做 NAT 映射，速度比较慢。基于 SAE 的特点，采用优化后的 NAT 方案。

根据需求，第一步要将内外网流量分开，进行统计和控制。在容器中通过 eth0 和 eth1 连接宿主机的 docker0 外网和 docker1 内网 bridge，将容器的内外网流量分开，这样才能对内外网区分对待，内网流量免费，而外网流量需要计费统计，同时内外网流量都需要 QoS。

第二步是要实现多租户网络隔离，借鉴 IaaS 在 vxlan&gre 的做法，通过对用户的数据包打 tag，从而标识用户，然后在网络传输中只允许在同一租户之间网络包传输，如图 14-7 所示。

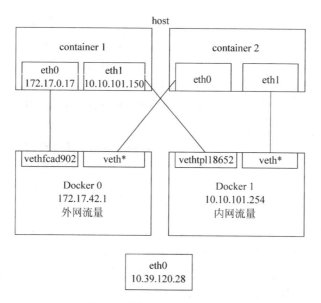

图 14-7　同一租户间网络传输

当网络包从容器出来后，先经过 TagQueue 进程，TagQueue 负责将网络包加上租户 ID，然后网络包会被 Docker 默认的 Iptables 规则进行 SNAT，之后这个网络包就变成了一个可以在物理网络中传输的真实网络包，目标地址为目标宿主机 IP。当到达目标时，宿主机网络协议栈会先将该网络包交给运行在宿主机上的 TagQueue 进程，TagQueue 负责从网络包中解出租户 ID，然后判断是否合法，如果不合法直接丢弃，否则继续进行 Docker 默认的 DNAT，之后进入容器目标地址，如图 14-8 所示。

除去 Pod 间的多租户网络，对外网络部分，SAE 容器云直接对接 SAE 标准的流量控制系统、DDoS 防攻击系统、应用防火墙系统和流量加速系统，保证业务的对外流量正常。

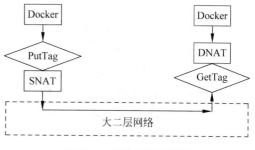

图 14-8　容器间流量控制

14.4.3 容器云存储

对于业务来讲,对存储的敏感度甚至超过了网络,因为几乎所有业务都希望在容器之上有一套安全、可靠、高速的存储方案。对于用户的不同需求,容器云对接了 SAE 原有 PaaS 服务的 Memcache、MySQL、Storage、KVDB 服务,以满足缓存、关系型数据库、对象存储、键值存储的需求。

为了保证 Node.js 等应用在容器云上的完美运行,容器云还引入了一个类似 EBS 的弹性共享存储,以保证用户在多容器间的文件共享。针对这种需求,Kubernetes 并没有提供解决方案,于是 SAE 基于 GlusterFS 改进了一套分布式共享文件存储 SharedStorage 来满足用户。

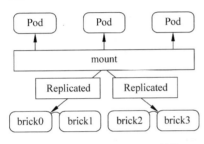

图 14-9 SAE Kubernetes 结构

如图 14-9 所示,以 4 个节点(Brick)为例,两两一组组成 distributed-replicated volume 提供服务,用户可以根据需求创建不同大小的 SharedStorage,并选择挂载在用户指定的文件目录 mount 之后,就可以像本地文件系统一样使用。针对 GlusterFS 的改进主要有三个方面:

(1) 增加了统计,通过编写自己的 translator 模块加入了文件读写的实时统计。

(2) 增加了针对整个集群的监控,能够实时查看各个 brick、volume 的状态。

(3) 通过改写 syscall table 来优化 hook IO 操作,并执行容器端的 IO Quota,这样防止某个容器内的应用程序恶意执行 IO 操作而导致其他用户受影响。

通过 SharedStorage 服务,用户可以非常方便地实现容器热迁移,当物理机宕机后,保留在 SharedStorage 中的数据不会丢失,Kubernetes 的 Replication Controller 可以快速地在另外一个物理节点上将容器重新运行起来,而这个业务不受影响。

14.5 基于 Mesos 去哪儿网容器云

14.5.1 背景

1. 业务线开发环境的困扰

去哪儿网希望可以提供 Docker 环境帮助他们快速构建开发环境实现网上购票,加速功能的迭代。去哪儿网 OpsDev 团队也在容器寻找试点,进行多方调研。

系统包含了几十个模块,快速迭代的系统,开发团队需要一个相对稳定的,能覆盖周边模块的开发和自测环境。除了要申请虚拟机外,还要新增 profile,创建 jenkins job,发布服务依赖等一系列的流程。并且运维这套环境又是一个大麻烦:项目之间的依赖关系写在配置文件中,切换环境时需要手工修改;多套不同版本的环境维护起来费时费力;对于涉及面较广的联调,需要其他组配合完成,有效保证模块间的版本一致。主要问题表现如下:

（1）版本一致，即代码版本、配置版本和数据库 Schema 一致，减少联调时不必要的适配和调整。

（2）快速切换多套环境。

（3）服务依赖，开发新人也可以轻松部署整套复杂的环境。

（4）维护简单，例如新增项目时自动加入到整套环境中。

（5）低学习成本，节约时间去开发业务。

（6）环境隔离，最好每个人一套完整环境，不互相影响。

2. 初步的解决方案

业务线工程师用 Docker-Compose 临时搭建了一套开发环境，但是需要手工维护版本及 Nginx 的转发，同时也暴露出了更多的问题：

（1）能支撑如此多模块的 Compose 只能是实体机，资源限制较大。

（2）扩容模块时的端口冲突问题。

（3）数据库持续集成。

（4）容器固定 IP。

14.5.2 应用 Mesos 构建容器云

参考了现有的容器集群方案后，最终焦点集中在了 Apache Mesos（简称 Mesos）和 Google Kubernetes 上。Kubernetes 的 Pod 和 Service 概念更贴近业务线的诉求，同时 Mesos 在资源管理和调度灵活性上显然经得起生产的考验。决定两者并行测试，在各自的优势方向寻找试点项目做验证，最终选型 Mesos。

仔细考量后，选择基于 ELK 构建的日志平台作为验证 Mesos＋Docker 的切入点，积累相关的开发和运维经验，如图 14-10 所示。

首先容器化的是 Logstash 和 Kibana，Kibana 本身作为 ElasticSearch 的数据聚合展示层，自身就是无状态化的，Logstash 对 SIGTERM 有专门的处理，Docker Stop 的时候可以从容处理完队列中的消息再退出。而 ElasticSearch 部署在 Mesos 集群外，主要考虑到数据持久化的问题及资源消耗。采用 Marathon 和 Chronos 调度 Logstash 和 Kibana，以及相关的监控、统计和日志容器。

数据来自多种方式，针对不同的日志类型采取不同的发送策略，如图 14-11 所示。系统日志，比如 mail.log、sudo.log、dmesg 等通过 Rsyslog 发送。业务日志采用 Flume，容器日志则使用 Heka 和 Fluentd。汇总到各个机房的 Kafka 集群后，粗略地解析后汇总到中央 Kafka，再通过 Logstash 集群解析后存入 ElasticSearch。同时，监控数据通过 Statsd 发送到内部的监控平台，便于后续的通知和报警。

随着业务线日志的逐步接入，这个平台已经增长成为单日处理 60 亿条日志/6TB 数据的庞大平台。

14.5.3 云环境构建

云环境构建共经历了三次比较大的变更，主要从兼容性、公司内的发布流程和开发人员易用性的角度考量，逐步演进。

- OpenStack＋nova-docker＋VLAN；
- Mesos＋Marathon＋Docker(--net＝host)＋随机端口；
- Mesos＋Marathon＋Docker＋Calico。

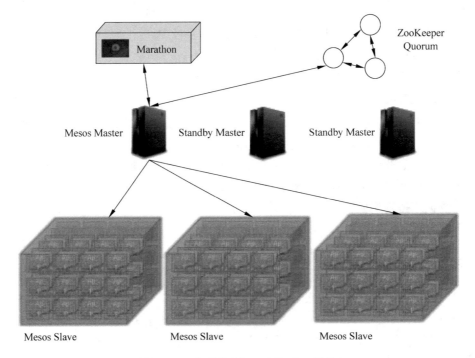

图 14-10　典型的 Mesos＋Docker 结构

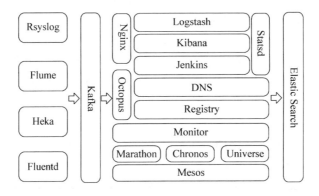

图 14-11　日志平台的结构

1. 容器当作虚拟机用

容器的使用和行为尽量模拟虚拟机是第一阶段考虑的重点,同时还要考虑到发布系统改造的成本,OpenStack 提供的 nova-docker 自然成了首选。在此基础上为容器提供外部可访问的独立 IPVLAN。nova-docker 和 nova-network 已经提供了大部分功能,整合的速度也比较快。

容器启动后会有多个进程,如 salt-minion 和 sshd,这样使用者可以 ssh 登录到容器内

debug,而部署的工作则交给 salt 统一管理。

2. 以服务为核心

逐渐强化以服务为核心的应用发布和管理流程,向统一的服务树靠拢。在第一阶段成果的基础上,完善服务树的结构和规则,为后面打通监控树、应用树等模块做好充分的准备。

同时,容器开始从 OpenStack＋nova-docker 的结构向 Mesos＋Marathon＋Docker 迁移,整套环境的发布压缩到了 7～9 分钟,其中还包含 healthcheck 的时间,还有深入优化的空间,如图 14-12 所示。

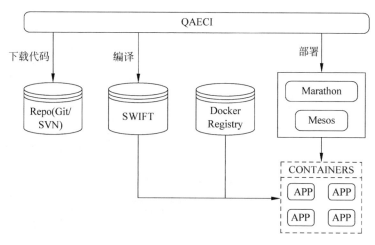

图 14-12 以服务为核心的容器结构

(1) 整个服务放在 QAECI 中维护,发布时根据拓扑排序后的结果选择自动切换并行、串行发布。

(2) 代码和配置在容器启动后再拉取,减少维护镜像的成本,方便升级运行环境,比如升级 JDK 或 Tomcat。

(3) 服务端口全部随机生成,并通过环境变量注入到依赖的容器中并替换配置,这样就解决了−net＝host 模式下端口分配的问题。Dubbo 服务注册的是宿主机的 IP 和 PORT,如果是 Bridge 模式的话,要注册宿主机的 IP 和映射的 PORT。

(4) 适当缓存编译后的代码,减少重复构建的时间浪费。

(5) Openresty ＋ lua 脚本动态 proxy_pass 到集群内的 Tomcat,外部即可通过泛域名的方式访问 Marathon 发布的应用。例如,app1. marathon. corp. qunar. com 即可访问到app1 对应的 Web 服务。

(6) 修改 Logback 和 Tomcat 的配置,所有日志都输出到 Stdout 和 Stderr,并附带文件名前缀做区分。并通过 Heka,配合 fields_from_env 区分是哪一个 Mesostask 的日志,统一发向日志平台汇总和监控。

3. 快捷服务

为容器分配固定 IP,打通集群内外的服务通信,让开发人员无障碍的访问容器。为此引入了 Calico 作为解决方案。Calico 整合 Mesos 比较简单,通过 Mesos Slave 启动时指定−modules 和 -isolation 即可使用。

234

这样 Mesos 在执行 Docker 命令的时候,所有的请求都被 Calico 容器劫持并转发给 Docker Daemon,同时给容器分配 IP,上层的 Marathon 只需要额外添加两个 Env 配置:

```
CALICO_IP = auto | ip
CALICO_PROFILE = test
```

结合自身的网络结构,在交换机上预留了一个 IP 段,全部指向 Calico 的两台 Gateway,转发到 Mesos 集群内部,如图 14-13 所示。

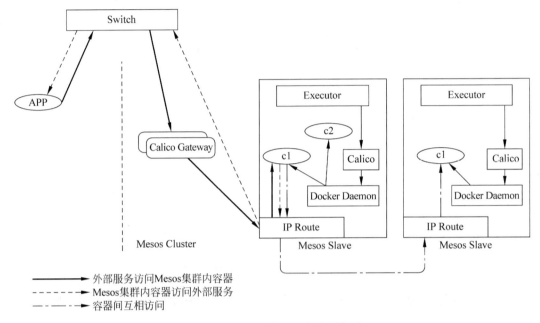

图 14-13　Mesos 管理整个容器集群

同时整合去哪儿网内的 DNSDB 服务,将容器的名称和 IP 自动注册到 DNSDB 内,这样全公司的人都可以访问到这个容器,打通集群内外的通信。对于一些有特殊要求的情况,如开发机的名称必须符合一定的命名规则,通过传入--hostname 就可以模拟一台开发机。

14.6　本章小结

本章介绍了 CaaS,CaaS 是指将服务软件封装在容器中,根据用户需要提供灵活高效的容器服务。阐述了 Kubernetes 和 Mesos 容器调度框架,分析了 SAE 容器云和去哪儿网容器云。

Docker 的出现使得构造一个对开发和运维人员更加开放的容器 PaaS 云成为可能,基于容器镜像的应用发布流程不仅能覆盖整个应用生命周期,还减少了经典 PaaS 平台对应用架构/支持的软件环境服务等方面的诸多限制,将更多控制力交还给开发和运维人员。

第4篇 大数据云架构实践与编程

第 **15** 章

大数据云架构搭建

    Spark 是近年来发展较快的分布式并行数据处理框架，可以与 Hadoop 联合使用，增强 Hadoop 的性能。同时，Spark 还增加了内存缓存、流数据处理、图数据处理等更为高级的数据处理能力。本章介绍分布式的 Hadoop 与 Spark 集群搭建和基于 Docker 容器的 Spark 大数据云架构。

15.1　分布式 Hadoop 与 Spark 集群搭建

15.1.1　Hadoop 集群构建

1. 设置 root 用户密码，以 root 用户登录

设置方式如下：

```
sudo - s
gedit /etc/lightdm/lightdm.conf
[SeatDefaults]
greeter - session = unity - greeter
user - session = Ubuntu
greeter - show - manual - login = true
allow - guest = false
```

启用 root 账号（Ubuntu 默认是禁止 root 账户的）：

```
sudo passwd root
```

设置好密码，重启系统，选择 login，输入 root，再输入密码就可以了。

2. 配置机器的/etc/hosts 和/etc/hostname 并安装 ssh 设置三台机器之间的无密码登录

在/etc/hostname 文件中把三台机器的 hostname 分别设置 SparkMaster、SparkWorker1、SparkWorker2,并在每台机器的/etc/hosts 配置如下 IP 和机器名称的对应关系:

```
127.0.0.1 localhost
192.168.32.131 SparkMaster
192.168.32.132 SparkWorker1
192.168.32.133 SparkWorker2

# The following lines are desirable for IPv6 capable hosts
::1 ip6 - localhost ip6 - loopback
fe00::0 ip6 - localnet
ff00::0 ip6 - mcastprefix
ff02::1 ip6 - allnodes
ff02::2 ip6 - allrouters
```

可通过 ipconfig 查看 IP 地址。

可以 ping SparkWorker1 查看 IP 是否配置成功。

下面配置 ssh 无密码登录:

(1) apt-get install ssh。

(2) /etc/init. d/ssh start,启动服务。

(3) ps -e |grep ssh,验证服务是否正常启动。

(4) 设置免密登录,生成私钥和公钥:

```
ssh - keygen - t rsa - P " "
```

在/root/. ssh 中生成两个文件 id_rsa 和 id_rsa. pub,id_rsa 为私钥,id_rsa. pub 为公钥,将公钥追加到 authorized_keys 中。

```
cat ~/.ssh/id_rsa.pub >> ~/.ssh/authorized_keys
```

将 SparkWorker1、SparkWorker2 的 id_rsa. pub 传给 SparkMaster,使用 scp 命令进行复制:
SparkWorker1 上:

```
scp ~/.ssh/id_rsa.pub root@SparkMaster:~/.ssh/id_rsa.pub.SparkWorker1
```

SparkWorker2 上:

```
scp ~/.ssh/id_rsa.pub root@SparkMaster:~/.ssh/id_rsa.pub.SparkWorker2
```

然后将公钥添加到 SparkMaster 的 authorized_keys 中。
SparkMaster 上:

```
cd ~/.ssh
cat id_rsa.pub.SparkWorker1 >> authorized_keys
cat id_rsa.pub.SparkWorker2 >> authorized_keys
```

再将 SparkMaster 的 authorized_keys 复制到 SparkWorker1、SparkWorker2 的. ssh 目录下:

```
scp authorized_keys root@SparkWorker1:~/.ssh/authorized_keys
```

```
scp authorized_keys root@SparkWorker2:~/.ssh/authorized_keys
```

至此,ssh 无密登录已配置完毕。

```
ssh SparkMaster
ssh SparkWorker1
ssh SparkWorker2
```

在一台机器上可以登录其他系统,无须密码。

3. 配置 Java 环境

SparkMaster 上:

```
jdk - 8u25 - linux - i586.tar.gz
mkdir /urs/lib/java
cd /urs/lib/java
tar - zxvf jdk - 8u25 - linux - i586.tar.gz
gedit ~/.bashrc
```

在最后面添加:

```
#JAVA
export JAVA_HOME = /usr/lib/java/jdk1.8.0_25
export JRE_HOME = $ {JAVA_HOME}/jre
export CLASS_PATH = .: $ {JAVA_HOME}/lib: $ {JRE_HOME}/lib
export HADOOP_HOME = /usr/local/hadoop/hadoop - 2.6.0
export HADOOP_COMMON_LIB_NATIVE_DIR = $ HADOOP_INSTALL/lib/native
export HADOOP_OPTS = " - Djava.library.path = $ HADOOP_INSTALL/lib"
export SCALA_HOME = /usr/lib/scala/scala - 2.11.4
export SPARK_HOME = /usr/local/spark/spark - 1.2.0 - bin - hadoop2.4
export IDEA_HOME = /usr/local/idea/idea - IC - 139.659.2
export PATH = $ {IDEA_HOME}/bin: $ {SPARK_HOME}/bin: $ {SCALA_HOME}/bin: $ {HADOOP_HOME}/bin:
$ {JAVA_HOME}/bin: $ PATH
```

source ~/.bashrc,使配置生效。

Java -version 可查看版本号,可验证是否成功。

在 SparkWorker1、SparkWorker2 上以同样的方法配置,也可通过 scp 复制。

```
scp - r /usr/lib/java/jdk1.8.0_25 root@SparkWorker1:~/usr/lib/java/
scp - r /usr/lib/java/jdk1.8.0_25 root@SparkWorker2:~/usr/lib/java/
scp ~/.bashrc root@SparkWorker1:~/.bashrc
scp ~/.bashrc root@SparkWorker2:~/.bashrc
```

复制完成后,在 SparkWorker1、SparkWorker2 上 source ~/.bashrc 使配置生效。

4. 配置 Hadoop 环境

SparkMaster 上:

```
hadoop - 2.6.0.tar.gz
mkdir /urs/lib/hadoop
cd /urs/lib/hadoop
tar - zxvf hadoop - 2.6.0.tar.gz
cdhadoop - 2.6.0
```

```
mkdir dfs
cd dfs
mkdir name
mkdir data
cd ..
mkdir tmp
```

接下来开始修改 Hadoop 的配置文件。首先进入 Hadoop 2.6.0 配置文件区：

```
cd etc/hadoop
```

（1）修改配置文件 hadoop-env. sh，在其中加入 JAVA_HOME，指定安装的 JAVA_HOME。

```
# The java implementation to use.
export JAVA_HOME = /usr/lib/java/jdk1.8.0_25
```

（2）修改配置文件 yarn-env. sh，在其中加入 JAVA_HOME。

```
# some Java parameters
export JAVA_HOME = /usr/lib/java/jdk1.8.0_25
if [ " $ JAVA_HOME" != "" ]; then
# echo "run java in $ JAVA_HOME"
JAVA_HOME = $ JAVA_HOME
fi
```

（3）修改配置文件 mapred-env. sh，在其中加入 JAVA_HOME。

```
# export JAVA_HOME = /home/y/libexec/jdk1.6.0/
export JAVA_HOME = /usr/lib/java/jdk1.8.0_25

export HADOOP_JOB_HISTORYSERVER_HEAPSIZE = 1000

export HADOOP_MAPRED_ROOT_LOGGER = INFO,RFA
```

（4）修改配置文件 slaves，设置 Hadoop 集群中的从节点为 SparkWorker1 和 SparkWorker2。

```
SparkWorker1
SparkWorker2
```

（5）修改配置文件 core-site. xml。

```
<?xml version = "1.0" encoding = "UTF - 8"?>
<?xml - stylesheet type = "text/xsl" href = "configuration.xsl"?>
<! --
Licensed under the Apache License, Version 2.0 (the "License");
you may not use this file except in compliance with the License.
You may obtain a copy of the License at

http://www.apache.org/licenses/LICENSE - 2.0

Unless required by applicable law or agreed to in writing, software
```

```
distributed under the License is distributed on an "AS IS" BASIS,
WITHOUT WARRANTIES OR CONDITIONS OF ANY KIND, either express or implied.
See the License for the specific language governing permissions and
limitations under the License. See accompanying LICENSE file.
-->


<!-- Put site-specific property overrides in this file. -->

<configuration>
    <property>
    <name>fs.defaultFS</name>
<value>hdfs://SparkMaster:9000</value>
        <description>The name of default file system</description>
</property>
    <property>
        <name>hadoop.tmp.dir</name>
    <value>/home/local/hadoop/hadoop-2.6.0/tmp</value>
        <description>A base for other temporary directories</description>
</property>
</configuration>
```

（6）修改配置文件 hdfs-site. xml。

```
<?xml version="1.0" encoding="UTF-8"?>
<?xml-stylesheet type="text/xsl" href="configuration.xsl"?>
<!--
Licensed under the Apache License, Version 2.0 (the "License");
you may not use this file except in compliance with the License.
You may obtain a copy of the License at

http://www.apache.org/licenses/LICENSE-2.0

Unless required by applicable law or agreed to in writing, software
distributed under the License is distributed on an "AS IS" BASIS,
WITHOUT WARRANTIES OR CONDITIONS OF ANY KIND, either express or implied.
See the License for the specific language governing permissions and
limitations under the License. See accompanying LICENSE file.
-->


<!-- Put site-specific property overrides in this file. -->

<configuration>
    <property>
    <name>dfs.replication</name>
    <value>2</value>
</property>
<property>
<name>dfs.namenode.name.dir</name>
<value>/usr/local/hadoop/hadoop-2.6.0/dfs/name</value>
</property>
<property>
```

```
    <name>dfs.datanode.data.dir</name>
<value>/usr/local/hadoop/hadoop-2.6.0/dfs/data</value>
</property>
</configuration>
```

（7）修改配置文件 mapred-site.xml。

复制一份 mapred-site.xml.template 命名为 mapred-site.xml，打开 mapred-site.xml。

```
cp mapred-site.xml.template mapred-site.xml
```

```
<?xml version="1.0"?>
<?xml-stylesheet type="text/xsl" href="configuration.xsl"?>
<!--
Licensed under the Apache License, Version 2.0 (the "License");
you may not use this file except in compliance with the License.
You may obtain a copy of the License at

  http://www.apache.org/licenses/LICENSE-2.0

Unless required by applicable law or agreed to in writing, software
distributed under the License is distributed on an "AS IS" BASIS,
WITHOUT WARRANTIES OR CONDITIONS OF ANY KIND, either express or implied.
See the License for the specific language governing permissions and
limitations under the License. See accompanying LICENSE file.
-->

<!-- Put site-specific property overrides in this file. -->

<configuration>
<property>
    <name>mapreduce.framework.name</name>
        <value>yarn</value>
    </property>
</configuration>
```

（8）修改配置文件 yarn-site.xml。

```
<?xml version="1.0"?>
<!--
Licensed under the Apache License, Version 2.0 (the "License");
you may not use this file except in compliance with the License.
You may obtain a copy of the License at

  http://www.apache.org/licenses/LICENSE-2.0

Unless required by applicable law or agreed to in writing, software
distributed under the License is distributed on an "AS IS" BASIS,
WITHOUT WARRANTIES OR CONDITIONS OF ANY KIND, either express or implied.
See the License for the specific language governing permissions and
limitations under the License. See accompanying LICENSE file.
-->
```

```
<configuration>
<!-- Site specific YARN configuration properties -->
    <property>
    <name>yarn.resourcemanager.hostname</name>
    <value>SparkMaster</value>
    </property>
    <property>
    <name>yarn.nodemanager.aux-services</name>
    <value>mapreduce_shuffle</value>
    </property>
</configuration>
```

```
hadoop-env.sh~              mapred-site.xml
hadoop-metrics2.properties  mapred-site.xml~
hadoop-metrics.properties   mapred-site.xml.template
hadoop-policy.xml           slaves
hdfs-site.xml               slaves~
hdfs-site.xml~              ssl-client.xml.example
httpfs-env.sh               ssl-server.xml.example
httpfs-log4j.properties     yarn-env.cmd
httpfs-signature.secret     yarn-env.sh
httpfs-site.xml             yarn-env.sh~
kms-acls.xml                yarn-site.xml
kms-env.sh                  yarn-site.xml~
root@SparkMaster:/usr/local/hadoop/hadoop-2.6.0/etc/hadoop# gedit yarn-env.sh
root@SparkMaster:/usr/local/hadoop/hadoop-2.6.0/etc/hadoop# gedit mapred-env.sh
root@SparkMaster:/usr/local/hadoop/hadoop-2.6.0/etc/hadoop# gedit hadoop-env.sh
root@SparkMaster:/usr/local/hadoop/hadoop-2.6.0/etc/hadoop# gedit slaves
root@SparkMaster:/usr/local/hadoop/hadoop-2.6.0/etc/hadoop# gedit core-site.xml
root@SparkMaster:/usr/local/hadoop/hadoop-2.6.0/etc/hadoop# gedit hdfs-site.xml
root@SparkMaster:/usr/local/hadoop/hadoop-2.6.0/etc/hadoop# gedit mapred-site.xm
l
root@SparkMaster:/usr/local/hadoop/hadoop-2.6.0/etc/hadoop# gedit yarn-site.xml
root@SparkMaster:/usr/local/hadoop/hadoop-2.6.0/etc/hadoop# ls
capacity-scheduler.xml      kms-log4j.properties
configuration.xsl           kms-site.xml
```

建议使用 scp 命令把 SparkMaster 上安装和配置的 Hadoop 的各项内容复制到 SparkWorker1 和 SparkWorker2 上。

5. 启动并验证 Hadoop 分布式集群

（1）格式化 hdfs 文件系统。

SparkMaster 上，

```
root@SparkMaster:/usr/local/hadoop/hadoop-2.6.0/bin# hadoop namenode -format
```

（2）进入 sbin 中启动 hdfs，执行如下命令：

```
root@SparkMaster:/usr/local/hadoop/hadoop-2.6.0/sbin# ./start-dfs.sh
```

此时发现在 SparkMaster 上启动了 NameNode 和 SecondaryNameNode。

在 SparkWorker1 和 SparkWorker2 上均启动了 DataNode。

```
root@SparkMaster:/usr/local/hadoop/hadoop-2.6.0/sbin# jps
17842 Jps
17433 NameNode
17740 SecondaryNameNode
root@SparkWorker1:/usr/local/hadoop/hadoop-2.6.0/dfs# jps
9269 Jps
9159 DataNode
root@SparkWorker2:/usr/local/hadoop/hadoop-2.6.0/dfs# jps
9225 DataNode
9327 Jps
```

每次使用 hadoop namenode -format 命令格式化文件系统的时候会出现一个新的

namenodeId,需要把自定义的 dfs 文件夹的 data 和 name 文件夹的内容清空。SparkWorker1 和 SparkWorker2 也要删掉。

此时访问 http://SparkMaster:50070,登录 Web 可以查看 HDFS 集群的状况,如图 15-1 所示。

图 15-1　Web 查看 HDFS 集群情况

（3）启动 yarn 集群。

root@SparkMaster:/usr/local/hadoop/hadoop-2.6.0/sbin# ./start-yarn.sh

使用 jps 命令可以发现 SparkMaster 机器上启动了 ResourceManager 进程。

```
root@SparkMaster:/usr/local/hadoop/hadoop-2.6.0/sbin# jps
17954 ResourceManager
18214 Jps
17433 NameNode
17740 SecondaryNameNode
```

而在 SparkWorker1 和 SparkWorker2 上则分别启动了 NodeManager 进程。

```
root@SparkWorker1:/usr/local/hadoop/hadoop-2.6.0/dfs# jps
9445 NodeManager
9159 DataNode
9577 Jps

root@SparkWorker2:/usr/local/hadoop/hadoop-2.6.0/dfs# jps
9639 Jps
9225 DataNode
9502 NodeManager
```

在 SparkMaster 上访问 http://SparkMaster：8088 可以通过 Web 控制台查看 ResourceManager 运行状态，如图 15-2 所示。

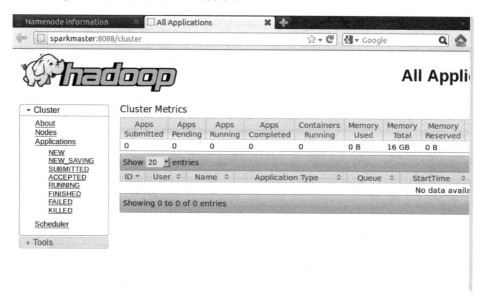

图 15-2　Web 控制台查看 ResourceManager 运行状态

在 SparkMaster 上访问 http://SparkWorker1：8042，可以通过 Web 控制台查看 SparkWorker1 上的 NodeManager 运行状态。

接下来使用 mr-jobhistory-daemon.sh 启动 JobHistory Server：

```
root@SparkMaster:/usr/local/hadoop/hadoop-2.6.0/sbin# ./mr-jobhistory-daemon.sh
 start historyserver
starting historyserver, logging to /usr/local/hadoop/hadoop-2.6.0/logs/mapred-ro
ot-historyserver-SparkMaster.out
root@SparkMaster:/usr/local/hadoop/hadoop-2.6.0/sbin#
```

启动后可以通过 http://SparkMaster：19888 在 Web 控制台上看到 JobHistory 中的任务执行历史信息，如图 15-3 所示。

图 15-3　Web 控制台查看 JobHistory 中的任务执行

结束 historyserver 的命令如下所示：

```
root@SparkMaster:/usr/local/hadoop/hadoop-2.6.0/sbin# ./mr-jobhistory-daemon.sh
 stop historyserver
stopping historyserver
root@SparkMaster:/usr/local/hadoop/hadoop-2.6.0/sbin#
```

（4）验证 Hadoop 分布式集群。

首先在 hdfs 文件系统上创建两个目录，创建过程如下所示：

root @ SparkMaster:/usr/local/hadoop/hadoop − 2.6.0/bin # hadoop fs − mkdir − p / data/wordcount
root@SparkMaster:/usr/local/hadoop/hadoop−2.6.0/bin# hadoop fs − mkdir − p /output/

Hdfs 中的/data/wordcount 用来存放 Hadoop 自带的 WordCount 例子的数据文件，程序运行的结果输出到/output/wordcount 目录中，透过 Web 控制可以发现成功创建了两个文件夹，如图 15-4 所示。

图 15-4　Web 控制台查看创建的文件夹

接下来将本地文件的数据上传到 HDFS 文件夹中：

root@SparkMaster:/usr/local/hadoop/hadoop−2.6.0/bin# hadoopfs − put ../etc/hadoop/ ∗ .xml /data/wordcount/

通过 Web 控制可以发现成功上传了文件，如图 15-5 所示。
也可以通过 Hadoop 的 HDFS 命令在控制命令终端查看信息：

root@SparkMaster:/usr/local/hadoop/hadoop−2.6.0/bin# hadoop fs − ls /data/wordcount/

```
Found 9 items
-rw-r--r--   2 root supergroup       4436 2015-01-07 19:20 /data/wordcount/capac
ity-scheduler.xml
-rw-r--r--   2 root supergroup       1161 2015-01-07 19:20 /data/wordcount/core-
site.xml
```

```
-rw-r--r--    2 root supergroup     9683 2015-01-07 19:20 /data/wordcount/hadoo
p-policy.xml
-rw-r--r--    2 root supergroup     1185 2015-01-07 19:20 /data/wordcount/hdfs-
site.xml
-rw-r--r--    2 root supergroup      620 2015-01-07 19:20 /data/wordcount/httpf
s-site.xml
-rw-r--r--    2 root supergroup     3523 2015-01-07 19:20 /data/wordcount/kms-a
cls.xml
-rw-r--r--    2 root supergroup     5511 2015-01-07 19:20 /data/wordcount/kms-s
ite.xml
-rw-r--r--    2 root supergroup      864 2015-01-07 19:20 /data/wordcount/mapre
d-site.xml
-rw-r--r--    2 root supergroup      921 2015-01-07 19:20 /data/wordcount/yarn-
site.xml
root@SparkMaster:/usr/local/hadoop/hadoop-2.6.0/bin#
```

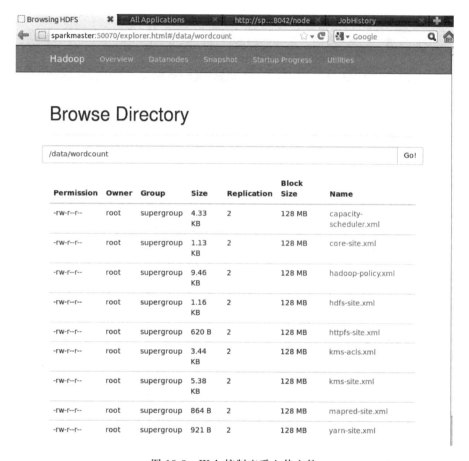

图 15-5　Web 控制查看上传文件

运行 Hadoop 自带的 WordCount 例子,执行如下命令:

```
root @ SparkMaster:/usr/local/hadoop/hadoop - 2. 6. 0/bin # hadoop jar ../share/hadoop/
mapreduce/hadoop - mapreduce - examples - 2. 6. 0. jar wordcount /data/wordcount /
output/wordcount
```

在运行作业的过程中也可以查看 Web 控制台的信息,如图 15-6 所示。
程序运行结束后可以执行以下命令查看运行结果,如图 15-7 所示。

```
root@SparkMaster:/usr/local/hadoop/hadoop - 2.6.0/bin # hadoop fs - cat /output/wordcount/
part - r - 00000 |head
```

```
root@SparkMaster:/usr/local/hadoop/hadoop-2.6.0/bin# hadoop fs -cat /output/word
count/part-r-00000 |head
Java HotSpot(TM) Client VM warning: You have loaded library /usr/local/hadoop/ha
doop-2.6.0/lib/native/libhadoop.so.1.0.0 which might have disabled stack guard.
The VM will try to fix the stack guard now.
It's highly recommended that you fix the library with 'execstack -c <libfile>',
or link it with '-z noexecstack'.
15/01/07 19:30:11 WARN util.NativeCodeLoader: Unable to load native-hadoop libra
ry for your platform... using builtin-java classes where applicable
"*"      18
"AS      9
"License");   9
"alice,bob    18
&quot;kerberos&quot;.   1
&quot;simple&quot;   1
'HTTP/' 1
'none'  1
'random'      1
'sasl'  1
cat: Unable to write to output stream.
root@SparkMaster:/usr/local/hadoop/hadoop-2.6.0/bin# █
```

图 15-6　Web 控制台查看 Hadoop 运行状态

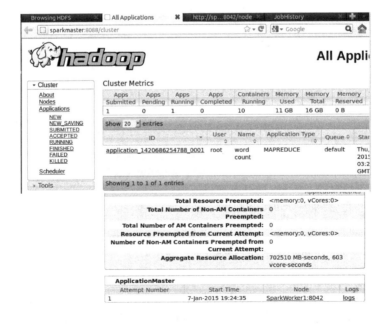

图 15-7　Web 控制台查看运行结果

可以通过 Web 控制查看 JobHistory 历史工作记录，如图 15-8 所示。

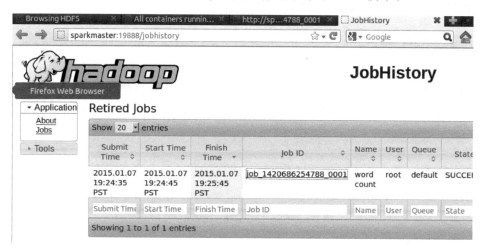

图 15-8　Web 控制查看 JobHistory 历史记录

可以通过 Web 控制查看运行结果，如图 15-9 所示。可以看到，成功运行了 WordCount 作业。至此，成功构建了 Hadoop 分布式集群并完成了测试。

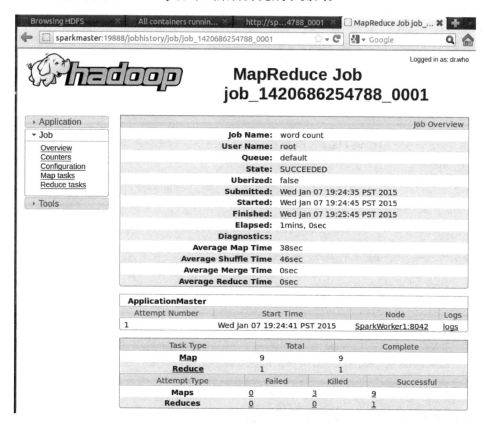

图 15-9　Web 控制查看运行结果

15.1.2　Spark 集群构建

1. 配置 Scala

SparkMaster 上：

```
scala - 2.10.4.tgz
mkdir /usr/lib/scala
cd /usr/lib/scala
tar - zxvf scala - 2.10.4.tgz
```

相关的环境变量在.bashrc 里已配置。

输入 scala -version 验证是否成功。

使用 scp 命令复制到 SparkWorker1 和 SparkWorker2 即可。

2. 配置 Spark

SparkMaster 上：

```
spark - 1.6.0 - bin - hadoop2.6.0.tgz
mkdir /usr/local/spark
cd /usr/local/spark
tar - zxvf spark - 1.6.0 - bin - hadoop2.6.tgz
```

相关的环境变量在.bashrc 里已配置。

进入 spark 的 conf 目录：

(1) 修改 slaves 文件。

首先打开该文件，修改为：

```
# A Spark Worker will be started on each of the machines listed below.
SparkWorker1
SparkWorker2
```

(2) 配置 spark-env.sh。

首先把 spark-env.sh.template 复制到 spark-env.sh：

```
cp spark - env.sh.template spark - env.sh

# Options read when launching programs locally with
# ./bin/run - example or ./bin/spark - submit
# - HADOOP_CONF_DIR, to point Spark towards Hadoop configuration files
# - SPARK_LOCAL_IP, to set the IP address Spark binds to on this node
# - SPARK_PUBLIC_DNS, to set the public dns name of the driver program
# - SPARK_CLASSPATH, default classpath entries to append

export JAVA_HOME = /usr/lib/java/jdk1.8.0_25
export SCALA_HOME = /usr/lib/scala/scala - 2.10.4
export HADOOP_HOME = /usr/local/hadoop/hadoop - 2.6.0
export HADOOP_CONF_DIR = ${HADOOP_HOME}/etc/hadoop
```

```
export SPARK_MASTER_IP = SparkMaster
export SPARK_WORKER_MEMORY = 1g


# Options read by executors and drivers running inside the cluster
```

SparkWorker1 和 SparkWorker2 采用同 SparkMaster 完全一样的 Spark 安装配置,在此不再赘述。采用 scp 命令复制即可。

3. 启动 Spark 分布式集群并查看信息

(1)启动 Hadoop 集群,在 SparkMaster 使用 jps 命令,具体操作过程中可以看到如下进程信息:

```
root@SparkMaster:/usr/local/hadoop/hadoop - 2.6.0/sbin# ./start - dfs.sh
root@SparkMaster:/usr/local/hadoop/hadoop - 2.6.0/sbin# ./start - yarn.sh
root @ SparkMaster:/usr/local/hadoop/hadoop - 2.6.0/sbin # ./mr - jobhistory - daemon.sh
start historyserver
```

```
17954 ResourceManager
18819 JobHistoryServer
17433 NameNode
20425 Jps
17740 SecondaryNameNode

root@SparkWorker1:/usr/local/hadoop/hadoop-2.6.0/dfs# jps
9445 NodeManager
9159 DataNode
11228 Jps
root@SparkWorker1:/usr/local/hadoop/hadoop-2.6.0/dfs#

root@SparkWorker2:/usr/local/hadoop/hadoop-2.6.0/dfs# jps
9225 DataNode
11612 Jps
9502 NodeManager
root@SparkWorker2:/usr/local/hadoop/hadoop-2.6.0/dfs#
```

(2)启动 Spark 集群。

在 Hadoop 集群成功启动的基础上,启动 Spark 集群需要使用 Spark 的 sbin 目录下的 start-all.sh。

```
root@SparkMaster:/usr/local/spark/spark - 1.6.1 - bin - hadoop2.6.0/sbin# ./start - all.sh
```

```
17954 ResourceManager
18819 JobHistoryServer
20568 Master
17433 NameNode
17740 SecondaryNameNode

root@SparkWorker1:/usr/local/hadoop/hadoop-2.6.0/dfs# jps
11444 Worker
9445 NodeManager
11541 Jps
9159 DataNode
root@SparkWorker1:/usr/local/hadoop/hadoop-2.6.0/dfs#
```

此时的 SparkWorker1 和 SparkWorker2 会出现新的进程 Worker。

```
root@SparkWorker2:/usr/local/hadoop/hadoop-2.6.0/dfs# jps
11829 Worker
11927 Jps
9225 DataNode
9502 NodeManager
root@SparkWorker2:/usr/local/hadoop/hadoop-2.6.0/dfs#
```

可以进入 Spark 集群的 Web 页面,访问 http://SparkMaster:8080,如图 15-10 所示。可以看到,有两个 Worker 节点及这两个节点的信息。

图 15-10　Web 控制台 Spark Workers 节点信息

此时进入 Spark 的 bin 目录,使用 spark-shell 控制台。

```
r localhost:44314 with 267.3 MB RAM, BlockManagerId(<driver>, localhost, 4
15/01/07 22:38:52 INFO storage.BlockManagerMaster: Registered BlockManager
15/01/07 22:38:52 INFO repl.SparkILoop: Created spark context..
Spark context available as sc.

scala> ▮
```

root@SparkMaster:/usr/local/spark/spark − 1.6.1 − bin − hadoop2.6.0/bin# spark − shell

此时进入 Spark 的 shell 世界,根据输出的提示信息,可以通过 http://SparkMaster:
4040 从 Web 的角度看一下 SparkUI 的情况,如图 15-11 所示。

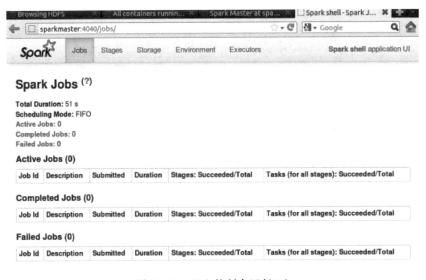

图 15-11　Web 控制台运行 job

同时，也可以看一下 Executors，如图 15-12 所示。

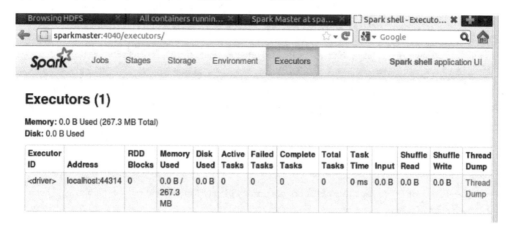

图 15-12　Web 控制台 Executors

至此，Spark 集群搭建成功。

4. 测试 Spark 集群

把 Spark 安装包下文件 README.txt 上传到 HDFS。

root@SparkMaster:/usr/local/spark/spark－1.6.1－bin－hadoop2.6# hadoop fs － put README.md
/data

通过 HDFS 的 Web 控制台可以发现成功上传了文件，如图 15-13 所示。

Browse Directory

/data							Go!

Permission	Owner	Group	Size	Replication	Block Size	Name
-rw-r--r--	root	supergroup	3.56 KB	2	128 MB	README.md
drwxr-xr-x	root	supergroup	0 B	0	0 B	wordcount

图 15-13　Web 控制台查看 HDFS 文件

使用 MASTER＝spark://SparkMaster:7077 ./spark-shell 命令启动 Spark shell。

root@SparkMaster:/usr/local/spark/spark－1.6.1－bin－hadoop2.6/bin# MASTER = spark://
SparkMaster:7077 ./spark－shell

```
15/01/07 22:47:15 INFO storage.BlockManagerMasterActor: Registering block manage
r SparkWorker1:37308 with 267.3 MB RAM, BlockManagerId(1, SparkWorker1, 37308)
15/01/07 22:47:15 INFO cluster.SparkDeploySchedulerBackend: Registered executor:
 Actor[akka.tcp://sparkExecutor@SparkWorker2:52921/user/Executor#1248332899] wit
h ID 0
15/01/07 22:47:21 INFO storage.BlockManagerMasterActor: Registering block manage
r SparkWorker2:40542 with 267.3 MB RAM, BlockManagerId(0, SparkWorker2, 40542)

scala>
```

接下来通过以下命令读取刚刚上传到 HDFS 上的 README. md 文件：

```
scala> val file = sc.textFile("hdfs://SparkMaster:9000/data/README.md")
```

对读取的文件进行以下操作：

```
scala> val count = file.flatMap(line => line.split("")).map(word => (word,1)).reduceByKey
(_ + _)
```

```
file: org.apache.spark.rdd.RDD[String] = hdfs://SparkMaster:9000/data/README.md
MappedRDD[1] at textFile at <console>:12

scala> val count = file.flatMap(line => line.split(" ")).map(word => (word,1)).r
educeByKey(_+_)
15/01/07 22:53:53 INFO mapred.FileInputFormat: Total input paths to process : 1
count: org.apache.spark.rdd.RDD[(String, Int)] = ShuffledRDD[4] at reduceByKey a
t <console>:14

scala>
```

接下来使用 collect 命令提交并执行 Job。

```
scala> count.collect
15/01/07 22:54:58 INFO spark.SparkContext: Starting job: collect at <console>:1
15/01/07 22:54:58 INFO scheduler.DAGScheduler: Registering RDD 3 (map at <consc
e>:14)
15/01/07 22:54:58 INFO scheduler.DAGScheduler: Got job 0 (collect at <console>:
7) with 2 output partitions (allowLocal=false)
15/01/07 22:54:58 INFO scheduler.DAGScheduler: Final stage: Stage 1(collect at
```

从控制台可以看到程序成功在集群上运行，如图 15-14 所示。

Details for Stage 1

Total task time across all tasks: 3 s
Shuffle read: 1658.0 B

▸ Show additional metrics

Summary Metrics for 2 Completed Tasks

Metric	Min	25th percentile	Median	75th percentile	Max
Duration	1 s	1 s	2 s	2 s	2 s
GC Time	0 ms	0 ms	0 ms	0 ms	0 ms
Shuffle Read (Remote)	458.0 B	458.0 B	1200.0 B	1200.0 B	1200.0 B

图 15-14　Web 控制台查看 Spark 集群运行

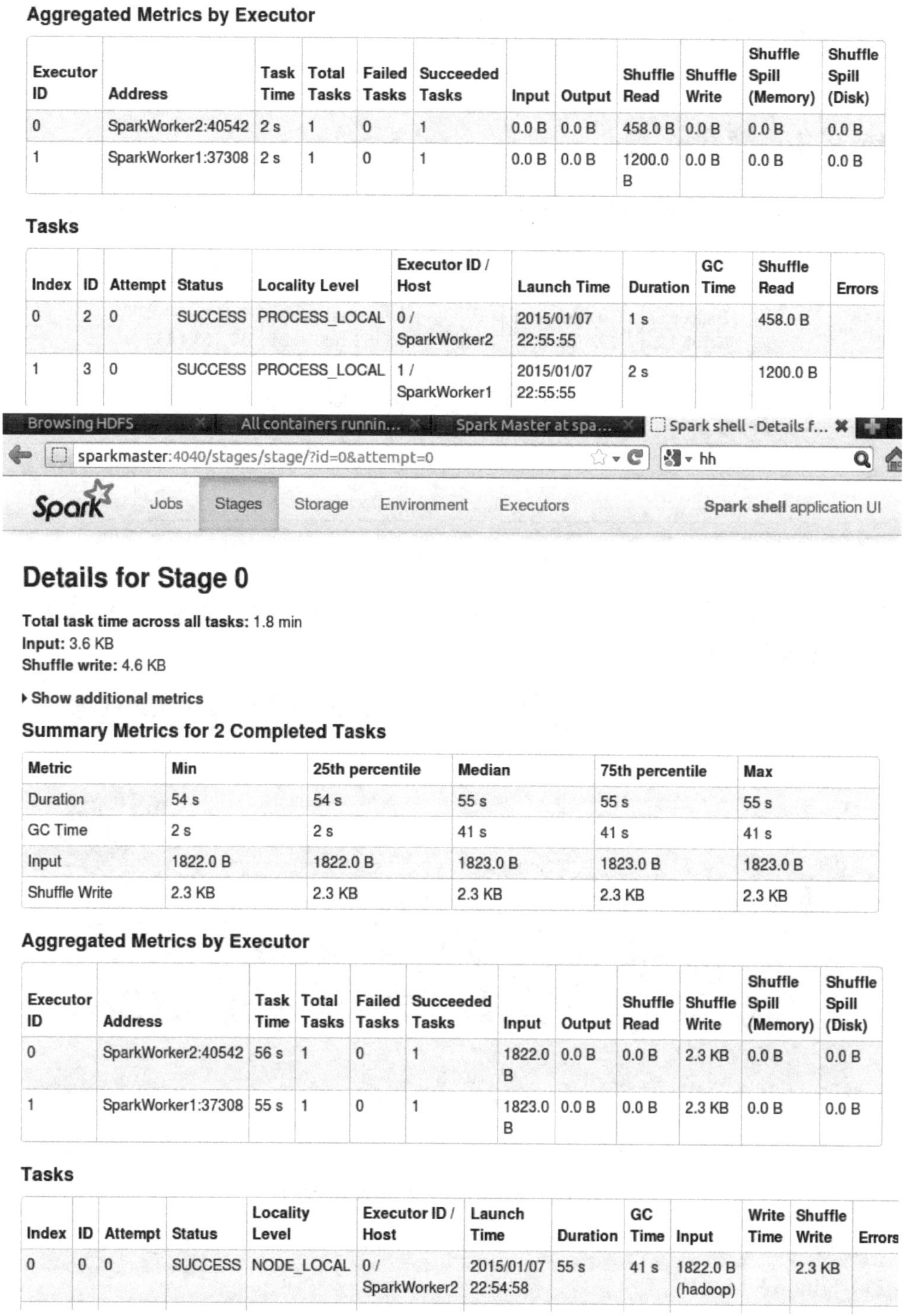

Aggregated Metrics by Executor

Executor ID	Address	Task Time	Total Tasks	Failed Tasks	Succeeded Tasks	Input	Output	Shuffle Read	Shuffle Write	Shuffle Spill (Memory)	Shuffle Spill (Disk)
0	SparkWorker2:40542	2 s	1	0	1	0.0 B	0.0 B	458.0 B	0.0 B	0.0 B	0.0 B
1	SparkWorker1:37308	2 s	1	0	1	0.0 B	0.0 B	1200.0 B	0.0 B	0.0 B	0.0 B

Tasks

Index	ID	Attempt	Status	Locality Level	Executor ID / Host	Launch Time	Duration	GC Time	Shuffle Read	Errors
0	2	0	SUCCESS	PROCESS_LOCAL	0 / SparkWorker2	2015/01/07 22:55:55	1 s		458.0 B	
1	3	0	SUCCESS	PROCESS_LOCAL	1 / SparkWorker1	2015/01/07 22:55:55	2 s		1200.0 B	

Browsing HDFS　× | All containers runnin... × | Spark Master at spa... × | Spark shell - Details f... ✖ ✚

← | sparkmaster:4040/stages/stage/?id=0&attempt=0 | ☆ ▼ ℃ | 👥 ▼ hh | Q | 🏠

Spark Jobs **Stages** Storage Environment Executors　**Spark shell** application UI

Details for Stage 0

Total task time across all tasks: 1.8 min
Input: 3.6 KB
Shuffle write: 4.6 KB

▸ Show additional metrics

Summary Metrics for 2 Completed Tasks

Metric	Min	25th percentile	Median	75th percentile	Max
Duration	54 s	54 s	55 s	55 s	55 s
GC Time	2 s	2 s	41 s	41 s	41 s
Input	1822.0 B	1822.0 B	1823.0 B	1823.0 B	1823.0 B
Shuffle Write	2.3 KB	2.3 KB	2.3 KB	2.3 KB	2.3 KB

Aggregated Metrics by Executor

Executor ID	Address	Task Time	Total Tasks	Failed Tasks	Succeeded Tasks	Input	Output	Shuffle Read	Shuffle Write	Shuffle Spill (Memory)	Shuffle Spill (Disk)
0	SparkWorker2:40542	56 s	1	0	1	1822.0 B	0.0 B	0.0 B	2.3 KB	0.0 B	0.0 B
1	SparkWorker1:37308	55 s	1	0	1	1823.0 B	0.0 B	0.0 B	2.3 KB	0.0 B	0.0 B

Tasks

Index	ID	Attempt	Status	Locality Level	Executor ID / Host	Launch Time	Duration	GC Time	Input	Write Time	Shuffle Write	Errors
0	0	0	SUCCESS	NODE_LOCAL	0 / SparkWorker2	2015/01/07 22:54:58	55 s	41 s	1822.0 B (hadoop)		2.3 KB	

图 15-14　（续）

上述信息表明程序成功在 Spark 集群上运行。

15.2 基于 Docker 大数据云架构

15.2.1 简介

大数据云部署依托于 Docker 容器集群，机组间通过 Weave 搭建互通网络环境，如图 15-15 所示。

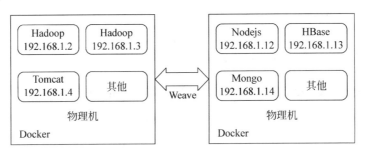

图 15-15 主机间 Docker 通信

Hadoop 集群搭建 YARN 平台，基于 HDFS。在 YARN 基础上搭建 SPARK 进行业务处理，大数据云平台如图 15-16 所示。

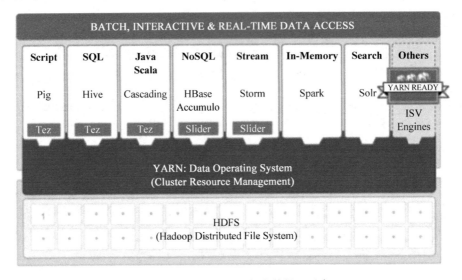

图 15-16 基于 HDFS 的大数据云平台

环境版本：

(1) Ubuntu 14.04

(2) jdk：1.8

(3) docker：1.9.1

(4) hadoop-2.6.0-cdh5.5.0

(5) scala-2.10.4

（6）spark-1.6.1-bin-hadoop2.6.tgz

（7）zookeeper-3.4.5-cdh5.5.0

集群部署所有权限都为 root，请以 root 权限登录启动服务。

15.2.2 Docker 和 Weave 搭建

1. Docker 搭建

```
# apt-get install software-properties-common
# apt-get install python-software-properties
# add-apt-repository ppa:dotcloud/lxc-docker
# apt-get update
# apt-get install lxc-docker
# docker pull ubuntu:14.04
# docker run -i -t ubuntu:14.04 /bin/bash
```

2. Weave 搭建

```
# sudo wget -O /usr/local/bin/weave https://raw.githubusercontent.com/zettio/weave/master/weave
# sudo chmod a+x /usr/local/bin/weave
# weave launch
```

15.2.3 Hadoop 集群镜像搭建

1. 搭建准备

进入新建的一个 Docker 实例，将上述软件包下载并解压到/opt/目录下，各软件包安装路径如下：

- Hadoop：/opt/yarn/hadoop-2.6.0-cdh5.5.0
- Spark：/opt/spark-1.6.1-cdh5.5.0
- Scala：/opt/scala-2.10.4

2. Hadoop 部署

（1）配置 jdk 等环境变量。

```
#vim /etc/profile 添加如下配置(根据所安装目录修改路径)
export JAVA_HOME = /usr/local/jdk
export CLASS_PATH = $ JAVA_HOME/lib: $ JAVA_HOME/jre/lib
export SCALA_HOME = /opt/scala
export SPARK_HOME = /opt/spark
export PATH = $ PATH: $ JAVA_HOME/bin: $ SCALA_HOME/bin: $ SPARK_HOME/bin: $ SPARK_HOME/bin

export HADOOP_DEV_HOME = /opt/yarn/hadoop-2.6.0-cdh5.5.0/
export PATH = $ PATH: $ HADOOP_DEV_HOME/bin
export PATH = $ PATH: $ HADOOP_DEV_HOME/sbin
export HADOOP_MAPARED_HOME = $ {HADOOP_DEV_HOME}
export HADOOP_COMMON_HOME = $ {HADOOP_DEV_HOME}
```

```
export HADOOP_HDFS_HOME = $ {HADOOP_DEV_HOME}
export YARN_HOME = $ {HADOOP_DEV_HOME}
export HADOOP_CONF_DIR = $ {HADOOP_DEV_HOME}/etc/hadoop
export HDFS_CONF_DIR = $ {HADOOP_DEV_HOME}/etc/hadoop
export YARN_CONF_DIR = $ {HADOOP_DEV_HOME}/etc/hadoop
# source profile
```

（2）配置 Host 和 Hostname。

```
127.0.0.1 localhost
192.168.1.2 master
192.168.1.3 slave1
192.168.1.4 slave2
192.168.1.13 slave13
192.168.1.14 slave14
192.168.1.15 slave15
```

（3）创建数据和日志目录。

Hadoop 需要不同的日志目录，创建以下目录：

```
# mkdir - p /var/data/hadoop/hdfs/nn
# mkdir - p /var/data/hadoop/hdfs/snn
# mkdir - p /var/data/hadoop/hdfs/dn
```

（4）在 Hadoop 目录下建立 Logs 目录，并设置权限。

```
# cd /opt/yarn/hadoop - 2.6.0 - cdh5.5.0
# mkdir logs
# chmod g + w logs
```

（5）配置 core-site. xml。

```
# cd /opt/yarn/hadoop - 2.6.0 - cdh5.5.0/etc/hadoop
```

添加如下配置：

```
< configuration >
< property >
< name > fs. default. name </name >
< value > hdfs://master:9000 </value >
</property >
< property >
< name > hadoop. http. staticuser. user </name >
< value > hdfs </value >
</property >
< property >
< name > hadoop. tmp. dir </name >
< value >/hadoop/tmp </value >
< description > A base for other temporary directories. </description >
</property >
</configuration >
```

（6）配置 hdfs-site. xml。

同上,添加如下配置:

```
<configuration>
<property>
<name>dfs.replication</name>
<value>3</value>
</property>
<property>
<name>dfs.namenode.name.dir</name>
<value>file:/var/data/hadoop/hdfs/nn</value>
</property>
<property>
<name>fs.checkpoint.dir</name>
<value>file:/var/data/hadoop/hdfs/snn</value>
</property>
<property>
<name>fs.checkpoint.edits.dir</name>
<value>file:/var/data/hadoop/hdfs/snn</value>
</property>
<property>
<name>dfs.datanode.data.dir</name>
<value>file:/var/data/hadoop/hdfs/dn</value>
</property>
<property>
<name>dfs.hosts.exclude</name>
<value>/opt/yarn/hadoop-2.6.0-cdh5.5.0/etc/hadoop/exclude</value>
</property>
</configuration>
```

（7）配置 mapred-site. xml。

```
<configuration>
<property>
<name>mapred.job.history.server.embedded</name>
<value>true</value>
</property>
<property>
<name>mapreduce.jobhistory.address</name>
<value>master:10020</value>
</property>
<property>
<name>mapreduce.jobhistory.webapp.address</name>
<value>master:50060</value>
</property>
<property>
<name>mapreduce.jobhistory.intermediate-done-dir</name>
<value>/mr-history/tmp</value>
</property>
<property>
<name>mapreduce.jobhistory.done-dir</name>
```

```
<value>/mr-history/done</value>
</property>
<property>
<name>mapreduce.framework.name</name>
<value>yarn</value>
</property>
</configuration>
```

（8）配置 yarn-site.xml。

```
<configuration>
    <property>
<name>yarn.resourcemanager.address</name>
<value>master:8032</value>
</property>
<property>
<name>yarn.resourcemanager.scheduler.address</name>
<value>master:8030</value>
</property>
<property>
<name>yarn.resourcemanager.resource-tracker.address</name>
<value>master:8035</value>
</property>
<property>
<name>yarn.resourcemanager.admin.address</name>
<value>master:8033</value>
</property>
<property>
<name>yarn.resourcemanager.webapp.address</name>
<value>master:8088</value>
</property>
<property>
<name>yarn.resourcemanager.hostname</name>
<value>master</value>
</property>
<property>
<name>yarn.nodemanager.aux-services</name>
<value>mapreduce_shuffle</value>
</property>
<property>
<name>yarn.nodemanager.aux-services.mapreduce.shuffle.class</name>
<value>org.apache.hadoop.mapred.ShuffleHandler</value>
</property>
</configuration>
```

（9）修改 slaves 文件。

```
slave1
slave2
slave13
slave14
slave15
```

（10）Spark 配置。

```
# cd /opt/spark - 1.5.0 - cdh5.5.0/conf
```

修改 spark-env.sh,添加如下配置：

```
export SCALA_HOME = /opt/scala
export JAVA_HOME = /usr/local/jdk
export HADOOP_HOME = /opt/yarn/hadoop - 2.6.0 - cdh5.5.0/
export SPARK_MASTER_IP = master
export SPARK_WORKER_MEMORY = 1024m
export HADOOP_CONF_DIR = ${HADOOP_HOME}/etc/hadoop
```

（11）修改启动脚本。

```
# cd /bin/
# touch boot.sh
# chmod 777 boot.sh
# vim boot.sh
```

添加以下配置。

```
#!/usr/bin/env bash
source /etc/profile
service ssh start
    /bin/bash
```

（12）配置免登录(实体机部署参照网上 Hadoop 集群 ssh 免登录配置)。

apt 安装 ssh 并启动,在/root/.ssh/下执行 ssh-keygen 生成密钥,将 id_rsa.pub 文件内容添加到.ssh/authorized_keys。

（13）挂载文件(实体机部署略过)。

退出系统,将上述修改过的配置文件挂载到 Docker 容器下,方便修改。

```
# cd ~
# mkdir env
# cd env
# touch hosts
# mkdir hadoop
# mkdir spark
```

拉取相应的文件。

（14）将配置好的单机做成镜像。

```
# docker commit - m = 'spark' -- author = 'IEDS' a790e8142381 ieds/ spark - base:v6
```

15.2.4 集群部署与启动

1. Docker 搭建 Master 和 Slave 集群

```
# docker run - idt - p 50070:50070 - p 8088:8088 - p 4040:4040 - p 50075:50075 - p 8080:8080
```

```
- v ～/env/hosts:/etc/hosts - v ～/env/hadoop/hadoop - env. sh:/opt/yarn/hadoop - 2.6.0 -
cdh5.5.0/etc/hadoop/hadoop - env. sh - v ～/env/hadoop/slaves:/opt/yarn/hadoop - 2.6.0 - cdh
5.5.0/etc/hadoop/slaves - v ～/env/hadoop/core - site. xml:/opt/yarn/hadoop - 2.6.0 - cdh
5.5.0/etc/hadoop/core - site. xml - v ～/env/hadoop/hdfs - site. xml:/opt/yarn/hadoop - 2.6.0
- cdh5.5.0/etc/hadoop/hdfs - site. xml - v ～/env/hadoop/mapred - site. xml:/opt/yarn/hadoop -
2.6.0 - cdh5.5.0/etc/hadoop/mapred - site. xml - v ～/env/hadoop/yarn - site. xml:/opt/yarn/
hadoop - 2.6.0 - cdh5.5.0/etc/hadoop/yarn - site. xml - v ～/env/spark/slaves:/opt/spark/conf/
slaves - v ～/env/spark/spark - env. sh:/opt/spark/conf/spark - env. sh -- name = "master" --
hostname = "master" ieds/spark - base:v6 /bin/boot. sh

♯ docker run - idt - v ～/env/hosts:/etc/hosts - v ～/env/hadoop/hadoop - env. sh:/opt/yarn/
hadoop - 2.6.0 - cdh5.5.0/etc/hadoop/hadoop - env. sh - v ～/env/hadoop/slaves:/opt/yarn/
hadoop - 2.6.0 - cdh5.5.0/etc/hadoop/slaves - v ～/env/hadoop/core - site. xml:/opt/yarn/
hadoop - 2.6.0 - cdh5.5.0/etc/hadoop/core - site. xml - v ～/env/hadoop/hdfs - site. xml:/opt/
yarn/hadoop - 2.6.0 - cdh5.5.0/etc/hadoop/hdfs - site. xml - v ～/env/hadoop/mapred - site.
xml:/opt/yarn/hadoop - 2.6.0 - cdh5.5.0/etc/hadoop/mapred - site. xml - v ～/env/hadoop/yarn
- site. xml:/opt/yarn/hadoop - 2.6.0 - cdh5.5.0/etc/hadoop/yarn - site. xml - v ～/env/spark/
slaves:/opt/spark/conf/slaves - v ～/env/spark/spark - env. sh:/opt/spark/conf/spark - env. sh
-- name = "slave1" -- hostname = "slave1" ieds/spark - base:v6 /bin/boot. sh
```

2. Weave 设置 IP 地址

```
♯ weave connect 10.10.65.131
♯ weave attach 192.168.1.2/24 master
♯ weave attach 192.168.1.3/24 slave1 …
```

3. 服务启动

进入 Master 主机,并验证各机器间 ssh 通信无问题。

(1) 格式化 master 的 hdfs。

```
♯ cd /opt/yarn/hadoop - 2.6.0 - cdh5.5.0/bin
♯ ./hdfs namenode - format
```

(2) 启动 hdfs 服务。

```
♯ cd /opt/yarn/hadoop - 2.6.0 - cdh5.5.0/sbin
♯ ./start - dfs. sh
```

(3) 启动 yarn 服务。

同上目录。

```
♯ ./start - yarn. sh
```

(4) 启动 jobserver。

```
♯ ./mr - jobhistory - daemon. sh historyserver
```

(5) 验证。

① 命令验证：执行 jps 命令查看服务是否启动。

master 下：

ResourceManager

SecondaryNameNode

JobHistoryServer

NameNode

slave 下：

DataNode

NodeManager

② Web 验证（须部署第 6 章）。

```
http://master:80808/cluster
http://master:50070
```

15.2.5　基于 Ambari 管理平台的镜像搭建

1. 部署准备

由于 Ambari 部署所需安装包太大，故需要搭建私库。

下载 Ambari：

```
http://public - repo - 1. hortonworks. com/ambari/ubuntu14/2. x/updates/2. 1. 2. 1/ambari -
2.1.2.1 - ubuntu14.tar.gz
```

下载 HDP：

```
http://public - repo - 1. hortonworks. com/HDP/ubuntu14/2. x/updates/2. 3. 2. 0/HDP - 2. 3. 2. 0 -
ubuntu14 - deb.tar.gz
```

下载 HDP-UTILS：

```
http://public - repo - 1. hortonworks. com/HDP - UTILS - 1. 1. 0. 20/repos/ubuntu14/HDP - UTILS -
1.1.0.20 - ubuntu14.tar.gz
```

2. 私库配置

在物理机上安装 apache2 并配置 httpd。

```
#vim /etc/apache2/apache2.conf 文件,加入:
ServerName localhost
DirectoryIndex index. html index. htm index. php
AddDefaultCharset GB2312
```

启动 apache2，并将上面下载的文件解压到/var/www/html/目录下。

3. ambari-server 安装

（1）修改 ambari 源。

```
#cd /etc/apt/sources. list. d
# wget http://public - repo - 1. hortonworks. com/ambari/ubuntu14/2. x/updates/2. 1. 2/
ambari. list
# vim mabari. list
```

修改路径为 http://10.10.65.132/ambari/ubuntu14(私库地址)。

```
# apt - key adv -- recv - keys -- keyserver keyserver. ubuntu. com B9733A7A07513CAD
# apt - get update
```

（2）安装 jdk 并配置环境变量。

```
export JAVA_HOME = /opt/jdk1.7.0_79
export CLASSPATH = ${JAVA_HOME}/lib
export PATH = ${JAVA_HOME}/bin:$PATH
```

（3）配置免登录，参考第 14 章。

（4）安装和启动 ambari-server。

```
# apt - get install ambari - server
# ambari - server setup
```

（5）配置 Host 和 Hostname。

```
192.168.1.211 ambari
# slaves
192.168.1.213 hadoop1
192.168.1.214 hadoop2
192.168.1.215 hadoop3
```

（6）制作 boot. sh，添加如下内容。

```
#!/bin/bash
source /etc/profile
service ssh start
/bin/bash
```

（7）commit 镜像。

```
docker commit - m = 'ambariserver' -- author = 'IEDS' a790e8142381 ieds/ambari:v1
```

（8）验证。

```
# docker run - itd - p 8080:8080 - p 5901:5901 -- name = " ambari " -- hostname = "ambari"
ieds/ambari:v2 /bin/boot.sh
# weave attach 192.168.1.211/24 ambari
# docker attach ambari
# ambari - server start
```

访问 http:// ambari:8080。

4. ambari-client 安装

（1）重复上述（1）、（2）、（3）、（5）步。

（2）安装 ambari-agent 和 ambari-ntp。

```
# apt - get install ambari - agent
# apt - get install ambari - ntp
```

（3）配置 boot. sh。

```
#!/bin/bash
```

```
source /etc/profile
service ssh start
service ntp start
ambari – agent start
```

（4）commit 镜像。

先执行第 6 章的操作，然后再执行以下命令：

```
docker commit – m = 'ambariclient' –– author = 'IEDS' a790e8142381 ieds/ambariclient:v1
```

（5）部署实例。

```
# docker run – itd –– name = "hadoop1" –– hostname = "hadoop1" ieds/ambariclient:v1 /bin/
boot.sh
# weave attach 192.168.1.212/24 hadoop1
```

5. Ambari 管理

页面访问：输入 http://10.10.65.132:8080 进入管理页面，登录账号 admin/admin，如图 15-17 所示。

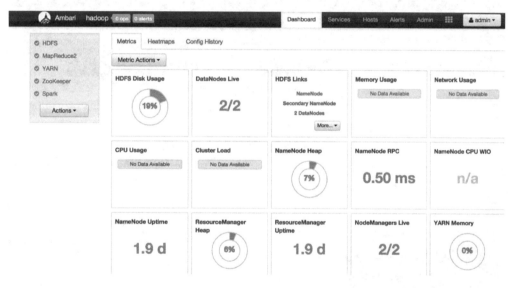

图 15-17　基于 Ambari 管理的 Hadoop 集群

配置路径时修改为以下路径：

```
http://10.10.65.132/HDP/ubuntu14/2.x/updates/2.3.2.0
http://10.10.65.132/HDP – UTILS – 1.1.0.20/repos/ubuntu14
```

15.2.6　桌面系统 XFCE 搭建

由于集群是基于 Docker 构建内网虚拟环境，因此需要搭建桌面系统进行管理页面的访问。

docker attach ambari 为了方便管理直接在 Ambari 上搭建，如不需要管理服务

Ambari 则新建一个 Docker 实例即可。

注意：Docker 建实例时需要将 5901 端口做映射。

♯ apt-get install xubuntu desktop ♯ 安装 xubuntu 桌面环境，默认 xfce4 桌面，如果是 ubuntu 12.04，那么可以用 unity 桌面环境，改为 apt-get install ubuntu-desktop。

♯ apt-get install vnc4server ♯ 安装 vncserver 服务端。

♯ vncserver ♯ 启动 vnc 服务，第一次会让用户输入远程连接的密码。

♯ cd ~/.vnc

♯ vim xstartup ♯ 编辑 xstartup 文件，最后一行注释掉，添加一行 startxfce4 &。如果是 unity 桌面环境，改为 gnome-session &。

♯ vncserver -kill :1

♯ vncserver ♯ 杀掉原来的 vnc 进程，重启 vnc 服务生效。

搭建成功后下载软件 VNC VIEWER 客户端连接（端口默认为 1），如图 15-18 所示。

图 15-18　大数据集群架构的桌面

15.3　本章小结

本章介绍了分布式的 Hadoop 与 Spark 集群搭建和基于 Docker 容器的 Spark 大数据云架构。Spark 集群基于 Spark1.6.1 和 Hadoop2.6.0 构建。大数据云部署依托于 Docker 容器集群，机组间通过 Weave 搭建互通网络环境。

第16章

Spark大数据编程

16.1　Spark 应用开发环境配置

Spark 的开发可以通过 Intellij 或者 Eclipse IDE 进行,在环境配置的开始阶段还需要安装相应的 Scala 插件。

16.1.1　使用 Intellij 开发 Spark 程序

下面介绍如何使用 Intellij IDEA 构建 Spark 开发环境和源码阅读环境。由于 Intellij 对 Scala 的支持更好,因此目前 Spark 开发团队使用 Intellij 作为开发环境。

1. 配置开发环境

(1) 安装 JDK。

用户可以自行安装 JDK7、JDK8。官网地址为 http://www.oracle.com/technetwork/java/javase/downloads/index.html。

下载后,如果在 Windows 下直接运行安装程序,则自动配置环境变量。安装成功后,在 CMD 的命令行下输入 Java,如有 Java 版本的日志信息提示,则证明安装成功。

如果在 Linux 下安装,下载 JDK 包解压缩后还需要配置环境变量。

在/etc/profile 文件中,配置环境变量:

```
export JAVA_HOME = /usr/java/jdk1.8.0_27
export JAVA_BIN = /usr/java/jdk1.8.0_27/bin
export PATH = $ PATH: $ JAVA_HOME/bin
export CLASSPATH = .: $ JAVA_HOME/lib/dt.jar: $ JAVA_HOME/lib/tools.jar
export JAVA_HOME JAVA_BIN PATH CLASSPATH
```

（2）安装 Scala。

Spark 对 Scala 的版本有约束，用户可以在 Spark 的官方下载界面看到相应的 Scala 版本号。下载指定的 Scala 包，官网地址为 http://www.scala-lang.org/download/。

（3）安装 Intellij IDEA。

用户可以下载安装最新版本的 Intellij，官网地址为 http://www.jetbrains.com/idea/download/。

目前 Intellij 最新的版本中已经可以支持新建 sbt 工程，安装 Scala 插件可以很好地支持 Scala 开发。

（4）在 Intellij 中安装 Scala 插件。

在 Intellij 菜单栏中选择 Configure→Plugins→Browse repositories 命令，在弹出的界面中输入 Scala 搜索插件（如图 16-1 所示），然后单击相应的安装按钮进行安装，重启 Intellij 使配置生效。

图 16-1　Intellij 中安装 Scala 插件

2. 配置 Spark 应用开发环境

（1）在 Intellij IDEA 中创建 Scala Project，名称为 SparkTest。

（2）选择菜单栏中的 File→project structure→Libraries 命令，然后选择"＋"，导入 spark-assembly-1.6.1-hadoop2.6.0.jar。

只需导入上述 Jar 包即可，该包可以通过 sbt/sbt assembly 命令生成，这个命令相当于将 Spark 的所有依赖包和 Spark 源码打包为一个整体。在 assembly/target/scala-2.10.4/ 目录下生成 spark-assembly-1.6.1-hadoop2.6.0.jar。

（3）以同样的方式将 Scala 库的 jar 包导入，之后可以开始开发 Scala 程序，如图 16-2 所示。本例将 Spark 默认的示例程序 SparkPi 复制进文件。

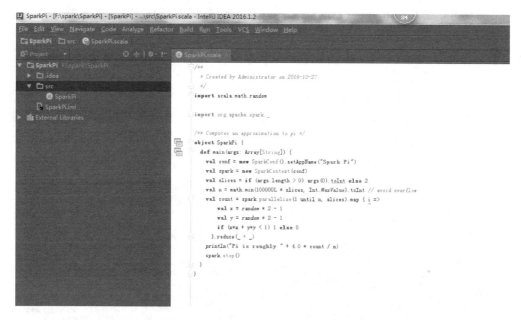

图 16-2 Spark 中的 Pi 编程

3. 运行 Spark 程序

（1）本地运行。

编写完 Scala 程序后，可以直接在 Intellij 中以本地（Local）模式运行（如图 16-3 所示）。注意，设置 Program arguments 中的参数为 local。

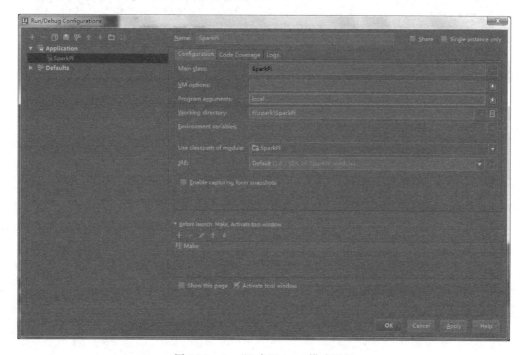

图 16-3 Intellij 中以 local 模式运行

在 Intellij 中单击 Run/Debug Configuration 按钮,在其下拉列表中选择 Edit Configurations 选项。在 Run 输入选择界面中的 Program arguments 文本框中输入 main 函数的输入参数 local,即为本地单机执行 Spark 应用。然后右键选择需要运行的类,单击 Run 运行 Spark 应用程序。

(2) 在集群上运行 Spark 应用 Jar 包。

如果想把程序打成 Jar 包,通过命令行的形式在 Spark 集群中运行,可以按照以下步骤操作:

选择 File→Project Structure 命令,然后选择 Artifact 选项,单击"＋"按钮,选择 Jar→From Modules with dependencies 命令,如图 16-4 所示。

图 16-4   Intellij 中选择生成 jar

选择 Main 函数,在弹出的对话框中选择输出 Jar 位置,并单击 OK 按钮。

在图 16-4 中单击 From mudules with dependencies 后会出现图 16-5 所示的输入框,在其中选择需要执行的 Main 函数。

在图 16-5 所示的界面中单击 OK 按钮后,在图 16-6 所示的对话框中通过 OutPut layout 中的"＋"选择依赖的 Jar 包。

在主菜单中选择 Build→Build Artifact 命令,编译生成 Jar 包。

在集群的主节点通过下面的命令执行生成的 Jar 包 SparkTest.jar。

```
java - jar SparkTest.jar
```

图 16-5 Intellij 中选择需要执行的 Main 函数

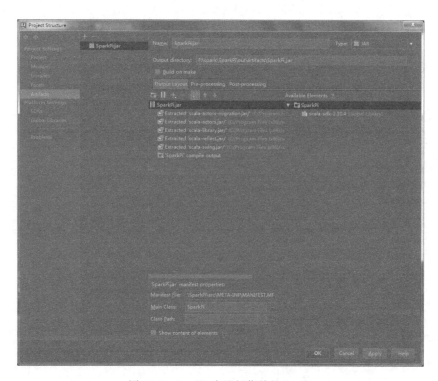

图 16-6 Intellij 中选择依赖的 Jar 包

16.1.2 使用 Spark Shell 开发运行 Spark 程序

因为运行 Spark Shell 时会默认创建一个 SparkContext,命名为 sc,所以不需要在 Spark Shell 创建新的 SparkContext。在运行 Spark Shell 之前,可以设定参数 MASTER 指定 Spark 应用提交的对象。可以通过参数 ADD_JARS 将 JARS 添加到 classpath 中。

如果希望 spakr-shell 在本地通过 4 核的 CPU 运行,需要以如下方式启动:

```
$ MASTER = local[4] ./spark - shell
```

这里的 4 是指启动 4 个工作线程。

如果要添加 JARS,可以用如下方法实现:

```
$ MASTER = local[4] ADD_JARS = code.jar ./spark - shell
```

在 Spark Shell 中输入下面代码,读取 dir 文件,以输出文件中有多少数据项。

```
scala > val text = sc.textFile("dir")
scala > text.count
```

按 Enter 键即可运行 Shell 中的程序。

16.2 Spark 大数据编程

16.2.1 WordCount

WordCount 是大数据领域的经典范例,如同程序设计中的 Hello World 一样,是一个入门程序。本节主要从并行处理的角度出发,介绍设计 Spark 程序的过程。

1. 实例描述

输入:

```
Hello World Bye World
Hello Hadoop Bye Hadoop
Bye Hadoop Hello Hadoop
```

输出:

```
< Bye,3 >
< Hadoop,4 >
< Hello,3 >
< World,2 >
```

2. 设计思路

在 map 阶段会将数据映射为:

```
< Hello,1 >
< World,1 >
```

```
< Bye,1 >
< World,1 >
< Hello,1 >
< Hadoop,1 >
< Bye,1 >
< Hadoop,1 >
< Bye,1 >
< Hadoop,1 >
< Hello,1 >
< Hadoop,1 >
```

在 reduceByKey 阶段会将相同 key 的数据合并,并将合并结果相加。

```
< Bye,1,1,1 >
< Hadoop,1,1,1,1 >
< Hello,1,1,1 >
< World,1,1 >
```

3. 代码示例

WordCount 的主要功能是统计输入中所有单词出现的总次数,编写步骤如下:

(1) 初始化。

创建一个 SparkContext 对象,该对象有 4 个参数:Spark master 位置、应用程序名称、Spark 安装目录和 Jar 存放位置。

需要引入下面两个文件:

```
import org.apache.spark._
import SparkContext._
val sc = new SparkContext(args(0), "WordCount",
    System.getenv("SPARK_HOME"),
    Seq(System.getenv("SPARK_TEST_JAR")))
```

(2) 加载输入数据。

从 HDFS 上读取文本数据,可以使用 SparkContext 中的 textFile 函数将输入文件转换为一个 RDD,该函数采用 Hadoop 中的 TextInputFormat 解析输入数据。

```
val textRDD = sc.textFile(args(1))
```

textFile 中的每个 Hadoop Block 相当于一个 RDD 分区。

(3) 词频统计。

对于 WordCount 而言,首先需要从输入数据中的每行字符串中解析出单词,然后分而治之,将相同单词放到一个组中,统计每个组中每个单词出现的频率。

```
val result = textRDD.flatMap{
  case(key, value) => value.toString().split("\\s + ")
}.map(word =>(word, 1)). reduceByKey (_ + _)
```

其中,flatMap 函数对每条记录进行转换,形成一个集合,再将集合中的元素变为 RDD 中的记录;map 函数将一条记录映射为另一条记录;reduceByKey 函数将 key 相同的关键字的数据聚合到一起进行函数运算。

（4）存储结果。

可以使用 SparkContext 中的 saveAsTextFile 函数将数据集保存到 HDFS 目录下。

```
result.saveAsTextFile(args(2))
```

4. 应用场景

WordCount 的模型可以在很多场景中使用，如统计过去一年中访客的浏览量、最近一段时间相同查询的数量和海量文本中的词频等。

16.2.2 股票趋势预测

本例将介绍如何使用 Spark 构建实时数据分析应用，以分析股票价格趋势。

本例假设已预先连接了 Spark Streaming。读者可以阅读介绍 BDAS 的章节预先了解相关概念。第一步，需要获取数据流，本例使用 JSON/WebSocket 格式呈现 6 种实时市场金融信息。第二步，需要知道如何使用获取到的数据流，本例不涉及专业的金融知识，但可以在这个应用中通过价格改变规律预测价格趋势。

1. 实例描述

本例通过使用 scalawebsocket 库（Github 网址为 https://github.com/pbuda/scalawebsocket）访问 WebSocket。scalawebsocket 库只支持 Scala 2.10 以获取网上的金融数据流。

输入为：股票名和相应价格。

```
------------------------------------------
Time: 1375194945000 ms
------------------------------------------
Croda International PLC - 24.82 - 24.82
ASOS PLC - 47.485 - 47.485
Arian Silver Corp - 0.0435 - 0.0435
Medicx Fund Ltd - 0.7975 - 0.7975
Supergroup PLC - 10.73 - 10.73
Diageo PLC - 20.07 - 20.075
Barclays PLC - 2.891 - 2.8925
QinetiQ Group PLC - 1.874 - 1.874
CSR PLC - 5.7 - 5.7
United Utilities Group PLC - 7.23 - 7.23
```

输出为：处于增长趋势的股票名称。

```
------------------------------------------
Positive Trending (Time: 1375269240035 ms)
------------------------------------------
Real estate
Telecommunication
Graphics, publishing & printing media
Environmental services & recycling
Agriculture & fishery
```

2. 设计思路

通过 Spark Streaming 的时间窗口,增加新数据,减少旧数据。本例中的 reduce 函数用于对所有价格改变求和(有正向的改变和负向的改变)。之后希望看到正向的价格改变数量是否大于负向的价格改变数量,这里通过改变正向数据将计数器加1,改变负向的数据将计数器减1进行统计,从而统计出股票的趋势。

3. 代码示例

通过本书的 BDAS 章节,假设读者已经对 Spark 和 Spark Streaming 有了初步了解,下面将介绍整个应用的设计与开发。

(1) 接收流数据。

为了在 Spark 中处理流数据,需要创建一个 StreamingContext 对象(Spark Streaming 中的上下文对象),作为流处理的上下文。之后注册一个输入流(InputDStream),它会初始化一个接收器(Receiver)对象(Spark 默认提供了许多类型的接收器,如 Twitter、AkkaActor、ZeroMQ 等)。由于默认没有网页套接字(WebSocket)的实现,因此本例将自定义这个类,获取网页流数据。

通过下面的代码实现一个简单的 trait,进而使用 WebSocket(它产生所有可用的股票序列)。

```
import scalawebsocket.WebSocket
trait PriceWebSocketClient {
import Listings._
def createSocket(handleMessage: String => Unit) = {
websocket = WebSocket().open("ws://localhost:8080/1.0/marketDataWs").onTextMessage(m =>
{handleMessage(m)
})
subscriptions.foreach(listing => websocket.sendText("{\"subscribe\":{" + listing
+ "}}"))
}
var websocket: WebSocket = _
} class PriceEchoextendsPriceWebSocketClient{
createSocket(println)
}
```

为了能够让 Spark 正确挂接到 WebSocket,并不断接收消息,可以通过实现一个接收器(Receiver)达到这个目的。由于接收的数据符合通用的网络协议,因此通过继承 NetworkReceiver 类实现接收器。用户需要创建一个块生成器(BlockGenerator),并将接收到的消息附加到块生成器中。

```
Class PriceReceiver extends NetworkReceiver[String]withPriceWebSocketClient{
lazy val blockGenerator = new BlockGenerator(StorageLevel.MEMORY_ONLY_SER)
protected override def onStart() {
blockGenerator.start
createSocket(m => blockGenerator += m)
} protected override def onStop() {
blockGenerator.stop
websocket.shutdown
}}
```

到目前为止,获取的流数据是以 JSON 格式存储的文本字符串,通过抽取数据中重要的部分进而用其创建 case 类,这样数据处理将变得更容易。创建一个 PriceUpdate case 类。

```scala
import scala.util.parsing.json.JSON
import scala.collection.JavaConversions
import java.util.TreeMap
case class PriceUpdate(id: String, price: Double, lastPrice: Double)
object PriceUpdate{
val lastPrices = JavaConversions.asMap(new TreeMap[String,Double])
def apply(text: String): PriceUpdate = {
val(id, price) = getIdAndPriceFromJSON(text)
val lastPrice: Double = lastPrices.getOrElse(id, price)
lastPrices.put(id, price)
PriceUpdate(id, price, lastPrice)
}
/* 此方法解析与处理 JSON 数据格式,暂不赘述 */
def getIdAndPriceFromJSON(text: String) = // snip - simple JSON processing
}
```

这时还不能找到金融序列属性,不能获取之前的价格信息。同时,需要更新接收器类为下面的情况,解析输入数据。

```scala
import spark.streaming.dstream.NetworkReceiver
import spark.storage.StorageLevel
class PriceReceiver extends NetworkReceiver[PriceUpdate]withPriceWebSocketClient{
lazy val blockGenerator = new BlockGenerator(StorageLevel.MEMORY_ONLY_SER)
protected override def onStart() {
blockGenerator.start
createSocket(m => {
val priceUpdate = PriceUpdate(m)
blockGenerator += priceUpdate
})
} protected override def onStop() {
blockGenerator.stop
websocket.shutdown
}}
```

还需要实现一个输入流(InputDStream),这个输入流需要实现 getReceiver 方法,当外部调用这个方法时返回一个初始化好的价格接收器。

```scala
object stream extends NetworkInputDStream[PriceUpdate](ssc) {
override def getReceiver(): NetworkReceiver[PriceUpdate] = {
newPriceReceiver()
}}
```

将之前的程序加入 Spark Streaming 的主干程序中。

```scala
/* 创建 Spark Streaming 上下文 */
val ssc = new StreamingContext("local", "datastream", Seconds(15), "C:/software/spark-1.6.1",List("target/scala-2.10.3=/spark-data-stream_2.10.3-1.0.jar"))
/* 创建并注册输入流 */
ssc.registerInputStream(stream)
```

/*启动流数据处理引擎*/
ssc.start()

上面这段代码初始化了流数据处理的上下文,并配置了应用。

local 表示在本地执行,datastream 是应用的名称,Seconds(15)定义批处理的时间片,C:/software/spark-1.6.1 定义 Spark 的路径,List("target/scala-2.10.3=/spark-data_stream_2.10.3-1.0.jar")定义需要的 Jar 包。

项目结构为 SBT 的项目格式,在根目录运行 SBT package run 即可,这样将会编译,打包程序生成 target/scala-2.10.3=/spark-data-stream_2.10.3-1.0.jar,然后 Spark 可以使用 Jar 中的类。

下面代码为到目前为止应用的完整代码。

```
override def main(args: Array[String]) {
import Listings._
val ssc = new StreamingContext("local", "datastream", Seconds(15), "C:/software/spark -
1.6.1",
List("target/scala - 2.9.3/spark - data - stream_2.9.3 - 1.0.jar"))
object stream extends NetworkInputDStream[PriceUpdate](ssc) {
override de fgetReceiver(): NetworkReceiver[PriceUpdate] = {
newPriceReceiver()
}} ssc.registerInputStream(stream)
stream.map(pu => listingNames(pu.id) + " - " + pu.lastPrice + " - " + pu.price).print()
ssc.start()
}
```

控制台将会产生以下输出:

```
-------------------------------------------
Time: 1375194945000 ms
-------------------------------------------
Croda International PLC - 24.82 - 24.82
ASOS PLC - 47.485 - 47.485
Arian Silver Corp - 0.0435 - 0.0435
Medicx Fund Ltd - 0.7975 - 0.7975
Supergroup PLC - 10.73 - 10.73
Diageo PLC - 20.07 - 20.075
Barclays PLC - 2.891 - 2.8925
QinetiQ Group PLC - 1.874 - 1.874
CSR PLC - 5.7 - 5.7
United Utilities Group PLC - 7.23 - 7.23
…
```

(2)处理流数据。

通过上文的初始化和数据接收,已经可以源源不断地获取数据了。下面介绍如何处理和分析数据。

下面程序可将数据转化为类股,改变价格和频度的序列。第一次处理时,将每个数据项转化为(类股,价格改变,1)的元组。通过下面的代码完成这个过程:

```
val sectorPriceChanges = stream.map(pu =>
        (listingSectors(pu.id),(pu.price - pu.lastPrice, 1)))
```

现在就可以使用 reduceByKeyAndWindow 函数了。这个函数允许用户使用滑动窗口处理数据,时间窗口内的数据将会使用 reduce 函数处理,使用 Key-Value 对中的 Key 作为 reduce 的关键字,这里将使用一个 reduce 函数和反向 reduce 函数。

这样,每次在时间窗口内迭代时,Spark 都对新数据进行 reduce 处理,需要丢弃的旧数据不再使用 reduce 处理。

Spark 需要做的就是撤销之前最左侧旧数据对整个 reduce 数据结果的改变,增加右侧新的 reduce 数据对整个 reduce 数据结果产生新的改变。

需要写一个 reduce 和 inverse reduce 函数。在本例中,reduce 函数用于对所有价格改变求和(有正向的改变和负向的改变)。为了看到正向的价格改变数量大于负向的价格改变数量,这里可以通过改变正向数据,将计数器加 1;改变负向数据,将计数器减 1 达到这个效果。代码如下:

```
val reduce = (reduced: (Double,Int), pair: (Double,Int)) => {
if(pair._1 > 0)(reduced._1 + pair._1, reduced._2 + pair._2)
else(reduced._1 + pair._1, reduced._2 - pair._2)
}
Val invReduce = (reduced:(Double,Int), pair: (Double,Int)) => {
if(pair._1 > 0)(reduced._1 + pair._1, reduced._2 - pair._2)
else(reduced._1 + pair._1, reduced._2 + pair._2)
}
val windowedPriceChanges =
sectorPriceChanges.reduceByKeyAndWindow(reduce, invReduce, Seconds(5 * 60),Seconds(15))
```

现在通过上文介绍的函数,已经可以构建一个 reduce 流处理应用,这个应用能够感知价格波动和趋势。由于只希望呈现出正向波动最剧烈的一些股票。可以过滤流数据,保留下正向波动的股票,然后将数据元组 Key-Value 的 Key 进行排序,统计出波动最大的股票属性。本例假设正向波动剧烈与否的权重为价格改变大小乘以价格改变计数器值,将 Value 中的两个值组合计算出的结果作为新的 Key。最后,将数据按照新的 Key 打印出最大的 5 个类股。

```
import scala.collection.immutable.List
import spark.SparkContext._
import spark.streaming._
import spark.streaming.StreamingContext._
import spark.streaming.dstream._
object DataStreamextendsApp{
val reportHeader = """-----------------------------------------------
Positive Trending
 == == == == == == == == =
""".stripMargin
override def main(args: Array[String]) {
import Listings._
import System._
val ssc = new StreamingContext("local", "datastream", Seconds(15), "C:/software/spark-
```

```
0.7.3",
List("target/scala - 2.9.3/spark - data - stream_2.9.3 - 1.0. jar"))
object stream extends NetworkInputDStream[PriceUpdate](ssc) {
override def getReceiver(): NetworkReceiver[PriceUpdate] = {
newPriceReceiver()
}} ssc. checkpoint("spark")
ssc. registerInputStream(stream)
val reduce = (reduced: (Double, Int), pair: (Double, Int)) => {
if(pair._1 > 0)(reduced._1 + pair._1, reduced._2 + pair._2)
else(reduced._1 + pair._1, reduced._2 - pair._2)
}
val invReduce = (reduced: (Double, Int), pair: (Double, Int)) => {
if(pair._1 > 0)(reduced._1 + pair._1, reduced._2 - pair._2)
else(reduced._1 + pair._1, reduced._2 + pair._2)
}
Val sectorPriceChanges = stream. map(pu =>(listingSectors(pu. id),
(pu. price - pu. lastPrice, 1)))
val windowedPriceChanges = sectorPriceChanges. reduceByKeyAndWindow ( reduce, invReduce,
Seconds(5 * 60), Seconds(15))
val positivePriceChanges = windowedPriceChanges. filter{case(_,(_, count)) => count > 0}
val priceChangesToSector = positivePriceChanges. map{case(sector, (value, count)) =>(value *
count, sector)}
val sortedSectors = priceChangesToSector. transform(rdd => rdd. sortByKey(false)). map(_._2)
sortedSectors. foreach(rdd => {
println("""| ------------------------------------------
|Positive Trending (Time: % d ms)
| ------------------------------------------
|""". stripMargin. format(currentTimeMillis + rdd. take(5). map(sectorCodes(_)). mkString("\
n"))})
ssc. start()
}}
```

运行上述示例，将会打印出下面的日志，这样就构建出了预测类股趋势的 Spark 应用。

```
------------------------------------------
Positive Trending (Time: 1375269240035 ms)
------------------------------------------

Real estate
Telecommunication
Graphics, publishing & printing media
Environmental services & recycling
Agriculture & fishery
------------------------------------------
Positive Trending (Time: 1375269255035 ms)
------------------------------------------

Real estate
Graphics, publishing & printing media
Environmental services & recycling
Agriculture & fishery
Electrical appliances & components
------------------------------------------
```

```
Positive Trending (Time: 1375269270034 ms)
-----------------------------------------------
Environmental services & recycling
Agriculture & fishery
Electrical appliances & components
Vehicles
Precious metals & precious stones
```

4. 应用场景

可通过这个示例开发自己的流数据分析应用。数据源可以是爬虫抓取的数据,也可以是消息中间件输出的数据等待。

Spark 是整个 Spark 生态系统的底层核心引擎,单一的 Spark 框架并不能完成所有计算范式任务。如果有更复杂的数据分析需求,就需要借助 Spark 的上层组件。例如,为了分析大规模图数据,需要借助 GraphX 构建内存的图存储结构,然后通过 BSP 模型迭代算法。为了进行机器学习,需要借助 MLlib 底层实现的 SGD 等优化算法进行搜索和优化。分析流数据需要借助 Spark Streaming 的流处理框架,将流数据转换为 RDD,输入与分析流数据。如果进行 SQL 查询或者交互式分析,就需要借助 Spark SQL 这个查询引擎将 SQL 翻译为 SparkJob。

16.3　本章小结

本章介绍了使用 Intellij IDEA 构建 Spark 开发环境,并列举了应用 Spark 计算框架的 WordCount 和基于 Spark Streaming 股票趋势预测案例。

第 5 篇　大数据安全

第 *17* 章

大数据云计算面临的安全威胁

大数据云环境下,各行业和领域的安全需求正在发生改变,从数据采集、数据整合、数据提炼、数据挖掘到数据发布,这一流程已经形成新的完整链条。随着数据的进一步集中和数据量的增大,对产业链中的数据进行安全防护变得更加困难。同时,云计算环境中,数据的分布式、协作式、开放式处理也加大了数据泄露的风险,在大数据的应用过程中,如何确保信息资源不被泄露是要重点考虑的问题。然而,现有的信息安全手段已不能满足大数据云时代的信息安全要求,安全威胁将逐渐成为制约大数据技术发展的瓶颈。

17.1 大数据云计算的安全问题

17.1.1 大数据基础设施安全威胁

基础设施包括存储设备、运算设备、一体机和其他基础软件(如虚拟化软件)等。为了支持大数据的应用,需要创建支持大数据云环境的基础设施。例如,需要高速的网络来收集各种数据源,大规模的存储设备对海量数据进行存储,还需要各种服务器和计算设备对数据进行分析与应用,并且这些基础设施带有虚拟化和分布式性质等特点。这些基础设施给用户带来各种大数据新应用的同时,也会遭受到安全威胁。

(1)非授权访问。即没有预先经过同意,就使用网络或计算机资源。例如,有意避开系统访问控制机制,对网络设备及资源进行非正常使用,或擅自扩大使用权限,越权访问信息。主要形式有假冒、身份攻击、非法用户进入网络系统进行违法操作,以及合法用户以未授权方式进行操作等。

(2)信息泄露或丢失。包括数据在传输中泄露或丢失(例如利用电磁泄漏或搭线窃听方式截获机密信息,或通过对信息流向、流量、通信频度和长度等参数的分析,窃取有用信息等),在存储介质中丢失或泄漏,以及"黑客"通过建立隐蔽隧道窃取敏感信息等。

(3)网络基础设施传输过程中破坏数据完整性。大数据采用的分布式和虚拟化架构意味着比传统的基础设施有更多的数据传输,大量数据在一个共享的系统里被集成和复制,当加密强度不够的数据在传输时,攻击者能通过实施嗅探、中间人攻击、重放攻击来窃取或篡改数据。

(4)拒绝服务攻击。即通过对网络服务系统的不断干扰,改变其正常的作业流程或执行无关程序,导致系统响应迟缓,影响合法用户的正常使用,甚至使合法用户遭到排斥,不能得到相应的服务。

(5)网络病毒传播。即通过信息网络传播计算机病毒。针对虚拟化技术的安全漏洞攻击,黑客可利用虚拟机管理系统自身的漏洞入侵到宿主机或同一个宿主机的其他虚拟机。

17.1.2　大数据存储安全威胁

大数据规模的爆发性增长对云存储架构产生新的需求,大数据分析应用需求也在推动着IT技术及计算技术的发展。大数据的规模通常可达到PB量级,结构化数据和非结构化数据混杂其中,数据的来源多种多样,传统的结构化存储系统已经无法满足大数据应用的需要,因此需要采用面向大数据处理的存储系统架构。大数据存储系统要有强大的扩展能力,可以通过增加模块或磁盘存储来增加容量;大数据存储系统的扩展要操作简便快速,操作甚至不需要停机。在此种背景下,Scale-out云架构越来越受到青睐。Scale-out是指根据需求增加不同的动态扩展虚拟服务器和虚拟存储,通过协同运算、负载平衡及容错等功能来提高运算能力及可靠度。与传统烟囱式架构完全不同,Scale-out架构可以实现无缝平滑的扩展,避免产生"存储孤岛"。

在传统的数据安全中,数据存储是非法入侵的最后环节,目前已形成完善的安全防护体系。大数据对存储的需求主要体现在海量数据处理、大规模集群管理、低延迟读写速度和较低的建设及运营成本方面。大数据时代的数据非常繁杂,其数据量非常惊人,保证这些信息数据在有效利用之前的安全是一个重要话题。在数据应用的生命周期中,数据存储是一个关键环节,数据停留在此阶段的时间最长。目前,可采用关系型(SQL)数据库和非关系型(Not Only SQL,NoSQL)数据库进行存储。

1. 关系型数据库存储安全

通过SQL数据库的ACID模型可以知道,传统的关系型数据库虽然因为通用性设计带来了性能上的限制,但可以通过云服务提供较强的横向扩展能力。关系型数据库的优点除了较强的并发读写能力,数据强一致性保障,很强的结构化查询与复杂分析能力和标准的数据访问接口外,还包括如下优点:

(1)操作方便。关系型数据库通过应用程序和后台连接,方便用户对数据的操作。

(2)易于维护。关系型数据库具有非常好的完整性,包括实体完整性、参照完整性和用户定义完整性,大大降低了数据冗余和数据不一致的概率。

(3)便于访问数据。关系型数据库提供了诸如视图、存储过程、触发器、索引等对象。

(4)更安全便捷。关系型数据库的权限分配和管理使其较以往的数据库在安全性上要高很多。

通常,数据结构化对于数据库开发和数据防护有着非常重要的作用。结构化的数据便于管理、加密、处理和分类,能够有效地智能分辨非法入侵数据。数据结构化虽然不能够彻底避免数据安全风险,但是能够加快数据安全防护的效果。

关系型数据库所具有的 ACID 特性保证了数据库交易的可靠处理。关系型数据库通过集成的安全功能保证数据的机密性、完整性和可用性,例如基于角色的访问控制、数据加密机制、支持行和列访问控制等。

关系型数据库也存在很多瓶颈,包括不能有效地处理多维数据,不能有效地处理半结构化和非结构化的海量数据,高并发读写性能低,支撑容量有限,数据库的可扩展性和可用性低,建设和运维成本高等。

2. 非关系型数据库存储安全

由于大数据具备数据量大、多数据类型、增长速度快和价值密度低的特点,采用传统关系型数据库管理技术往往面临成本支出过多、扩展性差、数据快速查询困难等问题。对于占数据总量 80% 以上的非结构化数据,通常采用 NoSQL 技术完成对大数据的存储、管理和处理。NoSQL 指的是非关系型数据库,包含大量不同类型结构化数据和非结构化数据的数据存储。和关系型分布式数据库的 ACID 理论基础相对,非关系型数据库的理论基础是BASE 模型。

从 NoSQL 的理论基础可以知道,由于数据多样性,非关系数据并不是通过标准 SQL语言进行访问的。NoSQL 数据存储方法的主要优点是数据的可扩展性和可用性、数据存储的灵活性。每个数据的镜像都存储在不同地点以确保数据可用性。NoSQL 的不足之处是在数据一致性方面需要应用层保障,结构化查询统计能力也较弱。

NoSQL 带来以下安全挑战:

(1) 模式成熟度不够。目前的标准 SQL 技术包括严格的访问控制和隐私管理工具,而在 NoSQL 模式中并没有这样的要求。事实上,NoSQL 无法沿用 SQL 的模式,它应该有自己的新模式。例如,与传统 SQL 数据存储相比,在 NoSQL 数据存储中列和行级的安全性更为重要。此外,NoSQL 允许不断地对数据记录添加属性,需要为这些新属性定义安全策略。

(2) 系统成熟度不够。在饱受各种安全问题的困扰后,关系型数据库和文件服务器系统的安全机制已经变得比较成熟。虽然 NoSQL 可以从关系型数据库安全设计中学习经验教训,但至少在几年内 NoSQL 仍然会存在各种漏洞。

(3) 客户端软件问题。由于 NoSQL 服务器软件没有内置足够的安全机制,因此必须对访问这些软件的客户端应用程序提供安全措施,这样又会产生其他问题。

① 身份验证和授权功能。该安全措施使应用程序更复杂。例如,应用程序需要定义用户和角色,并且需要决定是否向用户授权访问权限。

② SQL 注入问题。困扰着关系型数据库应用程序的问题又继续困扰 NoSQL 数据库。例如,在 2011 年的 Black Hat 会议上,研究人员展示了黑客如何利用"NoSOL 注入"来访问受限制的信息。

③ 代码容易产生漏洞。市面上有很多 NoSQL 产品和应用程序,应用程序越多,产生漏洞就越多。

（4）数据冗余和分散性问题。关系型数据库通常在相同位置存储数据。但大数据系统完全采用另外一种模式，将数据分散在不同地理位置、不同服务器中，以实现数据的优化查询处理及容灾备份。这种情况下难以定位这些数据并进行保护。

非关系型数据的优势是扩展简单、读写快速和成本低廉，但存在很多劣势，例如不提供对 SQL 的支持，产品不够成熟，很难实现数据的完整性，缺乏强有力的技术支持等。因此，开源数据库从出现到被用户接受需要一个漫长的过程。

17.1.3 大数据云架构网络安全威胁

因特网及移动因特网的快速发展不断地改变人们的工作、生活方式，同时也带来严重的安全威胁。网络面临的风险可分为广度风险和深度风险。广度风险是指安全问题随网络节点数量的增加呈指数级上升。深度风险是指传统攻击依然存在且手段多样；APT（高级持续性威胁）攻击逐渐增多且造成的损失不断增大；攻击者的工具和手段呈现平台化、集成化和自动化的特点，具有更强的隐蔽性更长的攻击与潜伏时间、更加明确和特定的攻击目标。结合广度风险与深度风险，大规模网络主要面临的问题包括安全数据规模巨大；安全事件难以发现；安全的整体状况无法描述；安全态势难以感知等。

通过上述分析，网络安全是大数据安全防护的重要内容。现有的安全机制对大数据环境下的网络安全防护并不完美。一方面，大数据时代的信息爆炸导致来自网络的非法入侵次数急剧增长，网络防御形势十分严峻。另一方面，由于攻击技术的不断成熟，现在的网络攻击手段越来越难以辨识，给现有的数据防护机制带来了巨大的压力。因此，对于大型网络，在网络安全层面，除了访问控制、入侵检测、身份识别等基础防御手段外，还需要管理人员能够及时感知网络中的异常事件与整体安全态势，从成千上万的安全事件和日志中找到最有价值、最需要处理和解决的安全问题，从而保障网络的安全状态。

17.1.4 大数据带来隐私问题

大数据通常包含了大量的用户身份信息、属性信息、行为信息，在大数据应用的各阶段内如果不能保护好大数据，极易造成用户隐私泄露。此外，大数据的多源性使得来自各个渠道的数据可以用来进行交叉检验。过去，一些拥有数据的企业经常提供经过简单匿名化的数据作为公开的测试集，在大数据环境下，多源交叉验证有可能发现匿名化数据后面的真实用户，同样会导致隐私泄露。

隐私泄露成为大数据必须要面对且急需解决的问题。大数据时代，现有的隐私保护技术手段还不够完善，除了要健全个人隐私保护的法律法规和基本规则之外，还应鼓励隐私保护技术的研发、创新和使用，从技术层面来保障隐私安全，完善用户保障体系。此外，推动大数据产品在个人隐私安全方面标准的制定，提倡行业在用户隐私保护领域自律，并制定相应的行业标准或公约。

1. 大数据中的隐私泄露

传统数据安全往往是围绕数据生命周期来部署的，即数据的产生、存储、使用和销毁。随着大数据应用越来越多，数据的拥有者和管理者相分离，原来的数据生命周期逐渐转变成数据的产生、传输、存储和使用。由于大数据的规模没有上限，许多数据的生命周期极为短暂,因此常规安全产品要想继续发挥作用,则需要解决如何根据数据存储和处理的动态化、并行化特征,动态跟踪数据边界,管理对数据的操作行为等。

大数据中的隐私泄露有以下表现形式:

(1) 在数据存储的过程中对用户隐私权造成的侵犯。大数据中用户无法知道数据确切的存放位置,用户对其个人数据的采集、存储、使用、分享无法有效控制。

(2) 在数据传输的过程中对用户隐私权造成的侵犯。大数据环境下数据传输将更为开放和多元化,传统物理区域隔离的方法无法有效保证远距离传输的安全性,电磁泄漏和窃听将成为更加突出的安全威胁。

(3) 在数据处理的过程中对用户隐私权造成的侵犯。大数据环境下可能部署大量的虚拟技术,基础设施的脆弱性和加密措施的失效可能产生新的安全风险。大规模的数据处理需要完备的访问控制和身份认证管理,以避免未经授权的数据访问,但资源动态共享的模式无疑增加了这种管理的难度,账户劫持、攻击、身份伪装、认证失效、密钥丢失等都可能威胁用户数据安全。

2. 法律和监管

海量数据的汇集加大了国家、企业机密信息泄露的可能性,对大数据的无序使用也增加了敏感信息泄露的危险。在政府层面,建议明确重点领域数据库范围,制定完善的重点领域数据库管理和安全操作制度,加强日常监管。在企业层面,需要加强企业内部管理,制定设备特别是移动设备安全使用规程,规范大数据的使用方法和流程。

17.1.5　针对大数据的高级持续性攻击

美国国家标准和技术研究院对 APT 给出了详细定义:"精通复杂技术的攻击者利用多种攻击向量(如网络、物理和欺诈)借助丰富资源创建机会实现自己的目的。"这些目的通常包括对目标企业的信息技术架构进行篡改,从而盗取数据(如数据从内网输送到外网),执行或阻止一项任务、程序;又或者潜入对方架构中偷取数据。

APT 的威胁主要包括:

(1) 长时间重复这种操作。

(2) 适应防御者,从而产生抵抗能力。

(3) 维持在所需的互动水平以执行偷取信息的操作。

简言之,APT 就是长时间窃取数据。作为一种有目标、有组织的攻击方式,APT 在流程上同普通攻击行为并无明显区别,但在具体攻击步骤上,APT 体现出以下特点,使其具备更强的破坏性。

(1) 攻击行为特征难以提取。APT 普遍采用 0day 漏洞获取权限,通过未知木马进行远程控制。

(2) 单点隐蔽能力强。为了躲避传统检测设备,APT 更加注重动态行为和静态文件的隐蔽性。

(3) 攻击渠道多样化。被曝光的知名 APT 事件中,社交攻击、0day 漏洞利用等方式层出不穷。

(4) 攻击持续时间长。APT 攻击分为多个步骤,从最初的信息搜集到信息窃取并外传往往要经历几个月甚至更长的时间。

在新形势下,APT可能将大数据作为主要攻击目标,APT攻击的上述特点使得传统以实时检测、实时阻断为主体的防御方式难以有效发挥作用。在同APT的对抗中必须转换思路,采取新的检测方式,以应对新挑战。

17.1.6 其他安全威胁

大数据除了在基础设施、存储、网络、隐私等方面面临上述安全威胁外,还包括如下方面。

1. 网络化社会使大数据易成为攻击目标

以论坛、博客、微博、社交网络、视频网站为代表的新媒体形式促成网络化社会的形成,在网络化社会中,信息的价值要超过基础设施的价值,极易吸引黑客的攻击。另一方面,网络化社会中大数据蕴涵着人与人之间的关系与联系,使得黑客成功攻击一次就能获得更多数据,无形中降低了黑客的进攻成本,增加了攻击收益。近年来,从因特网上发生用户账号的信息失窃等连锁反应可以看出,大数据更容易吸引黑客,而且一旦遭受攻击,造成的损失十分惊人。

2. 大数据滥用风险

计算机网络技术和人工智能的发展为大数据自动收集及智能动态分析提供了方便。但是,大数据技术被滥用或者误用也会带来安全风险。一方面,大数据本身的安全防护存在漏洞。对大数据的安全控制力度仍然不够,API访问权限控制及密钥生成、存储和管理方面的不足都可能造成数据泄漏。另一方面,攻击者也在利用大数据技术进行攻击。例如,黑客能够利用大数据技术最大限度地收集更多用户、敏感信息。

3. 大数据误用风险

大数据的准确性、数据质量及使用大数据做出的决定可能会产生影响。例如,从社交媒体获取个人信息的准确性,基本的个人资料如年龄、婚姻状况、教育或者就业情况等通常都是未经验证的,分析结果可信度不高。另一个是数据的质量,从公众渠道收集到的信息可能与需求相关度较小。这些数据的价值密度较低,如果对其进行分析会产生无效的结果,从而导致错误的决策。

17.2 不同领域大数据的安全需求

大数据是信息化时代的石油,在这个时代,计算机正在从追求计算速度转变为追求大数据处理能力,软件也将从业务功能为主转变为以数据为中心。大数据云计算不再仅仅局限在科研机构的内部探索,它犹如一场数据旋风开始席卷全球。随着对大数据的关注,有关大数据安全的行动也已经展开,包括科研机构、政府组织、应用企业、安全厂商等在内的各方力量,正在积极推动与大数据安全相关标准的制定和产品研发,为大数据的大规模应用奠定更加坚实的基础。在理解大数据安全内涵、制定相应策略之前,有必要对各领域大数据的安全需求进行全面了解和掌握,以分析大数据环境下的安全特征与要素。

17.2.1　因特网行业

因特网产生了大数据,云计算和物联网又进一步推动了数据的暴涨。"对大数据进行整理、分析和挖掘能够为企业创造更多价值",这一理念已得到因特网行业的普遍认可和重视,众多因特网企业相继开始了自己的大数据应用。例如亚马逊、Google、Facebook、淘宝、腾讯、百度均加大研发投入,推出基于大数据的精准营销服务解决方案。

因特网公司在应用大数据时常会涉及数据安全和隐私保护问题。由于用户隐私和商业机密涉及的技术领域繁多、机理复杂,很难有专家可以贯通法理与专业技术,界定出由于个人隐私和商业机密的传播而产生的损失,并且也很难界定侵权主体是出于个人目的还是企业行为。随着电子商务、手机上网行为的发展,因特网企业的网站受到攻击的情况也比以前更为隐蔽,攻击的目的也并不仅是让服务器宕机,更多是以渗透 APT 的攻击方式进行。此外,几乎所有数据安全都是由网络运营服务商负责,但安全责任却并未受到法律的严格保护。

因此,因特网企业的大数据安全需求是对大数据进行有效的安全存储和智能挖掘分析,严格执行大数据安全监管和审批管理,呼唤针对用户隐私保护的安全标准、法律法规、行业规范、企业意识,从而在海量数据中合理发现和发掘商业机会与商业价值。

17.2.2　电信行业

运营商记录了大量的用户信息,如用户属性、通信消费数据、GPS 行走轨迹、登录网站偏好、频率等内容,图 17-1 给出了通信网络中大数据的分布情况。对大数据进行全面、深入、实时的分析和应用是运营商应对新形势下的挑战,避免沦为管道的关键。运营商期望利用已掌握的数据更加精准地洞察客户需求,提升自身智能化水平和行业信息化服务能力,对外提供数据挖掘和分析的新业务及服务。

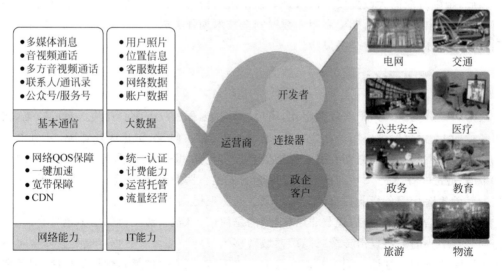

图 17-1　运营商大数据应用与分布

但是,由于大量数据的产生、存储和分析,使得运营商在数据对外应用和开放过程中面临着数据保密、用户隐私、商业合作等一系列问题。运营商需要利用企业平台、系统和工具实现数据的科学建模,确定或归类这些数据的价值。但是,由于数据通常是散乱在众多系统中,信息来源十分庞杂,因此运营商需要有效进行数据收集与分析,保障数据的完整性和安全性。在对外合作时,运营商需要能够准确地将外部业务需求转换成实际的数据需求,建立完善的数据对外开放访问机制。在此过程中,如何有效地保护用户隐私,防止企业核心数据泄露成为运营商对外开展大数据应用时需要考虑的重要问题。

因此,电信运营商的大数据安全需求是确保核心数据与资源的保密性、完整性和可用性,在保障用户利益、体验和隐私的基础上充分发挥数据价值。

17.2.3　金融行业

金融业是产生海量数据的行业,随着金融业务的载体与社交媒体、电子商务的融合越来越紧密,仅对原有15%的结构化数据进行分析已经不能满足发展的需求。企业需要借助大数据战略打破数据边界,囊括85%的非结构化数据,构建更为全面的企业数字运营全景图。与此同时,大数据正在改变着银行的运作方式,形成了一些较为典型的业务类型(例如高频金融交易、小额信贷、精准营销等),对理解和洞察市场和客户方面正产生着深远的影响。

金融信息系统具有相互牵连、使用对象多样化、安全风险多方位、信息可靠性、保密性要求高等特征。它对网络的安全性、稳定性要求更高,能够高速处理数据,提供冗余备份和容错功能,保证系统在任何情况下都能够正常运行。并且金融信息系统需要提供非常好的管理能力和灵活性,以应对复杂的应用。虽然金融信息系统一直在数据安全方面追加投资和技术研发,但是由于金融领域业务链条的拉长、云计算模式的普及、自身系统复杂度的提升,以及对数据的不当利用,都增加了金融业大数据的安全风险。

因此,金融行业的大数据安全需求是对数据访问控制、处理算法、网络安全、数据管理和应用等方面提出安全要求,期望利用大数据安全技术加强金融机构的内部控制,提高金融监管和服务水平,防范和化解金融风险。

17.2.4　医疗行业

医疗和大数据结缘始于医疗数字化,病历、影像、远程医疗等都会产生大量的数据,在医疗服务行业上,大数据可应用于临床诊断、远程监控、药品研发、防止医疗诈骗、分析由生活方式和行为引发的疾病等方面。据麦肯锡研究报告显示,医疗大数据的分析会为美国产生3000亿美元的价值,减少8%的国家医疗保健的支出。医疗离不开数据,数据用于医疗,大数据的基础为医疗服务行业提出的"生态"概念的实现提供了有力的保障。

随着医疗信息数据(结构化与非结构化)的几何倍数增长,数据存储压力也越来越大,导致医疗信息中心的关注点由传统"计算"领域转移到"存储"领域。数据存储是否安全可靠已经关乎医院业务的连续性。因为系统一旦出现故障,首先考验的就是数据的存储、灾备和恢复能力。如果数据不能迅速恢复,而且恢复不能到断点,则对医院的业务、患者满意度构成直接损害。同时,医疗数据具有极强的隐私性,大多数医疗数据拥有者不愿意将数据直接提供给其他单位或个人进行研究利用,而数据的技术和手段有限,造成宝贵数据资源的浪费。

因此,医疗行业对大数据安全的需求是数据隐私性高于安全性和机密性,同时要安全和可靠的数据存储、完善的数据备份和管理,以帮助医生与病人进行疾病诊断、药物开发、管理决策、完善医院服务,提高病人满意度,降低病人流失率。

17.2.5　政府组织

大数据分析在安全上的潜能已经被各国政府组织发现,它的作用在于能够帮助国家构建更加安全的网络环境。例如,美国进口安全申报委员会不久前宣布,通过 6 个关键性的调查结果证明,大数据分析不仅具备强大的数据分析能力,更能确保数据的安全性。美国国防部已经在积极部署大数据行动,利用海量数据挖掘高价值情报,提高快速响应能力,实现决策自动化。而美国中央情报局通过利用大数据技术,提高从大型复杂的数字数据集中提取知识和观点的能力,加强国家安全。图 17-2 描述了大数据在各领域潜在的广泛应用,有着巨大的商业价值。

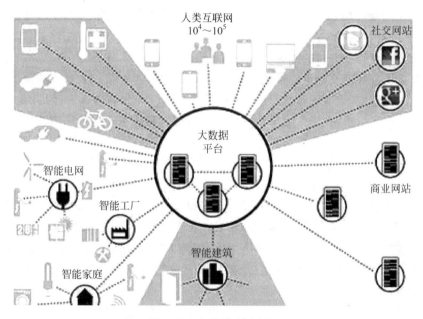

图 17-2　大数据广泛应用

因此,政府组织对大数据安全的需求是隐私保护的安全监管、网络环境安全感知、大数据安全标准的制定、安全管理机制的规范等内容。

17.3　大数据安全内涵

基于以上对不同领域大数据环境的安全需求分析,我们认为大数据安全应该包括两个层面的含义:保障大数据安全和大数据用于安全,如图 17-3 所示。前者是指保障大数据计算过程、数据形态、应用价值的处理技术,涉及大数据自身安全问题;后者则是利用大数据技术提升信息系统安全效能和能力的方法,涉及如何解决信息系统安全问题。

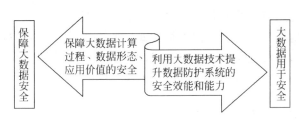

图 17-3　大数据安全的两层含义

17.3.1　保障大数据安全

大数据无论是在数据体量、结构类型、处理速度、价值密度方面，还是在数据存储、查询模式、分析应用上都与关系型数据有着显著差异。例如，大数据由于目标大，在网络上更容易被发现，对潜在攻击者的吸引力更大；海量数据汇集加大了敏感数据暴露的可能性，对大数据的无序使用也增加了要害信息泄露危险；随着企业数据访问通道越来越多，对大数据访问的安全控制难度增加；由于大数据分析往往需要多类数据相互参考，如何在一些特殊行业（如金融数据、医疗信息）满足数据安全标准和保密性要求；数据大集中后，对于现有的存储和安全防范措施提出新的挑战等。

大数据意味着数据及其承载系统的分布式和鲁棒性，单个数据和系统的价值相对降低，空间和时间的大跨度，价值的稀疏，外部人员更不容易寻找到攻击点。但是，在大数据环境下完全的去中心化很难，对于低密度价值的提炼过程也是吸引攻击的内容。针对这些问题，传统安全产品所使用的监视、分析日志文件、发现数据和评估漏洞的技术并不能有效运行。而且在很多技术方案中，数据的大小会影响到安全控制或配套操作能否正确运行。随着越来越多的数据被开放、被交叉使用，在这个过程中如何保护用户隐私是最需要考虑的问题。

为了解决大数据自身的安全问题，需要重新设计和构建大数据安全架构和开放数据服务，从网络安全、数据安全、灾难备份、安全风险管理、安全运营管理、安全事件管理、安全治理等各个角度考虑，部署整体的安全解决方案，保障大数据计算过程、数据形态、应用价值的安全。因此，需要构建统一的大数据安全架构和开放数据服务（如图 17-4 所示），确保大数据自身的安全。

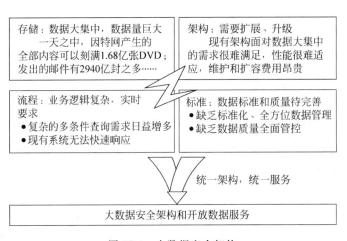

图 17-4　大数据安全架构

17.3.2　大数据用于安全领域

大数据在面临自身安全问题的同时,也给信息安全的发展带来了新机遇。2013年1月, RSA/EMC信息安全事业部发布的安全简报断言,大数据将会是一个安全行业发生重大转变的驱动因素,并将推动智能驱动的信息安全模型。未来,大数据分析将有可能给信息安全领域包括SIEM(信息安全事件管理)网络监控、用户身份认证和授权、身份管理、欺诈检测及治理、风险及合规系统在内的大多数产品类别带来足以改变市场的变化。

大数据为安全分析提供新的可能性,对于海量数据的分析有助于更好地刻画网络异常行为,从而找出数据中的风险点,制定更好的预防攻击,制定信息泄露的策略。目前,大数据在信息安全领域的应用包括两个方面:宏观上的网络安全态势感知和微观上的安全威胁发现。前者是指运用大数据云计算特有的海量存储、并行计算、高效查询等特点,解决大规模网络安全事件数据的有效获取,海量安全事件数据的实时关联分析,客观、可理解的网名全指标体系建立等问题,从中发现主机和网络异常行为,起到全局安全预警的作用。后者是指从大数据中发现微观事件,特别是高级持续性威胁攻击发现。通过全面收集重要终端和服务器上的日志信息,以及采集网络设备原始流量,利用大数据技术进行分析和挖掘,检测并还原整个APT攻击场景,能够起到动态预防的安全作用。图17-5给出了利用大数据检测APT攻击的过程。

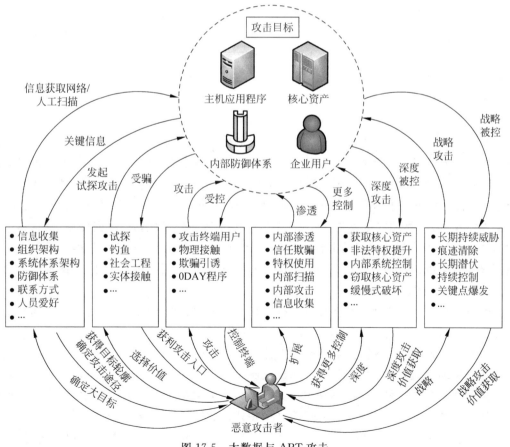

图 17-5　大数据与 APT 攻击

大数据正在提供一个更宽广的新视角,帮助他们更加前瞻性地发现安全威胁,利用大数据技术可以提升企业数据防护系统的安全效能、安全能力和安全效果。大数据通过自动化分析处理与深度挖掘,将之前很多时候亡羊补牢式的事中、事后处理转向事前自动评估预测、应急处理,让安全防护主动起来。

17.4 大数据安全研究方向

大数据安全的技术研究可以从两个方面着手:一是确保大数据安全的关键技术,涉及大数据业务链条上的数据产生、存储、处理、价值提取、商业应用等环节的数据安全防御和保护技术;二是利用涉及安全信息的大数据在信息安全领域进行分析与应用,涉及安全大数据的收集、整理、过滤、整合、存储、挖掘、审计、应用等环节的关键技术。

17.4.1 大数据安全保障技术

大数据安全保障技术可以从物理安全、系统安全、网络安全、存储安全、访问安全、审计安全、运营安全等角度进行考虑,围绕大数据全生命周期,即数据产生、采集、传输、存储、处理、分析、发布、展示和应用、产生新数据等阶段进行安全防护。其目标在于最大程度的保护具有流动性和开放性特征的大数据自身安全,防止数据泄露、越权访问、数据篡改、数据丢失、密钥泄露、侵犯用户隐私等问题的出现。因此,大数据安全保障技术需要设计和构建更多的技术标准、安全规范、工具产品、安全服务等形式来保护大数据的安全。目前,国际组织 CSA BDWG 工作组负责确定云中大数据安全和隐私问题的可扩展技术,主要研究安全数据存储、大数据隐私和管理、数据完整性问题、主流大数据技术和框架的评估、大数据基础设施的安全性、分析结果的安全性等问题。

对大数据挖掘与分析的前提是采集足够多的数据,其后的集成、分析、管理都构建于数据采集基础之上。企业每时每刻都在产生大量的数据,但是这些数据在采集、过滤、整合、提炼过程中常常涉及采集合规、敏感信息、隐私数据、传输安全、接口安全等问题。在采集阶段,网络层可以针对数据应用的网络架构与系统入口进行安全防护,例如防火墙和入侵监测等手段;设备层可以采用设备安全及物理保护、设备处置与重用安全、存储设备安全要求、服务器安全要求、终端安全管理、接入设备安全要求等防护措施;在数据传输过程中,数据加密通过加密算法为数据流的上传提供有效保护,实现信息隐蔽;使用数据脱敏技术对脱敏等级与效果进行度量。为了平衡数据保护和个性化服务,还可以在数据采集阶段增加透明度,降低隐私泄露风险。

数据大集中的后果使复杂多样的数据存储在一起,由此催生出一些新的安全问题。目前,解决大数据的安全存储可以采用以下几种方法:

(1)数据加密。在数据安全服务的设计中,大数据可以按照数据安全存储的需求被存储在数据集的任何存储空间,通过 SSL(Secure Sockets Layer,安全套接协议层)加密,实现数据集的节点和应用程序之间移动保护大数据。在大数据传输服务过程中,加密为数据流的上传与下载提供有效的保护。应用隐私保护外包数据计算,屏蔽网络攻击。

(2)分离密钥和加密数据。使用密钥管理技术把数据使用与数据保管相分离,把密钥与要保护的数据隔离开。涉及从密钥的管理体制、管理协议和密钥的产生、分配、存储、更换、注入、有效期等。

（3）使用过滤器。通过过滤器的监控，一旦发现数据离开了用户的网络，就立刻阻止数据的再次传输，可采用数据标识、签名、水印等技术来实现。

（4）数据备份。对于大数据应用而言，实时备份恢复非常困难。因此，需要定期通过系统容灾、敏感信息集中管理和数据管理等产品，实现端对端的数据保护，保证数据损坏情况下有备无患和安全管控。

（5）加强细粒度授权管理。可以根据大数据的密级程度和用户需求的不同，将数据和用户设定不同的权限等级，并严格控制访问权限。实际生产中，要对数据流主客体、数据访问权限、特权用户的登录、访问行数、数据表和高危行为、许可规则、禁止规则等进行管控。

在大数据挖掘阶段，需要对接入的实体信息进行身份认证和访问控制，通过安全的方式与数据存储系统对接，数据挖掘需要保存完整的操作处理日志，以便审计。在保证数据的完整性、准确性的同时，不能泄露企业的核心数据和个人隐私信息。因此，数据挖掘操作过程必须通过统一安全策略进行管理，实现鉴权、审计等功能。例如对算法的安全性和可靠性提供必要的验证与测试方案，规范算法使用的数据范围、挖掘周期、挖掘目的及挖掘结果的应用范围等。而在数据应用前，需要有效的技术手段保障数据自身的安全性，防止数据盗用和回写等违规操作。审计分析须具备关键字分析、统计分析和关联分析等能力，对敏感数据的访问、用户关键操作行为、安全日志、输出数据等信息进行审计。可采用的技术有行为合规审计、内容合规审计、输出加密要求、实时审计、事后审训、审计留痕等。

17.4.2　大数据安全应用技术

通过了解大数据安全内涵和技术特点，可以在信息安全领域利用大数据分析技术得到相关的安全预警和防护建议。例如，在大数据采集的基础上，企业可以从原始数据中进行二次提取，建立基础指标、应用层指标等多种类型指标，然后基于指标之间的关联，分析每个指标的变化状况，通过大数据分析帮助企业建立信誉评估机制，感知信息安全态势。而随着大数据应用所需的技术和工具快速发展，其在信息安全领域也会有更长远的发展。

借助大数据处理技术，可以针对 APT 攻击隐蔽能力强、长期潜伏、攻击路径和渠道不确定等特征，设计具备实时检测能力与事后回溯能力的全流量审计方案，提醒隐藏有病毒的应用程序。由于 APT 攻击利用了多种攻击手段，能够躲过安全监测，窃取更多的数据，扩大目标组织攻击面。但是，APT 攻击在触发之前通常需要收集大量关于用户业务流程和目标系统使用情况的精确信息，那么就可以通过整合大数据处理资源，协调大数据处理和分析机制，共享数据库之间的关键模型数据，对长时间、全流量数据进行深度分析，加快对 APT 攻击的建模进程，提升对 APT 攻击的检测能力，消除和控制 APT 的危害。

安全监测与大数据的融合技术也是大数据安全应用的一个重要方向。通过实时监控网络或主机活动，监视分析用户和系统的行为，审计系统配置和漏洞，评估敏感系统和数据的完整性，识别攻击行为，对异常行为进行统计和跟踪，识别违反安全法规的行为，使用诱骗服务器记录黑客行为等功能，使管理员有效地监视、控制和评估网络或主机系统。由于实时监控数据是海量、多样、快速、复杂的数据，因此可以利用大数据技术有效提高安全监测的效果和能力。

通信技术和终端工艺的不断发展,使得网络正朝着大规模、多业务的方向发展,随之而来的网络安全问题也越来越突出。传统的网络安全设备大都独立工作,信息没有关联,无法对其所保护的网络资源总体状况进行准确监控。基于大数据的网络安全态势感知及预测技术能够实时地监测网络安全状态,获得更精确的安全威胁行为描述和更全面、及时的网络安全状态估计,并对潜在的、恶意的网络攻击行为变得无法控制之前进行预测,预先采取相应的防御措施来加强网络的安全。

许多领域的应用需要不间断获取外部信息和数据,及时分析大流量的实时事件,并迅速洞察事件原委,及时地响应不断变化的世界。这就需要能够对持续大流量的实时数据进行分析并快速响应。大数据实时处理融合了云计算、机器学习、语义分析、统计学等多个领域的技术优势,能够快速地从海量数据中发现宏观波动趋势,挖掘出黑客攻击、非法操作、潜在威胁等各类安全事件,及时发出警告响应。同样,也可以利用大数据实时处理技术预测数据波动趋势和未来走向,用于天气预报、股票和金融分析。

17.5　本章小结

本章介绍了大数据云计算面临的各种安全威胁,阐述了不同行业大数据安全的需求,指出大数据安全应该包括保障大数据安全和大数据用于安全两个层面的含义。

大数据安全保障技术可以从物理安全、系统安全、网络安全、存储安全、访问安全、审计安全、运营安全等角度进行考虑,围绕大数据全生命周期,即数据产生、采集、传输、存储、处理、分析、发布、展示和应用、产生新数据等阶段进行安全防护。

大数据应用于信息安全领域是指利用大数据分析技术得到相关的安全预警和防护建议。

第 *18* 章

保障大数据安全

随着各领域对保护大数据、应用大数据的关注,大数据安全保障问题持续升温。一方面,信息技术的快速发展为黑客们提供了日趋多样的攻击方法与工具,使得数据驱动型企业面临的安全威胁成倍增加;另一方面,大数据处理流程的各个环节存在不同的安全风险,这既涉及一些传统安全问题,又涉及一些新的安全问题。针对上述情况,各领域专家展开了广泛而深入的调研、研究与实践,推出了各自的安全产品与安全方案。

18.1 大数据安全的关键技术

18.1.1 非关系数据库安全策略

越来越多的企业采用非关系型数据库存储大数据,保障非关系型数据库的安全十分必要。关系型数据库主要通过事务支持来实现数据存取的原子性、一致性、隔离性和持久性,保证数据的完整性和正确性,同时对数据库表、行、字段等提供基于用户级别的权限访问控制及加密机制。NoSQL 数据库为大数据处理提供了高可用、高可扩展的大规模数据存储方案,但缺乏足够的安全保障。如 NoSQL 数据库缺少 Schema,因此不能对数据库进行较好的完整性验证。同时,多数 NoSQL 数据库为了提高处理效率,采用最终同步而并非每次交易同步,影响了数据的正确性。目前,多数的 NoSQL 数据库没有提供内建的安全机制,这在一定程度上限制了其应用的领域及范围。但随着 NoSQL 的发展,越来越多的人开始意识到安全的重要性,部分 NoSQL 产品逐渐开始提供一些安全方面的支持。下面以 Hadoop 为例,介绍其安全机制。

1. 基于 ACL 的权限控制

Hadoop 支持的权限控制分为两级:服务级授权(service level authorization)及上层的

HDFS 文件权限控制和 MapReduce 队列权限验证。服务级授权为系统级,用于控制 Hadoop 服务的访问,是最基础的访问控制,优先于 HDFS 文件权限和 MapReduce 队列权限验证。

Hadoop 通过访问控制列表来管理服务级的访问权限,类似于 UNIX 系统中的用户权限管理。Hadoop 通过用户名和组来管理权限,每个服务可以配置为被所有用户访问,也可以被限制某些用户访问。Hadoop 有 9 个可配置的属性,如表 18-1 所示。

表 18-1 Hadoop ACL 属性

ACL 属性	说　明
Security. client. protocol. acl	ACL for ClientProtocol,用于 HDFS 客户端对 HDFS 访问的权限控制
Security. client. datanode. protocol. acl	ACL for ClientDatanodeProtocol,Client 到 DataNote 的访问权限控制,用于 block 恢复
Security. datanode. protocol. acl	ACL for DatanodeProtocol,用于 DataNode 与 NameNode 之间通信的访问控制
Security. inter. datanode. protocol. acl	ACL for InterDatanodeProtocol,用于 DataNode 之间更新 timestamp
Security. namenode. protocol. acl	ACL for NamenodeProtocol,用于 SecondNameNode 与 NameNode 通信的访问控制
Security. inter. tracker. protocol. acl	ACL for InterTrackerProtocol,用于 Tasktracker 与 Jobtracker 之间通信的访问控制
Security. job. submission. protocol. acl	ACL for JobSubmissionProtocol,用于 Job 客户端提交作业与查询作业的访问控制
Security. task. unbilical. protocol. acl	ACL for TaskUnbilicalProtocol,用于 Task 与其 Tasktracker 的访问控制
Security. refresh. policy. protocol. acl	ACL for RefreshAuthorizationPolicyProtocol,用于 dfsadmin 和 mradmin 更新其安全配置的访问控制

通过 ACL 的权限控制,Hadoop 能保证 HBase 数据库底层 HDFS 文件系统的服务级安全访问,通过用户和组的限制,防止非法的用户对数据进行操作。文件的权限主要由 NameNode 管理。

2. 基于令牌的认证机制

HDFS 的服务间交互基本都是通过远程过程调用协议(Remote Procedure Call Protocol,RPC)交互,但是 HDFS 客户端获取数据时却不完全依靠 RPC 机制。当 HDFS 客户端访问数据时,主要包括两个过程:

(1) 客户端访问 NameNode,获取数据的数据块信息,此过程通过 RPC 交互。

(2) 客户端获取到数据位置后,直接访问 DataNode,根据数据块位置信息直接通过 Socket 读取数据。

Hadoop 的 RPC 消息机制在 SASL(Simple Aauthentication and Security Layer)的基础上实现了两种认证机制:基于 GSSAPI 的 Kerberos 认证机制和基于 DIGEST-MD5 的令牌认证机制。其中,令牌认证包括 HDFS 中的授权令牌(Delegation Token)、块访问令牌(Block Access Token),以及 MapReduce 框架中的任务令牌(Job Token)。

令牌机制的本质就是客户端和服务端节点共享密钥,服务端与客户端可以相互认证,服务端将响应客户端的访问。令牌由 NameNode 管理,DataNode 不参与令牌的管理。

NameNode 端保存了一个随机产生的 masterKey,用来产生和识别令牌,所有的令牌都保存在内存中,并且每个令牌都有一个过期时间,过期的令牌将被删除。初始状态时,客户端必须与 NameNode 建立一个经过 Kerberos 认证的连接,从而获得一个授权令牌,而后就可以通过令牌与 NameNode 进行交互。已经获得令牌的客户端访问 NameNode 时将 TokenID 发送到 NameNode,NameNode 通过 TokenID 可以在内存中找到对应的令牌,并且根据 masterKey 与 TokenID 可以重新计算出共享密钥 TokenAuthenticator 和 Delegation Token。在授权令牌能被认证的基础上,令牌还需要周期性地从 NameNode 更新,以保证私密性 NameNode 也会周期性地更新 masterKey 以产生新的授权令牌。

对于块访问令牌来说,如何在 NameNode 产生并且能被 DataNode 识别是一个问题,HDFS 中这个问题通过 NameNode 与所有的 DataNode 之间共享一套新的密钥来解决。

当 HDFS 集群启动时,经过 Kerberos 认证的 DataNode 向 NameNode 注册,并且从 NameNode 中获取密钥 Key。当客户端访问 NameNode 时,返回 DataNode 中数据的 block ID 和块访问令牌,然后客户端将令牌发送到 DataNode,DataNode 根据 TokenID 中的 keyID 确定需要用哪个密钥 Key,并通过 Key 和 TokenID 重新计算 TokenAuthenticator,并且和块访问令牌中的 TokenAuthenticator 进行比较,就可以确定是否能够通过认证,客户端会将所有的 DataNode 令牌都保存在缓存中重复使用,直到过期才会重新从 NameNode 获取。由于块访问令牌是轻量级的和临时的,因此 DataNode 中的令牌不需要周期性地更新,只需要保存在缓存中,过期才进行更新。

3. 数据完整性与一致性

HDFS 的数据完整性分为两个部分:数据访问的完整性和数据传输的完整性。

(1) 数据访问的完整性。

HDFS 主要实现了 CRC32 校验。HDFS 客户端在访问 DataNode 数据块时是通过 Socket 的方式获取数据流,Hadoop 在 FSInputStream 和 FSOutputStream 的基础上实现两个支持校验和的类和文件系统,FSInputCheck 和 FSOutputSummer 使数据流支持校验和。当客户端写入一个新的 HDFS 文件时会计算这个文件中包含的所有数据块的校验和,并将校验和作为一个单独的 .crc 文件格式的隐藏文件,与数据文件保存在同一命名空间。

(2) 数据存储的完整性。

HDFS 数据块的存储支持完整性验证,主要是通过核心类 DataBlockScanner 类实现,它通过在 DataNode 的后台执行一个独立的扫描线程的方式,周期性地对 DataNode 所管理的数据块进行 CRC 校验和检查。当它扫描发现数据块的校验和原先的不一致,将对数据块进行其他辅助操作,例如删除失效的数据块等。

18.1.2　防范 APT 攻击

一方面,APT 攻击是大数据时代面临的最复杂的信息安全问题之一;另一方面,大数据分析技术又为对抗 APT 攻击提供了新的解决手段。本节从 APT 攻击的定义讲起,全面分析 APT 攻击的特征、流程,在分析的基础上提出 APT 攻击检测的技术手段,并提出防范

APT 攻击的策略。

1. APT 攻击的概念

美国国家标准技术研究所(NIST)对 APT 的定义为：攻击者掌握先进的专业知识和有效的资源，通过多种攻击途径(如网络、物理设施和欺骗等)，在特定组织的信息技术基础设施建立并转移立足点，以窃取机密信息，破坏或阻碍任务、程序或组织的关键系统，或者驻留在组织的内部网络，进行后续攻击。

APT 攻击的原理相对于其他攻击形式更为高级和先进，其高级性主要体现在 APT 在发动攻击之前需要对攻击对象的业务流程和目标系统进行精确的收集。在收集的过程中，此攻击会主动挖掘被攻击对象受信系统和应用程序的漏洞，在这些漏洞的基础上形成攻击者所需的命令与控制(C&C)网络。此种行为没有采取任何可能触发警报或者引起怀疑的行动，因此更接近于融入被攻击者的系统。

大数据应用环境下，APT 攻击的安全威胁更加凸显。首先，大数据应用对数据进行了逻辑或物理上的集中，相对于从分散的系统中收集有用的信息，集中的数据系统为 APT 攻击收集信息提供了"便利"；其次，数据挖掘过程中可能会有多方合作的业务模式，外部系统对数据的访问增加了防止机密、隐私出现泄露的途径。因此，大数据环境下对 APT 攻击的检测和防范是必须要考虑的问题。本节在分析 APT 攻击特征与流程的基础上研究 APT 攻击检测方法与防范策略。

2. APT 攻击特征与流程

(1) APT 攻击特征。

① 极强的隐蔽性。APT 攻击和被攻击对象的可信程序漏洞与业务系统漏洞进行了融合，在组织内部，这样的融合很难被发现。

② 潜伏期长，持续性强。APT 攻击是一种很有耐心的攻击形式，攻击和威胁可能在用户环境中存在一年以上，它们不断收集用户信息，直到收集到重要情报。它们往往不是为了在短时间内获利，而是把"被控主机"当成跳板，持续搜索，直到充分掌握目标对象的使用行为。所以这种攻击模式本质上是一种"恶意商业间谍威胁"，因此具有很长的潜伏期和持续性。

③ 目标性强。不同于以往的常规病毒，APT 制作者掌握高级漏洞发掘和超强的网络攻击技术。发起 APT 攻击所需的技术壁垒和资源壁垒要远高于普通攻击行为。其针对的攻击目标也不是普通个人用户，而是拥有高价值敏感数据的高级用户，特别是可能影响到国家和地区政治、外交、金融稳定的高级别敏感数据持有者。

④ 技术高级。攻击者掌握先进的攻击技术，使用多种攻击途径，包括购买或自己开发的 0day 漏洞，而一般攻击者却不能使用这些资源。而且攻击过程复杂，攻击持续过程中攻击者能够动态调整攻击方式，从整体上掌控攻击进程。

⑤ 威胁性大。APT 攻击通常拥有雄厚的资金支持，由经验丰富的黑客团队发起，一般以破坏国家或大型企业的关键基础设施为目标，窃取内部核心机密信息，危害国家安全和社会稳定。

APT 攻击与传统攻击的对比如表 18-2 所示。

表 18-2　APT 攻击与传统攻击方式对比

描述	属性	传统攻击	APT 攻击
Who	攻击者	大范围寻找目标的黑客	资金充足、有组织、有背景的黑客团队
What	目标对象	在线零售业及其用户	国家重要基础设施、重点组织和人物
	目标数据	信用卡数据、银行账号、个人信息	价值很高的电子资产，如知识产权、国家安全
Why	目的	获得经济利益，身份窃取	提升国家战略优势、控制市场、摧毁关键设施
How	手段	传统技术手段、重点边境网络	深入调查公司员工信息、商业业务和网络拓扑
	工具	常用扫描工具、木马	针对目标漏洞定制木马
	0day 工具使用	扫描工具、木马	普遍
	遇到阻力	转到其他脆弱机器	构建其他方法或工具

（2）APT 攻击的流程。

① 信息侦查。在入侵之前，攻击者首先会使用技术和社会工程学手段对特定目标进行侦查。侦查内容主要包括两个方面：一是对目标网络用户的信息收集，如高层领导、系统管理员或者普通职员等员工资料、系统管理制度、系统业务流程和使用情况等关键信息；二是对目标网络脆弱点的信息收集，如软件版本、开放端口等。随后，攻击者针对目标系统的脆弱点，研究 0day 漏洞，定制木马程序，制订攻击计划，用于在下一阶段实施精确攻击。

② 持续渗透。利用目标人员的疏忽、不执行安全规范，以及利用系统应用程序、网络服务或主机的漏洞，攻击者使用定制木马等手段，不断渗透以潜伏在目标系统，进一步在避免用户觉察的条件下取得网络核心设备的控制权。例如，通过 SOL 注入等攻击手段突破面向外网的 Web 服务器，或者通过钓鱼攻击，发送欺骗邮件获取内网用户通信录，并进一步入侵高管主机，采用发送带漏洞的 Office 文件诱骗用户将正常网址请求重定向至恶意站点。

③ 长期潜伏。为了获取有价值信息，攻击者一般会在目标网络长期潜伏，有长达数年之久。潜伏期间，攻击者还会在已控制的主机上安装各种木马、后门，不断提高恶意软件的复杂度，以增强攻击能力并避开安全检测。

④ 窃取信息。目前绝大部分 APT 攻击的目的都是窃取目标组织的机密信息。攻击者一般采用 SSL VPN 连接的方式控制内网主机，对于窃取到的机密信息，攻击者通常将其加密存放在特定主机上，再选择合适的时间将其通过隐秘信道传输到攻击者控制的服务器。由于数据以密文方式存在，APT 程序在获取重要数据后向外发送时利用了合法数据的传输通道和加密、压缩方式，难以辨别出其与正常流量的区别，如图 18-1 所示。

3．APT 攻击检测

从 APT 攻击的过程可以看出，整个攻击循环包括了多个步骤，这就为检测和防护提供了多个契机。当前 APT 检测方案主要有如下几种：

（1）沙箱方案。

针对 APT 攻击，攻击者往往使用了 0day 的方法，导致特征匹配不能成功，因此需要采用非特征匹配的方式来识别，智能沙箱技术就可以用来识别 0day 攻击与异常行为。智能沙箱技术最大的难点在于客户端的多样性，智能沙箱技术对操作系统类型、浏览器的版本、浏

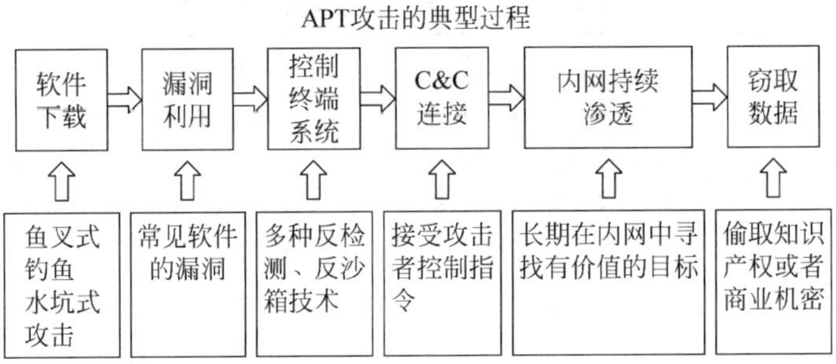

APT攻击的典型过程

图 18-1　APT 攻击过程

览器安装的插件版本都有一定关系,在某种环境当中检测不到恶意代码,或许另外一个就能检测到。

(2)异常检测。

异常检测的核心思想是通过流量建模识别异常。异常检测的核心技术是元数据提取技术、基于连接特征的恶意代码检测规则,以及基于行为模式的异常检测算法。其中,元数据提取技术是指利用少量的元数据信息检测整体网络流量的异常。基于连接特征的恶意代码检测规则是检测已知僵尸网络、木马通信的行为。而基于行为模式的异常检测算法包括检测隧道通信、可疑加密文件传输等。

(3)全流量审计。

全流量审计的核心思想是通过对全流量进行应用识别和还原检测异常行为。核心技术包括大数据存储及处理、应用识别、文件还原等。如果做全流量分析,面临的问题是数据处理量非常大。全流量审计与现有的检测产品和平台相辅相成,互为补充,构成完整的防护体系。在整体防护体系中,传统检测设备的作用类似于"触发器",检测到 APT 行为的蛛丝马迹,再利用全流量信息进行回溯和深度分析,可用一个简单的公式说明:全流量审计＋传统检测技术＝基于记忆的检测系统。

(4)基于深层协议解析的异常识别。

基于深层协议解析的异常识别,可以查看并进一步发现是哪个协议,如一个数据查询,有什么地方出现了异常,直到发现异常点为止。

(5)攻击溯源(Root Cause Explorer)。

通过已经提取出来的网络对象,可以重建一个时间区间内可疑的 Web、Session、E-mail 等对话信息。通过将这些事件自动排列,可以帮助分析人员快速发现攻击源。

在 APT 攻击检测中存在的问题包括攻击过程包含路径和时序;攻击过程的大部分貌似正常操作;不是所有的异常操作都能立即被检测;不能保证被检测到的异常在 APT 过程的开始或早期。基于记忆的检测可以有效缓解上述问题。现在对抗 APT 的思路是以时间对抗时间。既然 APT 是在很长时间发生的,对抗也要在一个时间窗内进行,对长时间、全流量数据进行深度分析。将流量存储与现有检测技术相结合,构成了新一代基于记忆的智能检测系统。在此基础上,还要应用大数据分析作为关键技术。

4. APT 攻击防范策略

目前的防御技术、防御体系很难有效应对 APT 攻击,导致很多攻击直到很长时间后才被发现,甚至可能还有很多 APT 攻击未被发现。通过对前面 APT 攻击背景及攻击特点、攻击流程的分析,我们认为需要一种新的安全思维,即放弃保护所占数据的观念,转而重点保护关键数据资产,同时在传统的纵深防御的网络安全防护基础上,在各个可能的环节上部署检测和防护手段,建立一种新的安全防御体系。

(1) 防范社会工程。

木马侵入、社会工程是 APT 攻击的第一个步骤,防范社会工程需要一套综合性措施,既要根据实际情况完善信息安全管理策略,如禁止员工在个人微博上公布与工作相关的信息,禁止在社交网站上公布私人身份和联络信息等;又要采用新型的检测技术,提高识别恶意程序的准确性。社会工程是利用人性的弱点针对人员进行的渗透过程,因此提高人员的信息安全意识是防止攻击的最基本方法。传统的办法是通过宣讲培训的方式来提高安全意识,但是往往效果不好,不容易对听众产生触动。而比较好的方法是社会工程测试,这种方法是已经被业界普遍接受的方式,有些大型企业会授权专业公司定期在内部进行测试。

绝大部分社会工程攻击是通过电子邮件或即时消息进行的。上网行为管理设备应该做到阻止内部主机对恶意 URL 的访问。垃圾邮件的彻底检查,对可疑邮件中的 URL 链接和附件应该做细致认真的检测。有些附件表面上看起来就是一个普通的数据文件,如 PDF 或 Excel 格式的文档等。恶意程序嵌入到文件中,且利用的漏洞是未经公开的。通常仅通过特征扫描的方式往往不能准确识别出来。比较有效的方法是用沙箱模拟真实环境访问邮件中的 URL 或打开附件,观察沙箱主机的行为变化,可以有效检测出恶意程序。

(2) 全面采集行为记录,避免内部监控盲点。

对 IT 系统行为记录的收集是异常行为检测的基础和前提。大部分 IT 系统行为可以分为主机行为和网络行为两个方面。更全面的行为采集还包括物理访问行为记录采集。

① 主机行为采集。

主机行为采集一般是通过允许在主机上的行为监控程序完成。有些行为记录可以通过操作系统自带的日志功能实现自动输出。为了实现对进程行为的监控,行为监控程序通常工作在操作系统的驱动层,如果在实现上有错误,很容易引起系统崩溃。为了避免被恶意程序探测到监控程序的存在,行为监控程序应尽量工作在驱动层的底部,但是越靠近底部,稳定性风险就越高。

② 网络行为采集。

网络行为采集一般是通过镜像网络流量,将流量数据转换成流量日志。以 Netflow 记录为代表的早期流量日志只包含网络层信息。近年来的异常行为大都集中在应用层,仅凭网络层的信息已难以分析出有价值的信息。应用层流量日志的输出,关键在于应用的分类和建模。

(3) IT 系统异常行为检测。

从前述 APT 攻击过程可以看出,异常行为包括对内部网络的扫描探测、内部的非授权访问、非法外联。非法外联即目标主机与外网的通信行为,可分为以下三类:

① 下载恶意程序到目标主机,这些下载行为不仅在感染初期发生,在后续恶意程序升级时还会出现。

② 目标主机与外网的 C&C 服务器进行联络。

③ 内部主机向 C&C 服务器传送数据,其中外传数据的行为是最多样、最隐蔽也是最终

构成实质性危害的行为。

18.2　大数据安全保障实践

在大数据的整个处理流程中,数据都会面临着各种各样的安全风险。

① 在数据采集阶段,系统可能会将用户的关键隐私数据采集并流转至系统的非信任区域,并因此失去对这些关键数据的控制,导致用户隐私数据泄露等安全风险。

② 在数据存储阶段,由于用户的所有关键数据都是明文存储,因此很可能存在数据被盗用、滥用情况,导致用户的隐私信息泄露。

③ 在数据挖掘阶段,对用户数据分析结果使用的不可控性,在数据挖掘分析中会存在数据非授权访问,并且在挖掘算法升级时,系统的操作维护动作还可能会将原始数据或加工数据直接丢弃,造成关键数据流失。

④ 在数据应用阶段,广告投放过程和计费信任程度不可控。

⑤ 数据交付过程中会存在不合规的数据挖掘结果发布,以及数据泄露后无法追溯取证等问题。

因此,从数据生命周期或者业务流程角度考虑问题,针对大数据安全保障的解决方案应该从数据处理的各个环节入手。在采集阶段对数据进行分类分级管理;在数据存储阶段对敏感数据进行特殊保护与脱敏处理,并对数据使用人员进行细粒度的授权管理与访问控制;在数据挖掘与应用阶段对数据的使用行为进行审计与溯源。

多个企业推出大数据安全防护解决方案,尝试在大数据处理的各个环节中对大数据的采集、存储、挖掘和应用进行管控,全方位保护大数据安全。图 18-2 所示是某大数据运营企业采用的大数据架构。

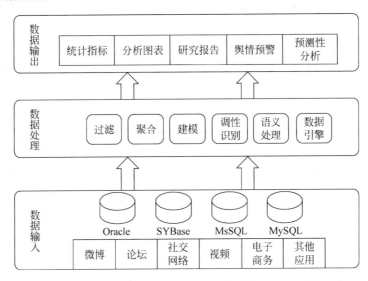

图 18-2　大数据安全防护框架

首先,在数据输入层对源数据进行分类,使用户的关键隐私数据可以与其他非敏感数据进行区分。

其次,在数据处理层设立数据安全网关,旨在对数据敏感度、广告投放等方面进行安全管理,使得处理后的数据在对外提供前得到相应的安全处理。

同时,该企业还为其大数据应用系统加载了维护平台,为平台进行操作维护、加密算法升级、行为审计等安全防护。

通过上述对数据应用各个环节的安全措施,该企业的大数据应用平台可安全地对外提供数据服务。

18.2.1 大数据采集与存储的安全防护

由于大数据具有数量大、数据类型复杂等特点,因此在大数据的全处理流程初期,在采集与存储阶段对源数据进行相应的安全处理是保障大数据安全的关键。许多企业也看重大数据的这一特点,对数据的安全采集与存储进行了相应研究,分别推出了相应的安全方案与产品。图18-3所示是某企业的安全数据应用处理流程模型。

图 18-3 数据脱敏过程

该方案在原始数据采集后即对其进行了脱敏预处理,而将脱敏后的数据分别存储,统一进行数据挖掘,最后进行数据交付。这样,大数据在存储前就在一定程度上减轻了敏感数据泄露的风险。

而在数据存储阶段,如何对数据库进行更好的加密,使大数据的存储变得更加安全则是大数据处理全流程中的基础。图18-4所示是数据库透明加解密系统。

整个数据的访问过程可以分为以下几个步骤:

(1) 客户端发起到数据库安全访问代理的连接请求。

(2) 服务器接受客户端的连接请求并分配连接资源,并接受客户端的服务请求。

(3) 服务器对请求参数进行解析,然后调用元数据访问模块,如果访问操作中没有涉及加密字段,则直接返回并调用数据库安全访问模块;如果有加密字段,则将加密字典定义信息返回并存放入服务器端的加密字典缓冲区中,以便提高重复查询的速度,然后调用数据库安全访问模块。

(4) 加解密引擎访问加密字典定义缓冲区及密钥库,结合数据库访问请求进行相应的加解密处理,并解析成能够对数据库中密文进行查询的 SQL 语句,然后调用数据库安全访问代理模块。

(5) 数据库安全访问模块接受待处理请求,进行相应操作,将第一次查询得到的模糊结

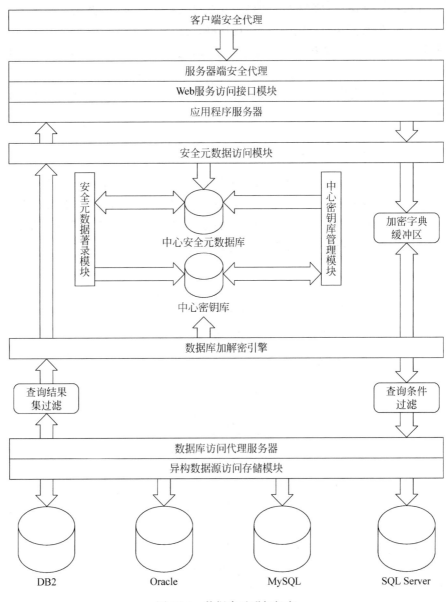

图 18-4　数据库透明加解密

果经过结果集过滤模块进一步处理,最后将匹配的结果返回数据库解密引擎进行处理并返回。

（6）返回结果通过密文传输到达客户端安全代理并进行相应的解密处理,最终以明文形式返回给客户端。

18.2.2　大数据挖掘与应用的安全防护

大数据的重要价值之一是帮助已有业务增加用户触点,并进行多场景交叉营销,特别是对异网营销有明显的推动作用。但是,大数据使用不当会导致用户投诉,引起法律纠纷,严重影响企业的品牌形象,从而使业务发展和市场营销工作陷入困境。安全先行、数据安全是发展任何信息服务业务的基础,而一些企业也将防护大数据安全的重点放在挖掘与应用阶段。

将用户的数据进行挖掘并分为两个安全域:数据信任域与因特网非信任域。通过对源数据的挖掘,该系统将用户的源数据细分为用户号码、用户终端、用户位置、用户应用、用户访问行为及用户属性几大方面。这些经挖掘处理、分类后的源数据将被保存在系统的数据信任域内,进行全面的安全防护。在安全网关处理后,将这些挖掘数据再进行封装处理,去除用户的敏感信息,将数据投放至因特网等非信任域。经过两层挖掘处理,投放至因特网的大数据既可为用户提供个性化的数据应用,也防止了数据应用阶段的信息泄露问题。

18.2.3 大数据安全审计

上述两节描述的安全实践属于在大数据处理流程中对各个环节的处理技术本身进行改造,从而达到数据应用流程的安全处理。而有些企业则将大数据安全防护的重点放在了人员管理上,此处的"人员管理"是指对大数据系统中的各类行为的监控,如对数据库的访问记录进行监控,再对这些行为进行审计,分析出是否在系统中存在着违规访问行为,最后再通过溯源技术对该违规访问进行追溯,达到了在后台对大数据进行安全防护,即达到了对大数据的安全审计与溯源。

在大数据的审计阶段,各企业开展安全防护的研究。图 18-5 所示是某企业的数据使用行为审计方案。

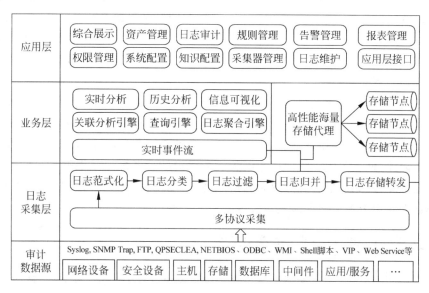

图 18-5 数据使用行为审计

上述方案将侧重点放在大数据的后期处理阶段。首先通过对数据库访问网络包、访问控制网关日志、挖掘系统运行、发布日志等系统信息的监控,对数据访问行为、挖掘行为、数据发布行为进行审计,再对违规操作进行溯源,最后将各个违规事件进行透明化输出,防范了系统中的管理员、处理人员对大数据的泄露风险。

18.2.4 大数据安全评估与安全管理

保障大数据安全,不仅需要安全技术,还需要专业的安全管理,因此建立针对大数据特点的安全管理、安全评估模型也是安全防护的重点工作。

在开展大数据运营工作之前,某企业从业主调研、同行调研、学界调研三个层面对数据应用中的安全与隐私难题进行研究。

(1) 从业主调研结果来看,低于半数的被访因特网商宣称有相应的内部制度进行管控,并且大多并未能在技术和行政管理层面有效执行。值得关注的是,很少有企业单独为应用数据建立专门的管控制度,更多的企业认为数据的有效变现更为关键,即业务效率高于安全性诉求,将数据安全风险视为业务成本,同时绝大部分数据的处理和挖掘由内部团队执行。被访因特网商原则上多认可数据模糊化、数据分区化、数据访问控制、数据层次化等大方向。

(2) 从安全产业界调研结果来看,更多的安全公司认为应用数据安全项目前期应该是一个安全咨询类为主的项目,而并非实施类。这类项目一般有两个倾向:一是合规,二是实效,实践中多以合规为主。

(3) 从学术界调研结果来看,都提到了同态加密(Homomorphic Encryption)可以作为一个技术基础来考虑,但进一步了解发现该技术目前的成熟度较低。

因此,该企业对大数据安全管理提出了基本建议:需要建立完整的安全和风险评估模型,包括数据收集、产生、处理、存储、使用、发布全过程,涉及不同层面接触数据的人员,评估不同层面的数据风险性,并考虑分权机制进行管理,同时对数据隐私被破坏后的安全风险进行分级评估,设立监控审计过程和处置预案。此外,还需要建立统一标准注重实效的企业内部隐私保护规范,引进专家根据国内外法规并结合企业实际确定内部规范,最后根据可操作性将规范细化为不同的制度。

根据上述建议,该企业提出两类精准营销合作模式。第一类模式中,数据在内部使用,规避了安全性问题,但是技术难度大,涉及整个广告投放系统开发,与第三方合作仅限流量资费。第二类模式的可合作范围广,不用开发投放系统和平台,但是数据使用存在一定的安全性问题。因此,该企业建议将业务发展和安全保护结合考虑。先根据特定的业务需求量身订做数据产品,避免过早对外开放全部数据,而是围绕受控的有限度数据来做业务发展,通过缩小数据使用边界来避免涉及过大维度。

18.2.5 数据中心的安全保障

对大数据的保护,首先是要保护大数据基础设施的安全,即在物理层面(如服务器、网络等)保证大数据的安全。

大数据时代对数据中心的安全保障提出了新的需求,具体包括以下几个方面:

(1) 大数据时代的数据中心安全防护产品要有更快的反应速度与更高性能的处理能力。一方面,由于数据中心的发展规模越来越大,业务种类越来越多,数据中心内保存的数据价值也越来越高,随之而来的针对大数据的各类型攻击也正在快速发展,攻击呈现持续性、高流量、异变性等特点,要防护针对大数据的高级攻击,必然需要安全防护产品拥有更强的处理性能;另一方面,随着数据中心的网络发展,数据流量日益加大,低性能的数据中心网络防护技术也将制约数据中心的升级与更新。

（2）大数据时代的数据中心安全防护产品需要有更快速的升级能力。由于信息安全威胁的快速变化，针对大数据的攻击随时可能出现新的类型，这要求安全防护技术有更积极的升级策略，安全厂商要对大数据威胁更加敏感。

（3）大数据时代的数据中心安全防护产品要能够感知不同的应用类型，在网络需要时可以对不同的应用给予不同的带宽保障，提升高价值业务的用户体验，同时也可以缓和数据中心对外带宽的压力，提升了整体用户体验。

为了满足以上安全需求，国内各大企业都针对他们的数据中心提出了新的安全防护解决方案。

将数据中心分成对外连接区域及内部核心区域。对外连接区域为用户提供 Web 访问接入服务，该区域的服务器作为用户业务中心，为租户和 Web 服务提供业务支持；而内部核心区聚集了企业内部大量生产、办公服务器，地理上一般集中部署在企业总部数据中心机房，安全需求更高。

1. 外部连接区的安全防护

在数据中心的外部连接区内，服务器的主要作用是为用户提供业务服务。如作为云平台的数据中心，外部连接区的服务器主要为租户提供虚拟机及部署 PaaS 应用，而这些业务通常需要接入 Internet 服务。

因此，该方案首先在外部连接区的出口部署了高性能的防火墙，有效地为用户提供高安全的、高密度对外网络接入服务。而防火墙不仅部署在整个数据中心的出口，同时也部署在连接外部连接区与内部核心区的核心交换机处。这样，数据中心内部有效地实现了安全域隔离，真正地实现了内外两个区域的划分，对两个区域间的流量进行安全防护，保障了网络安全。

同时，该方案还在外部连接区部署了多套安全应用系统及安全防护策略，配合基础的防火墙，为数据中心的外部连接区提供了更全面的安全防护。

（1）通过配置 USG（统一网关）设备，可以实现对网络源地址进行屏蔽的策略。

（2）部署虚拟防火墙，实现了虚拟机间的安全隔离，防止互攻击的发生，同时还可针对虚拟防火墙进行配置资源预分配，控制虚拟防火墙的进出流量。

（3）通过配置简单的公网 IP 限流策略，可以有效防止某个分给用户的公网 IP 占用过量带宽，同时也防止了海量数据泄露的风险。

（4）部署 IPS 入侵防御系统，能够监视网络或网络设备的网络资料传输行为，能够及时地中断、调整或隔离一些不正常或具有伤害性的网络资料传输行为。

（5）针对外部连接区内的某些关键业务系统，该方案还在其入口交换机旁路部署 NIP 系统，该系统可以实现对访问系统的网络流量进行实时检测，对该系统内的数据进行访问控制及安全审计。

（6）在出口部署 Anti-DDoS 设备，可以有效识别 DDoS 攻击，减少恶意流量的冲击，实现对 DDoS 的攻击防护。

2. 内部核心区的安全防护

与外部连接区的防护方案类似，内部核心区首先通过在核心交换机上部署各类安全设备,如防火墙、IPS/IDS 系统等为数据中心的核心业务提供内部网络安全防护。

同样地,在内部核心区部署 USG 设备,可将核心区按照业务模式划分为不同的区域,如测试区、托管区、运行管理区等,对不同的区域实现不同的安全策略,为不同的区域提供不同的安全防护能力,同时 USG 可以支持多实例解决方案,如将一台防火墙从逻辑上划分为多台虚拟防火墙,为多用户提供独立的安全保障。

另外,在核心区部署的 IPS、防 DDoS 设备可以实现对来自企业内部的攻击行为的监控,检测异常的数据流量,同时在业务服务器群前防御 DDoS 攻击及各种黑客攻击行为和蠕虫等,以保护企业内部核心业务区域的安全。

18.3   本章小结

本章介绍了保障大数据安全的相关技术和相关实践。大数据安全的关键技术主要阐述了非关系数据库安全策略,防范 APT 攻击等相关内容;大数据安全保障实践主要阐述了大数据的整个处理流程中大数据采集与存储的安全防护,大数据挖掘与应用的安全防护,大数据安全审计,大数据安全评估与安全管理,数据中心的安全保障等方面的内容。

第 *19* 章

应用大数据保障安全

在大数据云时代,人们的关注点逐渐从如何掌握庞大的数据信息转向如何实现对这些数据的深层挖掘,进而让其增值。通过大量信息的整合与海量数据的分析,企业能够更深入地了解自身业务,实现新需求洞察,更好地做出商业决策。

信息安全是为信息化服务的,而信息化又服务于业务增长。因此,利用大数据提升企业信息安全防护水平,能够间接地为企业带来效益。Gartner 报告指出,大数据在信息安全领域的应用将演化为 IT 商业智能发展趋势的一部分,即安全数据和业务数据的结合能够为企业提供更可靠的策略依据,帮助企业判断各种潜在威胁,预测业务发展趋势。

19.1 大数据安全检测及应用

19.1.1 安全检测与大数据的融合

安全检测与大数据的融合能够及时发现潜在的威胁,提供安全分析与趋势预测,加强应对威胁的能力。首先对数据进行分类、过滤与筛选,其次采用信息安全检测技术对系统环境和数据环境进行检测,然后通过关联分析和数据挖掘构建安全威胁模型,经过数据分析预测安全趋势。

随着因特网用户和移动宽带用户的迅速增长,网络犯罪也越来越多,给用户带来巨大的损失。根据国际电信联盟的数据统计,每天新增恶意软件 20 000 个,网络犯罪的受害者人数达到 5.56 亿,直接造成的净损失达 1100 亿。

安全威胁与风险主要表现在以下几个方面:

(1)恶意数据混杂在正常数据中。

(2)恶意软件的制造趋向于专业化。

（3）逃避检测的方法越来越多。

（4）恶意软件生存期短。

在大数据时代，可以将安全检测与大数据技术进行融合，发现潜在的恶意软件等安全威胁与风险，帮助用户减少损失。安全检测与大数据技术融合架构，可以高效地进行Web检测、Web防护、Web管理、APT预警、其他扩展等安全监控，如图19-1所示。安全检测的主要流程包括如下三个方面：

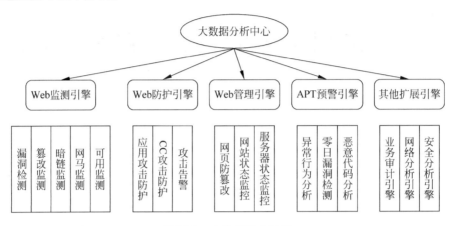

图19-1　大数据安全检测

（1）数据收集。从网络中收集可执行文件、图片、压缩包、页面、流量等海量数据。

（2）数据提炼。对海量数据进行分类，并进行关联分析，采用挖掘算法对数据进行挖掘。

（3）安全检测。建立安全分析目标及模型，对数据挖掘结果进行评估，发现网络中的安全态势。

在对PB级数据进行提炼的过程中，可从多个维度对数据进行分类。从数据内容的维度来分，包括网络购物、金融理财、竞技体育等；从功能的维度来分，包括BBS/论坛等交互性站点、门户、搜索、Mail、代理服务器等；从平台的维度来分，包括操作系统和平台软件等。在数据提炼的过程中，还需要对数据的生命周期进行评估，包括安全检测的历史结果数据和当前的检测结果数据。

在对数据进行关联分析的时候，可能需要对数亿的事件进行关联检测，例如可从时间、地点、流量大小、邮箱、域名、IP等维度进行关联分析。

在大数据时代，安全分析模式发生了变化，海量的待分析数据与相对有限的分析能力之间发生矛盾。采用非关系型数据库和Hadoop的相关技术可解决此矛盾。

大数据在带来更多安全问题的同时，也为我们提供了更丰富的安全视角。从单个样本分析到多个样本关联分析再到海量挖掘，并结合数据的上下文，可以从网络中挖掘出更多的安全威胁与风险。

19.1.2　用户上网流量数据的挖掘与分析

大数据时代，运营商采用大数据技术采集和存储用户的流量，为客服人员和移动用户提供流量查询和流量告警等服务。并结合用户的其他数据，挖掘用户的使用行为，分析出用户的行为特征和兴趣取向等,为用户提供个性化业务推荐,可为运营商带来增值业务收入的增长。

1. 流量详单查询

伴随着智能手机的普及,移动用户利用手机上网和社交越来越频繁。简单地访问一个新浪首页就会产生 20 多条记录,这样每天会产生大量的数据,每月的上网记录数更达到万亿条。为了满足查询和分析要求,需要存储 3~6 个月的历史数据,存储容量超过 PB 量级,并且移动因特网用户访问流量在快速增长(大约每半年翻一番)。在对如此大量的数据进行查询和分析操作时,系统性能会严重下降。为了满足上述需求,某运营商采用基于 Hadoop/HBase 的分布式架构,为移动用户提供上网记录查询和分析服务,为移动用户的流量消费提供清单,为用户流量争议和投诉提供了解决手段,有效提升了公司服务水平,减少了退费和赔付,为用户行为分析和个性化业务推荐提供基础信息。

2. 用户行为分析

用户行为分析在流量经营中起着重要的作用,主要表现在以下两个方面:

(1)用户行为结合用户 Profile、产品、服务、计费、财务等信息进行综合分析,得出细粒度、精确的结果,实现用户个性化的策略控制。

(2)对信息流内容进行分析,比如图片、电影、网页等,深入理解用户的行为特征。

目前,流量经营分析中的瓶颈主要是数据的采集和处理。比如,某运营商省公司建立了营销门户系统,该系统为省公司提供精确化管理和个性化营销,实现对营销活动的日报统计等支撑,打造适用于全省各级营销管理人员、一线经理及支撑人员的营销支撑门户,并提供与营销活动相关的日报和月报统计,包括量收、欠费、用户发展、预警信息、机构汇总等内容。目前每月新增数据量达到 4T,传统方式分析结果超过 20h,数据处理效率低且系统扩展困难。采用云计算架构、并行分布式处理等技术后,报表分析只需要 1h,满足了报表对时限的要求,系统扩展性好,可用性高。

3. 个性化推荐

在各类增值业务中,公司可根据用户喜好推荐各类业务或应用,比如应用商店软件推荐、IPTV 视频节目推荐等。这类应用需要处理的数据量大,实时性要求高,并且涉及大的非结构化数据及智能分析,而大数据技术成为系统实现中关键的技术。以 IPTV 节目推荐为例,不仅需要分析用户已有日志、评论、打分等数据,还需要从因特网通过网络爬虫分析获得相关视频和评论进行综合分析。可以采用的相关技术包括并行计算框架、分布式文件系统及文本分类/聚类/关联算法、文本摘要抽取、情感分析和文本语义分析、文本挖掘等智能分析算法。

19.2 安全大数据

安全大数据是指与业务安全、系统安全、网络安全、硬件安全有关的配置数据、实时数据、衍生数据等,可归类为资产数据、威胁数据、脆弱性数据和网络结构数据。利用数据挖掘相关技术能够从这些大量的、不完全的、有噪声的、模糊的、随机的实际数据中提取出隐含在其中能够标识业务、系统、网络安全的潜在信息。

在企业的实际生产中,业务安全往往是指保护业务系统免受安全威胁的措施或手段。广义的业务安全应包括业务运行的软硬件平台、业务系统自身、业务所提供的服务安全;狭义的业务安全是指业务系统自有的软件与服务的安全。表征业务安全的信息主要有经营数据、分析数据、监控数据、报表数据等。

系统安全是指在系统生命周期内应用系统安全工程和系统安全管理方法,辨识系统中的危险源,并采取有效的控制措施使其危险性最小,从而使系统在规定的性能、时间和成本范围内达到最佳的安全程度。系统安全的基本原则是在一个新系统的构思阶段就必须考虑其安全性问题,制定并执行安全工作规划,并且把安全活动贯穿于整个系统生命周期,直到系统报废为止。表征系统安全的信息主要包括系统运行参数、硬件使用率、软件使用率、功能使用情况、数据输出情况、接口数据、监测数据等。

19.2.1　数据挖掘方法

数据挖掘是把人们对数据的应用从低层次的简单查询提升到从数据中挖掘知识,提供决策支持。数据挖掘通过分析每个数据,从大量数据中寻找其规律的技术,主要有数据准备、规律寻找和规律表示三个步骤。数据准备是从相关的数据源中选取所需的数据并整合成用于数据挖掘的数据集;规律寻找是用某种方法把数据集所含的规律找出来;规律表示是尽可能以用户可理解的方式(如可视化)将找出的规律表示出来。

数据挖掘的任务有关联分析、聚类分析、分类分析、异常分析、特异群组分析和演变分析等。数据挖掘采用较多的技术有决策树、分类、聚类、粗糙集、回归分析、关联规则、特征分析、神经网络、遗传算法等,从不同的角度进行数据挖掘。数据挖掘根据挖掘目标选取相应算法的参数,分析数据,得到可能的数据模型。

(1)决策树学习是一种通过逼近离散值目标函数的方法,通过把实例从根节点排列到某个叶子节点来分类实例,叶子节点即为实例所属的分类。树上的每个节点说明了对实例的某个属性的测试,该节点的每一个后继分支对应于该属性的一个可能值,分类实例的方法是从树的根节点开始,测试这个节点指定的属性,然后按照给定实例的属性值向下移动。决策树方法主要用于数据挖掘的分类方面。

(2)分类是找出数据库中一组数据对象的共同特点并按照分类模式将其划分为不同的类,其目的是通过分类模型将数据库中的数据项映射到某个给定的类别,它可以应用到客户的分类、客户的属性和特征分析、客户满意度分析、客户的购买趋势预测等。

(3)聚类分析是把一组数据按照相似性和差异性分为几个类别,其目的是使属于同一类别数据间的相似性尽可能大,不同类别数据间的相似性尽可能小。聚类分析的技术关键除了算法的选择之外,就是对样本度量标准的选择。并非由聚类分析算法得到的类对决策都有效,在运用某一个算法之前,一般要先对数据的聚类趋势进行检验。

(4)粗糙集是将数据库中的属性分为条件属性和结论属性,对数据库中的元组根据各个属性不同的值分成相应的子集,然后确定条件属性划分的子集与结论之间上下近似关系,生成判定规则。粗糙集理论可以应用于数据挖掘中的分类,发现不准确数据或噪声数据内在的结构联系。

(5)回归分析方法反映的是事务数据库中属性值在时间上的特征,产生一个将数据项映射到实值预测变量的函数,发现变量或属性间的依赖关系。其主要研究问题包括数据序列的趋势特征、数据序列的预测及数据间的相互关系等。

（6）关联规则是描述数据库中数据项之间所存在关系的规则，即根据一个事务中某些项的出现可导出另一些项在同一事务中也出现，即隐藏在数据间的关联或相互关系。

（7）特征分析是从数据库的一组数据中提取出关于这些数据的特征式，这些特征式表达了该数据集的总体特征。

（8）神经网络建立在自学习的数学模型基础之上，能够对大量复杂的数据进行分析，并可以完成对人脑或其他计算机来说极为复杂的模式抽取及趋势分析，神经网络既可以表现为指导的学习，也可以是无指导聚类，无论哪种，输入到神经网络中的值都是数值型的。

（9）遗传算法是一种受生物进化启发的学习方法，通过变异和重组当前已知的最好假设来生成后续的假设。通过使用目前适性最高的后代替代群体的某个部分，更新当前群体的一组假设来实现各个体适应性的提高。在数据挖掘中，可以被用作评估其他算法的适合度。

目前，数据挖掘技术取得了显著成效，但仍存在着许多尚未解决的问题，例如数据的预处理、挖掘算法、模式识别和解释、可视化问题等。对于业务过程而言，数据挖掘最关键的问题是如何结合业务数据时空特点，将挖掘出的知识表达出来，即时空知识表达和解释机制问题。

19.2.2 挖掘目标及评估

对安全大数据的挖掘可以表征企业现状、预测未来趋势及行为，做出基于知识的决策。挖掘的目标是从数据中发现隐含的有意义的信息。其中，数据关联是数据挖掘要发现与利用的一类重要知识。关联关系可分为简单关联、时序关联、因果关联，其目的是找出海量数据中隐藏的关联关系。

在安全数据的挖掘中，利用概念描述可以对某类对象的内涵进行描述，并概括这类对象的有关特征。概念描述分为特征性描述和区别性描述，前者描述某类对象的共同特征，后者描述不同类对象之间的区别。生成一个类的特征性描述只涉及该类对象中所有对象的共性。生成区别性描述的方法很多，如决策树方法、遗传算法等。

针对大数据中的异常记录，可以利用数据挖掘技术检测出来。其偏差包括很多潜在的知识，例如分类中的反常实例、不满足规则的特例和观测结果。数据挖掘与传统数据分析的本质区别是，数据挖掘是在没有明确假设的前提下去挖掘信息、发现知识。

使用数据挖掘算法得出结果之后，系统如何知道哪些规则对于用户来说有价值。实际操作中，可以从两个层面进行评测：用户主观层面评测和系统客观层面评测。前者评估一个模式（知识）是否有意义，通常依据4个标准：用户易理解，对新数据或测试数据能够确定有效程度，具有潜在价值，新奇的。后者基于挖掘出模式的结构或统计特征，提取一些有意义的模式或知识。

19.3 基于大数据的网络态势感知

19.3.1 态势感知定义

态势感知的概念源于军事需求，作为数据融合的一个组成部分，态势感知是决策制定过程的重要环节。态势感知之所以越来越成为一项热门研究课题,是因为在动态复杂的环境中,决策者需要借助态势感知工具显示当前环境的连续变化状况,才能准确地做出决策。目前,不同组织从不同角度给出了不同的定义,罗列如下,以便读者了解与认知。

[WiKipedia]态势感知就是在一定的时空条件下,对环境因素进行获取、理解及对其未来状态进行预测。

[百度百科]态势感知是指在大规模系统环境中,对能够引起系统态势发生变化的安全要素进行获取、理解、显示及预测未来的发展趋势。

[Adam,1993]态势感知可简单理解为"了解将要发生的事以便做好准备"。

[Moray,2005]态势感知可简单描述为"始终掌握你周边复杂、动态环境的变化"。

[Jay Bayne,2006]态势评估就是为实现态势感知而采用的方法及其相关的行为过程。

19.3.2　网络态势感知

网络态势感知(Cyberspace Situation Awareness)源于空中交通监管态势感知这一项目。1999 年,Tim Bass 首次提出"网络态势感知"这个概念,并对网络态势感知与 ATC 态势感知进行了类比,旨在把 ATC 态势感知的成熟理论和技术借鉴到网络态势感知中。此外,Tim Bass 也指出"基于融合的网络态势感知"必将成为网络管理的发展方向。

所谓网络态势是指由各种网络设备运行状况、网络行为及用户行为等因素所构成的整个网络当前状态和变化趋势。其中,态势是一种状态,一种趋势,是一个整体和全局的概念,任何单一的情况或状态都不能称为态势。虽然网络态势根据不同的应用领域可分为安全态势、拓扑态势和传输态势等,但目前关于网络态势的研究都是围绕网络的安全态势展开的。

目前,对网络态势感知还未能给出统一、全面的定义。但是,大多数学者认为网络态势感知是指在大规模网络环境中,对能够引起网络态势发生变化的安全要素进行获取、理解、显示及预测未来的发展趋势。网络态势感知是一个完整而复杂的体系,因此可以将其分为三个阶段进行研究,即网络安全态势觉察、网络安全态势理解和网络安全态势预测。通过定性或定量的网络安全态势评价体系对底层各类安全事件进行归并、关联和整合处理,并将获取的态势感知结果以可视化图形提供给网络管理人员。

网络态势感知可以综合分析网络的安全要素,评估网络的安全状况,预测其变化趋势,以可视化的方式展现给用户。网络态势感知的概念框架如图 19-2 所示,该框架包括要素信息采集、事件预处理、事件归一化、态势评估、业务评估、响应与预警、态势可视化及过程优化控制与管理等多个部分。

网络态势感知最大的特点是不再孤立地研究网络安全事件,不是单一评估事件对网络的影响,而是综合多方的报警与流量信息,通过聚合、关联、融合、归并等方法建立定性或定量描述的指标体系,达到准确感知网络安全态势的目的。

19.3.3　基于流量数据的网络安全感知

由于网络技术的迅速发展,网络传输速率大大加快,入侵检测系统(IDS)对攻击活动检测的可靠性不高。在应对外部攻击时,IDS 对其他传输的检测也会被抑制。同时,由于模式

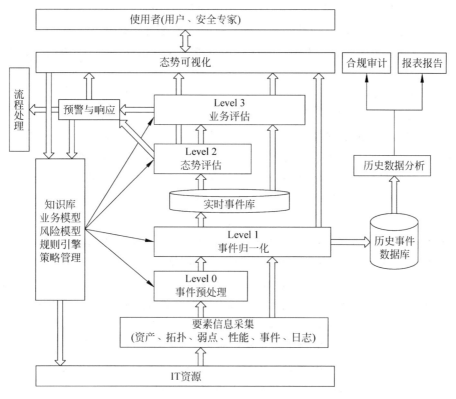

图 19-2　网络态势感知

识别技术的不完善,IDS 的高虚假报警率也是一大问题。因此,IDS 目前多部署于中小规模的分支网络中。目前,监控带宽主干网往往采用网络流量分析技术,以发现流量的变化趋势和突变。网络流量突变是指网络业务流量突然出现不正常的重大变化,及时发现网络流量的突变对于快速定位异常、采取后续相应措施具有重要意义。主干网络反映的大规模网络状态和趋势也需要从流量中分析,因而这是网络态势感知的重要组成部分。

目前的网络流量研究基本都是基于流量采样的分析,主流采样方式是 NetFlow。该技术是由 Cisco 公司的 Darren Kerr 和 Barry Bruins 在 1996 年开发完成的,已成为业界主流的流量计费方法。NetFlow 工作时,通过交换设备采集所有经过的流数据,并将其存放到自身的缓存中,然后按预设的格式发送给指定的服务器。流缓存技术相比传统的流量采集模式有分组丢失率低的特点,保证了能够提供比传统 SNMP 更加丰富的流量信息,可以回答更精细的问题。因此,NetFlow 被广泛用于高端网络流量测量技术的支撑,以提供网络监控、流量分析、应用业务定位、网络规划、快速排错、安全分析、域间记账等高级分析功能。

在获得网络数据之后,由于网络数据的体量巨大、内容复杂,网络管理人员从原始数据中很难得到有用的信息。这些网络流量数据必须经过分析形成简明的、能够理解的网络状态,即通过网络流量判断网络的状态正常与否,异常情况在什么时间和位置发生。目前,对网络造成重大影响的异常流量主要有以下几种:

(1) 拒绝服务/分布式拒绝服务攻击。

DDoS 是指借助于客户端/服务器技术,将多个计算机联合起来作为攻击平台,对一个或多个目标发动 DoS 攻击,从而成倍地提高拒绝服务攻击的威力。这种攻击行为可以协调多台计算机上的进程,利用合理的服务请求来占用过多的服务资源,从而使合法用户无法得到服务器的响应。在这种情况下会有一股拒绝服务洪流冲击网络,使被攻击目标因过载而崩溃。

(2) 网络蠕虫病毒流量。

网络蠕虫病毒是指包含的程序或一套程序,能传播它自身功能的备份或它的某些部分到其他的计算机系统中,其传播会对网络产生影响。近年来,Red Code、SQL Slammer、冲击波、振荡波等病毒的相继爆发,不但对用户主机造成影响,而且对网络的正常运行也构成危害,因为这些病毒具有扫描网络、主动传播病毒的能力,会大量占用网络带宽或网络设备系统资源。

(3) 其他异常流量。

其他能够影响网络正常运行的流量都归为异常流量的范畴,例如一些网络扫描工具产生的大量 TCP 连接请求,很容易使一个性能不高的网络设备瘫痪。

针对上述几种实际应用中的流量异常,其检测方法主要有分类过滤、统计分析、TOPN 排序、模式匹配等方法。由于网络流量本身具有突发性和快速变化的特点,因此在实际使用时需要结合网络拓扑、流量特点、采集协议、监控目的等情况,适当选择相应方法。

① 分类过滤。网络流量包含非常丰富的内容,出于不同的目的,一般会按照不同的标准将流量分类,并过滤出需要的部分重点分析。可以通过灵活的多层逻辑分析功能将关心的流量从庞杂的流量中抽取出来,在此基础上再进一步分析。

② 统计分析。在分类的基础上对数据流量按照设定的标准进行统计,例如求和、求差、求平均数等。历史数据可以用于对不同属性建立正常模型,常用的方法包括绝对值模型、移动平均模型、正态分布模型等。这些模型设定不同的上下限,超过限定值则触发报警。

③ TOPN 排序。对流量速率、发包速率、流速率或者流量、发包数、流数进行排序。如果发现网络有问题,则排名在前的几项可能是问题所在。

④ 模式匹配。根据已有的异常数据库的规则对特定的流属性进行匹配,可以判断发生的异常类型。常见的模式匹配包括特定端口匹配、保留 IP 地址匹配、特定 IP 地址匹配等。

19.3.4　基于大数据分析的网络优化

在大数据的支撑下,采用智能分析技术实现网络管理的维护优化,提升网络维护的实时性,并实现事前预防。

1. 利用大数据查找网络问题

目前网络问题信息主要来自当前的网络安全管理过程、用户投诉或者客户端/服务器感知。通过大数据技术分析响应时间、测量数据分组丢失率和延迟的网络性能等态势数据,可以将数千(或数百万)数据元素与已知问题点相关联,找出相关性,然后通过大数据分析找出网络问题的根本原因。

利用大数据解决网络问题的另一种策略是使用大数据得出正常网络环境的基本数据,能知道当没有任何问题时网络的情况。这些状态正常的网络数据分析结果能帮助管理员确定什么是正常网络行为,并根据收集的数据来量化这种"正常"。然后,基于正常网络数据可以分析网络运营中可能出现网络问题的时段,从而找出造成这种状况的原因。

2. 利用大数据分析修复网络问题

通过大数据来检查资源如何受到网络事件、应用或服务器事件或者用户流量负载的变化的影响。当这些方面发生显著变化时,网络应该以可预见的方式做出响应。例如,应用流量的显著变化通常会导致响应时间的明显增加及数据分组丢失率的上升等。

19.3.5　网络安全感知应用实践

随着大数据技术的成熟、应用与推广,网络安全态势感知技术有了新的发展方向,大数据技术特有的海量存储、并行计算、高效查询等特点为大规模网络安全态势感知的关键技术创造了突破的机遇。

大规模网络所引发的安全保障的复杂度激增,主要面临的问题包括安全数据量巨大;安全事件被割裂,从而难以感知;安全的整体状况无法描述等。基于大数据的网络安全感知的能力模型与架构如图 19-3 所示。

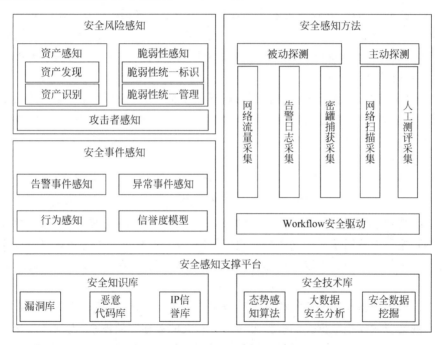

图 19-3　基于大数据网络安全感知能力模式

网络安全感知能力具体可分为资产感知、脆弱性感知、告警事件感知和异常事件感知 4 个方面。资产感知是指自动化快速发现和收集大规模网络资产的分布情况、更新情况、属性等信息;脆弱性感知则包括三个层面的脆弱性感知能力:不可见、可见、可利用;安全事件感知是指能够确定安全事件发生的时间、地点、人物、起因、经过和结果;异常行为感知是指通过异常行为判定风险,以弥补对不可见脆弱性、未知安全事件发现的不足,主要面向的是感知未知的攻击。

随着 Hadoop、NoSQL 等技术的兴起,大数据的应用逐渐增多和成熟,而大数据自身拥有 Velocity 快速处理、Volume 大数据量存储、Variety 支持多类数据格式等特性。大数据的这些特性恰巧可以用于大规模网络的安全感知。首先,多类数据格式可以使网络安全感知获取更多类型的日志数据,包括网络与安全设备的日志、网络运行情况信息、业务与应用的日志记录等;其次,大数据量存储与快速处理为高速网络流量的深度安全分析提供了技术支持,可以为高智能模型算法提供计算资源;最后,在异常行为的识别过程中,对正常业务行为与异常攻击行为之间进行离群度分析,大数据使得在分析过程中采用更小的匹配颗粒与更长的匹配时间成为可能。大数据的出现扩展了计算和存储资源,提供了基础平台和大数据量处理的技术支撑,为安全态势的分析、预测提供了良好的解决方案。

19.4　视频监控数据的安全应用

19.4.1　视频监控数据的处理需求

视频监控是安全防范系统的重要组成部分,它是一种防范能力较强的综合系统。视频监控以其直观、准确、及时和信息内容丰富而广泛应用于许多场合。据 IMS Research 统计,2011 年全球摄像头的出货量达到 2646 万台。2011 年一天产生的视频监控数据超过1500PB,而累计历史数据将更为庞大。在视频监控大联网及高清化推动下,视频监控业务步入数据洪水时代不可避免。

由此可见,视频监控业务是一个典型的数据依赖型业务。随着视频监控系统建设的不断发展和壮大,海量的视频数据需要得到有效的处理,才能快速、低成本、精准的发现相关目标的特征和活动轨迹。而有限的人力、计算能力和持续增长的视频数据之间的矛盾日益突出,成为当下系统建设的重点和难点。

视频监控数据具有典型的大数据特征:一方面,视频监控数据具备了大数据 4V 特性,数据量巨大、多样化、表面上无序,但暗含着无数人和物的行为,并且随着高清化、超高清化的趋势加强,视频监控数据规模将以更快的指数级别增长。另一方面,视频监控数据是真实世界的写照,这与因特网获得的大数据有很大不同,真实世界蕴含了无数难以用格式化文字表达的信息,比如通过视觉可以快速形成判断,一个地方是繁荣还是衰退,气氛是紧张还是欢快。

综合来看,大数据与数据监控业务的结合主要体现在存储、监控和应用上。在大数据技术支撑下,网络视频监控数据存储模型可转向分布式的数据存储体系,提供高效、安全、廉价的存储方式。通过大数据技术还能够实现视频图像模糊查询、快速检索、精准定位等功能,进一步挖掘海量视频监控数据背后的价值信息,快速反馈内涵知识辅助决策判断。

总的来讲,视频监控业务的发展离不开新技术的支持,随着大数据技术的应用深入,视频监控业务与大数据技术的融合显得十分必要。大数据可以有效促进视频监控业务的发展,推动视频监控业务的展开,两者之间的融合势在必行。

19.4.2　视频监控数据挖掘技术

视频数据之所以无法直接使用,是因为人与机器之间存在着语义鸿沟,即计算机理解的低层次图像特征与人类理解的高层次语义信息之间的差异。视频数据挖掘的目的是建立底层视频数据到高层语义信息之间的映射关系,由于这种映射关系比较复杂,一般采用多层次的信息提取及映射技术来最终实现数据挖掘过程。

根据实际应用需求及应用方式的不同,可以将视频中挖掘的信息分为 5 类:事件语义信息、目标身份信息、目标图像特征信息、视频统计信息及视频质量信息。

(1)事件语义信息是指从视频中获取的可用语言描述的事件信息,如有人闯入区域、有人奔跑、发生群聚性事件等。这类信息主要以报警的方式实时呈现给用户,用户可以根据这类信息实时对异常事件进行判断并处理。

(2)目标身份信息主要是指人员身份及车辆牌照信息,用户以报警的方式或者检索的方式使用这类信息,例如车辆黑名单报警或者嫌疑人照片检索。

(3)目标图像特征信息是指可描述的目标图像特征,用户在刑侦工作中可以利用这类信息在海量视频数据中对目标进行快速定位。

(4)视频统计信息是指从视频中获取的长时间统计数据,例如商场的客流量、交通要道的车流量等,用户可以利用这类信息进行管理工作的优化。

(5)视频质量信息是指对视频质量进行诊断,获取对视频质量异常进行描述的信息,例如视频被遮挡、视频失焦、视频偏色等,可利用这类信息进行监控系统维护。

在视频数据挖掘过程中,从底层视频数据中首先提取低层图像特征信息,包括图像纹理、图像色块、运动矢量、图像边缘、灰度直方图等信息,这类信息无法为人们所直接理解,它们是提取元语义信息的基础;然后利用目标检测、目标跟踪、特征比对等手段从图像特征中提取元语义信息,包括运动目标、运动目标轨迹、车牌图片、人脸图片等,这类信息已经可以为人们所理解,但是离最终应用还有距离;最后将元语义信息融合为高层的语义级描述信息。随着提取信息的层次升高,其包含的信息量逐步减少,其信息的抽象程度越高,也更接近人们所能应用及理解的范畴。

对视频监控数据的挖掘需要进行大量元数据的记录,甚至是与监控目的无关的元数据,同时进行多维度的分析。海量的数据汇集存储和超大规模的数据处理,还需要基于位置和时间进行关联性分析整合。如何从海量视频数据中提取到有用信息,甚至是经过归纳总结的知识,无疑是各个行业都迫切需要解决的问题。但是视频包含了非常庞大的信息量,不同行业客户对于视频信息的提取及使用方式有很大的差异性。这就要求监控技术的供应商能够针对不同行业客户的需求提供不同的视频数据挖掘解决方案。目前,主要使用视频浓缩与检索、视频图像信息数据库等技术来实现数据挖掘。

(1)视频浓缩检索技术主要是利用图像处理、模式识别、海量数据分类存储及搜索等技术对海量的存储录像等原始信息进行分析和挖掘,对于目标特征、目标行为、目标间关联关系这三大类信息内容形成各种分类的特征信息库、元数据和索引等,并提供统一接口供外部应用进行搜索,以期实现快速关联和定位。

(2)视频图像信息库建设和海量数据的处理、分析、检索是提高效率的有力手段。通过视频智能分析技术,把海量的视频数据进行浓缩,提取特征摘要,减少了存储空间。同时,视频图像信息库有别于传统的关系数据库模型,针对结构化、半结构化和非结构化数据,通过数据的多个副本分布式保存方式,可以有效节约存储空间,对关键数据进行二次备份,使系统架构更加稳定和可扩展,并且提供安全的负载均衡和容错机制。

无论采用何种视频数据挖掘技术,其实现方式通常可以分为前端设备实现方式和后端设备实现方式两种。前者是指在各种前端监控设备中集成智能视频分析技术,以实现视频信息的实时挖掘;后者是指利用后端服务器集群对前端监控设备采集的视频信息进行数据挖掘。一般而言,前端设备实现方式的优点是可以对视频数据进行实时分析,并具有根据视频分析算法的需要对前端设备进行成像控制的能力,对信息实时性或者视频成像特性有特定要求的数据挖掘技术更适合用前端设备实现方式。

19.4.3 海量视频监控数据的分析与处理

结合视频监控业务特点,引入 Hadoop 的架构,以顶层设计的视角来构建面向大数据的视频监控架构,将对未来视频监控业务的规划设计产生深远的影响。面向大数据视频监控架构如图 19-4 所示。

图 19-4 面向大数据视频监控架构图

基于大数据的智能视频监控,核心就是将采集来的视频数据按帧提取出来,应用到特征模型中进行匹配。然后将这些特征全部存储下来,添加标识、索引,在需要的时候再进行检索,或进行更深层次的分析。在这个过程中,需要将原始视频数据很快转换成特征模型,同时也需要海量存储去保存这部分视频数据。技术的核心在于特征模型的选取、转换的算法、海量数据的实时和离线分析能力。特征模型的选取可以通过和一线工作人员沟通把模型建立起来,也可以寻求一些模型库。

基于大数据的视频架构,本质上是把视频数据作为最有价值的资产,以数据作为核心来构建技术架构,重点解决了海量的视频数据分散和集中式存储并存、多级分布等问题,极大地提升了非结构化视频数据读写的效率,为视频监控的快速检索、智能分析提供了端到端的解决方案。

大数据视频架构是革命性的技术,特别是在实时智能分析和数据挖掘方面,让视频监控从人工抽检转变到高效事前预警和事后分析,实现智能化的信息分析和预测,必将在平安城市、智能交通、视频监控云服务等业务领域带来深刻的变革。

19.5 本章小结

本章介绍了应用大数据保障安全,包括大数据安全检测及应用,安全大数据,基于大数据的网络态势感知和视频监控数据的安全应用等方面内容。

安全检测与大数据的融合能够及时发现潜在的威胁，提供安全分析与趋势预测，加强应对威胁的能力。其需要首先对数据进行分类、过滤与筛选，其次采用信息安全检测技术对系统环境和数据环境进行检测，然后通过关联分析和数据挖掘构建安全威胁模型，经过数据分析预测安全趋势。

安全大数据是指与业务安全、系统安全、网络安全、硬件安全有关的配置数据、实时数据、衍生数据等，可归类为资产数据、威胁数据、脆弱性数据和网络结构数据。利用数据挖掘相关技术能够从这些大量的、不完全的、有噪声的、模糊的、随机的实际数据中提取出隐含在其中能够标识业务、系统、网络安全的潜在信息。

参 考 文 献

[1] Villars R L, Olofson C W, Eastwood M. Big data: What it is and why you should care, IDC White Paper. Framingham, MA: IDC, 2011.

[2] IBM. What is Big Data ? Bringing Big Data to the enterprise, 2012. [Online]http://www-01. ibm. com/software/data/bigdata/.

[3] O'Leary D E. Artificial intelligence and big data, IEEE Intell. Syst. 2013. 28 (02):96-99.

[4] Palermo E. Big data: Do the risks outweigh the rewards? Business news daily, 2014. [Online] Source: www. businessnewsdaily. com/5825-big-data-risks-rewards. html (Last accessed on 31. 02. 15).

[5] Nugent A, Halper F, Kaufman M. Big Data for Dummies, John Wiley & Sons, 2013.

[6] Sharma S, Tim U S, Wong J, Gadia S, Sharma S. A brief review on leading big data models, Data Sci. J. 2014,13 (0):138-157.

[7] Sharma S, Tim U S, Gadia S, Wong J. Classification and comparison of NoSQL big data models, Int. J. Big Data Intell. , Indersci. 2015, 2(2).

[8] Sharma S, Shandilya R, Patnaik S, Mahapatra A. Leading NoSQL models for handling Big Data: a brief review, Int. J. Bus. Informat. Syst. , Indersci. 2015,18 (4).

[9] Franks B. Taming the BigData Tidal Wave: Finding Opportunities in Huge Data Streams with Advanced Analytics, Wiley. com John Wiley Sons Inc. , 2012.

[10] Leavitt N. Will NoSQL databases live up to their promise, Computer 2010,43 (2):12-14.

[11] Cattell R. Scalable SQL and NoSQL data stores, ACM SIGMOD Rec. 2011,39 (4):12-27.

[12] Chen Y, Alspaugh S, Katz R. Interactive analytical processing in big data systems: a cross-industry study of MapReduce workloads, Proc. VLDB Endow. 2012,5:1802-1813.

[13] Keahey T A. Using visualization to understand big data, Technical Report, IBMCorporation, 2013: 1-16.

[14] Wolfe A. Why Database-as-a-Service (DBaaS) Will Be The Breakaway Tech-nology of 2014. Forbes. com, New York City, USA, 2013. [Online]http://www. forbes. com/sites/oracle/2013/12/05/why-database-as-a-Service-dbaas-will-be-the-breakaway-technology-of-2014/ (Last accessed on 27. 03. 15).

[15] Talia D. Clouds for scalable big data analytics, Computer 2013,46: 98-101.

[16] Ji C, Li Y, Qiu W, Awada U, Li K. Big data processing in cloud computingenvironments, in: Proceedings of the 12th International Symposium onPervasive Systems, Algorithms and Networks (ISPAN), IEEE, 2012: 17-23.

[17] Bollier D, Firestone C M. The Promise and Peril of Big Data, Aspen Institute, Communications and Society Program Washington, DC, USA, 2010.

[18] Miller H E. Big Data in cloud computing: a taxonomy of risks, Inf. Res. 2013.

[19] Kwon O, Lee N, Shin B. Data quality management, data usage experience andacquisition intention of big data analytics, Int. J. Inf. Manage. 2014,34 (3): 387-394.

[20] Singh K, Guntuku S C, Thakur A, Hota C. Big data analytics framework for peer-to-peer botnet detection using random forests, Inform. Sci. 2014,278:488-497.

[21] Tannahill B K, Jamshidi M. System of systems and big data analytics-bridging the gap, Comput. Electr. Eng. 2014,40(1): 2-15.

[22] Zhang L, Wu C, Li Z, Guo C, Chen M, Lau F C. Moving big data to the cloud, in: Proceedings of

IEEE INFOCOM, 2013, 405-409.

[23] Demirkan H, Delen D. Leveraging the capabilities of service-oriented decision support systems: Putting analytics and big data in cloud, Decis. Support Syst. 2013,55 (1):412 421.

[24] Demirkan H, Delen D. Leveraging the capabilities of service-oriented decision support systems: Putting analytics and big data in cloud, Decis. Support Syst. 2013,55 (1): 412-421.

[25] Pandey S. Nepal S. Cloud computing and scientific applications—big data, scalable analytics, and beyond, Future Gener. Comput. Syst. 2013, 29:1774-1776.

[26] Srirama S N, Jakovits P, Vainikko E. Adapting scientific computing problems to clouds using MapReduce, Future Gener. Comput. Syst. 2012, 28 (1) 184-192.

[27] Yan W, Brahmakshatriya U, Xue Y, Gilder M, Wise B. p-PIC: Parallel power iteration clustering for big data, J. Parallel Distrib. Comput. 2013,73 (3): 352-359.

[28] Schadt E E, Linderman M D, Sorenson J, Lee L, Nolan G P. Cloud andheterogeneous computing solutions exist today for the emerging big dataproblems in biology, Nature Rev. Genet. 2011:12 (3) 224.

[29] Chang V. Towards a Big Data system disaster recovery in a Private Cloud, Ad Hoc Netw. 2015.

[30] Chang V. An overview, examples and impacts offered by Emerging Services and Analytics in Cloud Computing, Int. J. Inf. Manage. 2015.

[31] Chang V. et al. , A resiliency framework for an enterprise cloud, Int. J. Inf. Manage. 2016, 36 (1): 155-166.

[32] Chang V, Wills G. A model to compare cloud and non-cloud storage of Big Data, Future Gener. Comput. Syst. 2015.

[33] Chang V, Kuo Y H, Ramachandran M. Cloud computing adoptionframework—a security framework for business clouds, Future Gener. Comput. Syst. 2015.

[34] Chang V. Ramachandran M. Towards achieving data security with the cloudcomputing adoption framework, IEEE Trans. Serv. Comput. 2015.

[35] IBM. IBM Completes Acquisition of Cloudant, 2014. [Online]http://www-03. ibm. com/press/us/en/pressrelease/43342. wss.

[36] Google Inc.. Google Cloud Platform, 2010. [Online]https://cloud. google. com/datastore/docs/concepts/overview (Last accessed on 11. 04. 15).

[37] O'krafka B W, Dinker D, Krishnan M, George J. US Patent No. 8,666,939, Washington, DC: US Patent and Trademark Office, 2014.

[38] Patel V S. US Patent No. 8,832,215. Washington, DC: US Patent and Trademark Office, 2014.

[39] Cloudera I. CDH Proven, enterprise-ready Hadoop distribution-100% open source, 2012. [Online] http://www. cloudera. com/content/cloudera/en/products-and-services/cdh. html (Last accessed on 14. 04. 15).

[40] Elkabany K, Staley A. PiCloud client-side library, 2014. [Online]https://pypi. python. org/pypi/cloud (Last accessed on April 14. 04. 15).

[41] Cloud A E C. Amazon web services, November 9th, 2011. [Online]http://aws. amazon. com/ (Last accessed on 14. 04. 15).

[42] Bloor R. Big Data Analytics—This Time It's Personal, The Bloor Group, 2011. [Online]https://www. 1010data. com/uploads/files/1010data_Robin_Bloor,_Ph_D,_Big_Data_Analytics_white_paper. pdf (Last accessed on 14. 04. 15).

[43] Microsoft Azure. DocumentDB: A fully-managed, highly-scalable, NoSQL document database service, 2015. [Online]http://azure. microsoft. com/en-us/services/documentdb/ (Last accessed on 17. 04. 15).

[44] Vogels W. Amazon DynamoDB—a fast and scalable NoSQL database service designed for Internet scale applications，All Things Distributed blog，2012. ［Online］http://aws. amazon. com/dynamodb// (Last accessed on April 17. 04. 15).

[45] Google Inc. . Google Cloud Platform, 2010. ［Online］https://cloud. google. com/bigquery/what-is-bigquery (Last accessed on 16. 04. 15).

[46] Melnik S，Gubarev A，Long J J，Romer G，Shivakumar S，Tolton M，Vassilakis T. Dremel：interactive analysis of web-scale datasets，Commun. ACM 2011,54 (6)：114-123.

[47] Janakiram M S V. When to use Google BigQuery? Big Data in the Cloud, 2014. ［Online］http://cloudacademy. com/blog/when-to-use-google-bigquery/.

[48] Spark A. Apache spark-lightning-fast cluster computing，2014. ［Online］http://spark. apache. org/ (Last accessed on 13. 08. 15).

[49] Dawar A. Apache Spark vs. MapReduce- Whiteboard Walkthrough，Mapr. com，2015. ［Online］https://www. mapr. com/blog/apache-spark-vs-mapreduce-whiteboard-walkthrough ♯. VcuDWflVhBd (Last accessed on 13. 08. 15).

[50] Neumann S. Spark vs. Hadoop MapReduce，Xplenty. com，2014. ［On-line］https://www. xplenty. com/blog/2014/11/apache-spark-vs-hadoop-mapreduce/ (Last accessed on 13. 08. 15).

[51] The Apache Software Foundation. Welcome to Apache Pig，2012. ［Online］https://pig. apache. org/index. pdf.

[52] The Apache Software Foundation. APACHE HIVE TM，2014. ［Online］https://hive. apache. org/index. html.

[53] Billey V. AWS Case Study：3DDuo，2015. (Online)：https://aws. amazon. com/solutions/case-studies/3dduo/.

[54] Tong C. AWS Case Study：6Waves Limited，2015. (Online) https://aws. amazon. com/solutions/case-studies/6waves/.

[55] Heuschling V. Affini-tech brings affordable and user-friendly big data analysis to retailers，Using Google Cloud Platform，2014. ［Online］http://googlecloudplatform. blogspot. com/2014/11/affini-tech-brings-affordable-and-user-Friendly-Big-Data-Analysis-to-Retailers-Using-Google-Cloud-Platform. html (Last accessed on 04. 04. 2015).

[56] Akselos. MITx's edX course uses Akselos for complex engineering simu-lations on Compute Engine，2014. ［Online］http://googlecloudplatform. blogspot. com/2014/12/mitxs-edx-course-uses-akselos-for-complex-engineering-simulations-on-Compute-Engine. html (Last accessed on 04. 04. 2015).

[57] Hafez M. AppAdvice—personalized IOS app news and reviews powered by the Cloudant DBaaS，2013. ［Online］https://cloudant. com/wp-content/uploads/AppAdviceCaseStudy. pdf (Last accessed on 24. 04. 15).

[58] Datameer. Behavior analytics：Fighting crime with big data analytics，2014. ［Online］http://www. datameer. com/customers/detroit-crime-commission-casestudy. html (Last accessed on 25. 04. 15).

[59] Jackson J. Dimagi-Improving scalability and performance，while eliminat-ing database maintenance tasks，2014. ［Online］http://www01. ibm. com/common/ssi/cgibin/ssialias? subtype = AB&infotype＝PM&appname＝SWGE_IM_IM_USEN&htmlfid＝IMC14917USEN&attachment＝IMC14917USEN. PDF♯loaded (Last accessed on 26. 04. 15).

[60] Hoffman D. GAIN fitness mobile personal trainer App powered by the Cloudant DBaaS，2013. ［Online］https://cloudant. com/wp-content/uploads/GainFitnessCaseStudy. pdf (Last accessed on April 26. 04. 15).

[61] DeYoung J. Hothead games mobile sports games win big on Cloudant，2013. ［Online］https://

cloudant. com/wp-content/uploads/HotheadGamesCaseStudy. pdf (Last accessed on 28. 04. 15).

[62] Cureton L. AWS case study: NASA/JPL's mars curiosity mission, 2012. [Online]http://aws. amazon. com/solutions/case-studies/nasa-jpl-curiosity/ (Last accessed on 28. 04. 15).

[63] TSE E. AWS case study: Netflix, 2015. [Online]http://aws. amazon. com/solutions/case-studies/ netflix/ (Last accessed on 30. 04. 15).

[64] Ben G B. Eet: Changing the way Londoners dine out, 2015. [Online]http://stories. rackspace. com/ wp-content/uploads/2015/11/CRP-eet-LON-Case-Study-Final. pdf.

[65] Lasowski R, Linnhoff-Popien C. Beaconing-as-a-Service: a novel service-oriented beaconing strategy for vehicular ad hoc networks, IEEE Commun. Mag. 2012,50 (10): 98-105.

[66] Chang V. Cloud computing for brain segmentation—a perspective from thetechnology and evaluations, Int. J. Big Data Intell. 2014, 1 (4): 192-204.

[67] Chang V. The business intelligence as a service in the cloud, Future Gener. Comput. Syst. 37 (2014) 512-534.

[68] Zulkernine F, Martin P, Zou Y, Bauer M, Gwadry-Sridhar F, Aboulnaga A. Towards cloud-based analytics-as-a-service (CLAaaS) for big data analytics in the cloud, in: IEEE International Congress on Big Data, BigData Congress, 2013.

[69] Jin Y, Wen Y, Shi G, Wang G, Vasilakos A V. Codaas: An experimental cloud-centric content delivery platform for user-generated contents, in: Proceedings of IEEE International Conference of Computing, Networking and Communications, ICNC, 2012.

[70] Chen Q, Hsu M, Zeller H. Experience in continuous analytics-as-a-service (CaaS), in: Proceedings of ACM 14th International Conference on Extending Database Technology, 2011.

[71] Vu Q H, Pham T V, Truong H L, Dustdar S, Asal R. Demods: A description model for data-as-a-service, in: Proceedings of IEEE 26th International Conference on Advanced Information Networking and Applications, AINA, 2012.

[72] Santanna J J, Sperotto A. Characterizing and mitigating the DDoS-as-a-service phenomenon, in: Monitoring and Securing Virtualized Networks and Services, Springer, Berlin, Heidelberg, 2014.

[73] Shu S, Shen X, Zhu Y, Huang T, Yan S, Li S. Prototyping efficient desktop-as-a-service for FPGA based cloud computing architecture, in: Proceedings of IEEE 5th International Conference on Cloud Computing, CLOUD, 2012.

[74] Baar R B, Beek H M A, Eijk E J. Digital forensics-as-a-service: A game changer, Digit. Investig. 2014, 11:S54-S62.

[75] Mohiuddin K, Mohammad A R, Sivarathri S, Lackshe J A. Digital intellectual property-as-a-service (DIPaaS): For mobile cloud users, in: IEEE International Symposium on Computational and Business Intelligence, ISCBI, 2013.

[76] Chang V, Wills G. A university of greenwich case study of cloud computing—education as a service, in: E-Logistics and E-Supply Chain Management: Applications for Evolving Business, IGI Global, 2013.

[77] Duan Y. Value modeling and calculation for everything-as-a-Service (XaaS) based on reuse, in: IEEE 13th ACIS International Conference on Software Engineering, Artificial Intelligence, Networking and Parallel & Distributed Computing, SNPD, 2012.

[78] Grier C, Ballard L, Caballero J, Chachra N, Dietrich C J, Levchenko K, Voelker G M. Manufacturing compromise: the emergence of exploit-as-a-service, in: Proceedings of the ACM Conference on Computer and Communications Security, 2012.

[79] Chang V, Ramachandran M. Quality of service for financial modeling and prediction-as-a-service, in: Emerging Software-as-a-Service and Analytics Workshop, in conjunction with CLOSER, 2015.

[80] Cai W, Chen M, Leung V. Toward gaming-as-a-service, IEEE Internet Comput. 2014, 18 (3): 12-18.

[81] Wood L. Global Hadoop-as-a-Service (HDaaS) Market, 2015. [Online]http://www.prnewswire. com/news-releases/global hadoop-as-a-servicehdaas-market-2015-2019---increased-adoption-of-haas-among-smes-with-amazon-emc-ibm\T1\ndashmicrosoft-dominating-300053719. html (Last accessed on 04.05.15).

[82] AbdelBaky M, Tavakoli R, Wheeler M F, Parashar M, Kim H, Jordan K E, Pencheva G. Enabling high-performance computing-as-a-Service, Computer 2012.

[83] Zwattendorfer B, Stranacher K, Tauber A. Towards a federated identity-as-a-service model, in: Technology-Enabled Innovation for Democracy, Government and Governance, Springer, Berlin, Heidelberg, 2013.

[84] Veigas J P, Sekaran K C. Intrusion detection-as-a-Service (IDaaS) in an open source cloud infrastructure, Cutter IT J. 2013, 26 (3): 12-18.

[85] Tawfik M, Salzmann C, Gillet D, Lowe D, Saliah-Hassane H, Sancristo-bal E, Castro M. Laboratory-as-a-Service (LaaS): A model for developing and implementing remote laboratories as modular components, in: IEEE 11th In-ternational Conference on Remote Engineering and Virtual Instrumentation, REV, 2014.

[86] Chen X, Liu X, Fang F, Zhang X, Huang G. Management as a service: an empirical case study in the internetware cloud, in: IEEE 7th International Conference on e-Business Engineering, ICEBE, 2010.

[87] Tao F, LaiLi Y, Xu L, Zhang L. FC-PACO-RM: a parallel method for servicecomposition optimal-selection in cloud manufacturing system, IEEE Trans. Ind. Inf. 2013, 9(4): 2023-2033.

[88] Xiong H, Zhang D, Gauthier V, Yang K, Becker M. MPaaS: Mobilityprediction-as-a-service in telecom cloud, Inf. Syst. Front. 2014, 16(1)59-75.

[89] Meng S, Liu L. Enhanced monitoring-as-a-service for effective cloudmanagement, IEEE Trans. Comput. 2013, 62(9): 1705-1720.

[90] Chang V, Walters R J, Wills G. Monte Carlo risk assessment as a service in the cloud, Int. J. Bus. Integr. Manag. (2014).

[91] Zargari S A. Policing-as-a-service in the cloud, Informat. Secur. J. GlobalPerspect. 2014, 23 (4-6): 148-158.

[92] Namiot D, Sneps-Sneppe M. Proximity as a service, in: IEEE 2nd Baltic Congress on Future Internet Communications, BCFIC, 2012.

[93] Chang V. An introductory approach to risk visualization as a service, Open J. Cloud Comput. 2014, 1(1): 1-9.

[94] Zawoad S, Dutta A K, Hasan R. SecLaaS: secure logging-as-a-service for cloud forensics, in: Proceedings of the 8th ACM SIGSAC Symposium on Information, Computer and Communications Security, 2013.

[95] Pawar P S, Sajjad A, Dimitrakos T, Chadwick D W. Security-as-a-service in multi-cloud and federated cloud environments, in: Trust Management IX, Springer International Publishing, 2015.

[96] Lehman T J, Sharma A. Software development-as-a-service: agile experi-ences, in: IEEE SRII Annual Global Conference, 2011, pp. 749-758.

[97] Patel, Patel D, Chaudhari J, Patel S, Prajapati K. Tradeoffs between performance and security of cryptographic primitives used in storage-as-a-service for cloud computing, in: Proceedings of ACM CUBE International Information Technology Conference, 2012.

[98] Chang V. Cloud Bioinformatics in a private cloud deployment, in: Advancing Medical Practice through Technology: Applications for Healthcare Delivery, Management, and Quality, IGI Global,

2013, http://dx. doi. org/10. 4018/978-1-4666-4619-3. ch011.

[99] AragóA S, Martínez E R, Clares S S. SCADA laboratory and test-bed-as-a-service for critical infrastructure protection, in: Proceedings of the 2nd International Symposium on ICS & SCADA Cyber Security Research, 2014.

[100] Distefano S, Merlino G, Puliafito A. Enabling the cloud of things, in: Sixth IEEE International Conference on Innovative Mobile and Internet Services in Ubiquitous Computing, IMIS, 2012.

[101] Ghaddar A, Tamzalit D, Assaf A, Bitar A. Variability-as-a-service: out-sourcing variability management in multi-tenant saas applications, in: Ad-vanced Information Systems Engineering, Springer, Berlin, Heidelberg, 2012.

[102] Yadav K, Singh K. Motion based object detection in real-time visualsurveillance system using adaptive learning, J. Inf. Assur. Secur. 2015, 10 (2): 89-99.

[103] Chang V, Walters R J, Wills G B. Organizational sustainability modelling—an emerging service and analytics model for evaluating Cloud Computing adoption with two case studies, Int. J. Inf. Manage. 2016, 36 (1):167-179.

[104] Kempe S. DATAVERSITY—the evolution of big data to smart data, 2015. [Online]http://www. dataversity. net/the-evolution-of-big-data-to-smart-data/ (Last access on 19. 12. 15).

[105] Harper J. DATAVERSITY—smart data 101, 2015. [Online]http://www. dataversity. net/smart-data-101/ (Last access on 19. 12. 15).

[106] Zaino J. DATAVERSITY—data lakes get smart with semantic graph mod-els, 2015. [Online] http://www. dataversity. net/data-lakes-get-smart-with-semantic-graph-models/ (Last access on 19. 12. 15).

[107] 虚拟化与云计算小组. 云计算宝典：技术与实践. 北京：电子工业出版社, 2011.

[108] 李天目, 韩进. 云计算技术架构与实践. 北京：清华大学出版社, 2014.

[109] 高彦杰. Spark 大数据处理：技术、应用与性能优化. 北京：机械工业出版社, 2014.

[110] 张尼, 张云勇, 胡坤, 刘明辉. 大数据技术与应用, 北京：人民邮电出版社, 2014.

图书资源支持

感谢您一直以来对清华版图书的支持和爱护。为了配合本书的使用，本书提供配套的素材，有需求的用户请到清华大学出版社主页（http://www.tup.com.cn）上查询和下载，也可以拨打电话或发送电子邮件咨询。

如果您在使用本书的过程中遇到了什么问题，或者有相关图书出版计划，也请您发邮件告诉我们，以便我们更好地为您服务。

我们的联系方式：

地　　址：北京海淀区双清路学研大厦 A 座 707

邮　　编：100084

电　　话：010－62770175－4604

资源下载：http://www.tup.com.cn

电子邮件：weijj@tup.tsinghua.edu.cn

QQ：883604(请写明您的单位和姓名)

用微信扫一扫右边的二维码，即可关注清华大学出版社公众号"书圈"。

扫一扫
资源下载、样书申请
新书推荐、技术交流